长江经济带生态保护技术体系集成与应用

肖文发　等著

中国林業出版社
·北京·

图书在版编目(CIP)数据

长江经济带生态保护技术集成与应用/肖文发等著.—北京：中国林业出版社，2022.4
ISBN 978-7-5219-1560-0

Ⅰ.①长… Ⅱ.①肖… Ⅲ.①长江经济带-生态环境保护-研究 Ⅳ.①X321.25

中国版本图书馆CIP数据核字(2022)第006530号

出 版：中国林业出版社(100009 北京市西城区刘海胡同7号)
电 话：(010)83143543
印 刷：三河市双升印务有限公司
版 次：2022年4月第1版
印 次：2022年4月第1次
开 本：787mm×1092mm 1/16
印 张：20.5
字 数：538千字
定 价：180.00元

长江经济带生态保护技术体系集成与应用

著 者 名 单

主要著者（按姓氏拼音排序）：

陈光才　程瑞梅　李　生　李迪强　路兴慧
孙永玉　王明玉　肖文发　张　真　张曼胤
张旭东

参加人员（按姓氏拼音排序）：

艾训儒　冯德枫　高升华　关晓童　郭泉水
郭子良　黄志霖　贾玉珍　雷　蕾　冷秀汇
李　昆　刘　芳　刘　福　刘方炎　刘欣艳
吕　全　毛业勇　沈雅飞　舒立福　唐　军
田晓瑞　王　佳　王慧敏　王曦茁　王小明
王秀磊　文东新　武泽宇　辛　琳　薛　亮
杨　思　姚　兰　于一苏　曾立雄　张　宇
张建锋　张金池　张彦龙　周本智　朱建华

Preface 前言

长江是中华民族的母亲河，发源于青海省唐古拉山，干流全长 6300 余公里。千百年来，长江流域以水为纽带，形成完整的经济—社会—生态系统，成为中国国土空间开发最重要的东西轴线。长江经济带包含上海、江苏、浙江、安徽、江西、湖北、湖南、重庆、四川、贵州、云南等 11 个省(直辖市)，面积约 205.23 万平方公里，占全国的 21.35%。目前长江经济带总人口约 5.99 亿人，占全国的 42.9%，长江经济带地区生产总值约 40.3 万亿元，占全国的 44.1%。长江经济带生态保护不仅关系到该区域人类生存环境，还与该区域经济建设与发展密切相关。

由于自然和人为因素的影响，长江经济带生态环境面临比较严峻的挑战，如森林生态系统退化、生物多样性减少、湿地水体污染、森林病虫害防治、森林火灾防控等一系列问题亟待解决，因此从国家层面先后启动和开展了一系列关于生态保护的工程项目，如：天然林保护工程项目、退耕还林项目，长江防护林保护项目等。中国林业科学研究院相关院所作为国家级科研院所，承担了相关的科研任务，并在实践中探索了生物多样性保育、三峡库区防护林生态保护、低效人工林结构调控与质量提升、水源地水源涵养及面源污染生态调控、干热河谷退化天然林和低效人工林提质增效、石漠化植被恢复、湿地公园水质净化功能提升与水鸟栖息地维持功能提升、自然保护区管理关键技术、天然林区主要森林火灾动态预警预、重要病虫害综合预警及防控等一系列生态保护技术。这些项目的实施，不仅对长江经济带的生态保护起到了良好的促进作用，同时也间接地为该区域提供了清洁的空气、水源、粮食等，对于该区域的经济发展和社会和谐稳定，起到了推动作用。

生态保护和森林培育是森林经营的重要组成部分，国外天然林及其多样性保育的研究始于20世纪80年代，许多国际组织，如世界自然保护联盟(IUCN)、联合国环境规划署(UNEP)、世界自然基金会(WWF)都对这一领域给予了极大地投入，发布了一系列世界性的生物多样性保护战略、公约和行动计划，如IUCN、UNEP、WWF联合提出的《世界自然保护策略》等。同时营建防护林是世界各国应对自然灾害和生态问题而采取的重要防治对策，随着环境问题的日趋严峻，防护林生态服务功能逐渐为人们所认知。美国、苏联和日本分别于20世纪30年代中期、40年代末和50年代中期实施了美国大平原各州林业工程(罗斯福工程)、斯大林改造大自然计划和日本治山治水防护林工程。继而，世界各地的许多林学家、生态学家、遗传学家和生物学家都把生态保护技术作为其学科研究的前沿和主攻方向之一，从不同的角度开展了大量的研究。

国内为缓解我国环境与发展间的矛盾，生态保护技术研究日益受到重视，开展了从早期的生态资源考察评估，到天然林保护与利用、防护林建设、植被演替与恢复方面的众多研究。在一些重要典型生态脆弱区开展植被恢复和生态重建、水土流失治理、坡耕地改造、农林综合开发等方面的工程与技术试验，揭示生态脆弱区生态系统本底特征、形成机制、治理模式与技术等，强调了对特定生态服务功能的提升和优化管理。

目前，我国生态保护技术主要针对寒区旱区、沙(石)漠化地区、盐碱地地区重大生态工程区、水土流失严重地区、湿地(消落带)地区等典型生态脆弱区的植被恢复和生态系统结构功能的优化调控，包括天然林保护工程、退耕还林(草)工程在内的一系列重大生态工程，及中小尺度上的矿山废弃地、干旱沙化地区、黄土区、石漠化地区、水库消落带/湿地、高原寒区、盐碱地等退化生态系统的植被恢复与重建生态工程得以实施，使不同尺度生态系统服务功能得到优化和提升。并在典型生态系统结构功能退化特征与状态诊断技术、驱动因素与作用机制识别、评估理论与方法，退化生态系统的植被恢复理论与技术，生态系统恢复的功能性/适宜性植物选择与配置模式、景观格局优化等技术进行了研究，研究尺度也从植被选择培育/空间配置向景观格局优化转变，这些研究为生态系统整体优化提供了坚实的理论支撑和技术基础。但是流域自然环境变迁、生态耦合以及未来短尺度趋势预测，自然和人文的有机融合，流域尺度兼顾多种利益和区别不同区域特征的综合集成机制，是以往研究所欠缺和不足的。针对区域性生态环境问题及其干扰来源的特点，通过生态保护技术体系集成，合理构建区域生态格局来实施管理对策以抵御生态风险是目前区域生态环境保护研究的新需求，也是生态系统管理的关键步骤。受中国林业科学研究院中央级公益性科研院所基本科研业务费专项(CAFYBB2017ZA002)资金资助，依托湖北秭归三峡库区森林生态系统国家定位观测研究站，中国林业科学研究院森林生态环境与保护研究所牵头，中国林业科学研究院林业科学研究所、湿地科学研究所、亚热带林业研究所、资源昆虫研究所等为主要参加单位，在前期工作的基础上，开展了长江经济带生态保护技术集成与应用研究，为进一步实现以生态优先、绿色发展为引领，促进长江经济带可持续发展，对长江经济带生态大保护和保障国家生态安全具有重要意义。

在本书编写过程中，作者虽然参阅了大量国内外相关文献，咨询了多位国内外专家，付出了艰辛努力，但由于自身学术水平和认识上的局限，书中难免有疏漏或错误之处，敬请各位专家读者批评指正。

编 者

2022 年 9 月

Contents
目录

Chapter 1 第1章 生物多样性保育技术集成与应用

1.1 背景介绍

生物多样性是生态系统功能形成的基础，也是人类实现生存、发展和社会经济可持续发展的重要保障，因而保护生物多样性具有极为重要的意义。然而，随着全球人口不断增加，对自然资源的过度利用导致生物多样性面临前所未有的威胁(Chapin，2000；Loreau，2010)。近年来，大量的科学研究表明生境丧失和破碎化是导致生物多样性减少的主要原因(Newbold et al.，2015)。森林生态系统是陆地上面积最大、物种最为丰富、组成结构最为复杂的自然生态系统。森林生态系统是众多生物的栖息地，维持着陆地上70%以上的物种。维持森林生态系统的结构和功能稳定性对保持生物多样性和缓解全球变暖具有重要的生态效益。鉴于森林生态系统重要的作用，保护和维持森林生物多样性和森林生态系统的可持续发展，是全世界关注的热点问题。森林生态系统的退化不仅减少了森林本身在生物多样性保护方面的作用，同时也加剧了其他环境因子变化速率(Miles & Kapos，2008)。物种多样性作为是生物多样性的一个重要组成部分，可以作为衡量生物群落和生态系统组成结构的重要指标，能够反映群落构成内容和组织方式、群落的稳定度和外部生境的差异(马克平等，1995)。

亚热带常绿阔叶林是分布在我国亚热带地区最具代表性的植被类型，是结构最复杂、生产力最高、生物多样性最丰富的地带性植被类型之一，对维护区域生态环境和全球碳平衡等都具有极重要的作用。地带性的亚热带常绿阔叶林在纬度偏北或海拔偏高处，往往会由于适应低温环境而出现不同程度的落叶成分，从而形成亚热带常绿落叶阔叶混交林。常绿落叶阔叶混交林是我国亚热带纬度偏北或海拔较高处山地森林的主体，具有落叶阔叶林与常绿阔叶林之间过渡的特征(《中国森林》，2000)。有关亚热带常绿阔叶林的群落结构与物种多样性已有大量研究，然而，对于亚热带常绿落叶阔叶混交林群落的研究还不多，而对其基于功能性林分组成的研究还没有开展过。鄂西南山地既有华中地区保存较为完好的常绿落叶阔叶混交林原生植被，又有经受过不同人为干扰并处于不同恢复阶段的次生林，它们在鄂西南乃至武陵山少数民族地区的生物多样性保护、养分维持、水分循环、气候调节、林产品资源提供等生态系统服务方面发挥着不可替代的作用。然而那些受到人为干扰后的次生林恢复速度较慢，严重影响了森林资源保护和生态系统功能的发挥。目前，对该地区常绿落叶阔叶混交林的森林经营基础理论、森林恢复机理研究还十分有限或不够深入，还无法制定鄂西南地区森林植被生态功能的恢复目标，这已成为鄂西南及武陵山少数民族地区林业生产和生态环境建设的重要瓶颈。

本章以长江流域典型天然林区内森林为对象，建立生物多样性动态精准监测系列；开展森林生物多样性长期动态监测和生物多样性评估，确定保护等级和退化状况。以典型珍稀濒危植物为对象，根据自然分布区域的生境特征和种群结构，评价其濒危状况，确定核心种质资源，开展生境就地保护、生境恢复、迁地保护和回归。以典型天然次生林为对象，针对不同干扰体系和退化过程，揭示天然次生林的动态变化规律；研发次生林林分结构调整与改造技术；通过物种功能性状、森林结构复杂性以及生物量和生产潜力等指标的定期监测，评价森林生态系统的整体生产质量和生态功能潜力。完成监测、保护和恢复的技术体系制定，为长江经济带的生态保护和生态安全维护提供技术支持。

1.2 生物多样性精准监测与评估技术

基于前期工作基础，在详细收集和整理国内外相关的生物多样性监测工作和技术的基础上，结合研究区——长江流域典型天然林区生物森林资源和生物多样性特点，制定相关的森林资源检测技术、规模、对象和生物多样性特点，集成长江流域典型天然林区生物多样性精准监测与评估技术。

1.2.1 生物多样性动态监测样地设置

选择具有代表性、远离人为干扰且地势较平缓的地段，利用地质罗盘（或经纬仪）和测量皮尺（或激光测距仪）测量样地边界（丁易等，2014）。样地距离森林边缘不小于 30 m。样地四角用水泥桩或防腐处理后的金属杆标记，顶端用红色油漆标记，侧面标明样地编号和样桩编号（图 1-1）。

图 1-1 样地水泥桩

生物多样性动态监测样地以正方形为基础。样地面积根据不同的森林类型而定，但不能低于该森林群落的最小面积，同时也不应低于 20 m×20 m 的面积。样地宜以 10 m 为基本单位进行面积的逐步增加，如 20 m×20 m、30 m×30 m、40 m×40 m 等。每种森林类型的监测样地数量不少于 5 个重复（贺金生等，1998）。

在每个样地内设置 10 m×10 m 为基本单元的小样方，每个样方水泥桩或 PVC 管进行标记（图 1-3）。样桩编号采用横轴纵轴相结合的命名方式（图 1-4）。各样桩地理位置采用全站仪（图 1-5）确定时，记录内容包括测定点编号、水平角度、水平距离、高差、全站仪中心高度、棱镜高度、测定日期等，利用坐标纸标记出每个点的测定过程，计算各样方四角和中心点海拔高度。该样方用于监测胸径大于 1 cm 的木本植物个体。

图 1-2　监测样地

图 1-3　监测样地标识 PVC 管

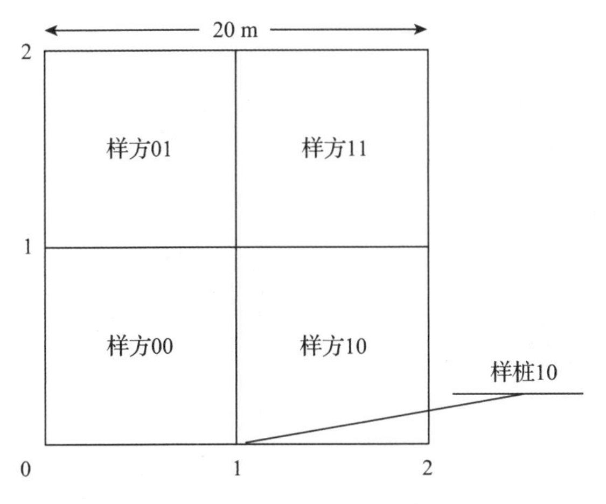

图 1-4　样方和样桩编号（400 m^2 样地为例）

图 1-5　全站仪确定样地边界

在每个样方的中心位置，设置1个2 m×2 m的幼苗样方，每个幼苗样方四周用2 m的幼苗样方，每个幼苗样方四周用直径为3~5 cm、长度为30~40 cm的PVC管进行标记(图1-6)。幼苗样方用于监测胸径小于1 cm的幼苗、灌木、草本植物等。

在每个幼苗样方边缘2 m处设置凋落物和种子收集器，主要收集树皮、枝、叶、花、果实和种子等。收集器由收集框和尼龙网组成，收集框大小的规格为1 m×1 m，四角和支架使用PVC管制作。种子收集器距离地面为1 m，收集器要保持水平。种子收集器内的尼龙网网目为1 mm，尼龙网底部离收集框25 cm，尼龙网固定在收集框四边。标记种子雨收集器，并逐一编号。

图1-6　样方标识PVC管

1.2.2　生物多样性动态监测内容

1.2.2.1　树木监测

每个10 m×10 m的样方分隔成4个5 m×5 m的小样方，对小样方内每棵胸径(dbh)≥1 cm的木本植物个体进行编号。号码牌为铝牌，并配以唯一编号。对于dbh<5 cm的个体，用防锈金属线将铝牌固定在树体上。而胸径≥5 cm的树木个体，用不锈钢钉将铝牌固定在高度1.6 m处的树干。不锈钢钉直径应小于铝牌孔径。不锈钢钉钉入树木的深度约为0.5~1 cm，且不锈钢钉斜下方钉入树干(图1-7)。在高度1.3 m处以下分枝的树木，按两株或多株树木进行编号，并在备注中记录分枝或萌生等内容，并将分支个体单独编号。监测树木应为树干基部全部或超过一半横切面于样地之内的个体(图1-8)。

图1-7　监测样地铝牌图

图1-8　监测样地调查

树木坐标均以小样方(5 m×5 m)左下角为坐标原点，同时，对枯立木和根桩的位置进行坐标测定(不编号)。树木坐标测定时，在树木左侧(X)或下侧(Y)测量树木距离小样方边界的水平距离。小样方中树木横(纵)坐标为=X(或 Y)+dbh/2。

利用红色防水油漆在树木胸径测定点标记，等待油漆干燥后测定胸径。胸径测定均以坡度上方为准，树木倾斜时则在树干下方斜距 1.3 m 处测定胸径。倒伏树干上如有萌发条，只测量距根部 1.3 m 以内的枝条。若树木测定点发生异常时(如具有节等)，则在异常结束位置处上移 5 cm 测定胸径，若仍旧出现异常，则在异常结束位置处下移 5 cm 测定胸径。距离地面 1.3 m 处用游标卡尺和胸径尺测定。对于具备板根的树木，则在板根结束 50 cm 处标记和测定。

利用光学测高器、伸缩式测高器或电子测高器进行树高测定。采用系统抽样方法，确定调查样本数量，但不少于样地植株总数的 20%。

采用与树木调查类似的方法进行木质藤本调查，但仅记录根系位于该样方的木质藤本数据。缠绕木质藤本的胸径测量点应为沿缠绕主茎 1.3 m 处。1.3 m 处以下分枝的木质藤本胸径测量点应在分枝以下 20 cm 处，如果分枝位置与根系之间的距离小于 40 cm，则在分枝和根系的中间距离测量胸径。如果分枝差异极大或者在近地面处分枝，应分别在 1.3 m 处测量胸径，但需记录为同一个体。木质藤本主茎在攀援支持木之前在地面生成不定根从而形成环节状，此时应在最近一次分株的 1.3 m 处测量胸径。如遇到主茎横切面不规则的木质藤本，测量最长(d_1)和最短(d_2)茎长度，胸径 $d=\sqrt{d_1 \times d_2}$。

应详细记录测定树木的生长状况和受损程度，包括枯梢、断头、倾斜、雷劈、火烧等。以上详细记录内容见表 1-1。树木监测每 5 年复查一次，应与上一次监测时间(月份)保持一致。

表 1-1　树木调查记录表

样地：　　样方：　　调查时间：　　胸径测定人：　　树高测定人：

坐标测定人：　　物种鉴定人：　　记录人：

小样方号	编号	X 坐标	Y 坐标	物种	胸径	高度	测量点	标本号	树木生长状况	备注

1.2.2.2　灌木、幼苗和草本监测

利用塑料或铝制环形标签标记幼苗样方中的每个个体，并测定高度(地面到最高生长点垂直距离)。标签字体要简洁醒目，防止泥土覆盖而影响字体辨识。幼苗记录物种名称、高度(表 1-2)。灌木记录地径、高度和冠幅(表 1-3)。草本记录物种名称、高度，并利用网格法估测草本植物频度和盖度(表 1-4)。记录每个个体在幼苗样方中的坐标位置。监测每年进行 1 次，某些生物多样性富集区内可每年进行 2 次。

表 1-2　幼苗调查记录表

样地：　　样方：　　小样方：

调查时间：　　调查人：　　记录人：

编号	横坐标	纵坐标	物种	高度	标本号	树木生长状况	备注

表 1-3　灌木调查记录表

样地：　　样方：　　小样方：

调查时间：　　调查人：　　记录人：

编号	横坐标	纵坐标	物种	地径	高度	冠幅	标本号	树木生长状况	备注

表 1-4　草本调查记录表

样地：　　样方：　　小样方：

调查时间：　　调查人：　　记录人：

编号	横坐标	纵坐标	物种	高度	频度	盖度	标本号	备注

1.2.2.3　凋落物监测

凋落物收集后应分为枝、叶和繁殖体(花、果实、种子等)，并及时烘干称重。凋落物监测至少每个月进行 1 次，而在凋落物输入丰富的月份应每周 1 次。

1.2.2.4　森林环境调查及监测

森林样地环境数据指标包括地形因子(如地理坐标、海拔高度、坡向、坡位、坡度)、土壤因子(如土壤类型、土壤理化性质)、气象因子(如空气温度、空气相对湿度、光照强度等)、干扰特征(如历史或目前主要干扰方式、强度、频度等)。

在每个样地中心位置，利用坡向仪、坡度仪、卷尺测量并记录该样地的坡向、坡度和坡位；测量并记录样地所处的地理位置和海拔高度。

在样地四角和中心位置，利用土钻分层采集 0~10 cm、10~20 cm、20~30 cm、30~50 cm、50~70 cm、70~100 cm 的土层深度的土壤样本，称取鲜重并编号，用于实验室理化性质分析。

利用自动温湿度仪、有效光合辐射仪、小型气象仪器记录样地所处环境的基本气象因子，包括温度、湿度、光照强度等。

利用叶面积仪或林冠分析系统，在每个样方中心(即幼苗小样方)位置测定叶面积指数和拍摄林冠影像，测量和拍摄高度为 1.5 m。每年随幼苗调查进行。

所有原始数据需要全部录入数据库，完成数据校对工作，完善数据库信息。数据输入

图 1-9　使用冠层分析仪拍摄冠层影像

采用双人输入模式，以确保数据输入的准确性。数据安排专人管理，所有数据使用需通过样地所在自然保护区管理局(处、所)同意，明确使用范围和目的。成果发表后需由管理部门相关人员备份存档。

1.2.3　生物多样性评估技术

生物多样性包括物种多样性、遗传多样性和生态系统多样性三个层次。目前，以物种多样性和生态系统多样性为调查重点，遗传多样性暂不纳入本技术规定范畴。

物种多样性指标采用以下几个指数进行评估：

(1)物种丰富度指数。$R_i=(s-1)/\log_2N$

(2)生态优势。$\lambda = \sum n_i \times (n_i - 1)[N \times (N - 1)] \approx p_i2$

(3)均匀度。$E=Sn/\log_2 s$

其中，s 为物种(如乔木树种)数量，N 为所有样地的物种个体总数，p_i 为第 i 个物种的数量占全部物种数量的比例，而且 s 本身也是一项重要的多样性指标。

反映生态系统多样性的指标包括：各森林植被类型的面积和比例，各物种的数量和比例。多样性评价指标采用以下两个指数：

Shannon 指数：$Sn =- \sum_{i=1}^{s} p_i \cdot \log p_i$

Simpson 指数：$Sp = 1 - \sum_{i=1}^{s} p_i^2$

其中，s 为类型数量，p_i 为第 i 种类型的面积占全部类型面积的比例。

1.3　典型珍稀濒危植物保育技术

珍稀濒危植物是构成自然生态系统的主要组成部分，每一个物种在生态系统中都具有各自独特的地位，是维持生态系统稳定的基本因素。本技术从保护原则、保护方法、扩繁技术、再引入技术等方面对珍稀濒危植物保育技术进行了总结。

1.3.1　珍稀濒危植物的保护原则

珍稀濒危植物的保护原则如下：

(1)优先保护受威胁严重的物种。

(2)保证物种不灭绝，保存物种尽可能高的遗传多样性。

(3)坚持就地保护为主，强化近地保护和迁地保护，就地保护和近地保护、迁地保护相结合的原则。

(4)生境保护与恢复相结合，改善和扩大物种生存空间。

(5)天然种群恢复和人工种群重建相结合。

(6)坚持统筹计划、分步实施、政府指导、多渠道参与的原则。

(7)坚持科技支撑、强化科学保护的原则。以科技为先导，以保护生物学、生态学、生殖生物学、植物地理学、遗传学等理论为基础，采用新技术和新方法，提高保护的科学性。

1.3.2　珍稀濒危植物的保护方法

1.3.2.1　就地保护

在原生地保护珍稀濒危植物天然种群及其栖息地，设立保护小区(点)，并采取人工促进天然更新措施，保证种群稳定发展(臧润国等，2016a)。

(1)选址原则。

①典型性。在不同自然地理区域中选择有代表性的天然种群和栖息地，设立保护小区。

②稀有性。稀有种、地方特有种聚集的珍稀濒危植物主要天然栖息地。

③自然性。珍稀濒危植物的自然生态系统未受人类活动的影响。

④潜在价值。一些地区进行适当的人工管理或减少人类干扰，通过自然演替，可恢复原有的生态系统，并可能发展成比现在价值更大的保护地。

⑤科研潜力。包括科研历史、科研基础和进行科研的潜在价值。

(2)空缺分析。确定目标物种的有代表性的空间区域，主要包括以下 5 个步骤：①植被图；②物种分布图；③物种丰富度图；④土地所有权和管理级别；⑤确定优先保护区。

(3)管理和监测。保护小区的管理应采用保护区管理的模式，设立核心区、缓冲区和实验区，以保护目标物种所在地区群落的生态系统结构和功能为核心，兼顾科研管理、行政管理、对外宣传。对目标物种在保护小区中的生存状况进行实时监测，及时调整管理措施，实现对目标种群保护效力的最大化。

1.3.2.2　迁地保护

将珍稀濒危植物迁出原生地并移植到人工环境中进行栽培、养护和保存。在目的物种所处气候带和生态区内，选择合适的地点(如植物园、树木园、种质收集圃等)，建立具有足够遗传多样性的迁地保护种群。

(1)迁地保护的原则。当珍稀濒危植物物种原有生境破碎或斑块状，或者原有生境不复存在。当珍稀濒危植物物种的数目下降到极低的水平(不足1000株个体)，种群的有性繁殖难以维持。当珍稀濒危植物物种的生存条件突然变化，植物难以适应而面临生存危机。

(2)迁地保护环境。珍稀濒危植物物种迁入地环境应尽可能类似其自然生境。

(3)迁地种群的管理。按照遗传学和种群生物学的规律进行管理。迁地保护初期，应使迁地种群迅速增加；保存迁地种群奠基者效应，发挥具有优秀繁殖力和表型特征的个体繁殖潜力；尽快建立其他繁殖群体，根据谱系材料分析迁地种群的适合度、种群结构和遗传特征，检测现存种群的遗传变异；随着种群的增长，要不断进行种群结构和遗传分析，根据更新种群参数修正迁地保护计划。

1.3.2.3　离体保存

对就地和迁地保护有一定困难或有特殊价值的珍稀濒危植物种质资源进行离体保存。

(1)保存对象：植物的种子、花粉及根、穗、条、芽等种质材料，其中以种子为主。

(2)保存条件：该保存涉及到采集、保存和启用等一系列的环境，其通常在低温或超低温(-196℃液氮)环境条件下保存，需要专门的种子库和基因资源库。

(3)植物种子采集原则：优先采集灭绝风险高的、特有的、孑遗的、能重新回播自然萌发的、有潜在经济价值的种类。应尽量从植物分布区的中央选点采集，同一物种应采集5个种群或更多种群中的种子。每个抽样种群中应采集10~15株植物的种子，当种群表型变异大、生境异质性高时，应采集更多植株的种子。当种子存活率较低时应采集较多的种子，当植物一年中结实较少时则不宜过多采集种子。采集种子应避免破坏种群的自然生境及母株的微生境。

(4)保存更新：一个物种采集种子在通过种子库进行离体保存后，一般应在5~10年后进行种子萌发率测试和个体生存率分析，从而有效评价离体保存种质的生存力。对生存力明显下降的物种，应及时发现有效种源，重新采集种子，更新种子库。

1.3.3　珍稀濒危植物扩繁技术

1.3.3.1　种苗繁育技术

在有效保护珍稀濒危植物现有天然资源的基础上，采集种质资源、建立繁育基地、开展种苗繁育。

(1)种质资源的采集。选择生长健壮、无病虫害、丰产稳产的中龄母树采种。

(2)繁育基地建立。选择无检疫性和危害性病虫害，交通便利，背风向阳，地势平坦，排水良好的地块。建立大田育苗和容器育苗基地。

(3)种苗繁育。包括有性繁殖和无性繁殖。通过野外收集种子进行实生苗育种处理。根据每个物种的生物学特性采用相应的种子预处理技术，如热处理、机械处理、化学处理等。通过组织培养、扦插、嫁接等技术，对野生极小种群植物开展无性繁殖工作。

1.3.4 再引入技术

在珍稀濒危植物野生植物历史或现有分布区范围内选择合适的地段，直接播种或移植经苗圃繁殖的新个体增强、重建或恢复天然种群。包括增强型再引入、重建型再引入和引种型再引入。

1.3.4.1 再引入类型

一般而言，依据引入数量和生境有不同的引入方式：

(1)增强型再引入：通过再引入增大生境中的现有种群。

(2)重建型再引入：以再引入方式扩大原生境中已经消失的种类的分布范围。

(3)引种型再引入：把物种再引入到合适的生境中，该生境中以前没有再引入物种分布。

1.3.4.2 再引入地选址要求

优选致濒因素已经解除或大部分解除的地方且满足引入物种生存需要的生境。最好选择引入物种原来的生态系统，或者尽量选择与原来的生态系统相似的群落或生境。遵循气候相似、生境相似和植物群落相似的原则。此外，再引入地区应有足够的容纳量，来承载再引入种群的增长，并在达到繁殖年龄后在此生境中自我更新。

1.3.4.3 再引入植物种苗的质量要求及引入时机选择

再引入主要由就地保护和迁地保护提供种源，以健壮的实生苗或种子为再引入的主要载体。再引入主要选择迁地保护很成功的时候再引入。在已繁殖的植物材料准备充足的情况下，选择合适的生境和恰当的时机将物种再引入自然环境，一般在雨季前或者雨季再引入种苗。

1.3.4.4 再引入后的管理和监测

再引入后要进行必要的人工调控，定期监测其成活情况及适应性，及时对幼苗更新受阻的再引入物种开展种群的补植和增援。监测时间根据再引入植物种类的生活型特征决定，要延续至再引入的种群达到正常繁殖的年龄。通过探针、遥测、微气候监测等方式，对其数量统计，并进行生态学和性状研究，检测个体及种群的长期适应性和成活率。必要时还需人工协助其生存，对在引入地进行生态环境的优化，清除杂草，防治病虫害，定期补植，人工动态监测及花期适当人工授粉。

1.4 长江流域典型天然林区退化森林定向恢复技术

根据长江流域典型天然林区主要生态系统类型的结构和功能特点，确定出各类型天然林的生态关键物种。同时通过改善更新、生长和繁殖条件、人工促进与“再引入”等技术措施，使受损天然林生态系统的主要生态关键种得到有效保护，并使其种群逐步恢复到正常水平。针对长江流域典型天然林区退化天然次生林中目的树种更新困难，以当地老龄林为参照标准，提出不同退化阶段天然次生林封育改造和结构调整技术，籍以提高退化天然林中目的树种的更新能力及其种群数量。准确诊断退化天然次生林的演替阶段并定量划分其退化程度，充分借助自然演替的驱动力并不改变自然演替方向前提下通过人工辅助技术措施加速退化天然林的生态恢复速度；依据不同演替阶段退化天然林更新状况及其限制性因素，构建了封禁、封调、封补、封造等不同组合的生态恢复技术体系。

1.4.1　退化森林生态系统的类型划分

根据干扰后，森林生态系统结构和功能的受损程度，可将森林生态系统的退化程度划分为轻度退化、中度退化和严重退化(臧润国等，2012)。轻度退化主要是未被采伐而保留下来的天然老龄林斑块，其内部天然林组成和结构相对完整。中度退化包括天然过伐林和天然次生林，天然过伐林是原始林采伐后形成的，森林中保留了部分原始林成分。天然次生林是在原始林严重破坏后自然更新起来的，原始林特征较少。严重退化包括因采伐或地质灾害等严重干扰后形成的疏林、裸地等。

1.4.2　恢复目标

(1)实现基底稳定。实现森林生态系统的地表基底稳定。

(2)恢复植被和土壤。实现森林生态系统内植被和土壤的恢复，保证一定的植被覆盖率和土壤肥力。

(3)提高生物多样性。促使退化森林生态系统内物种组成适度增加，尽量恢复原生群落中的物种，提高森林生态系统的生物多样性，包括地上和地下部分。

(4)恢复生态系统结构。使恢复后的退化森林生态系统具有合适的空间结构和空间异质性，促进物种的生存、延续和系统的稳定。

(5)增强生态系统功能。实现森林生态系统功能过程的恢复(包括初级生产力、营养物质循环、能量流动、水分平衡等)，提高森林生态系统的生产力和自我维持能力。

(6)提高生态效益。提高森林生态系统对人类生存和生活质量有贡献的生态系统产品和服务功能，包括涵养水源、保育土壤、固碳释氧、积累营养物质、净化大气、生物多样性保护等。

(7)构建合理景观。通过恢复与重建，实现森林生态系统合理的景观构建，增加视觉和美学享受。

1.4.3　恢复措施

1.4.3.1　植被恢复

植被是退化森林生态系统恢复与重建的主体，其恢复方法主要包括封禁恢复、封育调整、封育改造、封育重建(臧润国等，2016b)。

(1)封禁恢复。严格保护退化森林，禁止采伐，使其天然更新和自然恢复。

(2)封育调整。在封山育林基础上，对天然过伐林和天然次生林树种的组成、林分空间结构、木材密度和健康情况进行调整。采用补植目标种调整树种组成，通过抚育间伐对林分空间结构、树木密度和健康进行调整，促进森林生态系统的组成和结构的恢复。

对退化森林组成结构进行调整，包括种类组成、建群种水平与空间分布，群落层次结构与盖度，密度结构等特征，促进退化植被恢复。具体措施包括①除伐抚育技术。适用于目标树种较多且林分密度较大的林分。根据抚育强度控制伐木数量，分步砍伐。先砍伐清除树种树木，如强度不够，再酌情砍伐辅助树种树木，达到设计强度即可。②解放伐抚育技术。适用于目标树种树木较少的混交林。在林分中寻找解放木，砍伐与解放木相互竞争的且没有保留价值的树木。③综合抚育技术。一般适用于天然中幼龄次生林。在林分的上林层、中林层和下林层综合实施除伐或解放伐，并在林中补植演替中后期生态关键种，促进森林群落的正向演替(周亚东等，2015)。

(3)封育改造。对天然林严重退化后重建的人工纯林，在封山育林基础上进行改造。通过间伐调整林木密度、增加林内光照强度，增加林下灌木和草本物种多样性，通过增加混交阔叶树种，改善树种组成，促进其向原生植被演替，提高生态稳定性和生态服务功能。

根据退化植被的特点，仿效当地的自然干扰规律，对现有植被实施人工补植、物种更换、层次搭配、定向管理等人工措施，促进退化植被的恢复。具体措施如下：①幼苗幼树抚育。采取幼抚技术措施，除灌、铲草、松土，使幼苗幼树免遭人、畜干扰和杂灌草竞争，保证目标树种的幼苗和幼树有充足的营养空间，人工促进目标种群的天然更新并尽快成林。②补植目标树种。补植或补播目标树种，保证目标物种更新密度。③结构调整。采用间伐抚育调整群落的组成、密度和径级结构，不仅促进林下植被尽快恢复，而且促进目标树种的入侵和定居，从而形成具有较高生物多样性、多层次结构的森林群落。

(4)封育重建。对天然林严重退化后形成的裸地和疏林地，积极开展生态重建。先通过工程措施防治水土流失，然后通过植物造林等林业生态工程，实现土地植被覆盖。重建过程中，选择合适的乔木和灌木种类是关键，特别是先锋树种的选择。具体措施包括：①人工播种造林技术。根据退化森林环境特征，选择种粒较大、发芽容易、种源充足并能适应新环境的树种，在宜林荒山、荒地及其他无林地上播种营造森林，以恢复森林植被。适用于土壤湿润疏松、立地条件较好且鸟兽虫害较轻的地区。②人工植苗造林技术。根据立地条件，利用事先培育好的、生长健壮且根系发达的苗木进行造林。适用于干旱、水土流失严重或地表植被覆盖度高以及鸟兽危害严重的地区。③飞播造林技术。在自然条件适合飞播的地区，坚持适地适树的原则，综合考虑树源供应条件，选择合适的树种种子进行飞机播种造林。适用于降水较丰富的湿润、半湿润地区。飞播前对种子进行药剂拌种处理，以防鸟兽危害，飞播后需要进行补播补植，以确保造林成效。

低密度和郁闭度低的退化天然林，以植树造林和封山育林技术为主，其中对保护植物开展重新引入活动；中、高密度的退化天然林以蓄积强度低于15%的抚育间伐技术为主；同时采取以物理方法为主的入侵植物生态预防和控制技术。

1.4.3.2 生境恢复

提高生境的异质性和稳定性，维持物种适宜的生长环境，包括水文恢复、土壤恢复等，以促进群落的顺行演替。

(1)水文恢复。水文过程紊乱不仅会减少土壤中植物生长所需的水分，还会造成土壤盐渍化和沟道侵蚀。

对于干旱区盐渍化的土壤可以用造林的方法进行修复：大量种植乔灌木，以降低地下水位，进而控制盐渍化。在此过程中要选择适应当地环境，能蒸腾大量水分以降低水位的树种。

对沟道侵蚀的修复可以使用工程技术和生物方法相结合。工程技术包括分流河渠和截流槽等，生物措施主要是通过植被稳定坡面、改良土壤、增加土壤渗水能力，并减小坡面径流的速度和流量。

对于退化森林生态系统，尤其是干旱区森林，可采用地膜覆盖、集水技术、节水灌溉技术等节水保水技术，改善立地微环境。

(2)土壤修复。在轻度退化的森林生态系统中，通过提高植物生物量，如植树、种灌、种草等方法促进土壤的自行恢复。

在退化严重的森林生态系统中，水土流失严重、表土流失或土壤贫瘠显现严重，可以通过保护表层土壤的方法来修复和保持土壤。改善表土状况的方法：①通过松土等方法，增加地表粗糙度；②在地表放置能够减少侵蚀的障碍物，如草障或其他人工障碍物；③用土壤调节剂快速改善土壤结构。必要时采用工程措施(如土壤改良、表土稳定、控制水土侵蚀等技术)改善立地微环境。

(3)动物种群的恢复。在植被恢复的同时或稍后进行动物种群的恢复，技术包括捕食者的引进、病虫害的控制以及保留和恢复自然栖息地，为特有的目标种群设置特定生存空间。动物群落的恢复首先从低一级的动物种群恢复做起，如先恢复草食动物种群，再恢复低一级的肉食动物种群，最后恢复高级食肉动物种群。

(4)微生物群落的恢复。微生物群落的多样性对森林生态系统恢复起着十分重要的作用。生活在土壤中的生物可以通过聚集和浓缩养分直接影响资源的利用，也可以通过改变土壤的物理特性间接地产生影响。

选择典型区域，保护和恢复微生物赖以生存的环境，保护微生物基因库、种源库。进行微生物资源本底调查，保存分离到的微生物资源。并将微生物资源引入退化森林生态系统，促进微生物群落的恢复。

(5)优化森林景观结构配置。通过演替驱动种甄别和功能群替代实现退化森林的功能恢复，特别是定向培育乡土的大径级、针叶阔叶树种，研究人工重建和自然恢复过程中群落的结构和功能的动态变化规律以及恢复群落的稳定性，以老龄林模式作为参照系构建恢复重建评价标准与指标体系，对恢复重建效果进行综合评价。

1.4.4 恢复效果评价

1.4.4.1 恢复与重建目标的确定

恢复与重建的目标包括退化森林生态系统的结构、功能、动态和服务功能，其长期目标是通过恢复与保护相结合，实现森林生态系统的可持续发展。恢复目标应既清晰又有较现实的可操作性，依赖于所考虑的地区或生态系统目前状况的优先评价。

1.4.4.2 参照系的选择

运用参照系信息来定义恢复目标，确定恢复地段的恢复潜力，评价恢复的状态。以未受干扰的原始林生态系统作为参照系，从中提取物种组成及多样性、群落结构和关键生态功能指标信息，作为退化森林生态系统恢复与重建的参照系。

1.4.4.3　恢复与重建效果评价指标

对于恢复与重建后的森林生态系统的评价，通常是将恢复后的生态系统与恢复前或未受干扰的生态系统进行比较，其主要内容包括生物特征和非生物特征。

(1)生物特征。主要包括①植被覆盖度提高。在退化森林生态系统恢复与重建的过程中，植被覆盖度呈现上升趋势。②生物多样性增加。恢复与重建后的森林生态系统中的物种多样性会增加，群落均匀度增大，组织结构趋于稳定。③群落组成发生变化。恢复后的森林生态系统中，通常表现为阳生树种减少，中生和耐阴性树种增加，先锋树种减少，而建群种和顶级种增加。④群落结构分层明显。就群落垂直结构而言，冠层分化明显、层次较多，径级分化、高度级分化、林间层分化较明显；就空间水平结构来看，植被密度增加，乔木多度增加，灌木多度变为中等水平，草本多度较小。⑤小型动物、微生物数量和种类增加。退化森林生态系统恢复后，小型动物、昆虫、鸟类的数量、种类和生物量会增加。土壤微生物的种类和数量增加，土壤酶活性增强，土壤呼吸速率变大。⑥生产力提高。恢复后的森林生态系统由于对太阳能的利用率提高，因而系统生产力增加。⑦食物链变长。生态系统恢复后，简单的食物网趋向于稳定和复杂化，食物链变长，部分断裂的食物链得以重新构建，食物网由链状或简单网状逐渐变为复杂网状，种间共生、附生关系增强，使得生态系统自组织、自调节能力增强。

(2)非生物特征。主要包括①土壤理化性状改善。退化森林生态系统恢复后，土壤物理性质、养分状况得到改善，土壤含水量增加，土壤 pH 值由偏酸或偏碱性逐渐趋于中性。②水土流失减少。退化森林生态系统恢复后，地表径流量降低，水土流失量减少。③小气候发生变化。退化森林生态系统恢复后，形成了林内抗逆性较高、波动较小的小气候。④景观斑块稳定性增加。在森林生态系统恢复的中后期，景观结构由恢复前的景观多样化逐渐趋于均一，景观斑块由简单变得复杂，斑块功能增强，斑块稳定性增加。⑤生态服务功能增加。生态恢复后显著增强森林生态系统的服务功能。

1.5　技术应用

利用天然林区生物多样性精准监测与评估技术、珍稀濒危植物保育技术及退化森林定向恢复技术开展了亚热带天然林生物多样性保护与恢复应用，以及亚热带常绿落叶阔叶混交林的植物功能性状变异的研究。扩展了基于植物中能性状变异的群落组配生态学研究，而且有助于探究不同尺度下落叶树种和常绿树种共存的生态学机理。

本技术包含了天然林区生物多样性精准监测与评估技术、珍稀濒危植物保育技术及退化森林定向恢复技术三个方面。生物多样性精准监测与评估技术解决了监测体系建立、森林动态监测、生物多样性评估、确定不同类型天然林的保护等级和退化状况，规范了一系列有关生物多样性动态监测规模、内容、方法和流程，能够在一定尺度下对森林资源和生物多样性变化趋势进行监测，因而具有更加全面和精准的数据资料，同时也可用于干扰后森林健康评价。典型珍稀濒危植物保育技术提出了保护原则、保护方法、扩繁技术、再引入技术，能够为该地区珍稀濒危植物的保护及扩繁提供技术指导。退化森林定向恢复技术提出了以天然老龄林为基本参照，针对不同退化阶段的典型天然次生林的干扰因素和群落结构特征，提出退化天然林的分类与退化程度划分，有针对性的提出森林植被恢复与生境恢复的方法，以及生态系统生态功能潜力评价。本技术适用于长江流域天然林区的所有退化森林，可以为该地区的森林植被恢复和天然林保护工作提供必要的科学指导。

1.5.1　亚热带天然林生物多样性保护与恢复

通过天然林区生物多样性精准监测与评估技术，建立该区域的生物多样性监测样地网络，使用统一的监测方法、标准，使各区域的监测数据具有统一性、可比性，建立该地区各类生物资源数据库，完善生物多样性信息系统。利用珍稀濒危植物保育技术，加强珍稀濒危植物及其原生境的就地保护。建立和完善植物园物种迁地保护体系，实现濒危植物人工繁殖、野外回归、扩大野生种群。除此之外，利用天然林生态保护技术体系，开展生态系统保护与修复(湖北省环境保护厅，2014)。

1.5.2　退化森林定向恢复

由于人类的长期活动和资源利用，亚热带地区的大多数原始林已经消失，目前占据主体地位的是干扰后的次生林。由于次生林的保育和恢复关系到森林的生态系统功能的发挥，因此长江流域天然林的发展方向和最终结果是当前生态恢复和生物多样性保育的研究重点。生态恢复中的一个关键组分是植物，特别是生态功能关键种的存在对于整个生态系统恢复具有极为重要的作用，因而是森林保育和恢复研究中的核心问题，也是当前需要首要解决的目标之一。

长江流域亚热带地区包含丰富多样的生物资源和环境条件，但同时也具有不同类型、强度和频度的干扰体系。恢复那些被人类破坏的天然林退化生态系统以及如何保护现有天然林和次生林具有重要的科学价值和现实意义。相对于传统的森林恢复，退化森林定向恢复更加强调了森林演替方向及其所具备的生态功能。通常演替后期种和老龄林树种具备较高的潜在高度和木材密度，因此在固碳和养分循环等生态系统功能方面具有极为重要的作用。然而现存的天然次生林，特别是那些处于恢复早、中期的次生林中，优势种主要有那些短寿命或长寿命先锋种组成，而缺乏地带性顶级群落中的优势种。通过积极的人为调控措施，一方面加速树木更新速度，另一方提高后期种比例，从而加速次生林的恢复速度，实现森林资源的快速增长和生态系统功能的快速恢复。通过退化森林定向恢复技术可以显著改变天然次生林的林分结构和组成，从而提高天然林的恢复速度。

综合利用退化森林定向恢复技术，在该地区加强森林生态系统建设，坚持封山育林，推进天然林资源保护、生态公益林，退耕还林等工程建设，以推动退化森林向老龄林的恢复。

1.6 技术示范

1.6.1 示范区详细地点

结合上述生物多样性精准监测与评估技术和珍稀濒危植物保育技术，在湖北省恩施土家族苗族自治州建设了生物多样性保育示范区。示范区位于湖北恩施的 3 个国家级自然保护区和 1 个国有林场。包括利川市的湖北星斗山国家级自然保护区、鹤峰县的湖北木林子国家级自然保护区、宣恩县的湖北七姊妹山国家级自然保护区以及利川市的金子山国有林场。

清江流域天然森林植被保育理论与恢复技术示范区主要开展以下两个方面的技术示范研究。①基于森林固定样地的生物多样性精准监测与评估技术的示范；②典型珍稀濒危植物保育技术示范。针对该地区典型地带性植被——亚热带常绿阔叶林和亚热带天然林，以森林动态样地建设为基础平台，先后开展森林植被群落学研究、森林物种多样性及其共存机制研究、森林植被恢复研究。通过建立资源圃，开展了珍稀濒危植物和极小种群野生植物保护研究，并计划在金子山国有林场开展森林抚育和林冠下补植补造生态功能关键种的保育研究与示范。

1.6.2 示范区建设

1.6.2.1 天然林样地建设

目前，已经形成了森林大样地和森林卫星小样地相结合的天然林动态监测网络体系。大样地由 3 个部分组成，包括 1 个 15 hm^2 亚热带天然林老龄林大样地(木林子保护区)，1 个 6 hm^2 亚热带天然林老龄林大样地(金子山林场)、1 个 6 hm^2 亚热带天然林老次生林大样地(七姊妹山保护区)。卫星小样地(20 m×20 m)包括老龄林样地、农业弃耕地不同恢复

图 1-10　生物多样性监测样地调查

阶段的次生林样地、针阔混交林样地，样地共计193个，包括星斗山保护区108个、木林子保护区55个、七姊妹山保护区30个。样地建设和树木监测均参考热带林业研究中心的世界森林监测网络标准，对样地中所有胸径≥1 cm的木本植物进行编号、胸径测量点标记、胸径测定、物种鉴定和坐标测定等。同时在以每个20 m×20 m样方为单元(包括大样地)采集土壤，测定土壤养分。

1.6.2.2 珍稀濒危和极小种群野生植物保育

以利川南坪乡为主要基地，建立了0.3 hm^2的资源圃，开展了黄梅秤锤树、崖柏、河北梨、梓叶槭、东北红豆杉、盐桦和海伦兜兰等7种极小种群野生植物的迁地保护。开展了水杉种群的就地保护，对5000余株水杉母树重新进行了编号、树木调查等工作，为长期监测水杉生长动态提供了重要基础。

1.7 技术评估

该生物多样性保育技术通过对长江流域典型天然林区生物多样性精准监测、评估，典型珍稀濒危植物保育和典型退化森林定向恢复技术等技术，完成了监测、保护和恢复的技术体系制定，能够为长江经济带的生态保护和生态安全维护提供技术支持。

(主要撰写人：路兴慧)

Chapter 2
第2章 三峡库区防护林生态保护技术集成与应用

2.1 三峡库区景观生态防护林优化配置

2.1.1 背景介绍

森林是陆地生态系统中对环境影响最大的自然生态系统。营建三峡库区防护林是以发挥森林防护功能作用，防治水土流失和减免自然灾害为目的。在布设防护林时，首先应考虑整体功能最优，效益最大为原则。着眼于流域内各生态因子和组分之间的总体协调，特别是农、林、牧各组分之间，林业内部各林种之，都必须从整体效益出发合理布局，营建稳定、持久、高效的防护林景观生态网络格局。

2.1.2 三峡库区景观生态防护林优化配置

三峡库区重要的战略地位、多样化的自然经济条件和繁重的移民安置任务决定了该地区生态环境建设的重要性和特殊性，其防护林体系建设应从布局上充分满足生态、经济及景观等多方面的功能需求，通过合理布局，营建综合的生态经济防护体系，进而实现林、农、牧、旅的高度协调与发展，促进库区可持续发展。总体布局模式如图 2-1。

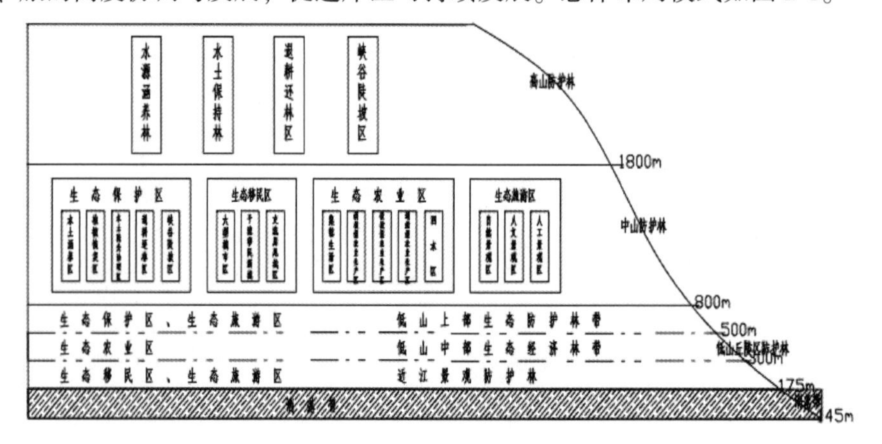

图 2-1 三峡库区防护林景观生态安全格局模式

2.1.2.1　三峡库区防护林水平布局

根据三峡库区生态功能区划的成果，将库区的景观防护林划分为4种类型16个亚类(图2-2、图2-3)。

(1)生态移民区景观生态防护林：大型城市区景观生态防护林、干流移民新城区景观生态防护林、支流库尾城区景观生态防护林。

(2)生态农业区景观生态防护林：集镇生活区景观生态防护林、斜坡型农业生产区景观生态防护林、缓坡型农业生产区景观生态防护林、湖盆型农业生产区景观生态防护林、回水区农业生产区景观生态防护林。

(3)生态保护区景观生态防护林：水土涵养区景观生态防护林、植被恢复区景观生态防护林、水土流失治理区景观生态防护林、退耕还林区景观生态防护林、峡谷陡坡区景观生态防护林。

(4)生态旅游区景观生态防护林：自然景观区景观生态防护林、人文景观区景观生态防护林、人工景观区景观生态防护林。

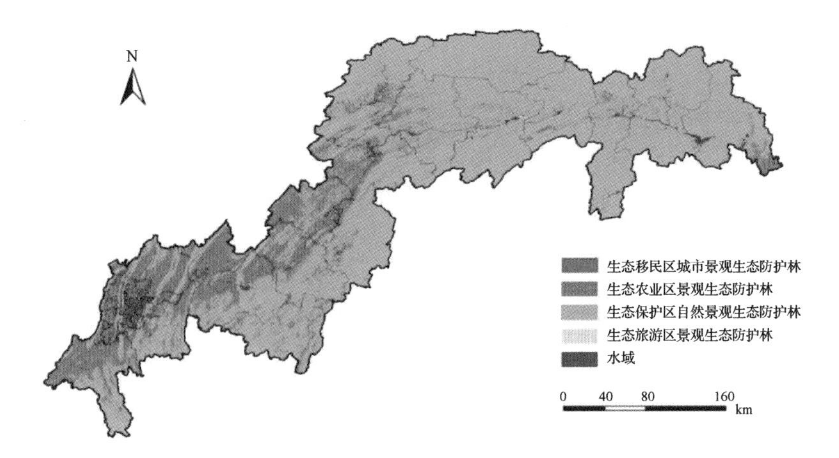

图2-2　三峡库区防护林景观分区

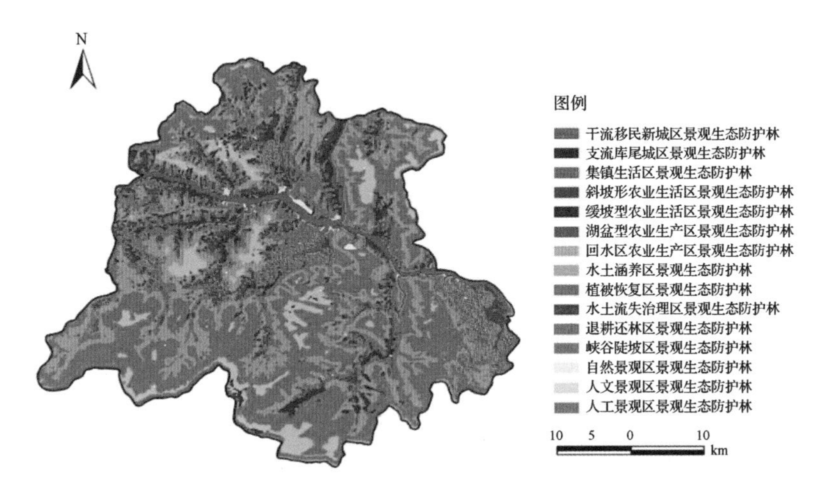

图2-3　秭归县防护林景观分区

2.1.2.2 三峡库区防护林垂直布局

海拔是决定土地利用方向和土地承载力的重要因子之一，是指导植被建设布局的重要指标。三峡库区垂直方向上的防护林布局主要为以下模式。

(1)低山丘陵区景观防护林带的“三带”布局模式：通过对不同海拔地段自然、经济条件分析，可以看出低山丘陵区这种不同地段不同功能需求的垂直分异。规划在占三峡库区总面积60.79%的低山丘陵区建设山上部生态防护林带、山中部生态经济林带和近江景观防护林带的“三带”布局模式，取得了较好的生态、经济以及社会效益。

(2)三峡库区水位消落带：这一区域主要是指海拔145~180 m的水库水位消落范围，这一范围是因水库调度引起水位变动而在库周形成的一个特殊区域。水位消落区一般是指死水位至校核洪水水位线之间的范围，它包括临时淹没土地和经常回水区的上层部分。由于受到库水反复周期性的淹没浸泡及水位涨落所产生的淤积和冲刷作用，水库消落区的地形、土壤和水分状况都会发生一定变化。这是一个特殊的地带，因此在水位消落区范围内的不同区段应考虑不同的植物种营建护岸护滩林和防浪防蚀林。

(3)中山区防护林模式：该区主要是指海拔800~1800 m的广大区域，本区域内以中、低山地貌为主，是三峡库区的主要地貌类型。区域内坡面较陡水土流失严重、人为活动也频繁。多功能防护林体系中以防护效益和经济用材兼用的多功能防护林为重点，在保护好现有天然林资源基础上，加快陡坡耕地的退耕还林。

(4)高山区防护林模式：此区域主要是指海拔在1800 m以上的区域，该区属冷温带气候，气候寒冷，人口稀少，是库区天然林的主要分布范围，其森林是库区及长江流域极为重要的水源涵养林，在三峡库区发挥着涵养水源、保持土壤、减少直接入库泥沙、改善下游的水质状况等重要作用。该区域主要是绿化荒山和保护好现有天然林资源，通过人工措施促进天然林更新，恢复森林植被，禁止放牧、砍伐及其他一切能引起水土流失的不合理人为活动，构建成库区功能稳定的绿色水库，形成紧紧围绕三峡工程的绿色防护屏障。

2.1.2.3 三峡库区小流域景观生态防护林布局

(1)上部水源涵养林带：在海拔500~800 m的山体上部规划为上部水源涵养林带。该区生态环境复杂多样，土壤贫瘠，保水保土能力差，是低山丘陵区主要的水土流失区。同时这一区域大多保存有较多的天然植被，但由于人为破坏严重，大都以次生林形式存在，森林质量差，水土保持与水源涵养功能较差。这一区域的防护林体系建设应充分考虑对天然植被生态功能的恢复，应以封山育林为主，采取保护、恢复、重建及维持等方式，在林分质量较好地段进行管护，在植被破坏严重地区可以结合补植，人工促进群落的进展演替。

(2)中部生态经济型防护林带：在海拔180~500 m的区域规划为山中部生态经济型防护林带。由于该区域自然条件较好，库区坡耕地主要集中于这一区域。随着库区人口急剧增加，且耕作方式落后，已形成该区域人地矛盾突出、水土流失面积大、经济发展缓慢等生态经济问题。其防护林体系建设应致力于提高土地生产力和利用率，宜布局为生态经济防护林带。在林种选择上可以经济林为主，综合应用先进成熟的农林复合、坡地生物篱技术，以最大程度兼顾生态与经济效益。该区适生的经济林树种主要有柑桔、脐橙、板栗等。

(3)临江消落带水土保持植被带：在海拔145~180 m的区域规划为消落带水土保持植被带。该区域季节性淹没，植被覆盖率低，环境污染较重。除保护好临江现有植被外，主要应通过消落带植物选择与应用，恢复消落带植被，保持水土，削减面源污染对长江的影响。

(4)山洼水土保持林廊道：山脊之间山洼的降雨回流带是水土流失的关键带，应从三体上部到下部尽量保留原有次生植被，并采取人工促进措施恢复荒芜地段的植被，形成乔灌草结合的水土保持林廊道。

2.2　三峡库区消落带植被恢复技术集成与应用

2.2.1　背景介绍

随着三峡水库的开工运营，世界高度关注三峡水库的生态环境问题，其中三峡库区消落带作为一种典型防护林，是关注的焦点之一，按照水库运营管理条例，每年随着水位调节，在海拔 145~175 m 区域，将产生落差 30 m 的消落带，消落带植被是库区生态系统的重要组成部分，其与对于三峡水库控制水土流失、库岸污染物截留、居民健康卫生保障及景观美化，乃至水库生态安全等密切相关。由于受三峡水库水位涨落的影响，消落带原陆生生境迅速变为冬水夏陆交替型生境，且在植物经历长期水淹重新回到陆生环境后，又恰值当地伏旱季节，气候干燥和土壤干旱，加之植物的生存基质——土壤的流失或土壤理化性质的改变，致使消落带许多植物因难以在短期内改变长期系统发育过程中形成的生物学特性和生态习性而在此变化的环境中死亡。因此，消落带植被恢复被公认为是世界性难题。在消落带植被恢复中，立地分类是基础，筛选适宜的植物材料是核心，适地适树(草)和生态配置是关键，科学种植和抚育管理是成功的保障。

2.2.2　消落带类型划分

针对三峡库区消落带植被恢复需求，依据地貌、地形及土壤等因子进行消落带立地类型划分。目前，消落带类型分为峡谷陡坡裸岩型消落带、峡谷陡坡薄层土型消落带、中缓坡坡积土型消落带、开阔河段冲积土型(河流阶地、平坝型)消落带、城镇河段废弃地型(失稳库岸重点治理型)消落带、支流尾闾型消落带等类型。

2.2.3　消落带适生植物筛选原则

以消落带植被恢复可持续性及三峡水库生态安全、景观优美为着眼点，消落带适生植物筛选遵从以下原则：

(1)以本地区乡土物种为主，具有较好的适应性，保障生态安全。

(2)根系发达，较好地防止水土流失。

(3)具有较少的枯枝落叶，减少水体污染。

(4)具有一定的观赏、经济价值，惠及百姓。

2.2.4　消落带适生植物筛选

基于经历短期水淹的长江沿岸护岸林调查、温室控水试验、固定样地植被动态监测等全方面调查及分析，进行适生植物筛选(图 2-4 至图 2-9)。

图 2-4 消落带植物筛选控制试验

图 2-5 消落带植物性能测定

图 2-6 消落带植被恢复前

图 2-7 消落带植被恢复后

图 2-8 破损的消落带

图 2-9 修复后消落带

2.2.4.1 野外调查

通过野外调查，从过去营造的由 60 种植物组成的护岸林中筛选出对水淹有较强适应性的植物有芭茅、池杉、水杉、麻柳(枫杨)、柳树、意杨、楸枫、湿地松、慈竹、麻竹、吊丝竹、水竹、黄桷树、桑树、乌桕、中华蚊母、芦竹、狗牙根、棒头草、象草、甜根子草、香根草、空心菜、水芹、芦苇、水菖蒲、药菖蒲、鱼腥草等 30 余种植物。

通过室外淹水池模拟淹水控制试验，获得了巴茅、池杉、水杉、麻柳、柳树、意杨、楸枫、水竹等 1 年生幼苗的耐淹临界值和高生长资料(表 2-1，表 2-2)。分析表明在水层厚度 5 cm，持续淹没 150 天以上，巴茅、池杉、杨柳、水杉幼苗生长基本未受到影响，而意杨和楸枫的生长量明显下降；在完全淹没(没过树梢 5 cm)试验条件下，巴茅、池杉、杨柳、水杉、意杨、麻柳和楸枫树木生长与对照差异显著。相比较而言，池杉的耐淹能力最强，柳树和水杉次之，其他植物表现较差。

表 2-1　供试植物耐淹临界值(死亡出现的天数)　　单位：天

处　理	巴茅	池杉	麻柳	柳树	水杉	意杨	楸枫	水竹
部分淹没	60~90	>150	>150	>150	>150	30~60	25~30	30~60
完全淹没	30~60	120~150	25~30	30~60	30~60	25~30	20~25	20~50

表 2-2　淹水条件下供试植物幼苗高生长　　单位：cm

处　理	巴茅	池杉	麻柳	柳树	水杉	意杨	楸枫
对　照	21. 4a	25. 1a	21. 4a	26. 7a	23. 3a	34. 5a	24. 3a
部分淹没	22. 4a	24. 6a	18. 6b	26. 8a	24. 5a	31. 3b	20. 5b
完全淹没	16. 7b	21. 3b	16. 3c	20. 5b	19. 4b	23. 2c	16. 3c

· 表中同列含有不同小写字母者表示差异显著($p<0.05$)。

2. 2. 4. 2　控制试验

以香附子、火炭母、皇竹草、空心莲子草、芭茅为试验材料，在中国林科院半自动调控温室，设置对照(CK)、干旱(T_1)、半淹(T_2)、全淹(T_3)4 个处理组进行淹水和抗旱试验筛选适生植物，试验处理 100d 后的结果表明，5 种供试植物对水淹和干旱都有一定的适应能力。香附子的存活率达 100%，火炭母次之，皇竹草、空心莲子草和芭茅位居最后(图 2-10)。

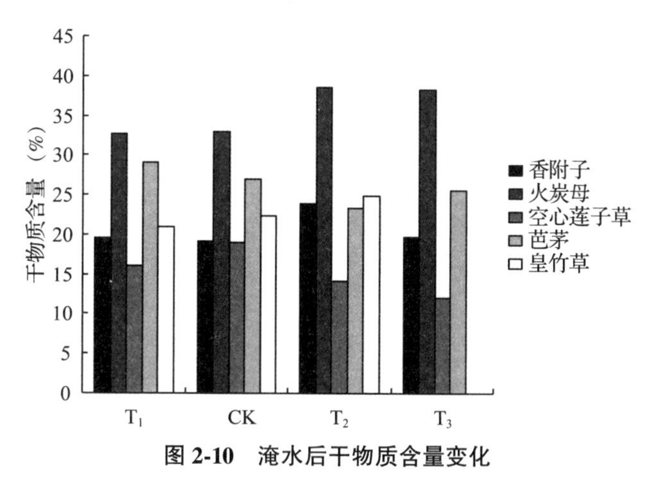

图 2-10　淹水后干物质含量变化

2. 2. 4. 3　固定样地植被动态监测

落带植被多年监测结果显示，消落带现存植被的优势种主要是禾本科、莎草科和菊科的草本植物(表 2-3)。

表 2-3 消落带经历 4 次水库水位涨落后的优势植物种类(按重要值大小排在前 10 位的植物种)

生活型	科 名	种 名	重要值
草 本	禾本科 Gramineae	狗牙根 *Cynodon dactylon*	20.4
	莎草科 Cyperaceae	碎米莎草 *Cyperus iria*	16.8
	禾本科 Gramineae	毛马唐 *Digitaria chrysoblephara*	15.6
	禾本科 Gramineae	狗尾草 *Setaria viridis*	12.3
	菊科 Compositae	鬼针草 *Bidens pilosa*	8.8
	菊科 Compositae	苍耳 *Xanthium sibiricum*	3.4
	菊科 Compositae	飞蓬 *Erigeron acer*	2.1
	茄科 Solanaceae	龙葵 *Salanum nigrum*	1.9
	禾本科 Gramineae	黄茅 *Heteropogon contortus*	1.9
	蓼科 Polygonaceae	红蓼 *Polygonum orientale*	1.6

2.2.4.4 消落带不同海拔区段的适生植物

随着三峡水库运营调节，消落带不同海拔高程的淹水深度和持续时间不同，植物的空间分布有所不同，分 155~160 m、160~165 m、165~168 m、168~172 m、172~175 m 等 5 个海拔区段调查，分析结果见表 2-4。

表 2-4 消落带不同海拔区段分布的优势植物种类

海拔(m)	1 号样地		2 号样地		3 号样地		4 号样地	
	种名	*Iv*	种名	*Iv*	种名	*Iv*	种名	*Iv*
172~175	青蒿 *Artemisia carvifolia*	17.58	毛马唐 *Digitaria ciliaris*	26.67	鬼针草 *Bidens pilosa*	12.58	狗牙根 *Cynodon dactylon*	32.93
	芒 *Miscanthus sinensis*	11.21	鬼针草 *Bidens pilosa*	22.51	酢浆草 *Oxalis corniculata*	7.68	黄栌 *Cotinus coggygria*	6.32
	白茅 *Imperata cylindrica*	11.21	艾蒿 *Artemisia argyi*	9.94	荩草 *Arthraxon hispidus*	6.76	短尖忍冬 *Lonicera mucronata*	5.94
	鬼针草 *Bidens pilosa*	9.16	槲栎 *Quercus aliena*	7.17	香椿 *Toona sinensis*	4.89	黄杨 *Buxus microphylla subsp. sinica*	5.48
168~172	鬼针草 *Bidens pilosa*	23.21	毛马唐 *Digitaria ciliaris*	34.56	鬼针草 *Bidens pilosa*	19.00	狗牙根 *Cynodon dactylon*	53.53
	毛马唐 *Digitaria ciliaris*	20.64	狗尾草 *Setaira viridis*	24.38	酢浆草 *Oxalis corniculata*	13.02	狗尾草 *Setaira viridis*	10.13
	狗尾草 *Setaira viridis*	19.58	鬼针草 *Bidens pilosa*	14.34	苍耳 *Xanthium sibiricum*	8.04	龙葵 *Solanum nigrum*	9.72
	黄茅 *Heteropogon contortus*	14.04	红蓼 *Polygonum orientale*	6.56	狗尾草 *Setaira viridis*	7.31	飞蓬 *Erigeron acer*	6.99

续表

海拔(m)	1 号样地		2 号样地		3 号样地		4 号样地	
	种名	*Iv*	种名	*Iv*	种名	*Iv*	种名	*Iv*
165~168	狗牙根 *Cynodon dactylon*	42. 21	毛马唐 *Digitaria ciliaris*	48. 51	狗尾草 *Setaira viridis*	16. 26	狗牙根 *Cynodon dactylon*	54. 55
	狗尾草 *Setaira viridis*	19. 16	狗尾草 *Setaira viridis*	23. 38	酢浆草 *Oxalis corniculata*	12. 59	狗尾草 *Setaira viridis*	15. 34
	鬼针草 *Bidens pilosa*	12. 79	鬼针草 *Bidens pilosa*	13. 59	猪毛蒿 *Artemisia scoparia*	12. 02	龙葵 *Solanum nigrum*	8. 70
	黄茅 *Heteropogon contortus*	8. 72	南瓜 *Cucurbita moschata*	7. 78	飞蓬 *Erigeron acer*	11. 96	铁线蕨 *Adiantum capillusveneris*	2. 92
160~165	狗牙根 *Cynodon dactylon*	46. 92	狗尾草 *Setaira viridis*	28. 21	苍耳 *Xanthium sibiricum*	21. 89	狗牙根 *Cynodon dactylon*	76. 96
	莎草 *Cyperus rotundus*	12. 12	鬼针草 *Bidens pilosa*	10. 37	狗尾草 *Setaira viridis*	16. 62	鬼针草 *Bidens pilosa*	6. 93
	鬼针草 *Bidens pilosa*	10. 86	飞杨草 *Euphorbia hirta*	3. 84	狗牙根 *Cynodon dactylon*	13. 02	狼尾草 *Pennisetum alopecuroides*	6. 87
	金色狗尾草 *Setaria glauca*	10. 29	苍耳 *Xanthium sibiricum*	3. 62	酢浆草 *Oxalis corniculata*	9. 22	桑树 *Morus alba*	5. 91
155~160	莎草 *Cyperus rotundus*	59. 74	莎草 *Cyperus rotundus*	41. 96	稗草 *Echinochloa crusgalli*	34. 63	狗牙根 *Cynodon dactylon*	75. 56
	毛马唐 *Digitaria ciliaris*	13. 11	毛马唐 *Digitaria ciliaris*	34. 01	狗牙根 *Cynodon dactylon*	24. 92	莎草 *Cyperus rotundus*	10. 07
	狗牙根 *Cynodon dactylon*	7. 16	狗尾草 *Setaira viridis*	9. 77	苍耳 *Xanthium sibiricum*	17. 80	鬼针草 *Bidens pilosa*	4. 83
	金色狗尾草 *Setaria glauca*	6. 27	红蓼 *Polygonum orientale*	5. 83	红蓼 *Polygonum orientale*	8. 35	稗草 *Echinochloa crusgalli*	4. 77

目前，以上适生植物中的柳树、池杉、麻柳(枫杨)、慈竹、香根草、狗牙根和香附子等，已用于消落带植被恢复和重建试验示范基地建设，在消落带植被恢复和重建中具有极为广泛的推广价值。

2. 2. 5　三峡库区消落带现存植物生态位

2. 2. 5. 1　三峡库区消落带草本植物组成及生态位宽度变化

通过在三峡水库消落带设置固定监测样地的监测结果分析得知库区消落带植被类型以一年生和多年生的草本植物为主，共有植物 22 科 40 属 49 种。其中，草本 18 科 32 属 39 种，包括禾本科 6 种 6 属、菊科 9 种 9 属、蓼科 3 种 1 属、大戟科 6 种 5 属，分别占草本总科数的 41. 7%、29. 1%、11. 5%、7. 6%，是该区的主要优势科，单种、属现象明显。

随海拔的增加，消落带草本植物物种数逐渐增加。其中，相比海拔 145~155 m 段，海拔 155~165 m 段增加 6 个物种数，海拔 165~175 m 段增加 13 个物种数。但也有少数物种由于不适应高海拔环境而消失：如附地菜(*Trigonotis peduncularis*)、雍菜(*Ipomoea aquatica*)、斑地锦(*Euphorbia maculata*)等 5 个物种只存在于海拔 145~155 m 段，铁苋菜(*Acalypha australis*)、匍茎通泉草(*Mazus miquelii*)、叶下珠(*Phyllanthus urinaria*)可同时存在于海拔 145~155 m 和 155~165 m 段，巴东醉鱼草(*Buddleja albiflora*)、具芒碎米莎草(*Cyperus microiria*)、马齿苋(*Portulaca oleracea*)3 个物种则仅存在于海拔 155~165 m 段。不同海拔处的优势草本物种不同：海拔 145~155 m 处主要优势草本物种是狗牙根(*Cynodon dactylon*)、蜜甘草(*Phyllanthus ussuriensis*)和狗尾草(*Setaria viridis*)；海拔 155~165 m 处主要优势草本物种是狗尾草、狗牙根和毛马唐(*Digitaria chrysoblephara*)；而海拔 165~175 m 处主要优势草本物种是狗尾草、苍耳(*Xanthium sibiricum*)和毛马唐。

随海拔的增加，库区物种生态位宽度大于 0.5 的物种数先增加后减少，小于 0.2 的物种数逐渐增多，其中，海拔 145~155 m 处生态位宽度大于 0.5 物种依次为狗牙根>酸模叶蓼(*Polygonum lapathifolium*)>狗尾草>苍耳，生态位宽度变化范围为 0.200~0.842；海拔 155~165 处生态位宽度大于 0.5 的物种增多，依次为狗尾草>毛马唐>狗牙根>狼把草(*Bidentis tripartitae*)>水蓼(*Polygonum hydropiper*)>苍耳，生态位宽度变化范围为 0.200~0.922；而海拔 165~175 m 区域生态位宽度大于 0.5 的物种只有 2 种，为狗尾草和狼把草，且小于 0.210 的物种占优势物种数的 57.9%，生态位宽度变化范围为 0.200~0.915。整体看来，145~155 m、155~165 m、165~175 m 海拔段物种生态位宽度小于 0.200 的物种数分别占物种总数的 46.2%、33.3%和 56.4%，以 165~175 m 高海拔段特化物种数增加最为显著。水淹后消落带出现的生态位宽度大于 0.200 的物种中，随海拔增加而增加的物种有蜜甘草、狗尾草、翅茎冷水花(*Pilea subcoriacea*)、毛马唐、红廖(*Polygonum orientale*)、狼把草、苍耳等，随海拔增加而降低的物种有狗牙根、旱莲草(*Eclipta prostrata*)、喜旱莲子草(*Alternanthera philoxeroides*)等。其中，狗牙根在消落带 145~155 m 低海拔段的优势度非常明显，远高于其他物种。

表 2-5　不同海拔处消落带草本植物组成及生态位宽度变化

物种号	物种名称	生活型	科	属	海拔(m)					
					145~155		155~165		165~175	
					I_v	B_i	I_v	B_i	I_v	B_i
1	狗牙根 *Cynodon dactylon*	多年生草本	禾本科 Gramineae	狗牙根属 *Cynodon*	0.468	0.842	0.184	0.728	0.122	0.086
2	蜜甘草 *Phyllanthus ussuriensis*	一年生草本	大戟科 Euphorbiaceae	叶下珠属 *Phyllanthus*	0.092	0.339	0.039	0.403	0.012	0.396
3	狗尾草 *Setaria viridis*	一年生草本	禾本科 Gramineae	狗尾草属 *Setaria*	0.090	0.617	0.257	0.922	0.265	0.915
4	水田稗 *Echinochloa oryzoides*	一年生草本	禾本科 Gramineae	稗属 *Echinochloa*	0.075	0.361	0.066	0.369	0.000	0.200
5	香附子 *Cyperus rotundus*	多年生草本	莎草科 Cyperaceae	莎草属 *Cyperus*	0.050	0.367	0.039	0.334	0.008	0.200

续表

物种号	物种名称	生活型	科	属	海拔(m)					
					145~155		155~165		165~175	
					I_v	B_i	I_v	B_i	I_v	B_i
6	水蓼 *Polygonum hydropiper*	一年生草本	蓼科 Polygonaceae	蓼属 *Polygonum*	0.039	0.297	0.014	0.692	0.001	0.200
7	酸模叶蓼 *Polygonum lapathifolium*	一年生草本	蓼科 Polygonaceae	蓼属 *Polygonum*	0.035	0.705	0.007	0.276	0.002	0.200
8	毛马唐 *Digitaria chrysoblephara*	一年生草本	禾本科 Gramineae	马唐属 *Digitaria*	0.027	0.218	0.159	0.788	0.124	0.426
9	喜旱莲子草 *Alternanthera philoxeroides*	多年生草本	苋科 Amaranthaceae	莲子草属 *Alternanthera*	0.018	0.337	0.001	0.328	0.002	0.200
10	红蓼 *Polygonum orientale*	一年生草本	蓼科 Polygonaceae	蓼属 *Polygonum*	0.017	0.344	0.018	0.333	0.019	0.467
11	狼把草 *Bidens tripartita*	一年生草本	菊科 Compositae	鬼针草属 *Bidens*	0.016	0.346	0.050	0.716	0.042	0.621
12	翅茎冷水花 *Pilea subcoriacea*	多年生草本	荨麻科 Urticaceae	冷水花属 *Pilea*	0.011	0.200	0.014	0.378	0.008	0.396
13	铁苋菜 *Acalypha australis.*	一年生草本	大戟科 Euphorbiaceae	铁苋菜属 *Acalypha*	0.009	0.239	0.002	0.371	—	—
14	苍耳 *Xanthium sibiricum*	一年生草本	菊科 Compositae	苍耳属 *Xanthium*	0.008	0.426	0.053	0.646	0.126	0.433
15	旱莲草 *Eclipta prostrata*	一年生草本	菊科 Compositae	鳢肠属 *Eclipta*	0.008	0.398	0.016	0.424	0.028	0.348
16	匍茎通泉草 *Mazus miquelii*	多年生草本	玄参科 Scrophulariaceae	通泉草属 *Mazus*	0.006	0.200	0.011	0.200	—	
17	附地菜 *Trigonotis peduncularis*	一年生草本	紫草科 Boraginaceae	附地菜属 *Trigonotis*	0.006	0.200	—	—	—	—
18	藿香蓟 *Ageratum conyzoides*	一年生草本	菊科 Compositae	藿香蓟属 *Ageratum*	0.006	0.200	0.004	0.200	0.002	0.200
19	稗 *Echinochloa crusgalli*	一年生草本	禾本科 Gramineae	稗属 *Echinochloa*	0.006	0.200	0.044	0.423	0.009	0.347
20	西瓜 Citrullus lanatus	一年生草本	葫芦科 Cucurbitaceae	西瓜属 Citrullus	0.004	0.200	—	—	—	—
21	蕹菜 Ipomoea aquatica	蔓生草本	旋花科 Convolvulaceae	番薯属 Ipomoea	0.003	0.200	—	—	—	—
22	冬瓜 Benincasa hispida	一年生草本	葫芦科 Cucurbitaceae	冬瓜属 Benincasa	0.002	0.200	—	—	—	—

续表

物种号	物种名称	生活型	科	属	海拔(m)					
					145~155		155~165		165~175	
					I_v	B_i	I_v	B_i	I_v	B_i
23	叶下珠 Phyllanthus urinaria	一年生草本	大戟科 Euphorbiaceae	叶下珠属 Phyllanthus	0.002	0.200	0.001	0.200	—	—
24	一年蓬 Erigeron annuus	一、二年生草本	菊科 Compositae	飞蓬属 Erigeron	0.001	0.200	0.002	0.200	0.062	0.452
25	斑地锦 Euphorbia maculata	一年生草本	大戟科 Euphorbiaceae	大戟属 Euphorbia	0.001	0.200	—	—	—	—
26	紫萼蝴蝶草 Impatiens platychlaena	一年生草本	玄参科 Scrophulariaceae	蝴蝶草属 Torenia	0.001	0.200	0.002	0.397	0.004	0.328
27	野艾蒿 Artemisia lavandulaefolia	多年生草本	菊科 Compositae	蒿属 Artemisia	—	—	0.009	0.352	0.080	0.350
28	鬼针草 Bidens bipinnata	一年生草本	菊科 Compositae	鬼针草属 Bidens	—	—	0.003	0.200	0.013	0.238
29	巴东醉鱼草 Buddleja albiflora	多年生草本	马钱科 Loganiaceae	醉鱼草属 Buddleja	—	—	0.002	0.200	—	—
30	具芒碎米莎草 Cyperus microiria	一年生草本	莎草科 Cyperaceae	莎草属 Cyperus	—	—	0.001	0.200	—	—
31	马齿苋 Portulaca oleracea	一年生草本	马齿苋科 Portulacaceae	马齿苋属 Portulaca	—	—	0.000	0.200	—	—
32	荩草 Arthraxon hispidus	一年生草本	禾本科 Gramineae	荩草属 Arthraxon	—	—	—	—	0.010	0.387
33	土荆芥 Chenopodium ambrosioides	一年或多年生草本	藜科 Chenopodiaceae	藜属 Chenopodium	—	—	—	—	0.004	0.400
34	合萌 Aeschynomene indica	一年生草本	豆科 Leguminosae	合萌属 Aeschynomene	—	—	—	—	0.004	0.200
35	千里光 Senecio scandens	多年生草本	菊科 Compositae	千里光属 Senecio	—	—	—	—	0.002	0.200
36	茵陈蒿 Artemisia capillaris	多年生草本	菊科 Compositae	蒿属 Artemisia	—	—	—	—	0.002	0.200
37	地果 Ficus tikoua	一年生草本	桑科 Moraceae	榕属 Ficus	—	—	—	—	0.002	0.200
38	两型豆 Amphicarpaea edgeworthii	一年生草本	豆科 Leguminosae	两型豆属 Amphicarpaea	—	—	—	—	0.001	0.200
40	葎草 Humulus scandens	一年生缠绕草本	桑科 Moraceae	葎草属 Humulus	—	—	—	—	0.001	0.200

注：—表示物种消失。

2.2.5.2　三峡库区不同海拔段消落带主要优势植物生态位重叠

(1)海拔 145~155 m 段。海拔 145~155 m 段主要有草本植物 26 种，对物种重要值大于 0.006 的优势种(19 种)进行物种生态位重叠计算。由表 2-6 可知，许多对生长条件需求相似的物种间生态位重叠较大，以翅茎冷水花与附地菜、藿香蓟(*Ageratum conyzoides*)、稗(*Echinochloa crusgalli*)，附地菜与藿香蓟、稗，以及藿香蓟与稗的生态位重叠值最大(1.000)，其次是毛马唐与翅茎冷水花、附地菜、藿香蓟、稗(0.999)，再次是铁苋菜与附地菜、藿香蓟、稗(0.995)，生态位重叠值最小的为 0，其他物种间的生态位重叠值为 0.058~0.994。19 个优势种可构成 190 对种对，生态位重叠值>0.5 的有 55 对，占所有种对的 28.9%；而生态位重叠值<0.2 的有 33 对，占所有种对的 17.4%；生态位重叠值为 0 的有 28 对，占所有种对的 14.7%。

表 2-6　消落带海拔 145~155 m 段主要优势草本植物生态位重叠值

Q_{ij}	Q_{ji}																	
	2	3	4	5	6	7	8	9	10	11	12	13	14	15	16	17	18	19
1	0.303	0.621	0.354	0.699	0.556	0.823	0.276	0.341	0.544	0.423	0.251	0.298	0.711	0.601	0.627	0.251	0.251	0.251
2		0.375	0.973	0.034	0.246	0.558	0.108	0.986	0.108	0.128	0.108	0.115	0.065	0.173	0.139	0.108	0.108	0.108
3			0.374	0.228	0.056	0.706	0.812	0.328	0.763	0.938	0.813	0.856	0.307	0.768	0.236	0.813	0.813	0.813
4				0.130	0.240	0.607	0.000	0.946	0.253	0.109	0.000	0.027	0.025	0.075	0.115	0.000	0.000	0.000
5					0.853	0.243	0.041	0.000	0.435	0.188	0.000	0.046	0.814	0.000	0.000	0.000	0.000	0.000
6						0.101	0.045	0.240	0.000	0.000	0.000	0.000	0.894	0.000	0.000	0.000	0.000	0.000
7							0.243	0.601	0.568	0.428	0.243	0.293	0.236	0.654	0.717	0.243	0.243	0.243
8								0.058	0.390	0.917	0.999	0.994	0.356	0.754	0.000	0.999	0.999	0.999
9									0.023	0.054	0.058	0.058	0.081	0.229	0.281	0.058	0.058	0.058
10										0.724	0.391	0.479	0.122	0.295	0.000	0.391	0.391	0.391
11											0.918	0.952	0.288	0.693	0.000	0.918	0.918	0.918
12												0.995	0.313	0.755	0.000	1.000	1.000	1.000
13													0.312	0.751	0.000	0.995	0.995	0.995
14														0.382	0.222	0.313	0.313	0.313
15															0.656	0.755	0.755	0.755
16																0.000	0.000	0.000
17																	1.000	1.000
18																		1.000

注：表中物种顺序与此海拔物种重要值大小顺序相同。

(2)海拔 155~165 m 段。海拔 155~165 m 段主要有草本植物 27 种，对物种重要值>0.006 的优势种(16 种)进行物种生态位重叠计算。由表 2-7 可知，翅茎冷水花与野艾蒿(*Artemisia lavandulaefolia*)的生态位重叠值最大(0.993)，其次是香附子(*Rhizoma cyperi*)与酸模叶蓼(0.946)，再次是旱莲草(*Eclipta prostrata*)与葡茎通泉草(0.925)，生态位重叠值最小的为蜜甘草与酸模叶蓼(0.006)。与海拔 145~155 m 段相比，海拔 155~165 m 段的生态位重叠值>0.500的物种数目显著增加，且物种重要值相对较大的物种之间的生态位重叠值也较高，同一物种同时与多个物种均存在较强的竞争关系，如狗尾草除了与翅茎冷水花、野艾蒿的生态位重叠值<0.500外，与其余14个物种的生态位重叠值均>0.500。另外，16个优势种可构成136对种对，生态位重叠值>0.5的有59对，占所有种对的43.4%；而<0.2的有28对，占所有种对的20.6%；生态位重叠值为0的由低海拔145～155 m段的28对降低至仅有2对，仅占所有种对的1.5%。

表2-7　消落带海拔155～165 m段主要优势草本植物生态位重叠值

Q_{ij}	Q_{ji}														
	2	3	4	5	6	7	8	9	10	11	12	13	14	15	16
1	0.748	0.847	0.661	0.718	0.750	0.539	0.641	0.572	0.648	0.460	0.712	0.604	0.272	0.605	0.593
2		0.554	0.300	0.667	0.692	0.866	0.256	0.825	0.354	0.566	0.990	0.356	0.357	0.330	0.690
3			0.669	0.796	0.819	0.324	0.826	0.176	0.559	0.747	0.537	0.712	0.609	0.674	0.156
4				0.119	0.577	0.270	0.883	0.151	0.022	0.130	0.250	0.028	0.054	0.022	0.082
5					0.699	0.403	0.343	0.315	0.789	0.847	0.684	0.917	0.672	0.885	0.334
6						0.727	0.530	0.213	0.485	0.627	0.737	0.548	0.324	0.539	0.086
7							0.040	0.636	0.197	0.304	0.906	0.116	0.000	0.123	0.441
8								0.045	0.103	0.452	0.191	0.268	0.468	0.221	0.006
9									0.161	0.146	0.765	0.038	0.073	0.031	0.946
10										0.368	0.382	0.916	0.161	0.953	0.340
11											0.577	0.673	0.925	0.590	0.043
12												0.382	0.333	0.361	0.620
13													0.520	0.993	0.165
14														0.417	0.000
15															0.176

（3）海拔165～175 m段。海拔165～175 m段主要有草本植物38种，对物种重要值大于0.006的优势种（18种）进行物种生态位重叠计算。从表2-8可以看出，狗牙根与香附子的生态位重叠值最大（0.986），其次是旱莲草与鬼针草（*Bidens bipinnata*）（0.980），再次是毛马唐与土荆芥（*Chenopodium ambrosioides*）（0.957），生态位重叠值最小的为一年蓬（*Erigeron annuus*）与鬼针草（0.001）；其他物种间的生态位重叠值范围为0.011～0.950。生态位宽度较大的物种间既有较大的生态位重叠，也有较小的生态位重叠，例如，狗尾草与狼把草的生态位宽度最高，分别达0.915和0.621，且分别与其他物种间的生态位重叠较高，最高分别达0.831和0.905；但是在优势草本物种中，一年蓬和苍耳的生态位宽度也较高，分别达0.452和0.433，但与其他物种间生态位重叠较小，这可能与物种自身的特性有关。具有较小生态位宽度的物种之间的生态位重叠值不一定小，如狗牙根的生态位宽度很小（0.086），但与稗（0.905）、蜜甘草（0.879）、香附子（0.830）、葡茎通泉草（0.781）的生态位重叠值很高。16个优势种可构成136对种对，生态位重叠值>0.5的有44对，占所有种对的32.6%；而生态位重叠值<0.2的有36对，占所有种对的26.5%；生态位重叠值为0的有13对，占所有种对的9.6%。

表 2-8　消落带海拔 165~175 m 段主要优势草本植物生态位重叠值

Q_{ij}	Q_{ji}														
	2	3	4	5	6	7	8	9	10	11	12	13	14	15	16
1	0.707	0.498	0.435	0.694	0.713	0.672	0.532	0.831	0.396	0.720	0.473	0.465	0.321	0.578	0.321
2		0.152	0.155	0.251	0.353	0.123	0.905	0.879	0.830	0.432	0.471	0.781	0.058	0.210	0.000
3			0.217	0.140	0.755	0.760	0.258	0.108	0.183	0.604	0.881	0.226	0.184	0.905	0.957
4				0.141	0.045	0.453	0.137	0.166	0.186	0.024	0.053	0.482	0.986	0.128	0.000
5					0.336	0.656	0.120	0.453	0.000	0.314	0.000	0.001	0.003	0.148	0.000
6						0.528	0.171	0.561	0.001	0.975	0.636	0.006	0.014	0.944	0.773
7							0.203	0.152	0.133	0.376	0.546	0.233	0.350	0.591	0.595
8								0.602	0.980	0.177	0.627	0.911	0.033	0.139	0.084
9									0.468	0.680	0.262	0.456	0.083	0.329	0.000
10										0.000	0.566	0.950	0.096	0.011	0.000
11											0.520	0.000	0.000	0.866	0.632
12												0.520	0.000	0.760	0.823
13													0.403	0.048	0.000
14														0.119	0.000
15															0.924

2.2.5.3　三峡水库消落带现存植物生态位分析

通过对消落带经历 7 次水位涨落周年后的植物群落进行复位调查，发现消落带植物逐渐适应干旱-湿润-干旱交替变化生境，并形成了消落带这一独特湿地生态系统的优势群落，其中，狗牙根、蜜甘草、狗尾草、水田稗和香附子具有较大重要值和生态位宽度，是消落带主要优势草本物种，对其他生态位较窄的物种具有资源竞争和扩张优势。其原因可能是这些植物的种子生命力较强，一般可在土壤中存活很长时间，一旦萌发，则会在相对较短的时间内完成其生活周期，这也是种群确立优势地位和扩张分布的原因。同时，禾本科和菊科逐渐成为消落带的主要优势科，可能是因为禾本科草本植物起源于热带森林或林缘开放生境，对裸地环境适应力强，且其颖果产生的特殊附属物有助于实现自身远距离传播；而菊科草本植物则利用自身种子小、结实量大且密被冠毛、刺毛、钩等附属物的优势实现自身的远距离传播，进而达到扩大自身分布范围的目的(简尊吉等，2017)。

消落带植物生态位宽度与其自身资源利用、生态适应能力紧密相关。水淹环境不同程度地扩大了蜜甘草、狗尾草、翅茎冷水花、毛马唐、红蓼、狼把草、苍耳等物种的生态位宽度，表明这些物种具有较强的利用资源的能力，可在水位降低后迅速恢复生长，对干湿交替环境具有较强的适应性(王晓荣等，2016)；而狗牙根、旱莲草、喜旱莲子草等物种生态位虽略有降低，但仍然是退水环境中的优势草本物种，可能是因为此类物种种子小、数量多、易传播及对生境要求小的原因(王晓荣等，2016)。通过对以上物种分析可知：这些植物都属于典型的 r 对策种，对极端环境具有极强适应能力。另外，枫香树(*Liquidambar formosana*)、算盘子(*Glochidion puberum*)、麻栎(*Quercus acutissima*)和胡枝子(*Lespedeza chinensis*)等物种仅存在于海拔 165~175 m 段，且其生态位宽度较窄，可知它们对生境要求苛刻，生态适应能力差，只能选择在适宜的高海拔、低淹水生境中保持个体数量来维持整个种群的生存。狗牙根在消落带低海拔地区 145~155 m 段的优势度明显，远高于其他物种(雷波等，2014)，可能是因为狗牙根是具有克隆习性的一种多年生草本植物，克隆整合作用不仅有助于提高胁迫的耐受性((李兆佳等，2013；张爱英等，2016)，并且可以帮助其在退水后，迅速拓殖、占领生态位，在种间竞争中取得优势地位(洪明等，2011)；另一方面，狗牙根的根系发达，可以增强土壤的抗冲性和抗蚀性(张迪等，2015)，因此，可以在经过多年的湿—干—湿循环干扰的环境下生存。

一般认为，稳定生境条件下植物种群已经适应某一特定范围的资源利用水平，其资源利用的相似性较小，进而会降低物种生态位宽度及生态位重叠值；而消落带长期水位变动下干-湿交替过程导致物种生存资源匮乏，植物需要通过扩展其资源利用范围，以增加在不稳定生境中的生存机会，进而促进生态位分化，增大生态位宽度及生态位重叠值(刘加珍，2004；贺强等，2008)。海拔 165~175 m 段的优势草本物种中狗尾草和狼把草的生态位宽度最大，且与其他物种间的生态位重叠值均较高；但是，海拔 165~175 m 段优势草本物种中一年蓬和苍耳的生态位宽度也较高，但与其他多数物种间生态位重叠值较小，可能是因为具有较低生态位的物种本身对环境适应性的差异性以及对资源段位要求的不一致(陈忠礼等，2012)。同时，具有较小生态位宽度的物种间生态位重叠值未必小，这与生态位宽度较小的物种具有较小生态位重叠的结论不一致[(张桂莲等，2002；史作民等，1999)，如生态位宽度较小的物种(如苍耳与旱莲草)与生态位宽度较大的物种(如香附子与水蓼)之间的生态位重叠值也较大，这可能因为在共享匮乏资源的同时，种间也存在较强的资源竞争，从而导致这些物种易被生态适应性较强的物种所排挤，表现出生态位较宽的种群对环境资源的利用比生态位较窄的物种具有更强的竞争性。

综合分析各海拔段植物种生态位重叠值可知，随水淹涨落年限的增加，整体物种间生态位重叠值均保持较高状态，说明年限的增加在很大程度上增加了物种的生态位重叠。其生态位重叠分配格局表明，长期淹水环境下，生态资源匮乏，物种生态位分化程度低，种间竞争激烈而不利于物种共存。

在三峡水库峡谷地貌区消落带经历 7 次水库水位涨落后，其优势植物主要是禾本科和菊科的一年生草本植物，少数为多年生草本植物。海拔 145~155 m 段植物生态位宽度大小排序为狗牙根>酸模叶蓼>狗尾草>苍耳；海拔 155~165 m 段植物生态位宽度大小排序为狗尾草>毛马唐>狗牙根>狼把草>水蓼>苍耳；海拔 165~175 m 段植物生态位宽度大小排序为狗尾草>狼把草>红蓼>一年蓬。消落带低海拔 145~155 m 段草本物种类型低于高海拔 165~175 m 段物种类型。不同海拔物种间生态位重叠均保持较高状态，生态位宽度较大的物种间既有较大的生态位重叠，也有较小的生态位重叠；而生态位较小的物种之间可具有较大的生态位重叠，因此不能仅凭生态位宽度来判定生态位重叠值。不同植物物种的生态学特性以及对水陆交替环境的适应能力和生境的稳定程度，是导致消落带不同海拔段同种植物生态位特征出现差异的主要原因。经历 7 次水位涨落周年后，消落带大多数优势植物多为一年生草本植物，且植物种间生态位重叠值较高，在资源匮乏且不稳定的生境中种间竞争依然强烈，消落带植被仍处于群落演替的初级阶段。

2.2.6　消落带植被恢复群落结构配置与种植技术

2.2.6.1　原　则

遵循乔灌草相结合，以灌草为主，区分海拔区段适地适树(灌、草)，强调生物治理，辅以工程措施的原则，进行消落带植被恢复和重建。空间配置为海拔 170~175 m 区段以乔木为主，海拔 165~170 m 以灌木和藤本植物为主，海拔 145~165 m 区段以草本为主。

2.2.6.2　模　式

设计并实施了 2 种恢复模式，即支流尾闾型消落带乔木和草本分带培植模式和中缓坡坡积土型消落带草本植物种植模式。

(1)支流尾闾型消落带浅水区乔灌混交种植模式，此模式应用于开县渠口镇小江流域，应用示范面积 50 余亩，详见表 2-9。

表 2-9　群落结构配置与种植技术

配置方式	植物种类	株行距(m)	栽植带宽(m)	建设技术
株间混交	芭茅	1×1		(1)造林地清理与整地： 对地被物和杂物块状清理，穴状整地。60 cm×60 cm (2)苗木规格： 地径≥1 cm，苗高≥100 cm (3)造林： 春季造林。埋土深度在苗木根颈原土印以上 3 cm 左右。栽植要求根正、苗舒。栽植后浇定根水
	池杉	3×3		
	枫杨	3×4		
带状混交	芦竹	1×1	18	
	池杉	3×3		
	枫杨	3×4		
株间混交	芭茅	1×1		
	池杉	3×3		
	柳树	3×4		
带状混交	芦竹	1×1	18	
	池杉	3×3		
	柳树	3×4		
株间混交	芭茅	1×1		
	池杉	3×3		
	枫杨	3×4		
	柳树	3×4		
带状混交	芦竹	1×1	18	
	池杉	3×3		
	枫杨	3×4		
	柳树	3×4		
株间混交	芭茅	1×1		
	柳树	3×4		
	枫杨	3×4		
带状混交	芦竹	1×1		

续表

配置方式	植物种类	株行距(m)	栽植带宽(m)	建设技术
株间混交	柳树	3×4		(4)苗木抚育： 按造林技术规程进行穴状抚育
	枫杨	3×4		
	芦竹	1×1		
	芭茅	1×1		
	柳树	3×4		
	枫杨	3×4		
	池杉	3×3		

(2)中缓坡坡积土型消落带草本植物种植模式，此模式应用于巫山县巫峡镇龙江村，应用示范面积50余亩，具体见表2-10：

表 2-10 群落结构配置与种植技术

海拔区段(m)	植物种类	配置方式	株行距(m)	种植技术
145~175	狗牙根，香附子	单优群落。库区南岸为狗牙根，北岸为香附子	0.5×0.5	采用切段繁殖法进行狗牙根栽植。狗牙根繁殖体取自临近地区狗牙根种群，将狗牙根的匍匐茎，切成3~5 cm小段，按照行距30 cm挖沟埋植。栽后每隔1 d浇1次透水，以保持土壤湿润，直至成活 香附子栽植苗，取自临近地区香附子种群的单株分蘖苗。栽植方式为开沟栽植。株行距30 cm×30 cm。栽植后每隔1 d浇1次水，以满足栽植初期香附子苗对土壤水分的需求

2.2.7 技术评估

2.2.7.1 消落带植被恢复区与消落带其他土地利用方式土壤侵蚀模数比较

以缓坡坡积土型消落带狗牙根种植区为例，在其毗邻区选择玉米种植地和花生种植地为对照，通过测定经历水库水位涨落前、后，以及消落带成陆期间土壤侵蚀模数，评估消落带植被恢复的生态功能(图2-11)。结果表明：经历水库水位涨落(2012年8月至2013年4月)，不同土地利用方式下的土壤侵蚀模数的大小排序为狗牙根种植区<玉米种植区<花生种植区，且三者之间差异显著($p<0.05$)；消落带出露成陆期间(4~9月)为花生种植区>狗牙根种植区>玉米种植区。该结果显示，消落带种植狗牙根以后，可显著减少水库水位涨落期间消落带的土壤侵蚀量，在消落带出露成陆期间，其作用虽不及玉米(高杆作物)种植地，但仍高于花生种植地。

消落带种植狗牙根后土壤侵蚀降低的主要原因包括密集生长在消落带的狗牙根植被，可加大地面粗糙率，阻缓径流，拦截泥沙，起到防止和减弱径流导致的冲刷作用；地下发达的根网，不仅固持了土壤，而且根部可使拦截的泥沙就近沉积，从而减少了径流量和土壤侵蚀量。种植农作物增加了人工对土壤的扰动作用，从而使土壤的侵蚀强度显著增强。值得指出的是，在消落带成陆期间，玉米种植区的土壤侵蚀模数低于狗牙根种植区，其中原因这可能与玉米种植密度大，覆盖度高、根茎粗状有关。一般认为，植被的水土保持效应与植被盖度成正比，但也与植物高度和硬度有关。在消落带处于陆地环境期间，玉米具

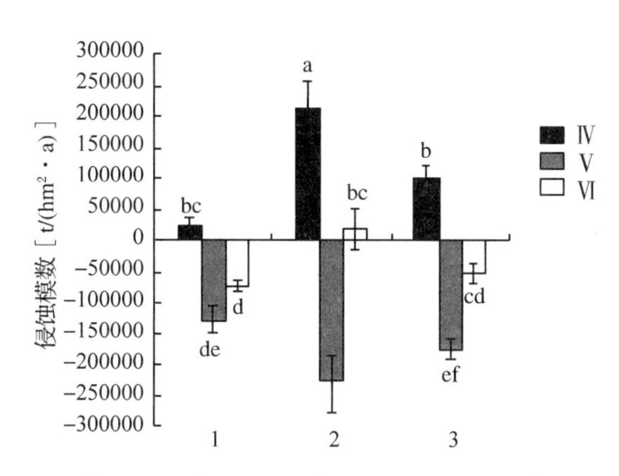

图 2-11　落带植被恢复区和玉米、花生种植区土壤侵蚀模数

(注：图中1、2、3分别为2013年4月、2013年9月调查结果和2013年4~9月汇总结果。图中正值表示流失的量，负值表示淤积量)

有植株高度和茎杆硬度等方面的优势，这可能是其中的一个重要原因，但玉米收割后形成的裸地，对于抵御水库水位涨落的能力会明显削弱，这也是经历水库水位涨落影响后，玉米种植区土壤侵蚀模数显著高于狗牙根种植区的重要原因之一。

2.2.7.2　减轻或避免土壤养分溶出造成水体的富营养化作用

能否起到减轻或避免土壤养分溶出造成水体的富营养化的作用，是筛选消落带植物材料时必须考虑的一个重要因素，研究筛选了池杉、水杉、秋枫、意杨、鸢尾、水菖蒲、药菖蒲减轻或避免土壤养分溶出造成水体的富营养化作用。

意杨和秋枫等阔叶树种的养分吸收量显著大于池杉和水杉等针叶树种，在阔叶树种中，意杨对大量元素氮、磷、钾的吸收能力大于秋枫，但对钙、尤其是镁吸收能力却明显低于秋枫。在针叶树种中，除水杉对镁的吸收能力高于池杉外，对氮、磷、钾、钙的吸收能力均是池杉大于水杉，但两者间的差异不甚明显。在4个树种中，除秋枫对养分的吸收随季节改变的规律有所不同外，池杉、水杉和意杨对养分氮、磷、钾、钙和镁的吸收规律基本上是随着气温的升高而增加，在炎热的夏季后，它们对这些养分的吸收能力均有所下降(表2-11)。因此，在消落带池杉、水杉、秋枫和意杨适生的海拔区段种植这些树种，不仅可以起到美化和绿化长江沿岸的作用，而且在汛期对养分的吸收和利用，可起到减轻或避免土壤养分溶出而造成水体富营养化的作用。

表 2-11　池杉、水杉、意杨、秋枫叶片氮、磷、钾、钙、镁含量的年变化(mg/g 干重，$n=3$)

营养元素	树种	月份												均值
		1	2	3	4	5	6	7	8	9	10	11	12	
氮	池杉	/	/	12.1	14.5	16.2	13.4	13.6	12.4	10.3	9.7	/	/	12.8
	水杉	/	/	11.5	13.4	14.5	14.4	14.6	12.1	11	8.6	/	/	12.5
	意杨	/	/	18.6	20.4	23	23.2	23.3	25.2	15.1	14.4	/	/	20.4
	楸枫	20.7	20.4	23	21.2	23.4	26.2	25.7	23.2	13.4	12.2	11.2	10.5	19.3
磷	池杉	/	/	2.7	2.5	2.6	2.2	2.7	2	1.6	1.8	/	/	2.3
	水杉	/	/	2.3	2.4	2.5	2.5	2.8	1.9	1.3	1.2	/	/	2.1

续表

营养元素	树种	月份												均值
		1	2	3	4	5	6	7	8	9	10	11	12	
	意杨	/	/	3.3	3.2	3.3	3.5	3.8	3.3	2.2	2.1	/	/	3.1
	楸枫	2.3	2.2	3.4	3.1	3	3.3	3.2	3.1	2.7	2.4	2.3	2.5	2.8
钾	池杉	/	/	10.1	11.5	12.4	15.6	13.2	12.4	10.7	10	/	/	12
	水杉	/	/	11.3	11	13.5	14.5	14.2	11.3	9.2	9.8	/	/	11.9
	意杨	/	/	17.1	21	22.4	22.5	22.4	19.2	10.3	9.6	/	/	18.1
	楸枫	12.1	12.7	12.4	15	16.4	16.7	17.6	12.6	12.5	11.6	11.6	11.3	13.5
钙	池杉	/	/	5	5.6	6	5.2	5.3	5.1	4.7	5.2	/	/	5.3
	水杉	/	/	4.9	5.1	5	4.7	5.1	5	4.7	4.2	/	/	4.8
	意杨	/	/	7.1	7.6	7	7.4	7.1	7.2	6.7	6.2	/	/	7
	楸枫	8.1	8.6	7.7	7.8	7.5	7.4	7.7	7.2	7.5	7.6	7.3	7.9	7.7
镁	池杉	/	/	0.9	0.7	1.1	2.4	1.5	0.8	0.7	0.7	/	/	1.1
	水杉	/	/	0.7	0.9	1	2.2	2.5	0.7	0.7	0.7	/	/	1.2
	意杨	/	/	2.1	1.8	2.3	2.6	2.5	2.4	1.7	1.4	/	/	2.1
	楸枫	3.1	3.8	3.3	3.6	3.5	3.4	3.7	3.4	3.4	3.5	3.7	3.4	3.5

（主要撰写人：肖文发、程瑞梅）

Chapter 3
第3章 低效人工林结构调控与质量提升技术集成与应用

3.1 背景介绍

立足长江中下游经济发展和环境保护的关键问题，从生态安全、区域可持续发展的角度，就长江中下游低山丘陵生态退化区植被生产力低、水土流失严重等特点，以生态经济学为指导，针对低效人工林的不同特点和主导功能需求，有效集成乔、灌、草立体配置技术、混交模式及布局技术、树种及品种选择技术，开展长江中下游山丘生态退化区低效人工林改造试验和定期定位观测研究，筛选出低效林结构调整与退化林地植被恢复的优良模式与技术。提出低山丘陵区低质低效人工林分生态管理技术方案6~8个，使低山丘陵生态退化区造林成活率达90%，保存率达85%；特殊立地造林存活率达80%，保存率达70%，以迅速恢复和保护长江中下游地带性森林植被群落及其生态服务功能，全面改善低效人工林分产量与质量。在长江中下游典型低山丘陵区的江西吉安地区、安徽滁州地区和湖南常德地区建立低效林改造试验示范基地3个。试验示范可为推广辐射相似类型的低山丘陵综合治理提供科技保障，为确保长江中下游低山丘陵地区的生态安全和社会经济可持续发展奠定科技基础，最终探索出区域经济、生态和社会效益的最佳结合点，为低山丘陵区植被恢复及可持续发展和国土整治提供理论依据和关键技术体系。

3.2 低效人工林结构调控的理论

3.2.1 典型植物群落种群空间格局

在寻找最适造林密度时需注意种群的空间分布格局，它不但因种而异，而且同一树种在不同发育阶段，其种群密度也有区别。认识种群的空间分布格局对林分生长有重要的意义。以南京幕府山次生林为对象，进行主要建群种构树种群空间分布格局研究。幕府山植被的乔木层主要由构树、朴树、茶条槭、槲树、柘树、乌柏、化香、白榆及人工种植的刺槐等树种组成，林下灌木主要有八角枫、竹叶椒、鼠李、山矾、桑树等，林下幼树主要是构树和朴树。构树在群落中占有突出的地位，决定着群落的现在和将来，林下植物有野墙薇、甘菊、珍珠菜、绞股兰、茅莓、何首乌、木半夏、猪殃殃、牛膝、凤尾蕨、贯众、天门冬、阔叶麦冬、蛇莓、堇菜等。

(1)构树种群的径级结构。将样地中构树种群所有个体按不同径级分类汇总后，得到不同径级范围的相对个体数量(图 3-1)，其中，构树的主要径级集中在 1~2 径级，在样地 1 中 1~2 径级的构树占构树总株数的 79%，样地 2 中 1~2 径级的构树占构树总株数的 47%，样地 9 中 1~2 径级的构树占总株数的 87%。说明样地中的构树种群还处于幼年阶段，其中样地 9 和样地 1 更为突出。样地 2 中 3~4 径级的构树占构树总株数的 34%，可见样地 2 中构树种群的年龄分布较宽，构树入侵较早。

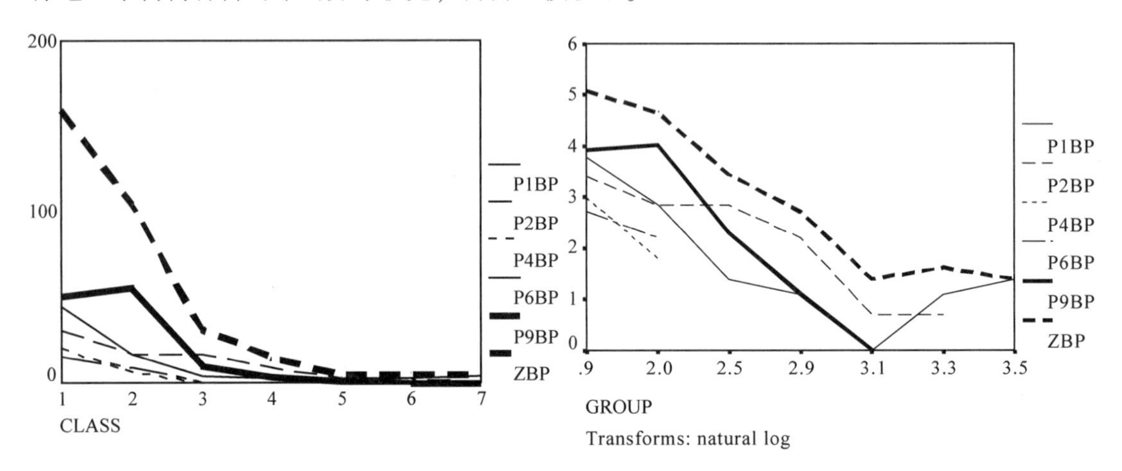

图 3-1 构树径级分布

CLASS 代表径级(每一级为 5 cm)GROUP 指经对数转换，纵轴代表株数，BP 代表构树

(2)构树种群的垂直结构分析。经统计计算可知，群落中构树种群的个体数从上到下有明显的递增趋势，其各层个体数分布在不同的样地中分别为样地 1 中 1~2 高度级的构树占构树总株数的 76%，样地 2 中 1~2 高度级的构树占总株数的 47%，样地 9 中 1~2 高度级的构树占总株数的 94%；样地 2 中 3~4 高度级的构树占总株数的 31%(图 3-2)。

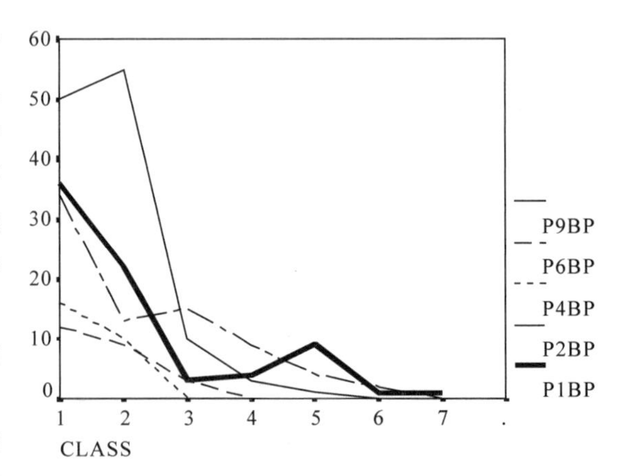

图 3-2 样地构树空间分布

CLASS 代表高度级(每一级为 5 m)，
P 代表样地，BP 代表构树，纵轴代表株数

(3)构树种群密度动态。对样地构树种群按幂函数关系，以种群年龄(A)为自变量，种群密度(D)为因变量，进行回归分析得到方程如下：

$$D=8171.19A^{-2.1636}(P=0.001,\ R=0.920)$$

另外，本课题还对刺槐、朴树、化香、桑树、茶条槭、麻栎、臭椿等种群结构进行了详细研究，也有类似的结果，受篇幅所现而省略。

(4)植物群落种群动态。通过对样地中植物个体统计分析，胸径≥1 cm 的植物个体总株数为 1120 株；从群落个体径级分布来看，80%以上的个体都处于 10 cm 径级以下，其中

5 cm 以下的个体占 56%，表明群落低径级的个体数量较多，体现群落具有较好的演替潜力。在群落中构树总株数为 322 株，占其所在样地群落个体总数的 42%，其他树中分别为朴树 19%，八角枫 13%，刺槐 19%。在样地 1 中构树占植物总株数的 49%，八角枫占 34%；在样地 2 中构树占总株数的 35%，朴树占 24%，刺槐占 17%；在样地 7 中构树占植物总株数的 87%。体现了群落树种结构比较单一，群落年龄较轻。在样地 1 和样地 2 群落中，大径级的植物主要是刺槐(表 3-1)，其中在样地 1 中胸径大于 15 cm 的刺槐占刺槐总株数的 84%，在样地 2 中胸径大于 15 cm 的刺槐占刺槐总株数的 94%。群落中刺槐的年龄较大，幼树很少，甚至没有幼树。

表 3-1　样地各树种的株数

样地号	构树	扑树	刺槐	槲树	白榆	柘树	八角枫	竹叶椒	茶条槭	女贞	鼠李	桑树	扁担杆	山矾	化香	乌桕	合计
1	76	2	12	0	0	0	53	7	0	3	2	1	0	0	0	0	156
2	77	52	34	7	5	13	2	5	12	0	0	5	4	1	0	0	217
7	119	3	0	0	8	0	0	0	0	0	0	3	0	0	2	1	136
合计	272	57	46	7	13	13	55	12	12	3	2	9	4	1	2	1	509

在垂直结构上，群落组成的重要树种是构树、刺槐和朴树。高度超过 15 m 的个体占植物总株数的 24%。在样地 1 中高度超过 15 m 的个体占植物总株数的 18%，其中构树占 12%，刺槐占 6%；在样地 2 中高度超过 15 m 的个体占植物总株数的 33%，其中构树占 14%，刺槐占 15%，朴树占 4%；在样地 7 中高度超过 15 m 的个体占植物总株数的 10%，全是构树。样地 1 中高度超过 15 m 的个体占样地刺槐总株数的 75%，样地 2 中高度超过 15 m 的个体占样地刺槐总株数的 89%；而构树在样地 1 中高度超过 15 m 的个体占总株数的 23%，样地 2 中高度超过 15 m 的个体占样地总株数的 39%，在样地 7 和样地 6 分中都占 12%。

3.2.2　低效人工林结构调控思路

长江中下游山丘区自然条件优越，飞籽成林和萌芽更新成林的林地面积大，但由于长期过伐、樵采，疏、残、灌丛林比重逐年增加，虽然举目皆绿但不成林，经济效益低。此类林地绿化时整地、抚育难度大，造林成本高，又因全垦整地造成林地土壤和地被物的破坏，导致新的、更重的水土流失。课题组开展了“择优封育补植和改造绿化模式”的研究试验。在封山的基础上加强人为干预措施，即择优保留经济价值大的幼树，并进行抚育和选择适宜的树种对疏、残、灌丛林进行补植，以培育针、阔复层结构林，取得了显著效果。

(1)封、改、造及复层结构组合的理论依据。试验地点为多次被破坏的多代萌生次生阔叶林。此类林地植被覆盖度较高，原为地带性常绿或落叶阔叶林，因长期樵采和人为破坏造成恢复困难。由于掺入了马尾松、杉木、枫香、木荷等树种，这些林分如自然封育，必须经过相当长的时间，才能顺向演替为常绿阔叶林。只有根据生态经济学原理，采取抚育、改造、补植等多种技术措施，才能缩短自然演替过程，使其保留天然林的一些特点，构成复层林冠，尽可能地保持林地的原貌，增强林分自身及其周围环境条件适应的稳定性。在封、改、造所培育的森林内部，由于组成的种群数量多，结构复杂，因而生长量和生物总量也较大。同时，种群对外界环境具有较强的适应性，并对周围环境产生较大的调节作用。

(2)树种选择。试验选用湿地松、晚松作为封育补植树种，同时选择枫香、木荷、拟赤杨及壳斗科树种作为林地保留树种，既根据树种的生物学特性和适应性，又考虑了林分整体效益及培育目的和经济用途。目的是通过封、补培育出既符合自然演替规律，又满足人类经营目的的群落类型，特别是要符合当前高效林业和持续发展林业对生态、经济效益的标准要求。

选留的阔叶树枫香、木荷及壳斗科落叶或常绿树种，也均为经济价值较高的优良用材和薪材树种，特别是落叶阔叶树，对林地地力的改善有良好促进作用，在次生阔叶灌丛幼林里补种湿地松，形成混交复层林相，可起到充分利用光能和地力、促进林木生长、改善森林环境、增强对病虫害抵抗能力和提高木材产量与质量的作用，形成稳定的森林群落，把低产林分培养成用材、薪炭、防护多功能的高效林分。

(3)封育补植技术措施。对于长期樵采后形成的多代萌芽稀疏阔叶灌丛低效林，林分的密度偏低且疏密不匀，无高大乔木。单纯封育，不能很快成林。因此，采用的技术是：选择林中自然更新发展起来，且具有适应性、抗逆性和稳定性的树种作为保留树种。凡植物主干通直，枝叶茂盛，无病虫害，树高 0.7 m，地径 0.6 cm 以上者均可保留。树种为枫香、木荷、拟赤扬、苦槠、青冈、白栎、石栎、刺柏等，亩均保留 148 株(初始保留 190 株/亩，1 年后定植 148 株/亩)作为阔叶中层木。保留木初始平均高 0.75 cm，平均地径 1.25 cm。于 1990 年冬开始作业，伐除非保留树种，然后拉线定点，穴垦整地，规格为 50 cm×50 cm×40 cm，株行距 3 m×2 m，选用 1～2 级优质壮苗，造林前回好表土，植树时苗木一律浸根(12 h)；再用磷肥泥浆沾根，保湿下穴造林；做到苗正、压实、根系舒展，对保留的树种一律进行修枝、整形，将剪下来的枝叶和伐除的林木枝叶均匀分散铺于林地，以增加土壤有机物质。每年秋季，进行全刈扩穴抚育一次，以形成造林初期乔、灌、草、立体复合层次和后期以针叶树为主的针、阔混交自然群落。植物当年，进行树种成活率与保存率调查。

封育补植技术让低丘次生阔叶灌丛荒山沿着人们设计的方向发展，比光凭借自然更新速度要快得多，也更符合经营目的，与人工造林相比，省时、省工、省钱，见效快，易成林，群众易接受，应大力推广。

3.2.3　低效杉木林生长过程及生长潜力研究

研究区位于南京市东善桥林场，林分类型以杉木、马尾松(*Pinus massoniana Lamb*)、栎林(*Quercus acutissima*)、毛竹(*Phyllostachys pubescens*)为主。测定林分土壤、植被、生物量、林分结构、水文功能等反映森林质量和效益的因子(以下简称质效因子)，据此进行低效林分生长过程与潜力研究。

(1)杉木林分生长模型研究。将林场内林木的树高，胸径，蓄积量等因子与林分年龄建立生长模型(表 3-2)，进行拟合，根据各因子分布的划分生长等级。

表 3-2　杉木主要因子生长方程及参数

因　子	拟合方程	参　数	
		a	b
蓄积量	$y=a\ln(x)+b$	59.982	-132.140
树　高	$Y=ax^b$	1.313	0.522
胸　径	$Y=a\mathrm{Ln}(x)+b$	4.298	-2.955

生长过程分析方法以胸径等级的划分为例说明如下：

①建立林分生长方程 $Y=a\mathrm{Ln}(x)+b$，其中，x 为林分平均年龄，Y 为林分胸径。

②用一倍标准差剔除法确定上下限：$Y'=Y+\sigma$，其中，Y' 为模型计算值，Y 为上下限，σ 为标准差。

③根据上下限范围，用平均离差法将全部杉木群落样地划分为4个等级，以数字1，2，3，4表示，以1等级为最好，4等级为最差。

胸径、树高和平均蓄积量等级划分拟合曲线见图3-3至图3-5。

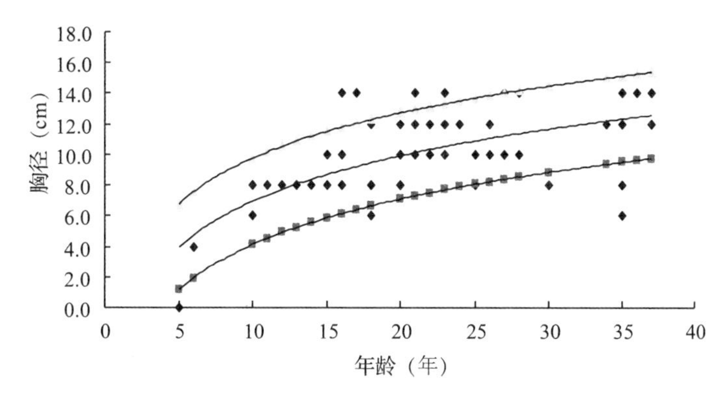

图3-3　杉木胸径生长过程

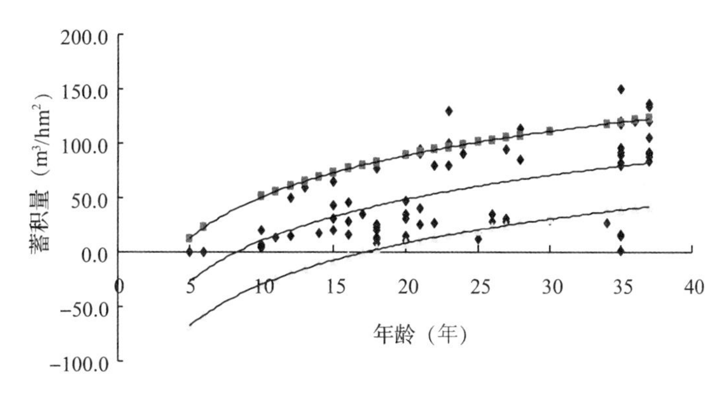

图3-4　杉木蓄积量生长过程

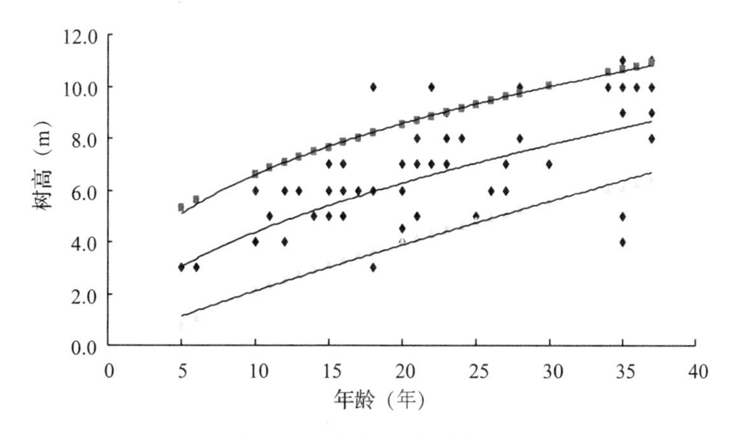

图3-5　杉木蓄积量生长过程

从杉木各龄级-蓄积量散点图可以看出，现存的大部分杉木年龄多在40年以下，其中达到成熟年龄的树木有52棵，包括过熟林木10棵，近成熟林木有17棵。其中幼龄林木只占6%，20年以上的占63%，一般杉木大径材的最低标准平均胸径需达到26 cm，但该片杉木林达到30年时的平均胸径却只有12 cm。由于各种因素的影响，杉木的生长相差较大。

从总体上看，其平均蓄积量明显偏低。20年的林分每公顷的平均蓄积为56.1 m^3，30年的林分每公顷的平均蓄积只有83.16 m^3。而不间伐立地指数为12的杉木人工林，20年的每公顷蓄积就能达到120 m^3，对立地条件好，立地指数高的人工林，其相差更远，如立地指数为18，林龄为20年的杉木人工林，其每公顷蓄积可超过200 m^3 上。但也有个别林分生长得较好，20年每公顷蓄积就能达到100多 m^3，但总的来说该杉木人工林树木生长过程极为缓慢。

(2)立地生长潜力分析。林分树高指标能够很好的反映当地的立地条件，进而反映该地林分的生长潜力。从杉木的年龄-树高分布图分析得出，20年的杉木林分平均树高才6.7 m左右，30年时平均树高仅有8.9 m左右，生长较缓，明显低于正常林分的标准。这说明大部分杉木林的立地条件较差，生长潜力较小。

(3)林分各质效表现因子分析。表现林分质量效益因子很多，如林分蓄积、林分平均树高、林分平均胸径等。但这些因子所起的作用大小不同，即权重不同，且它们之间可能还存在联系，因此采用主成分分析法，把错综复杂的因子归结成几个综合因子，其分析结果见表3-3。

表3-3 杉木主成分分析因子负荷量及贡献率

因子	主成分			
	y(1)	y(2)	y(3)	y(4)
x_1	0.654	0.316	−0.129	−0.675
x_2	0.272	0.721	0.347	0.535
x_3	0.587	−0.345	−0.527	0.509
x_4	0.391	−0.511	0.765	−0.006
贡献率(%)	40.02	33.22	17.40	9.36
累计贡献率(%)	40.02	73.24	90.64	100

注：表中 x_1，x_2，x_3，x_4 分别为林分蓄积等级、树高等级、胸径等级、郁闭度等级。

由表3-3可知，前3个主分量的累积贡献率为90.64%，能反映四项指标的大部分信息，因此取前3个主分量，符合综合数值分析的要求。在第1主成分中，大部分因子的负荷量均较大，其中蓄积量的因子负荷量最大，因此，第1主成分比较全面地表现了林分的质效，且林分的蓄积在质效的评价中占的比重最大。在第2主成分中树高因子得分较高，可看作反映林分立地条件的因子。

(4)林分质效等级判别。以郁闭度、胸径、树高和蓄积量4个指标为自变量进行快速样本聚类，最后将样地聚为3类，第3类包含样地数35个，第2类包含样地数23个，第1类包含样地数25个，因此，根据聚类结果，把样地分为3个等级，第3类为Ⅰ等级，第2类为Ⅱ等级，第1类为Ⅲ等级。

建立类型判别函数，采用蓄积 x_1、树高 x_2、胸径 x_3、郁闭度 x_4 等级作为判别因子，用 Fisher 判别方法进行判别，得判别函数：$Y=0.405x_1+0.625x_2+0.274x_3+0.333x_4$

第1类正判样本数为24个，正判率为96%，第2类正判样本数为22个，正判率为95.7%，第3类正判样本数为34个，正判率为97%，相关系数为0.863。

根据所建立的判别函数对所有样地进行判别归类，将杉木划分为3组综合质效类型，第Ⅰ类为生长较好的正常林分，第Ⅲ类为极低质低效型林分，第Ⅱ类介于上述二者之间，以低质型、生长潜力型和综合低质低效型为主，各类型所包括的生长等级及低质低效杉木的技术参数标准见表3质效综合等级。

蓄积量、树高、胸径是各因子生长过程曲线模型展开后所得之值(表3-4)，表示各因子的平均值，凡低于表中对应年龄各因子值的林分，均称为低质低效林。

表3-4　杉木综合等级划分结果及低质低效林参数表

	质效综合等级			年龄(年)							
	Ⅰ	Ⅱ	Ⅲ	5	10	15	20	25	30	35	40
蓄积量(m^3/hm^2)	ⅠⅡ	Ⅱ	ⅢⅣ	−27	5.86	26.7	42.8	55.3	65.8	79.2	82.2
树高(m)	ⅠⅡ	Ⅱ	ⅢⅣ	3.0	4.2	5.1	5.9	6.7	7.4	8.4	9.2
胸径(cm)	ⅠⅡ	Ⅲ	ⅢⅣ	4.0	6.6	8.2	9.5	10.4	11.3	12.3	12.6
郁闭度	ⅠⅡ	Ⅱ	ⅢⅣ								

(5)不同等级低效林面积分布。铜山林场杉木林各等级分布情况见图3-6所示。从图中可以看出，铜山林场杉木属于第Ⅲ类极低质低效型林分的面积为248.722 hm^2，占总林场杉木面积的73.1%，而生长正常的杉木面积仅为84.784 hm^2，占总林场面积的24.9%，从图中可以看出整个铜山林场75%以上的杉木林都是低质低效林，都需要进行低质低效林改造。建议采取“退针补阔”，强化抚育管理，提高整地栽植标准，选用良种壮苗造林，适地适树等经营技术和措施进行改造。

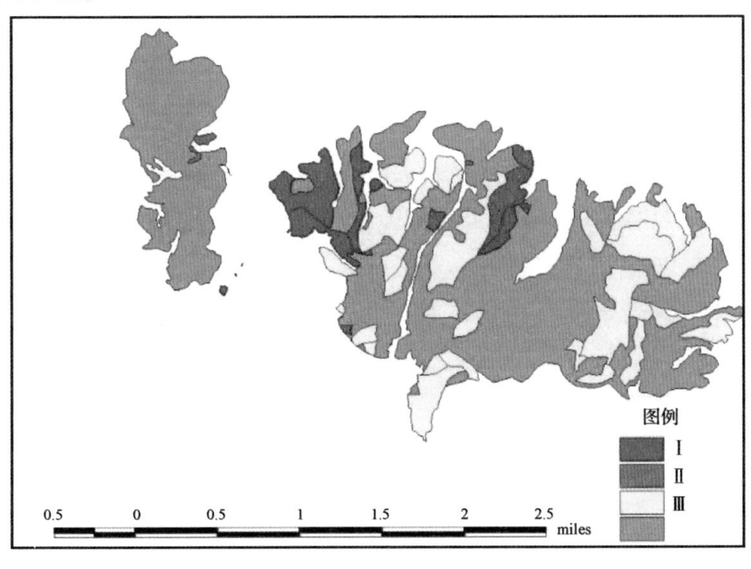

图3-6　杉木林综合等级分布

3.3 低效人工林结构调控技术

3.3.1 石灰岩山地低效人工林结构调控技术

3.3.1.1 立地特征

石灰岩是长江中下游的主要成土母岩之一，由于石灰岩的地质岩性决定了其相比花岗岩、砂页岩成土过程相当缓慢；长江中下游的热量丰富、雨量充沛、雨热同季的气候特征；坡面土层浅薄、岩隙和岩面深凹处的深厚，这种土壤空间分布异质性导致植被分布不均，整体植被盖度低；此外，石灰岩分布的山区耕地面积少，坡耕地的高强度开发利用加剧了石灰岩区的侵蚀。因此该立地区是生态脆弱和植被恢复的困难地区。我国长江流域及西南地区的石灰岩地段荒山多、水土流失比较严重。

徐州市是江苏省石灰岩分布较集中的区域，成土母质分为碳酸钙为主的石灰岩、泥质石灰岩及石英为主的硅质石灰岩，其共同特点是具有可溶性，裂隙溶洞发育，土层浅薄，但土壤中钙质、有机质含量较高，土壤呈中性、微酸、微碱性，跑水、漏肥严重，地表易干旱。

3.3.1.2 关键技术

(1)依据局部区域的立地状况，分别类型进行林分改造。石灰岩困难立地植被恢复的限制因素很多，各因子的影响层次和范围也不同，大尺度上，降雨量、温度等气候因子、岩石性质在宏观上控制着立地类型与质量，影响着石灰岩困难立地的造林困难程度。小尺度上，海拔、坡度、坡向、坡位、岩石裸露比例等因子影响土壤厚度、质地、土壤质量、土壤水分等土壤因子及植被状况，一定程度上决定植被恢复的困难程度，影响植被恢复。因此，进行困难立地的评价和类型划分，分析评价其立地和群落特征，从而为树种和恢复模式选择提供理论依据，是恢复成功的关键。

按立地困难程度和影响植被恢复的岩石裸露率、坡度、植被盖度作为类型划分依据，利用 GIS 图形处理软件将徐州市石灰岩困难立地分成了 4 组，各类型组立地和群落特征如下。

Ⅰ类极困难立地类型：多分布在大于25°的陡坡地段，裸岩率大于70%的区域，土层平均厚度为 10 cm，养分含量很低，群落外貌为稀疏藤刺灌丛，其中灌木构树是绝对优势种，其重要值达52.9%，其次是苦竹、多花蔷薇、悬钩子等。灌木总物种数只有 13 种。

Ⅱ类困难立地类型：各坡度均有分布，裸岩率大于50%，土层厚度为20~40 cm，养分含量稍高，群落外貌为藤刺灌丛或灌草丛，有零星乔木覆盖。优势种为多花蔷薇、小果蔷薇、光叶拔契等多刺植物种，但各种类的重要值明显减少，多花蔷薇重要值最大 28.3%，灌木总物种数 34 种。

Ⅲ类稍困难立地类型：多分布于大于25°、裸岩率大于30%的地段，土层平均厚度为 40 cm，养分含量较高，群落外貌为灌草丛，稀疏乔木覆盖，多花蔷薇、小果蔷薇、光叶拔契等多刺植物种重要值进一步减少，小果蔷薇重要值最大，只有 23.5%，同时白栎、继木等木本灌木增加，灌木总物种数 48 种。

Ⅳ类较易恢复立地类型：多分布在坡度小于25°、裸岩率小于30%的区域，土层平均厚度为60 cm，养分含量相对较高，群落外貌为草坡，有稀疏乔木覆盖，六月雪、糯米条、白栎、继木、山胡椒等木本植物重要值增加。

(2)适当施以磷肥。在石灰岩土壤中，磷常结合形成难溶性的磷灰石，因此，有效磷缺乏，在造林时要适当施以磷肥。

(3)优选树种，适时造林。石灰岩发育的土壤Ca、Mg含量多，岩石裸露面大，易干旱，许多树种生长不良，造林成活率低，但相比其他红壤酸度较低，近中性，总体肥力较高，在树种选择时除考虑速生、有利于地力维护、经济利用价值等因素外，需特别考虑石灰岩发育土壤的特性。在江西修水、瑞昌石灰岩立地植被恢复的试验研究表明，侧柏、四川桤木、香椿、杜仲、青桐、楝木、青钱柳刺槐、无患子、乌桕、栾树、国槐、臭椿、棕榈等乔木树种、紫穗槐、胡枝子、黄栀子、吴茱萸等灌木树种以及淡竹有较好的适应性，生态经济效益好，是石灰岩区植被恢复的优良树种。

石灰岩困难立地区裸露岩石的面积大，吸热快，土壤水分蒸发快，加之岩石裂隙和地下洞穴甚多，水分易渗漏，土表水和土壤水分相对缺乏，故抗旱力差。因此要特别重视造林季节和造林时间的选择。应选择春季阴雨天气造林，在抚育时，要在幼树周围覆盖草被，以保持土壤水分，提高造林成活率和保存率。

3.3.1.3 配置模式

(1)针阔混交模式。在原有的侧柏林内补植阔叶树，形成以侧柏+青桐混交(混交比例6∶4)、侧柏+香椿混交(混交比例9∶1)等模式。

(2)阔阔混交模式。根据树种生物学和生态学特性，以充分利用资源、最大发挥生态经济效益的原则，进行多种阔叶树种混交。主要有楝木+香椿、楝木紫+穗槐、四川桤木+枫香+青桐、香椿+杜仲+无患子、苦楝+刺槐+臭椿、香椿+杜仲+栾树；香椿+桤木+国槐、臭椿+刺槐+无患子、香椿+臭椿+乌桕、桤木+杜仲+臭椿等都是优良的配置模式。

(3)林药经营模式。吴茱萸为芸香科小乔木，果、叶、根、茎、皮均可入药，幼果药效大，有治心痛、腹痛等功效，亦为胃病良药。产于长江以南各省区，土壤适应性较广，除过于粘重的土壤外一般均可栽培，且在中性、微酸性、微碱性的土壤中均可生长，以砂土、油砂土等比较肥沃疏松，排水良好又湿润的土壤栽培较好。

黄栀子为茜草科灌木，果实可作天然黄色染料。产于长江以南至西南各地，生于低海拔林下。喜温暖湿润气候，又耐寒，较耐旱，耐肥，耐修剪，喜光照，适生于肥沃，湿润，排水良好的酸性土壤，中性、微酸性红壤也能生长良好。

在立地条件相对较好的局部区域可采取吴茱萸+黄栀子、吴茱萸+杜仲行状混交，以林药模式经营。调查结果显示，吴茱萸+黄栀子、吴茱萸+杜仲行状混交林药经营模式两年后即产生明显生态经济效益。吴茱萸造林成活率94%，2年生吴茱萸的平均高、平均地径、平均冠幅分别达181 cm、5.3 cm、176 cm。黄栀子造林成活率95%，两年生平均地径、平均高分别达1.27 cm和71 cm，平均冠幅60 cm。林地基本郁闭，水土流失得到基本控制。

(4)淡竹阔叶混交模式。淡竹(*Phyllostachys glauca* McCl.)是一种耐钙植物，对石灰岩土壤比较适应，是石灰岩山区重要的经济竹种之一。本项目在石灰岩区采用淡竹+樟树、淡竹+枫香混交模式，樟树、枫香不规则混交于淡竹中，竹阔比例8∶2，取得良好生态经济效益。可见淡竹阔叶树混交模式是石灰岩地区的优良森林植被重建模式。

3.3.2 低效杉木林结构调控技术

杉木(*Cunninghamia lanceolata*)是一种速生常绿针叶树种，干形通圆，不翘不裂，具有出材率高、材质优良、适应性广和经济效益高等优点，不仅是重要的木材与纤维资源，还具有很好的水土保持和气候调节等生态服务功能，是我国人工林种植的主要树种和重要速生用材树种，素有“南有沙家浜，北有杨家将”之称。杉木人工林地力衰退问题的研究在我国已长达半个多世纪，早于20世纪80年代，研究人员便发现杉木人工林普遍存在地力衰退的现象。近些年来，该问题已成为众多学者关注的焦点，有关杉木人工林地力衰退的研究也有较多报道。杉木人工林地力衰退直接威胁到造林质量、林木生长和产量，进而影响到林分多功能效益的发挥和可持续经营，应引起足够的重视。

3.3.2.1 立地特征

(1)林分生产力下降。此类林地多位于立地条件较好的中、低海拔丘陵山地，属幼龄用材林林分，具有土壤肥力较高，小气候适宜，水分，光照条件有利于林木及林下植被生长等特点。

林分生产力下降一般表现为苗木成活率变低、林木生长量下降及林木分化加剧。杨玉盛等(1998；1999)研究表明，29年生杉木林1代和2代杉木在10年生前树高、胸径和材积的生长量相近，此后，2代的生长迅速下降(早衰)，29年生的平均单株材积比1代的下降41.46%，3代杉木树高、胸径和材积生长一开始就比2代的差，但未出现大幅度早衰现象，29年生的单株材积比2代的下降17.70%。杜国坚等(2000)试验得出，杉木连栽0~20 cm表层土盆栽杉苗，成活率只有24.4%，生长量比同层头栽土下降41.8%，连栽林地杉木保存率比头栽下降13.2%，连栽杉木当年幼树高仅21.6 cm，6年生树高仅214.9 cm，而头栽杉木当年、6年生树高分别达37.4 cm和367.0 cm。连栽导致了杉木生长的明显衰退，2、3代杉木胸径分别比1代杉木下降7.89%~11.76%和17.76%~22.35%，蓄积量分别下降21.02%~24.61%和38.70%~44.18%，且随着栽植代数的增加，杉木胸径、树高生长速生期时间推迟、速生期缩短，林木分化日趋明显，中级木比例减少，大、小级木比例增加。随着栽植代数的增加，不同生长发育阶段杉木林林分生物量逐代递减，其中2、3代20年生杉木林林分生物量分别比1代下降20.24%和22.38%，同时林分树干生物量所占比例下降。随着连栽代数的增加，杉木林林分生物量增量从第1次轮作到第2次轮作减少24%，从第2次轮作到第3次轮作又减少40%。天然阔叶林转化为杉木人工林后，乔木生物量碳库在2~40年呈线性增长，40~88年无显著增加。

(2)杉木林养分循环功能变差。杉木林养分循环功能变差主要表现为乔木层生物地球化学循环功能下降以及杉木林生态系统养分地球化学循环功能下降。随着栽植代数的增加，杉木林养分的年归还量、年吸收量及归还吸收比均呈递减趋势，表现为1代>2代，而营养元素周转期呈递增趋势。田大伦等(2011)根据30多年的定位连续测定数据得出，随着连栽代数的增加，杉木林的养分利用效率呈下降趋势，速生阶段，第2代林每生产1 t干物质需要的养分比第1代林多1.58~3.29 kg，干材生长阶段，第2代林每生产1t干物质需要的养分比第1代林多4.23~5.29 kg，养分周转利用的生物地球化学循环功能第2代林比第1代林差，由干材生长进入成熟阶段的生长期内，伴随水文学过程的养分地球化学循环中，第2代杉木人工林生态系统的养分积累的地球化学循环的能力下降，养分流失率是第1代林的2倍左右，养分的积累率还不到第1代林的60%。径流输出的养分量2代林是1代林的1.58~2.61倍，养分地球化学循环中2代林的养分流失率是1代林的1.30~1.72倍，养分的净积累率只有1代林的73.57%~87.14%。

(3)林下植被改变。杉木人工林栽培密度大，人为干扰频繁，林下植被稀少，与原生植被显著不同，随着连栽代数的增加，乔木层退化，林下植被生长量相对增加、种类发生变化。杉木头栽林地植被反映趋近于地带性常绿阔叶林林下植被特点，连栽林地植被反映出趋旱性，在出现的157种植物中，仅出现在头栽林地的有37种，出现在连栽林地的有25种，物种关联分析，它们呈显著的负关联。杉木林林下植被净生产力占林分净生产力的百分比分别为1代6.12%、2代17.42%、3代39.84%，随着栽杉代数增加，林下植被年吸收量、年归还量增加，2代、3代林下植被中营养元素的年累积量均高于乔木层，其中3代林林下植被营养元素年累积量是乔木层的3.28倍。随着栽植代数的增加，林下植被生物量呈递增趋势，其中2代和3代20年生杉木林活地被物生物量分别比1代增加4.32%和27.38%。不同发育阶段杉木人工林林下植被物种丰富度差异不大，幼龄林27种，成龄林34种，过熟林30种，各阶段优势物种的生态学差异较大，林下植被表现出萎缩-发育-萎缩的发育规律。胡玉燕(2016)研究表明，杉木米槠混交林灌木层植被共41种，层间层12种，草本层10种，而杉木纯林灌木层仅21种，层间层6种，草本层12种。

3.3.2.2 杉木人工林地力衰退的原因

(1)林分结构简单、树种单一。杉木是速生浅根性树种，生长快，从林地土壤中吸收养分较多，没有明显的主根，根系分布区集中在离地表10~50 cm深处，穿透力弱，凋落物数量较少，在完全郁闭以前(造林后1~5年)基本没有凋落物落下，郁闭以后，下部不受光的枝叶才逐渐枯死，且针叶含有大量的木素、树脂、单宁等，养分含量较低、不易分解。杉木人工林是单层林，树种单一、针叶化，林下植被稀少。杉木人工林的这些特点造成林地地力消耗大，养分归还少，养分利用专一，对林地土壤理化性质和生化性质均有不利的影响。一是天然林或次生林转化为杉木人工林后，土壤肥力下降，土壤生化性质改变。对杉木人工林和阔叶杂木林养分平衡因素差异的研究得出，杉木树干重量年平均生长量和木材生长的养分消耗要显著高于杂木林，但其凋落物量、凋落物中的营养元素含量和凋落物的分解速度却显著低于杂木林，杉木人工林的养分消耗明显高于凋落物归还，而阔叶杂木林的归还远高于消耗。次生林向针叶林转换导致土壤肥力下降，与次生林相比，除速效钾、铵态氮、交换性钙离子、镁离子和钾离子有增加的趋势，土壤全氮、速效磷、硝态氮、阳离子交换量、交换性铝离子和氢离子在杉木纯林中显著降低，有机碳、全钾和交换性钠离子均表现出下降的趋势。常绿阔叶林转变为杉木人工林后，土壤微生物生物量碳、可培养细菌和放线菌数量降低，杉木人工林地土壤微生物总磷脂脂肪酸、细菌磷脂脂肪酸、真菌磷脂脂肪酸比常绿阔叶林分别降低了49.4%、52.4%和46.6%，革兰氏阳性和阴性细菌磷脂脂肪酸远低于常绿阔叶林。次生林转化成杉木林将显著降低0~50 cm土壤有机碳和氮的浓度，次生林土壤有机碳和氮浓度分别为203.68 t/hm^2 和9.24 t/hm^2，杉木林仅为127.34 t/hm^2 和5.10 t/hm^2。二是随着杉木林林龄的增加，土壤退化程度加剧。冯宗炜等(1985)研究表明，杉木纯林在21~23年生时，即达到主伐年龄期，营养元素的年吸收量仍大于归还量，整个林分还处在养分消耗阶段。舒洪岚(2012)研究表明，随着杉木人工林林龄的增加，土壤容重增加，土壤 pH 值、阳离子交换量、全氮、速效钾、酸性磷酸酶、过氧化氢酶、脲酶、蛋白酶均有所降低。盛伟彤等(2003)试验得出，1 代杉木人工林随着杉木年龄的增加，一般从幼龄林到中龄林土壤肥力呈下降趋势，到了成熟林阶段土壤肥力稍有上升，但不能恢复到原来的状态。卢妮妮等(2015)研究表明，随着杉木纯林林龄的增长，除毛管孔隙度无明显变化，土壤密度逐渐增大，过熟林较幼龄林增大 36%，土壤孔隙度和土壤含水率逐渐减小，过熟林时最小。可见，由于杉木人工林组成树种的生态习性和生态位高度一致，使得生态系统的多样性低、缓冲调节能力差，某些生态因子持续增强或减弱，生态环境变化单向累积，最终导致地力衰退。

(2)经营措施不合理。不合理的经营措施会加剧林地水土流失、营养元素的损失、土壤理化性质和生化性质变差。一是全面炼山。炼山具有短期激肥效应，但经雨水冲刷，林地肥力急剧下降。炼山清理迹地导致了林地严重的水土流失，炼山后 6 年中林地的水、土、肥流失分别达到 8767.32 m^3/hm^2、38.00 t/hm^2 和 523.16 kg/hm^2，分别是不炼山林地的 3.10、19.70 和 6.10 倍，两种清理方式林地流失量差异逐年缩小，至第 6 年趋于一致。二是全垦整地。全垦整地栽杉后土体疏松，一经降雨，表土大量流失。全垦整地水土流失最多，5 年平均固体径流量达 31.4 t/hm^2。三是皆伐。皆伐后林地失去植被遮挡，土壤养分流失严重。皆伐后土壤化学性质趋于恶化，皆伐 3 个月后全氮、全磷、全钾质量分数比皆伐前同一土层分别下降了 6.8%~39.4%、18.6%~30.4%和 0.4%~5.2%。四是全树利用。全树利用不仅要从林地取走干材，还要将枝杈、树叶和根蔸取走，更加剧了土壤营养元素的丧失。

(3)短轮伐期和连栽。一是短轮伐期。短轮伐期会加剧林地土壤养分的消耗以及采伐、炼山及整地对林地的干扰频率，不利于地力的恢复。杉木人工林边材/心材及林冠/树干比例随着杉木年龄增长呈逐年递减趋势，因边材养分高于心材，林冠养分高于树干，因此轮伐期越短，每采伐单位杉木干物质所带走的养分越多，对地力的消耗越严重。二是连栽。多代连栽会加剧林地土壤养分的消耗和不平衡，再加上杉木自毒性化感物质的积累、杉木凋落物分解形成的酸性粗腐殖质以及人为干扰频率的增加，势必会导致土壤的衰退和酸化。冯宗炜等(1982)研究表明，杉木人工林连栽后土壤中有一些酚类化合物的积累，不仅对微生物的活动不利，而且对林木生长有害。盛伟彤等(2003)试验得出，随着杉木人工林栽植代数的增加(2~3 代)，土壤物理性质变劣，pH 值下降，养分含量降低，速效磷和水解氮下降尤为明显，微生物区系及酶活性也朝着生物活性下降的方向变化。刘丽等(2013)研究表明，杉木人工林代替自然林后，土壤细菌多样性指数显著降低，随着连栽代数的增加，杉木人工林土壤细菌多样性指数持续降低，细菌种群发生改变，土壤真菌多样性指数呈上升趋势，自然林土壤中优势真菌种群在 3 代杉木林中消失，并出现了一些植物致病菌属。在 25 年生的杉木纯林中，相比于天然林植被去除后营造的人工林，连栽杉木林土壤中含有更大量的称为环二肽的化感物质，同时土壤中潜在的致病真菌增加，根生物量、表面积和根长密度减少。Wu Z 等(2017)研究表明，随着连栽的代数的增加，嗜酸微生物逐渐占据优势，长期的纯林模式加剧了杉木根际土壤微生态的失衡，并显著降低了土壤微生物群落的多样性和代谢活性。

3.3.2.3 关键技术

(1)林分结构调控。一是营造混交林。杉木纯林的林分结构简单，系统稳定性较差，若营造大面积杉木纯林，必定会造成地力衰退，应发展混交林，通过间种、套种阔叶树种、固氮植物和肥土植物，增加林分物种的多样性和群落结构的复杂性，加强林分的生物地球化学循环功能和养分地球化学循环功能，提高林分的自肥能力和系统的稳定性。混交树种主要有火力楠、米槠、木荷、檫树、福建含笑、拟赤杨、观光木、桤木、光皮桦、杜英、枫香、酸枣、马尾松等，同时可选择胡枝子等豆科或非豆科固氮植物与杉木混交，形成乔灌草混交林。黄宇等(2004)研究表明，在杉木与阔叶树混交经营模式下，土壤养分含量增加、物理性状改善、土壤生物活性提高，且杉木与固氮树种混交对土壤质量的改善效果比杉木与非固氮树种混交好。在比较华南单一杉木林和混交林凋落物分解及养分归还的研究中指出，混交林每年凋落物量要比纯杉木林分高 24%，在混交林中大约 38%的凋落物来自阔叶树种火力楠，纯林中落叶层的分解速率为杉木<杉木、火力楠混合<火力楠，混合凋落物的分解速率为混交林>纯林，混交林中由凋落物返还的氮、磷、钾明显高于纯林。不同类型林分的林下植被层最大持水量表现为杉木、马尾松混交林>马尾松纯林>杉木纯林，凋落物层最大持水量、0~60 cm 土层总蓄水量以及林分总持水量均表现为杉木、马尾松混交林>杉木纯林>马尾松纯林。黄冬梅(2017)研究表明，杉木、木荷混交林和杉木纯林林下植被的种类分别为灌木层 43 种、草本层 21 种和灌木层 21 种、草本层 10 种，混交林多样性指数为 2. 27，远大于杉木纯林，且混交林林下植被丰富、数量均衡，更有利于保持水土和有机物分解。洪宜聪(2017)研究表明，杉木林内套种闽粤栲后，林木生长良好，生长量得到提高，林分的土壤肥力得以改善，林分生物多样性及涵养水源功能得到加强。营造混交林时要注意在适地适树的原则下，科学确定树种比例，在选用间种、套种植物时，还要注意竞争性植被对林木生长的影响，消除他感负作用。采用近自然经营技术后，杉木林分中嵌入了多种乡土阔叶树种，林地生物多样性、土壤肥力、林分生产力均得到提升。枫香、杉木混交，对两者的林木生长量均有明显的促进作用，不同混交比例间枫香和杉木的林木生长情况和土壤肥力均存在显著差异，在 5 种混交比例(8 枫 2 杉、7 枫 3 杉、5 枫 5 杉、7 杉 3 枫、8 杉 2 枫)中，5 杉 5 枫的混交效果最好，不同混交比例，对枫香、杉木的种间关系的影响有较大差异，且这种影响随林分年龄增长呈动态变化。黄钰辉等(2017)研究南亚热带杉木林改造不同树种配置模式对土壤质量的影响表明，在进行多树种混交的林分改造时，树种组成的不同，导致土壤质量产生较大差异，其中，米老排+枫香+香樟+盆架子+杉木、米老排+香樟+阴香+火力楠+杉木、米老排+枫香+香樟+尖叶杜英+杉木 3 种树种配置方式的土壤改良作用明显。二是抚育间伐。在营造混交林的基础上同时辅以间伐等抚育措施，可以调节林分密度和郁闭度、促进林下植被恢复和发展，改善人工林生态环境。结合森林抚育效益检测样地情况，通过实地抚育调查，在以杉木、马尾松、湿地松、阔叶树为主要用材林的基础上研究得出，通过森林抚育对林分郁闭度进行合理控制，可改善林内小气候、空间状况等，抚育样地的植被生物量普遍高于对照样地，用材林抚育有利于提高生态系统碳储量。杨英自(2014)研究 3 种不同抚育措施对 15 年生杉木人工林(3450 株/hm^2)生态效益的影响表明，割灌+疏伐、疏伐、割灌 3 种抚育措施均能明显促进林分生长，改善林分结构，增强林分稳定性，提高林下植被盖度，丰富林下植被种类，增加生物多样性，其中以割灌+疏伐抚育所起的生态效益最为显著。刘延惠等(2017)研究表明，林地抚育(松土、割灌、锄草)使得杉木人工林林木的保存率、林分郁闭度、林木胸径、树高等均显著高于对照林分。在对林分进行间伐抚育时，要根据林分的实际情况，选择恰当的间伐强度，以达到更好的抚育效果。Xin-Li Chenab 等(2015)研究表明，26 年生杉木林间伐抚育 7 年后，间伐后不同密度(1020±53 株/hm^2、2073±34 株/hm^2、3049±22 株/hm^2)林地土壤中，2073±34 株/hm^2 的林地土壤中微生物功能多样性更高。蔡卫兵(2017)研究表明，对 15 年生杉木低效林(2100 株/hm^2)间伐抚育，可有效促进林下植被的生长、提高林分的生物多样性以及增加土壤有机质、全磷、全钾和水解氮含量，且 30%~40%的间伐强度的抚育效果优于 20%的间伐强度。

(2)采用合理的经营措施。全面炼山、细致整地、和全面松土除草的幼林抚育方式，尽管短期内可以促进杉木幼苗生长，但极易造成水土流失，对可持续经营不利。可采取不炼山、少炼山或炼山后及时种植豆科固氮绿肥覆盖地表，减少水土流失。采用带垦、穴垦和块状整地、块状抚育等经营措施减少对土壤及植被的人为干扰。盛玉珍等(2016)研究表明，杉木 2 代人工林 3 年生杉木林林地在穴垦、带垦和全垦 3 种不同的整地方式下，林地理化性质差异较大，从各理化指标来看，土壤优劣状况呈现出穴垦>带垦>全垦的趋势，其中全垦和带垦的土壤容重分别比穴垦增加 12.96%和 6.48%，最大持水量分别降低 10.69%和 6.83%，有机质含量分别减少 19%和 10%。皆伐和全树利用会加剧林地地力的损耗，应改大面积皆伐为小面积皆伐，尽量减少采伐集材过程中机械对林地土壤的破坏，保护采伐剩余物，尽量归还林地。何宗明等(2003)研究不同立地管理措施对 29 年生 1 代杉木人工林采伐后营造的 4 年生 2 代杉木人工林生产力的影响得出，收获树干、树皮、加倍采伐剩余物处理的杉木林生长最好，地位指数只比 1 代下降 0.67，清走树木所有部分处理的杉木生长最差，地位指数下降 1.67。也有研究表明，在干旱季节实施经营措施可以避免土壤养分的流失。Wenhua XIANG 等(2009)研究表明，旱季在杉木人工林进行皆伐后炼山、整地和补植等措施，导致土壤 pH 值下降，但是并没有显著降低土壤有机物、碳、氮和磷。

(3)少连作或不连作，延长轮伐期。杉木人工林传统经营强度大、收获期短，若连作极易造成地力衰退。Selvalakshmi Selvaraj 等(2017)对杉木人工林连续轮作和对土壤性质的影响研究表明，在同一位置连续种植杉木，在第 2 次轮作后会导致土壤有机碳、碳氮比下降，有机碳(0~100 cm)在第 1 次和第 2 次、第 2 次和第 3 次、第 3 次和第 4 次轮作之间分别下降 3%、3.6%和 14.4%，建议为维持地力连栽代数不应超过 2 轮。可将传统经营连栽 2~3 代的杉木人工林林地撂荒，自然恢复成杂木林，或在杉木采伐迹地上种植豆科植物、肥土植物，待肥力恢复后，在营造混交林的基础上，适当延长轮伐期。老龄杉木林乔木层仍然以杉木为单一优势树种，达到乔木层高度的阔叶树种密度和重要值极低，而杂木林以马尾松、丝栗栲和木荷等树种共为优势树种，具有次生林性质。随着林分年龄的增加，杉木林养分积累量呈明显下降趋势，1 代成熟林比中龄林下降 14.74%，2 代成熟林比中龄林下降 11.86%，而杉木养分的年归还量、年吸收量和归还吸收比则随林分年龄的增加呈增加趋势，表现为成熟林>中龄林，因此适当延长轮伐期有利用杉木林的养分归还。随着林龄的增加，杉木人工林的养分循环越来越受到生物过程的支配，在降雨和土壤中对外界养分来源的依赖性越来越小，因此延长约 5 年的轮伐期有利于维持土壤养分状况。以 116 个亚热带森林为研究对象，结果表明，常绿阔叶林转化为杉木人工林会导致早期的碳释放，但对长期碳储量没有影响，土壤碳库的恢复时间为 27 年，延长轮伐期(>27 年)将抵消森林转换对土壤碳储量的不利影响。

(4)合理施肥。杉木生长迅速，是喜肥树种，养分需求量大，若林地只用不养，则会导致地力衰退。有必要适地适树向林地施肥，补充养分消耗。施肥时，要考虑到林木生长的不同发育阶段和不同季节有针对性的施肥，还要考虑到林地土壤状况、杂草状况、天气及肥料种类，选择合适的施肥方式。一般可以通过对林木营养元素进行诊断平衡施肥以及测土配方施肥。盛玉珍等(2016)研究表明，施用不同肥料品种对杉木的生长有着极大的影响，不同肥料作用下杉木生长量大小顺序为配方肥>普通复合肥>对照处理，施用专用配方肥料更有利于提高林分生产力。除向林地科学施用化肥和有机肥外，施用微生物菌肥、混交林抚育埋青或间种矮秆作物，待其收获后进行秸秆还林等提高林分自肥能力的施肥方式也是防治杉木人工林地力衰退的重要途径。施肥时一般结合除草、松土及培土等抚育措施同时进行。

①套种植物种选择。该地区可选择石楠、含笑、等适于庇荫条件下生长的常绿阔叶树种，或经济效益很高的药材品种，如黄栀子等进行林间或林下套间种。

②适宜的林分郁闭度。林内光照直接影响林下树木的生长，适宜的林分郁闭度是生长的前提。林分改造前，需要进行林分间伐。

③合理的林下植被栽植密度。套、间种植物的栽植密度，视林地立地条件及其本身生物学特性而定，立地条件好、经营管理细致的可稀植，反之则密植。

④因地制宜。按照林分所处坡位、海拔高度及立地条件等，科学配置林下栽植树种。

3.3.2.4 模式应用

(1)杉木幼林间种常绿阔叶树模式。石楠是该地区适宜的常绿阔叶树种之一，又是良好的景观树种，实施杉木林下补种石楠，能够形成针阔叶混交林，即达到了低效低质杉木林的改造，又形成良好景观。

(2)杉木成林间种中药材模式。草珊瑚是金栗兰科草珊瑚属的一种广谱性中药材，其用途广、效益高、需求大。根据其生长发育特性及林地资源状况，可以利用林地的空间栽植草珊瑚，发展多层次利用，藉以提高林地生产率。基于草珊瑚的生长要求适度庇荫，也就是说林分要有一定的郁闭度，但郁闭度不同对草珊瑚的生长又有很大的的影响，郁闭度太高、太低均不宜。研究表明，杉木林分郁闭度为0.7时，草珊瑚生长指标最高，郁闭度过高、过低的林分均不利于草珊瑚的生长和品质提高。

3.3.3 麻栎人工结构调控技术

3.3.3.1 麻栎优良种源和家系筛选

(1)不同地理种源麻栎苗期变异和初步选择。苗期大田试验分别在安徽省滁州市红琊山林场和浙江省长乐林场同时进行。

①苗高和地径生长动态。大部分种源的出苗期都在3月下旬，部分种源于4月初至中旬出苗。从苗木出土后至5月中旬苗木的高生长就存在明显差异，陕西汉中、山西方山、四川广元、万源、山东等几个纬度较高的种源生长较慢，浙江种源及附近的安徽黄山、太湖、江苏下蜀、江西上饶等种源生长较快；不同种源麻栎苗高和地径生长表现出明显的“S”型曲线。苗高速生期为7~8月，9月份基本停止生长。地径的生长和苗高生长成显著正相关，地径生长期较长，6~9月都处于生长期。方差分析表明：不同种源间苗高和地径

差异达到极显著水平。多数种源速生期为 8 月，这是生长关键时期，天气和水肥都将直接影响苗木生长(图 3-7、图 3-8)。

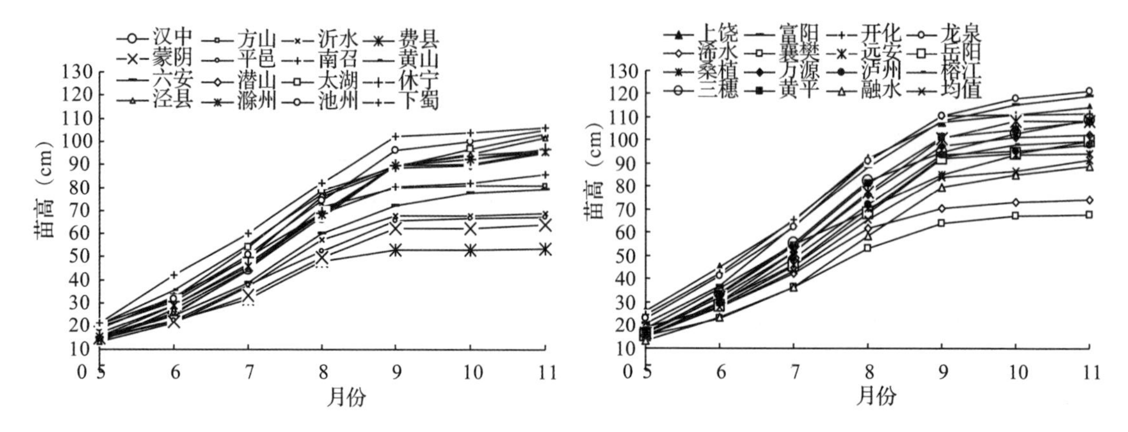

图 3-7　不同种源麻栎 1a 生播种苗苗高年生长变化

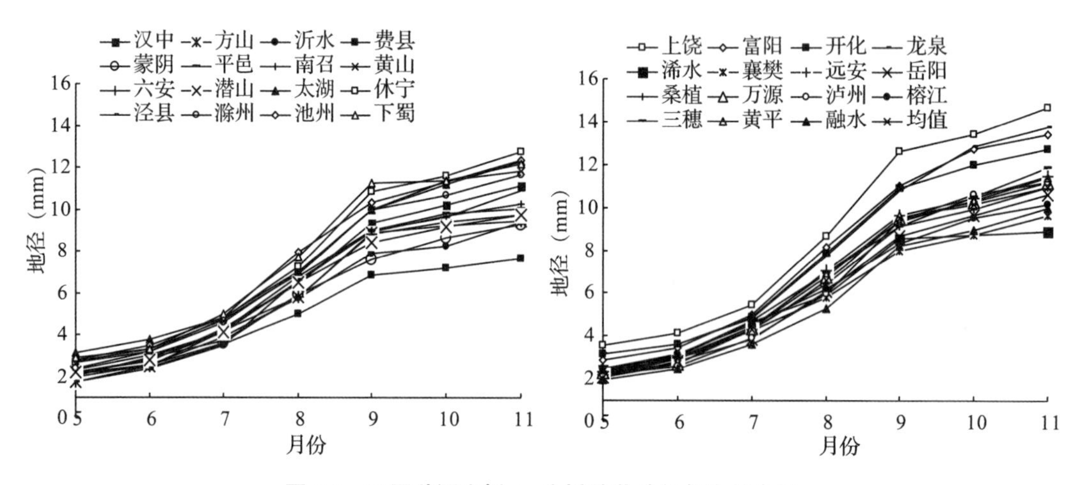

图 3-8　不同种源麻栎 1a 生播种苗地径年生长变化

②苗高和地径生长差异分析。苗高和地径是反应苗木生长量的最主要性状，方差分析表明，2 个试验地麻栎不同种源间在苗高和地径上存在极显著差异。由图 3-9 和图 3-10 可以看出，长乐试验地的苗高和地径均大于滁州试验地，这可能与育苗处理和管理水平有关，但主要还是和地理气候有关。滁州试验点调查显示，平均苗高和地径变异系数为 27. 57%和 22. 53%，浙江龙泉和龙泉、安徽太平和太湖、江苏句容种源的苗高、地径生长最快，表现最优；山东、广西和山西种源表现最差。长乐试验点调查显示，浙江种源及附近的安徽黄山、太湖、江苏下蜀等种源生长较快，最多为龙泉种源的，最少为费县种源。综合麻栎不同种源在 2 个试验地生长表现可以看出：麻栎在我国分布广泛，地理环境的变异导致麻栎种群间产生巨大的差异，因此从中选择优良种源具有较大的潜力。按照 10%优良种源入选率，优良种源主要分布于浙江、安徽南部和贵州东部地区，今后麻栎优良种源选择应重点关注。

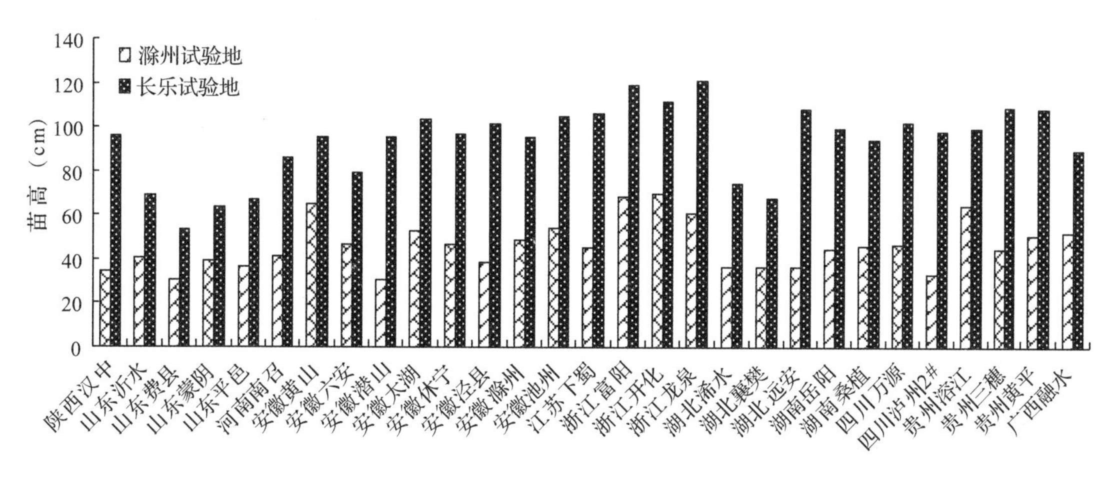

图 3-9　不同麻栎种源在 2 个试验地苗高生长差异

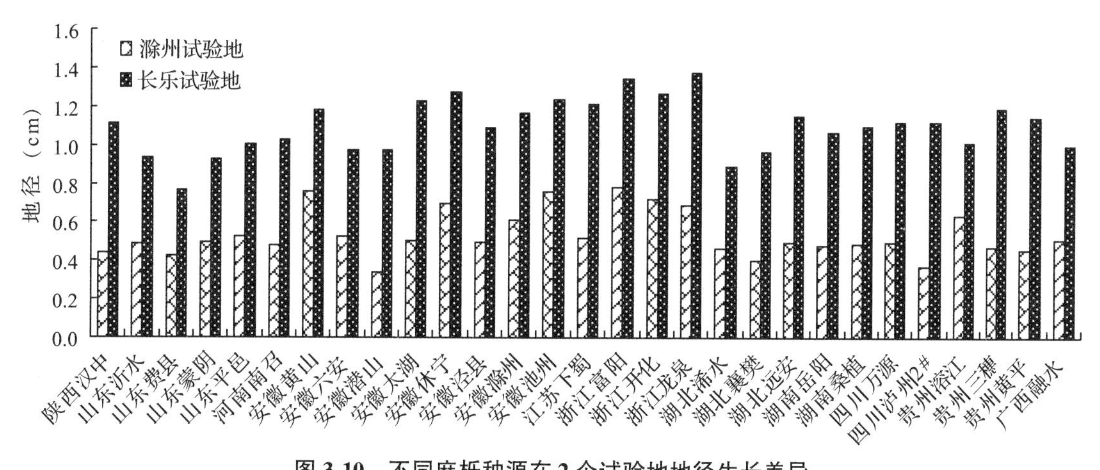

图 3-10　不同麻栎种源在 2 个试验地地径生长差异

③叶片性状差异分析。叶片是植物进行光合，蒸腾和呼吸的主要器官，是生态系统中初级生产者的能量转换器，其生长发育状态关系着植株的生长发育。叶片性状与植物的生长对策及植物利用资源的能力紧密联系，直接影响到植物的基本行为和功能。叶面积与生物量之间有着紧密的内在联系。叶面积是衡量植物能量和物质交换的基本指标，也是研究生态系统生产力、水分和能量平衡及其承载力等方面的基础指标。叶面积随其总生物量的增加而增加。

叶片是树木进行光合作用及气体交换的主要器官，对其生长发育等一系列生命活动至关重要，它在一定程度上反应生理活动旺盛程度、光合效率、干物质积累多少以及经济效益高低等，其中叶面积和叶重量是最直观的指标，因此需将叶面积与叶重量作为优良种源选择的指标。

由图 3-11 可知，单株总叶面积平均值为 385. 05 cm^2，变幅为 137. 96±17. 67～662. 01±68. 66 cm^2，大于各种源均值的种源有 16 个，主要分布在浙江、安徽、江苏和贵州等种源；单叶面积最大的为广东乐昌种源(27. 82±1. 30 cm^2)，最小的为安徽泾县种源(6. 54±0. 88 cm^2)，前者是后者的 4. 25 倍；比叶面积平均值为 103. 20 cm^2/g，变幅在 53. 70±7. 01～143. 56±11. 84 cm^2/g。方差分析表明，不同种源麻栎单株总面积[$F(35, 72) = 24.69$]、

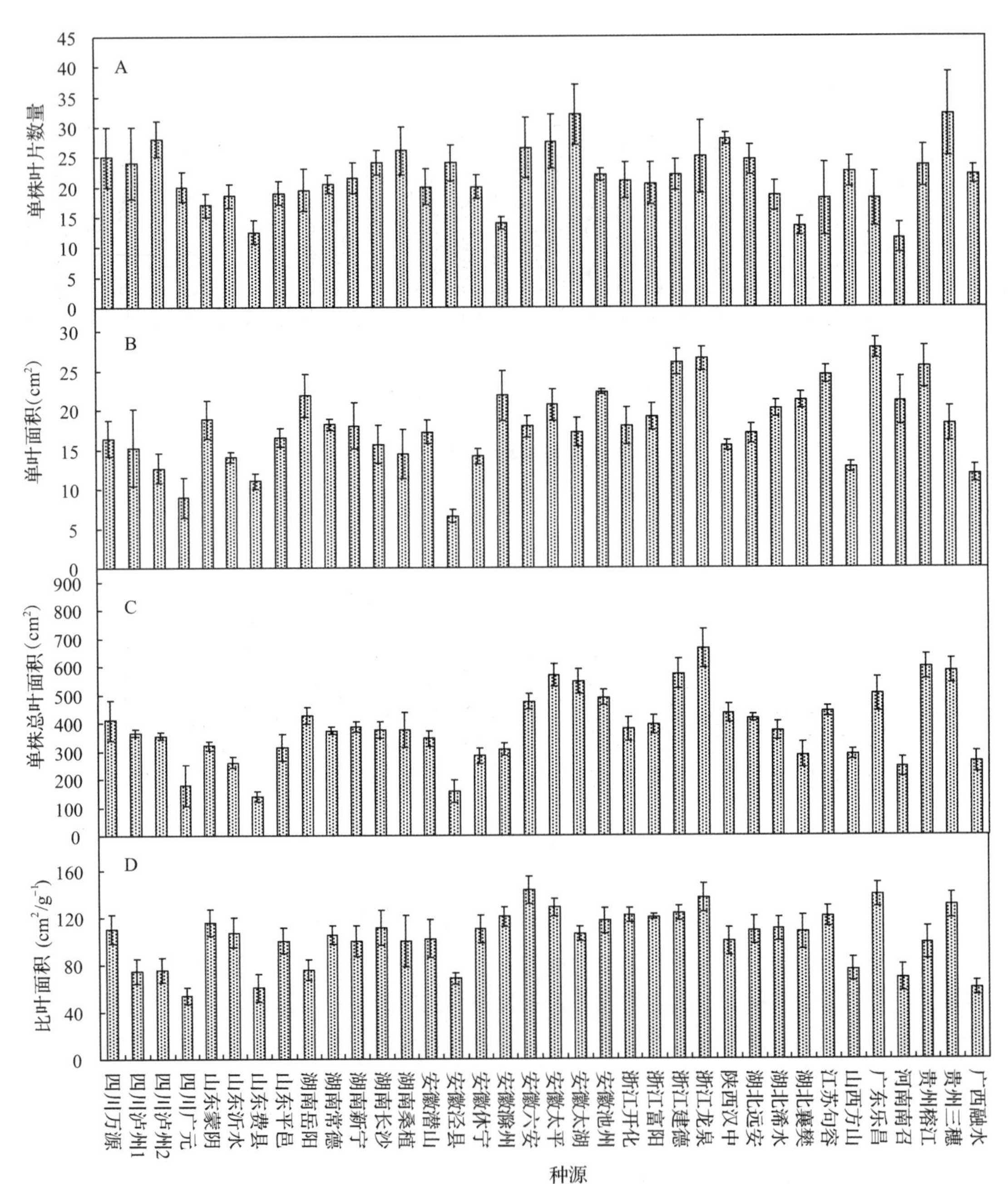

图 3-11　不同种源麻栎 1 年生苗叶片性状

单叶面积[$F(35, 72) = 24.69$]和比叶面积[$F(35, 72) = 24.69$]差异达到极显著水平。从整体上看，广东乐昌、浙江龙泉、安徽太平和贵州三穗种源叶片性状较好。

④根系性状差异分析。各种源 1 年生苗木根系性状如图 3-12，方差分析表明，各种源 1 年生苗木单株根系平均直径、总长度、总面积、总体积和根尖数量差异达显著差异水平。由图 3-12A 可以看出，河南南召种源根系平均直径最大，达到 3.34±0.10 mm，浙江富阳种源最小，只有 1.30±0.12 mm，最大差值为 2.04 mm，总体上看，湖北、湖南和贵州等种源根系平均直径大于安徽、浙江和广东等种源。

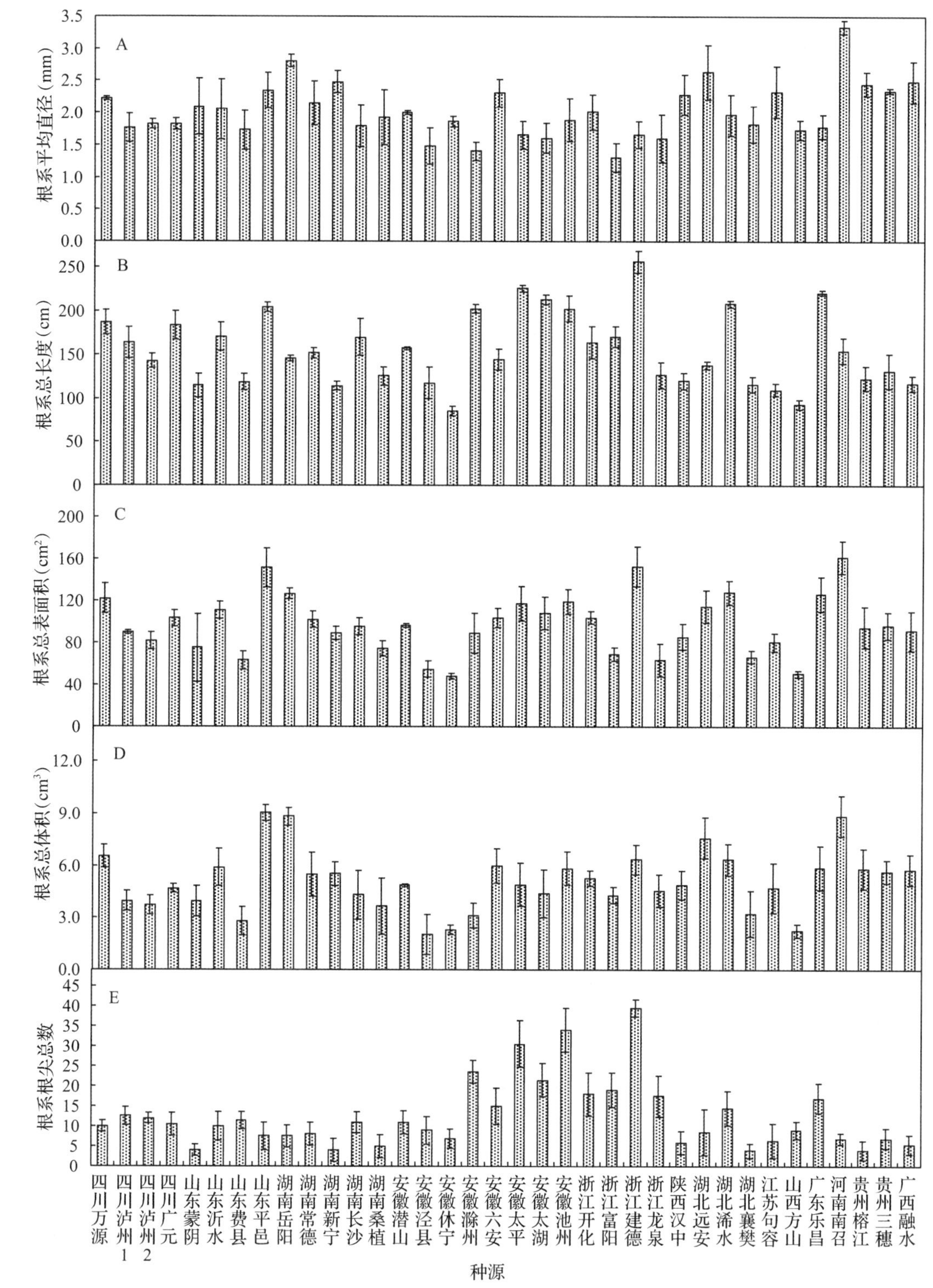

图 3-12　不同种源麻栎 1 年生苗单株根系性状

各种源 1 年生苗木单株根系总长度如图 3-12B，由图 3-12B 可以看出，单株根系总长度平均值为 155. 29±41. 68 cm，变幅(为 85. 03±1. 54)~(256. 51±12. 24) cm，极差为

171.48 cm，总体上看，单株根系总长度差异与根系平均直径差异情况相反，安徽、浙江和广东等种源大于湖北、湖南和贵州等种源。

单株根系总表面和总体积差异情况总体上表现相似的趋势，单株根系总表面最大的为河南南召(161.80±15.44 cm^2)，山东平邑次之(151.65±18.44 cm^2)，最下的是安徽休宁(47.79±2.66 cm^2)，最大是最小的3.39倍。单株根系总体积最大的为山东平邑(9.04±0.45 cm^3)，河南南召次之(8.86±1.17 cm^3)，最下的是安徽休宁(2.03±0.16 cm^3)，最大是最小的4.45倍。单株根系总表面和总体积前5名分别为，浙江建德、河南南召、山东平邑、湖南岳阳和湖北远安，以北方种源为主。单株根系总表面和总体积后5名分别为安徽泾县、安徽休宁、浙江富阳、浙江龙泉和山东费县，以南方种源为主。

图3-12显示各种源1年生苗木单株根系根尖数量情况，单株根系根尖数量平均值为12.44±1.42，变幅为(4.00±1.41)~(39.50±2.24)cm，极差为35.50。图3-12E可以看出，浙江和安徽种源(平均值24.45)远远高于其他种源(平均值14.27)。

⑤木材化学成分性状差异分析。木材主要成分是纤维素、半纤维素和木质素，它们是构成木材细胞壁和胞间层的主要化学成分；次要成分有抽出物、灰分和淀粉等。木材化学成分的变异直接影响木材的性质。如纤维素含量的变异会影响木材的吸湿性，而聚戊糖含量的变异会影响木材的润湿膨胀能力，木素和半纤维素含量的变异能引起木材力学性质上的变化，抽出物对木材的颜色、气味和耐久性等性能有一定的影响。所以对木材化学成分含量进行研究是很有必要的。

苯醇混合溶剂除了单宁不能完全抽提外，几乎可以除去所有的有机抽提物。苯醇抽提物主要存在于木材的细胞腔内，虽然不是构成木材细胞壁的主要化学物质，但与木材的耐久性有密切关系。苯醇抽提物的含量和成分与林木种类和其生长时间等有关，含量在不同无性系间因遗传和地理环境等因素的影响而存在较大的变异。即使在同一植株内，其含量也随着所处部位的不同而存在一定程度差异。

麻栎不同种源1年生苗茎苯醇抽出物含量达到极显著水平[$F(35, 72)=55.47$，$P=0.00$]。苯醇抽提物在不同种源茎中含量平均值为(6.14±0.83)%，有18个种源大于平均值，最大的为安徽六安和安徽太平，均为(7.53±0.34)%，最小的为浙江建德，只有(4.46±0.08)%，最大差值为3.07%。

从表3-5可知，各种源木质素含量变幅为22.11±2.81%~28.95±1.71%，平均值是25.52±1.95%，其中有19个种源的木质素含量高于平均值。方差分析结果表明，供试种源间木质素含量差异达到极显著水平[$F(35, 72)=11.53$，$P=0.00$]。各种源的木质素含量由大到小前5位是山东平邑、江苏句容、四川古南1、陕西汉中和山东蒙阴，含量分别达到了(28.95±1.71)%、(28.39±0.43)%、(28.38±0.63)%、(27.58±0.18)%和(27.77±0.20)%，是总体平均值的1.13、1.11、1.11、1.10和1.09倍；最小的5个无性系为浙江开化、广东乐昌、浙江富阳、湖南新宁和湖北远安，含量分别达到了(22.86±0.48)%、(22.81±0.33)%、(22.71±1.21)%、(22.31±0.30)%和(22.11±0.62)%，是平均值的0.90、0.89、0.89、0.87和0.87倍。

麻栎不种源粗纤维含量达到极显著水平[$F(35, 72)=5.58$，$P=0.00$]。粗纤维含量平均值为63.38%，在供试的种源中有19个种源的粗纤维含量高于其总平均值，其中最大的为(68.07±1.67)%，最小的是(57.73±0.60)%，两者比值为1.18。从总体上看，山东和湖南，安徽部分种源含量较高，浙江和广东含量比较低。

表 3-5　不同种源麻栎 1 年生苗木材化学性质

种源		苯醇抽出物(%)	木质素(%)	纤维素(%)
四川	万源	5. 60±0. 06 D	24. 82±0. 25 BCDEFG	62. 74±0. 18 BCDE
	泸州 1	5. 66±0. 05 DE	28. 38±0. 63 LM	64. 72±0. 34 BCDEFG
	泸州 2	5. 71±0. 08 DE	26. 57±0. 59 GHIJKL	65. 56±1. 02 DEFG
	广元	7. 20±0. 03 KL	26. 47±0. 34 GHIJKL	63. 15±0. 93 BCDEF
山东	蒙阴	6. 74±0. 02 HIJ	27. 77±0. 20 JKLM	67. 35±1. 60 FG
	沂水	6. 72±0. 03 HIJ	26. 99±0. 08 HIJKLM	66. 43±0. 12 EFG
	费县	6. 74±0. 01 HIJ	26. 49±0. 44 GHIJKL	65. 41±0. 91 CDEFG
	平邑	6. 46±0. 15 GHI	28. 95±0. 98 M	64. 35±0. 92 BCDEFG
湖南	岳阳	7. 05±0. 12 JK	25. 90±0. 03DEFGHIJK	65. 22±0. 95 CDEFG
	常德	5. 78±0. 06 DE	25. 35±0. 31 DEFGHI	63. 85±1. 54 BCDEFG
	新宁	5. 04±0. 01 BC	22. 31±0. 30 AB	66. 40±1. 65 EFG
	长沙	6. 10±0. 21 EFG	23. 57±0. 58 ABCD	61. 89±0. 96 ABCD
	桑植	6. 63±0. 21 HIJ	25. 89±0. 24 DEFGHIJK	60. 33±0. 79 AB
安徽	潜山	5. 58±0. 07 D	25. 86±1. 05 DEFGHIJK	68. 07±0. 96 G
	泾县	5. 48±0. 08 CD	23. 82±0. 30 ABCDE	63. 46±0. 77 BCDEF
	休宁	6. 50±0. 04 GHI	24. 03±0. 19 ABCDEF	63. 19±0. 03 BCDEF
	滁州	5. 88±0. 02 DEF	25. 74±0. 27 DEFGHIJK	60. 65±0. 68 AB
	六安	7. 53±0. 19 K	25. 83±0. 38 DEFGHIJK	64. 19±0. 43 BCDEFG
	太平	7. 53±0. 19 K	23. 85±0. 31 ABCDE	60. 97±0. 74 ABC
	太湖	7. 63±0. 03 K	24. 56±0. 02 BCDEFG	65. 49±0. 72 DEFG
	池州	6. 42±0. 17 GH	24. 39±0. 25 ABCDEFG	61. 68±0. 28 ABCD
浙江	开化	5. 48±0. 07 CD	22. 86±0. 48 ABC	64. 39±1. 98 BCDEFG
	富阳	6. 92±0. 01 IJK	22. 71±1. 21 ABC	61. 97±0. 32 BCDE
	建德	4. 46±0. 03 A	25. 47±0. 68 DEFGHIJ	62. 18±1. 76 BCDE
	龙泉	4. 69±0. 05 AB	24. 23±0. 29 ABCDEFG	61. 16±1. 71 ABCD
湖北	汉中	5. 79±0. 10 DE	27. 58±0. 18 IJKLM	61. 83±0. 14 ABCD
	远安	5. 43±0. 19 CD	22. 11±0. 62 A	57. 72±0. 26 A
	浠水	5. 68±0. 13 DE	25. 97±0. 40 EFGHIJK	63. 85±1. 72 BCDEFG
	襄樊	6. 54±0. 18 GHI	25. 36±0. 03 DEFGHI	62. 97±0. 30 BCDEF
江苏	句容	7. 49±0. 1 5 K	28. 39±0. 43 LM	64. 47±1. 25 BCDEFG
山西	方山	5. 65±0. 05 DE	28. 09±0. 60 KLM	64. 61±0. 87 BCDEFG
广东	乐昌	4. 76±0. 13 AB	22. 81±0. 33 ABC	57. 73±0. 35 A
河南	南召	6. 30±0. 14 FGH	26. 59±0. 26 GHIJKL	63. 85±0. 45 BCDEFG
贵州	榕江	5. 59±0. 07 D	27. 27±0. 31 IJKLM	62. 25±1. 28BCD E
	三穗	5. 81±0. 04 DE	26. 35±0. 08 FGHIJKL	62. 25±1. 28 BCDE
广西	融水	6. 37±0. 12 GH	25. 35±0. 41 DEFGHI	65. 20±0. 33 CDEFG
平均值	6. 14±0. 08	25. 52±0. 19	63. 38±0. 26	
F	55. 47	11. 53	5. 58	

⑥麻栎能量差异。茎热值的变幅为 17.14~18.85，根热值的变幅为 16.41~18.27，叶热值 17.92~22.25。各器官热值大小顺序为叶>茎>根。对种源间的茎热值、根热值和叶热值进行方差分析表明，不同种源各器官热值差异均达到极显著水平。总能量最高的 5 个种源从大到小排列依次是浙江建德、浙江龙泉、江苏句容、安徽太湖和安徽太平；总能量最低的 5 个种源分别是山东费县、山东平邑、安徽休宁、安徽泾县和湖北浠水。各器官能量排序为根>叶>茎，这与生物量和热值分配规律一致(图 3-13)。

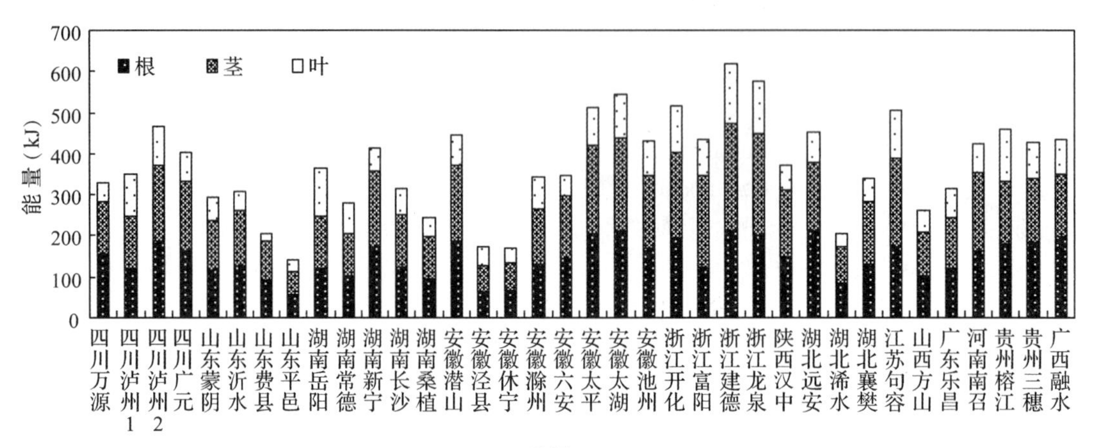

图 3-13 不同种源麻栎能量

⑦叶面积指数差异。麻栎 1 年生播种苗的平均叶面积指数为 16.1，方差分析表明其存在显著差异，最低为平邑种源，最高为上饶种源，变异幅度为 9.6~29.4，变异系数为 27.6%，最高和最低种源分别为平均值的 182.6%和 59.6%。LAI 和苗高、地径的生长量大小成显著相关(表 3-6)。

表 3-6 不同种源的叶面积指数

种 源	汉中	方山	沂水	费县	蒙阴	平邑	南召	黄山	六安	潜山	太湖	休宁	泾县	滁州	池州	句容
叶面积指数	12.9	10.4	13.4	11.9	11.1	9.6	11.8	13.9	12.1	17.9	17.7	13.9	10.5	11.7	17.5	13.0
种 源	上饶	富阳	开化	龙泉	浠水	襄樊	远安	岳阳	桑植	万源	泸州	榕江	三穗	黄平	融水	
叶面积指数	29.4	18.5	19.2	18.5	10.3	9.8	14.3	13.6	13.5	15.7	18.3	16.9	19.7	25.1	13.1	
平均值	16.1	$P<0.01$														

分析苗期生长性状和地理位置及其气候因子的相关性发现：苗高、地径、叶面积指数和纬度都成极显著负相关；苗高和年降水量、年平均温度成极显著正相关，和经度、无霜期成显著正相关；地径和经度、无霜期相关性不大；叶面积指数和年降水量、年平均温度成显著正相关(表 3-7)。

表 3-7 麻栎种源生长性状和地理、气候因子相关分析

指 标	纬 度	经 度	年均降水量	年均温度	无霜期
树 高	-0.746($P=0.00$)	0.399($P=0.039$)	0.609($P=0.001$)	0.518($P=0.005$)	0.446($P=0.017$)
地 径	0.680($P=0.000$)	0.036($P=0.858$)	0.638($P=0.000$)	0.375($P=0.049$)	0.222($P=0.257$)
叶面积指数	0.568($P=0.002$)	0.562($P=0.002$)	0.437($P=0.020$)	0.448($P=0.017$)	0.447($P=0.017$)

⑧不同种源麻栎光合特征差异。植物的生长实际上是净光合作用的结果，其光合作用能力的高低直接决定了植物的总生长力，并在一定程度上影响植物净生产力状况。本试验对一年生麻栎不同种源进行苗期光合作用特性进行了测定，旨在了解不同的麻栎种源光合作用特性与生产力的关系，探讨对其进行苗期选择的可能性，并可为其培育和栽培管理提供理论依据。

净光合速率是描述光合作用强弱的直接指标，其高低反映了植物叶片合成有机物质能力的强弱，表明了树体积累营养物质和储存能量能力的大小。叶片净光合速率的日变化，反映出一天中光合作用的时间持续能力，各种源光合速率平均值为 12.34 μmol/(m^2·s)，变幅为 10.14~14.54 μmol/(m^2·s)，从图中 3-14 可以看出，麻栎各种源光合速率的差异达极显著水平。广东乐昌种源光合速率最高，达到 14.54 μmol/(m^2·s)，山东费县种源最低，仅 10.14 μmol/(m^2·s)。总体上，从地理分布的变异规律来看，南方种源：广东乐昌、浙江富阳、安徽池州等光合速率较大，山东费县、湖北襄樊和陕西汉中等北方种源光合速率相对较低。

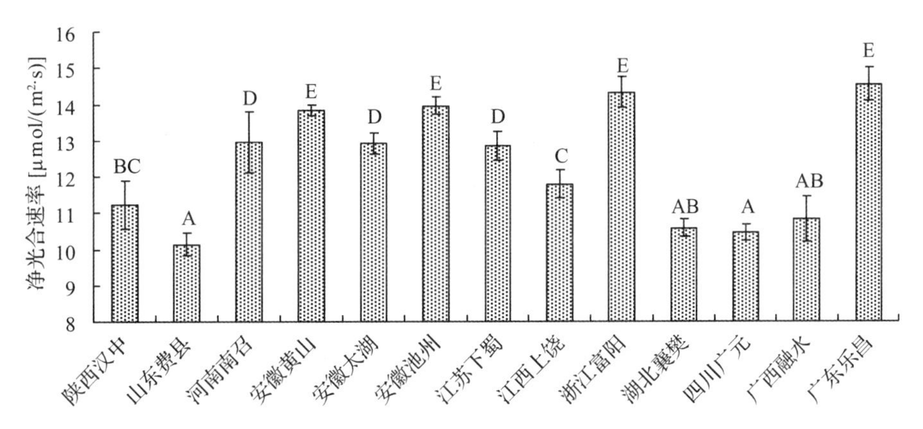

图 3-14 不同种源麻栎净光合速率

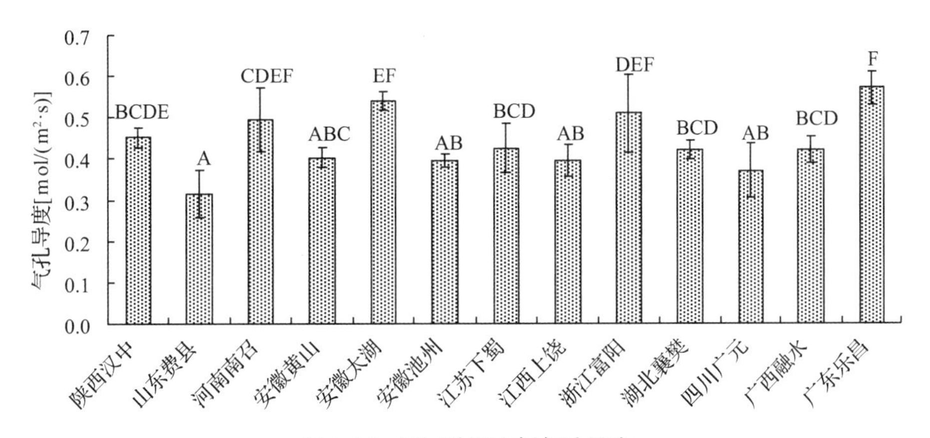

图 3-15 不同种源麻栎气孔导度

气孔是植物光合作用和呼吸作用与外界进行气体交换的主要结构，气孔导度控制内外气体交换的速率。从图 3-15 可以看出，在观测日，各种源气孔导度平均值为 0.44 μmol/(m^2·s)，变幅为 0.32~0.57 μmol/(m^2·s)，麻栎各种源气孔导度的差异达极显著水平。

广东乐昌种源气孔导度最高，达到 0.57 μmol/(m^2 · s)，山东费县种源最低，仅 0.32 μmol/(m^2 · s)。

胞间 CO_2 浓度受气孔导度变化影响很大，而且胞间 CO_2 浓度变化与净光合速率变化呈显著的负相关关系。各种源胞间 CO_2 浓度平均值为 202.07 μmol/(m^2 · s)，变幅为 185.39~218.43 μmol/(m^2 · s)，从图 3-16 中可以看出，麻栎各种源胞间 CO_2 浓度的差异达极显著水平。陕西汉中种源胞间 CO_2 浓度最高，达到 218.43 μmol/(m^2 · s)，安徽黄山种源最低，仅 185.39 μmol/(m^2 · s)。

叶片的蒸腾速率在一天中随时间的推移而变化，这不仅取决于树种，而且与叶片和个体发育年龄，特别是生理过程和昼夜节律等相关，同时受到外界环境条件的影响。各种源蒸腾速率平均值为 6.84 mmol/(m^2 · s)，变幅为 5.8~7.86 mmol/(m^2 · s)，从图 3-17 中可以看出，麻栎各种源蒸腾速率的差异达极显著水平。安徽黄山种源蒸腾速率最高，达到 7.86 mmol/(m^2/s)，山东费县种源最低，仅 5.80 mmol/(m^2 · s)。

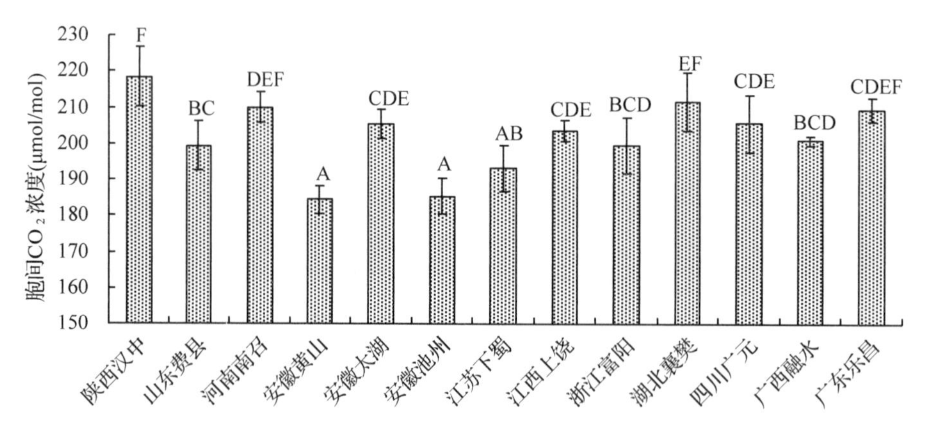

图 3-16 不同种源麻栎胞间 CO_2 浓度

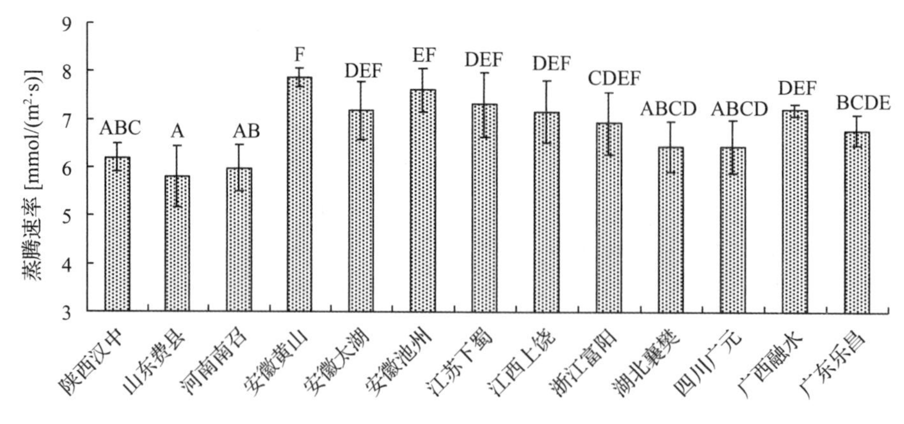

图 3-17 不同种源麻栎蒸腾速率

⑧麻栎种源的综合评价。以 2 个试验地的苗高、地径、生物量和叶面积指数等指标对不同种源麻栎进行聚类分析，可将麻栎种源分为 3 类：第一类为优良种源，包括安徽太湖、浙江开化、江苏句容、浙江建德、浙江富阳、浙江龙泉和贵州榕江，主要分布于江浙

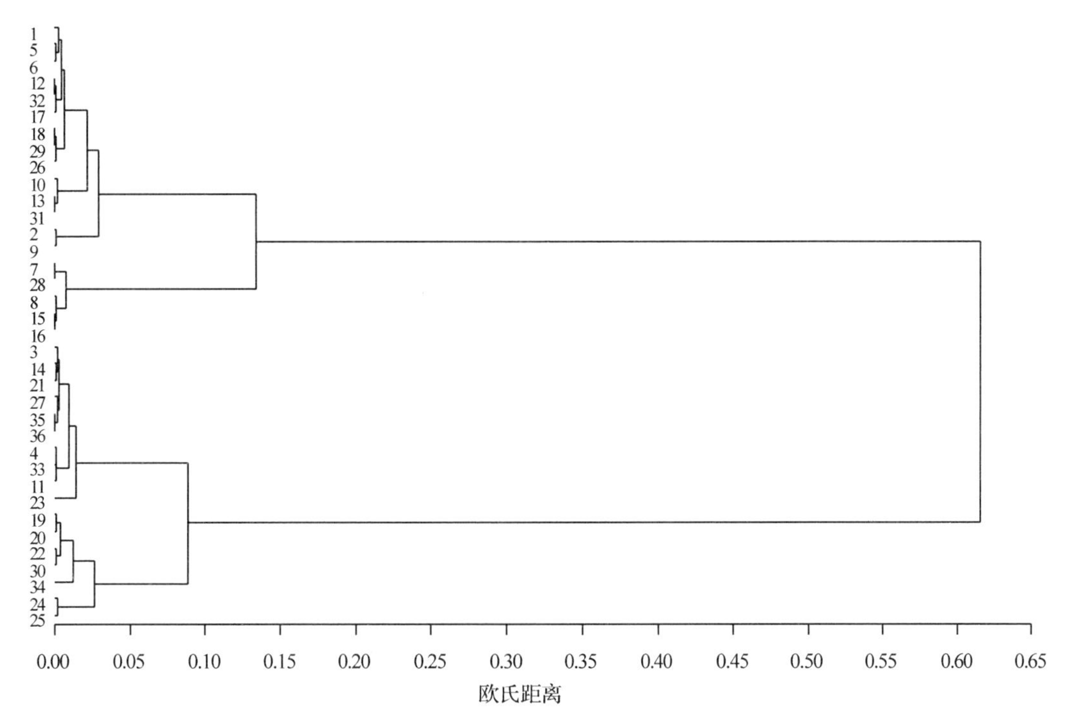

图 3-18　36 个种源麻栎的系统聚类图

和皖南地区；第二类为一般种源，包括安徽潜山、安徽池州、四川古南 2、四川广元、湖北远安、贵州三穗、广西融水、河南南召和湖南新宁；其他种源为第三类，一般种源。

3.3.3.2　不同地理种源麻栎造林试验

2008 年分别在安徽滁州、池州建立麻栎种源测定林，采用 6 株小区 6 次重复的完全随机区组设计，造林密度为 2 m×3 m。由于目前种源试验林处于幼林时期，以树高、地径和成活率做为种源选择的重要性状。2008 年 12 月和 2009 年 12 月分别对造林试验点进行成活率、树高和地径生长量调查。

(1)不同种源麻栎成活率及生长量统计。不同种源麻栎成活率、树高和地径生长量调查结果显示，不同种源之间树高和地径均达到极显著差异水平，成活率虽存在一定的差异，但差异不显著(表 3-8)。

表 3-8　2 年生麻栎树高、地径和成活率方差分析

性　状	自由度	均　方	F值
树　高	34	1028. 504	5. 096
地　径	34	0. 372846	3. 709
成活率	34	651. 2890	1. 309

树高生长量最大的种源为浙江富阳，达 164. 03 cm，是最差种源安徽潜山(76. 83 cm)的 2. 13 倍，生长较好的前 6 名种源为浙江富阳、浙江开化、安徽休宁、广东乐昌、安徽太湖和浙江建德种源。从地径的生长情况看，滁州试验点最好的种源为浙江开化，地径为 3. 07 cm，是最差种源安徽潜山(1. 34 cm)的 2. 30 倍，其生长较好的前 6 名种源为浙江开

化、浙江富阳、安徽休宁、贵州榕江、广东乐昌和四川泸州1号种源。麻栎平均成活率为(89.50±7.82)%，最好的浙江建德种源成活率达到100%，最差的山东沂水种源只有(66.67±10.54)%，两者相差33.33%(表3-9)。

表3-9 麻栎种源试验林初步评定

种源	树高	地径	成活率	得分	排名
陕西汉中	0.90	0.94	1.00	2.83	24
山东沂水	0.89	0.95	0.81	2.65	28
山东费县	0.69	0.67	0.69	2.05	32
山东蒙阴	0.84	0.93	1.04	2.81	28
河南南召	0.89	1.03	1.00	2.92	19
安徽黄山	1.06	1.09	1.07	3.23	7
安徽六安	1.02	1.02	1.04	3.08	14
安徽潜山	0.66	0.56	0.96	2.18	31
安徽太湖	1.16	1.10	1.19	3.45	3
安徽休宁	1.21	1.14	1.04	3.39	5
安徽泾县	0.85	0.91	1.15	2.92	20
安徽滁州	0.97	1.03	0.88	2.88	22
安徽池州	1.07	1.10	1.07	3.24	6
江苏句容	1.01	1.03	1.04	3.07	16
浙江富阳	1.42	1.28	0.96	3.65	2
浙江开化	1.29	1.28	1.15	3.72	1
浙江龙泉	1.06	1.05	1.07	3.18	10
浙江建德	1.13	1.09	0.84	3.06	17
湖北襄樊	0.86	0.85	0.88	2.59	30
湖北远安	0.80	0.88	1.00	2.68	27
湖北浠水	0.94	0.84	0.84	2.62	29
湖南常德	0.96	0.98	0.96	2.90	21
湖南岳阳	1.04	0.98	0.92	2.94	18
四川万源	0.97	1.00	1.11	3.08	15
四川泸州1	1.00	1.06	1.07	3.14	12
四川泸州2	1.12	1.15	0.96	3.22	8
四川广元	1.00	0.85	0.88	2.73	26
贵州溶江	1.05	1.11	1.27	3.43	4
贵州三穗	1.05	1.02	1.07	3.14	11
贵州黄平	0.89	1.00	1.00	2.88	23
广西融水	1.01	0.97	1.11	3.09	13
广东乐昌	1.18	1.10	0.94	3.22	9

(2)优良种源选择。由于目前种源试验林处于幼林时期，评定种源优劣地主要依据树高、地径和成活率 3 个指标，其中，树高和地径在各种源间存在及显著的差异，这是选择优良种源的理论基础。成活率在各种源间差异不显著，但它也是评定种源地理适应性的一个重要指标，而且各种源间成活率确实存在一定的差异，因此，也将列入评定种源优劣的指标。

种源的优劣有树高、地径和成活率 3 个指标综合评定(评定结果见表 3-9)。首先树高、地径和成活率各项指标的得分为该种源的平均值与种源该项总平均值之比值，每个种源的得分为 3 项指标得分的总和(林峰，2004)。

种源和环境具有极显著的交互作用，不同的麻栎种源具有不同的生态适应区，而且不同种源具有不同的遗传稳定性和生长适应性。为了做到适地适种源，依据不同造林试验点环境优化设置，初步选取每个试验点最好的种源 5 个，再选取各个试验点生长均良好的种源 3 个。初步评定结果显示，适应江淮丘陵地区(北亚热带向暖温带过渡地带)的种源有浙江开化、浙江富阳、安徽太湖、贵州榕江和安徽休宁种源。本次初步筛选出的优良种源仅局限于幼林时期，所以上述结论还有待于进一步观测验证。

3.3.3.3　麻栎优良家系初步选择

2007 年，收集我国 6 个省份 10 个种源 114 个单株，2008 年，在安徽省滁州市南谯区红琊山林场进行苗期大田试验，全年动态观测。2009 年，在安徽滁州红琊山林场进行造林试验。

(1)不同家系生长量比较。2008 年，底苗期大田试验调查结果如下。

江苏下蜀共 12 个家系，方差分析表明，不同麻栎家系在苗高和地径存在极显著的差异(图 3-19)。苗高平均值为 73.50 cm，变幅为 54.79~88.46 cm，生长量表现较好的有 5 号、8 号和 9 号；地径平均值为 0.87 cm，变幅为 0.45~1.15 cm，生长量表现较好的有 1 号、8 号和 9 号。

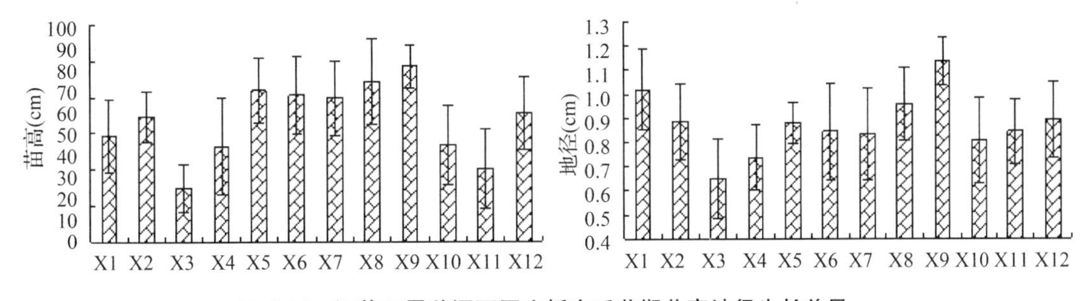

图 3-19　江苏下蜀种源不同麻栎家系苗期苗高地径生长差异

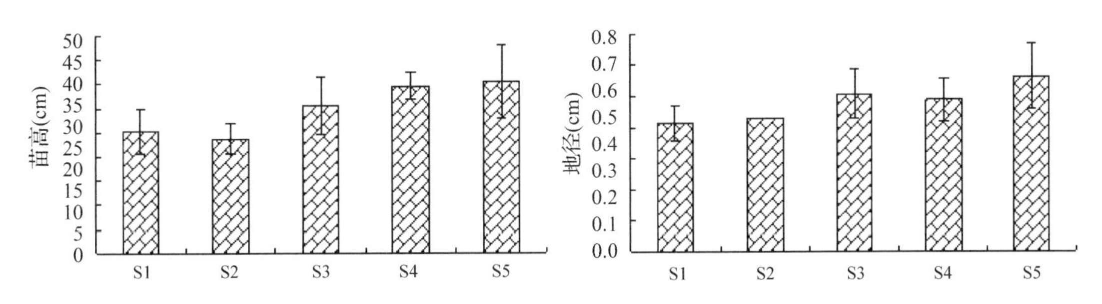

图 3-20　山东蒙阴不同麻栎家系苗期苗高地径生长差异

山东蒙阴共5个家系，方差分析表明，不同麻栎家系在苗高和地径存在极显著的差异（图3-20）。苗高平均值为29.84 cm，变幅为23.75~35.4 cm；地径平均值为0.48 cm，变幅为0.41~0.56 cm，总体上生长较差。

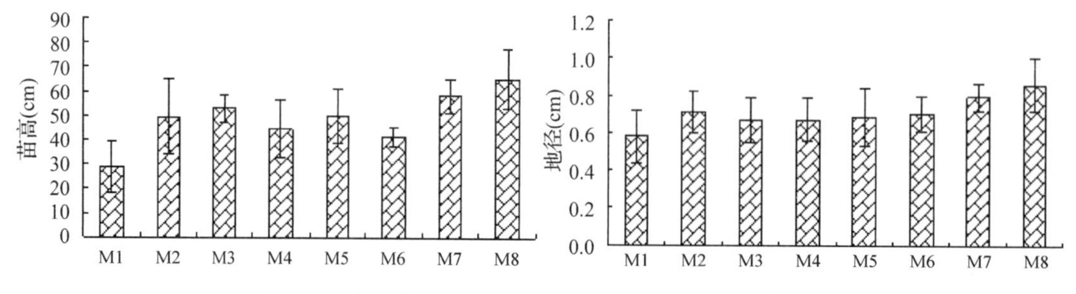

图3-21 贵州茅坪不同麻栎家系苗期苗高地径生长差异

贵州茅坪共8个家系，方差分析表明，不同麻栎家系在苗高和地径存在极显著的差异（图3-21）。苗高平均值为48.78 cm，变幅为28.75~65.18 cm，生长量表现较好的有7号和8号；地径平均值为0.71 cm，变幅为0.58~0.86 cm，生长量表现较好的有7号和8号。

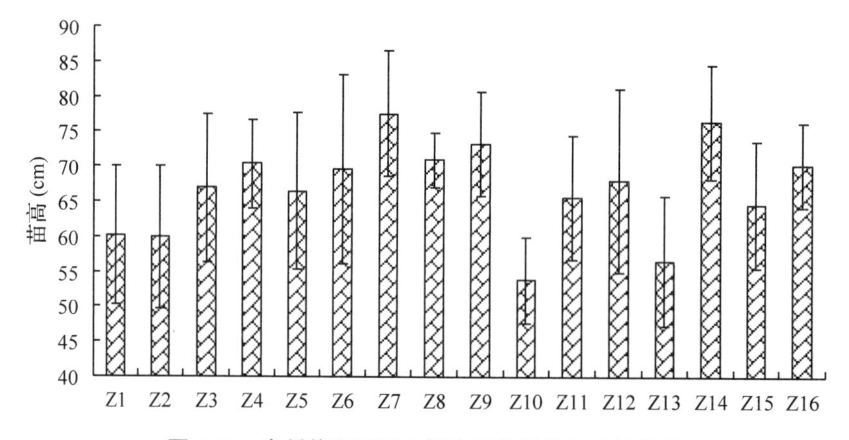

图3-22 贵州肇兴不同麻栎家系苗期苗高生长差异

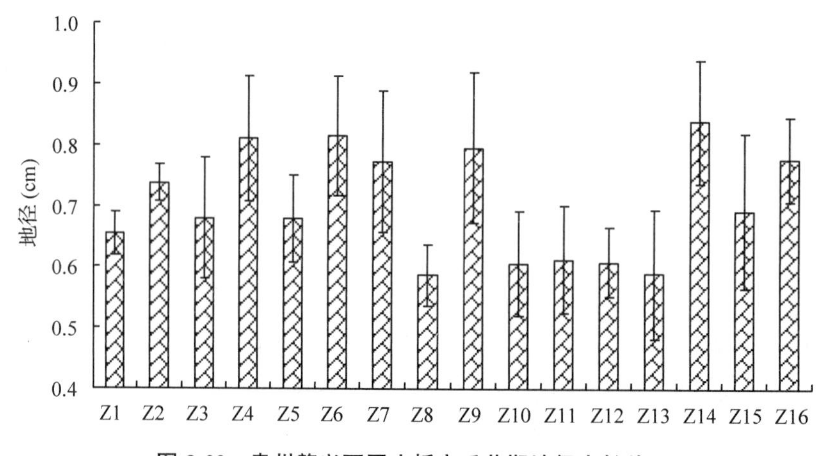

图3-23 贵州肇兴不同麻栎家系苗期地径生长差异

贵州肇兴共16个家系，方差分析表明，不同麻栎家系在苗高和地径存在极显著的差异(图3-22和图3-23)。苗高平均值为66.91 cm，变幅为53.83~77.58 cm，生长量表现较好的有7号和9号；地径平均值为0.70 cm，变幅为0.59~0.84 cm，生长量表现较好的有9号和14号。

(2)麻栎不同家系生物量分析。生物量是植物群落最重要的数量特征之一，直接反映了生态系统生产者的物质生产量，是生态系统生产力的重要体现，也是检验各家系优良特性的重要指标之一，是早期选育的重要依据。不同器官的生物量及其关系研究是研究生物量的重要内容，可反映出植物能量分配和平衡等方面的特点。由图3-24可以看出，麻栎不同家系茎、根、叶器官的生物量和总生物量之间存在显著差异。

麻栎各家系茎干重平均值是14.37 g，变幅为2.54~28.07 g，最小的是d12，仅2.54 g，最大的K16达28.07 g，是最小值的11.05倍。茎根重平均值是23.71 g，变幅为12.55~34.62 g，最小的是d7，仅12.55 g，最大的K16达34.62 g，是最小值的2.76倍。叶干重平均值是14.06 g，变幅为4.79~27.76 g，最小的是S5，仅4.79 g，最大的K12达27.76 g，是最小值的5.8倍。各家系系总生物量的平均值是50.51 g，变幅为20.34~78.99 g，其中有16个家系系高于平均值。总体上生物量较大的家系主要为南方地区的江苏下蜀和浙江开化，辽宁大连表现最差。

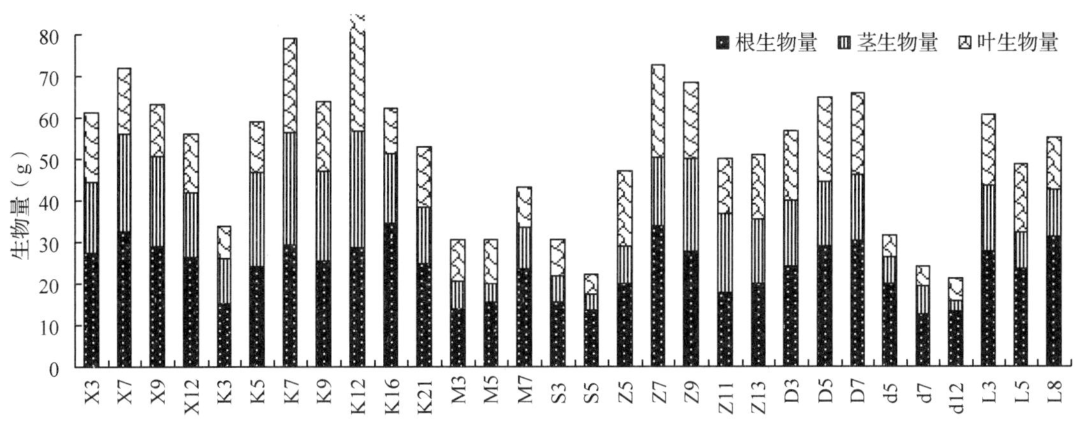

图3-24　1年生不同麻栎家系生物量

注：X为江苏下蜀；K为浙江开化；M为贵州茅坪；S为山东蒙阴；Z为贵州肇兴；D为贵州地坪；d为辽宁大连；L为贵州龙额。

从麻栎各器官比例分配来看(图3-25)，根比例最大，其次是茎，叶比例最小。麻栎对环境条件适应性极强，在干旱贫瘠的丘陵山地上也能生长良好，常用地下生物量与地上生物量比值来反映这一特性，比值越大，根系质量越好，意味着根系越发达，其适应逆境的能力越强。麻栎深根性在苗期表现明显，地下部分长度和生物量均高于地上部分。因此，根系发育状况和生物量可作为评价麻栎苗木质量的一个重要形质指标。

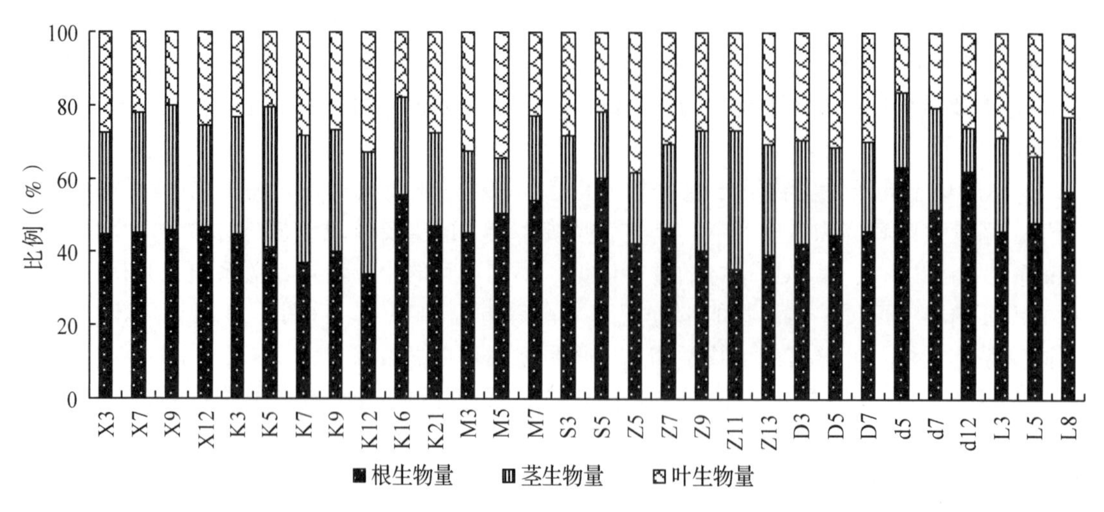

图 3-25 1 年生不同麻栎家系各器官生物量比例

(3)麻栎不同家系光合作用分析。麻栎各家系光合速率平均值为 12. 92 μmol/(m² · s)，变幅为 10. 12~15. 58 μmol/(m² · s)，从图 3-26 中可以看出，麻栎各家系光合速率的差异达极显著水平。K7 光合速率最高，达到 15. 58 μmol/(m² · s)，d5 最低，仅 10. 12 μmol/(m² · s)。总体上，从地理分布的变异规律来看，南方种源：浙江开化和安徽池州等光合速率较大，辽宁大连和湖北襄樊等北方种源光合速率相对较低。

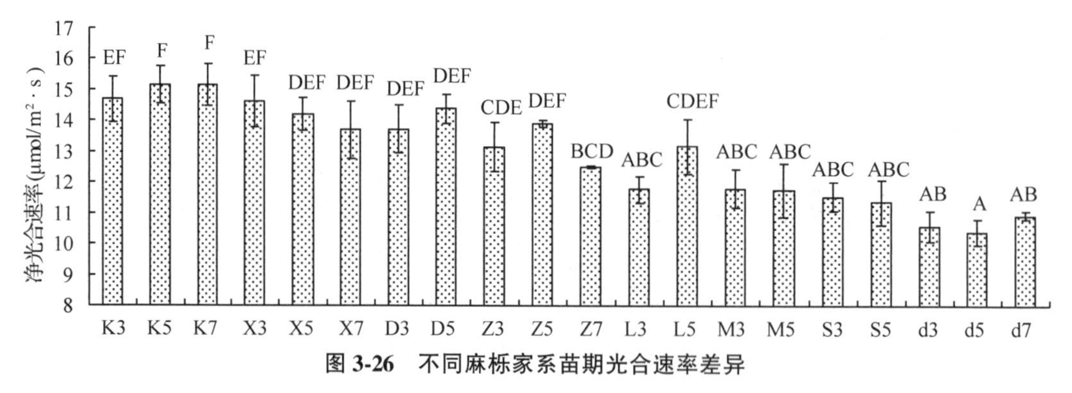

图 3-26 不同麻栎家系苗期光合速率差异

3. 3. 3. 4 麻栎无性快繁技术

2008 年，在滁州和富阳两个苗圃中每个单株筛选 10 株超级苗在滁州红琊山林场建立采穗圃，定植后平茬处理。2009 年，从各麻栎单株中分别选择 5 株超级苗建立不同麻栎单株采穗圃，定植后平茬处理。

(1)麻栎硬枝扦插试验。采用了两种材料进行了麻栎硬枝扦插试验，一种是 8 年生麻栎中龄林伐桩上的 1 年生萌条；另一种材料是 1 年生的麻栎实生苗干。两种材料均于 3 月 28 日从安徽省滁州市红琊山林场获得。按照常规方法剪制插穗，并根据表 3-10 中的试验设计对插穗基部进行不同浓度的 NAA、ABT-1 号生根粉和蔗糖处理，处理时间包括 12 小时和 24 小时两种，以清水处理作为对照。采用完全随机区组处理，每种处理重复 3 次，每个重复有 30~50 根插穗。

表 3-10　麻栎硬枝扦插处理方法

材料来源	处理时间（hr）	NAA（ppm）			ABT-1（ppm）			蔗糖（%）			对照（水）
		100	200	400	100	200	400	2	5	10	
伐桩萌条	12	√	√	√	√	√	√				
	24							√	√	√	√
1年生苗干	12	√	√	√	√	√	√				
	24							√	√	√	√

√：表示进行了处理。

3月30日，在南京林业大学树木园扦插池中扦插。扦插前对扦插池进行清理，并用0.5%浓度的多菌灵水溶液对珍珠岩扦插基质进行喷洒消毒。扦插株行距为7 cm×5 cm。采用间歇喷雾系统进行水分管理；天气晴热、光照较强时，用遮阴网遮阴。并每隔10天左右，用0.2%～0.3%浓度的多菌灵水溶液喷洒灭菌。定期观测麻栎插穗的存活情况。

麻栎硬枝扦插3周左右，插穗上的芽会萌发，表现出存活状态；3周后，部分插穗逐渐枯萎死亡，表明插穗早期存在假活现象。存活状态下的麻栎插穗经过1个月后，在插穗下切口处开始形成愈伤组织，或出现皮孔膨大现象。扦插45天左右开始形成根，包括愈伤组织生根和皮部生根。

对不同处理下的麻栎插穗存活情况进行了统计，结果表明，采用8年生麻栎人工林伐桩上的1年生木质化萌条进行扦插，其存活率在2.7%～10.4%范围内（图3-27），平均存活率为6.2%，所以存活率较低。不同处理之间的存活率存在一定差异，总体而言，采用NAA、ABT-1号生根粉或蔗糖处理，均能在不同程度上提高扦插存活率，其中，200 ppm的NAA和5%的蔗糖溶液的处理效果较好，插穗存活率达到10%左右。

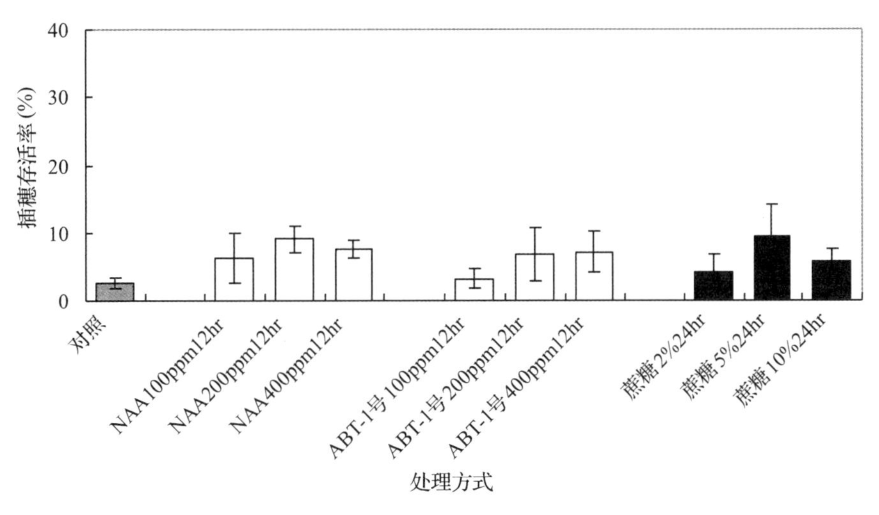

图 3-27　麻栎伐桩萌条硬枝扦插存活率

与上述相比，采用1年生的麻栎实生苗苗干制作的插穗扦插后，插穗存活率普遍较高（图3-28），存活率范围是4.8%～36.7%，平均存活率为16.1%。不同处理之间的插穗存活率存在一定差异，其中200 ppm的ABT-1号生根粉和2%的蔗糖处理插穗后存活率较高；但是，400 ppm的NAA、400 ppm的ABT-1号生根粉以及10%的蔗糖溶液对插穗进行

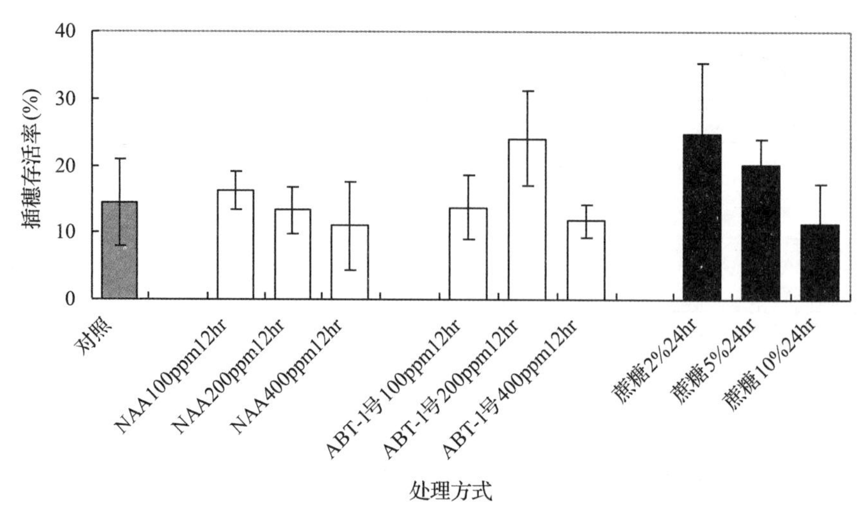

图 3-28 1 年生麻栎苗干硬枝扦插存活率

12 小时或 24 小时的处理后，其扦插存活率反而低于对照。

上述结果初步表明，采用生理年龄较小的麻栎苗干进行扦插，其效果较好，但是，较高浓度和较长时间的药剂处理，其存活率反而较低；麻栎萌条虽然也是 1 年生，但是其生理年龄较大，扦插效果较差。

(2)麻栎嫩枝扦插试验。麻栎嫩枝扦插材料采自安徽省滁州市红琊山林场 8 年生麻栎人工林伐桩的当年生半木质化萌条，采样时间为 5 月 25 日。萌条高度为 50~80 cm。嫩枝扦插的插穗分去叶处理和留叶处理，留叶处理的插穗一般在插穗上端保留半张或 1 张叶片。嫩枝扦插的处理方法见表 3-11。5 月 26 日，将麻栎嫩枝扦插到珍珠岩扦插池中。采用完全随机区组处理，每种处理重复 3 次，每个重复有 30~40 根插穗。

表 3-11 麻栎嫩枝扦插处理方法

	药剂名	浓度	处理时间(h)		
			2	12	24
去叶处理	NAA	50ppm	√	√	√
		100ppm	√	√	√
		200ppm	√	√	√
	ABT-1	50ppm	√	√	√
		100ppm	√	√	√
		200ppm	√	√	√
	吲哚丁酸	50ppm	√	√	√
		100ppm	√	√	√
		200ppm	√	√	√
	蔗糖	2%	√	√	√
		5%	√	√	√
		7%	√	√	√
		10%	√	√	√
	对照(水)			√	

（续）

药剂名		浓度	处理时间(h)		
			2	12	24
留叶处理	ABT-1	50ppm	√	√	√
		100ppm	√	√	√
		200ppm	√	√	√
	对照(水)			√	

√：表示进行了处理。

采用 8 年生麻栎人工林伐桩上的半木质化萌条进行嫩枝扦插试验后发现，各种处理的插穗成活率均比较低，成活率在 0~4%之间。表明采用现行的嫩枝扦插方法难以达到较好的结果，还需要作进一步试验。

3.3.3.5　麻栎人工林定向栽培技术研究

【施肥对麻栎生长的影响】

试验林于 2004 年用 1 年生实生苗造林，造林株行距为 1 m×1.5 m。2007 年已进行了第一次施肥，造林株行距为 1 m×1.5 m。肥料使用俄罗斯进口复合肥，氮磷钾含量均为 15%，总养分≥45%。试验设计采取单因素完全随机区组设计，施肥采取 3 个水平 A：0.15 kg/株、B：0.3 kg/株和 C：0.45 kg/株，对照 CK：0.0 kg/株，重复 3 次。

(1)树高和地径的季节变化。麻栎地径生长规律为 6、8 月生长迅速，4、10 月生长缓慢，10 月和 4 月相比地径增长幅度最大为处理 C 达到 1.68 cm，增长幅度最小为处理 A 只有 1.33 cm(图 3-29)。A、B、C 三种施肥水平不同月份下地径均比 CK 大，且增加幅度随施肥量的增加而增加，至 10 月时处理 A、B、C 比对照 CK 地径分别多出 0.08 cm(1.48%)、0.37 cm(6.84%)、0.47 cm(8.69%)。方差分析表明，不同施肥水平下麻栎苗高和地径差异达到极显著水平。说明施肥对麻栎地径生长有显著影响，且随着施肥量的增加而增加。

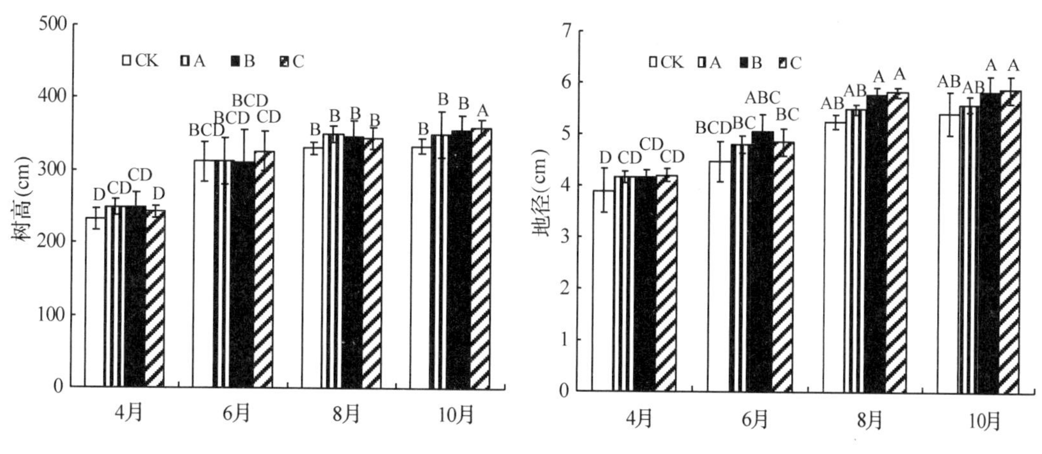

图 3-29　不同施肥水平树高和地径的动态变化

(2)叶片元素含量的季节变化。4~6 月 N、P、K 三种元素下降幅度很大，分别平均下降了 48.68%、70.61%、48.86%。6 月、8 月、10 月含量变化相对较小，但是总体呈下降趋势。方差分析表明，N和P元素在叶片中含量差异达到极显著水平，K元素在叶片中含量差异不显著。麻栎叶片N、P、K含量和施肥量之间存在着正相关的关系，并在一定范围内随施肥量的增加而增加，施肥可以明显影响N、P、K的含量，麻栎生长初期即3、4月是施肥最佳时期，且施肥量为0.3 kg/株的处理叶片N、P、K的含量最高，叶片肥大、颜色较深，长势最好。Ca元素随着月份的变化呈递增的趋势，各月份间麻栎叶片Ca含量达到极显著水平，但各施肥水平之间差异不显著。Mg元素在麻栎生长初期最高，随后随着月份的变化不断降低，在10月时达到最低。方差分析表明，各月份间麻栎叶片Mg含量达到极显著水平，但各施肥水平之间差异不显著，且变化趋势不一致(图3-30)。

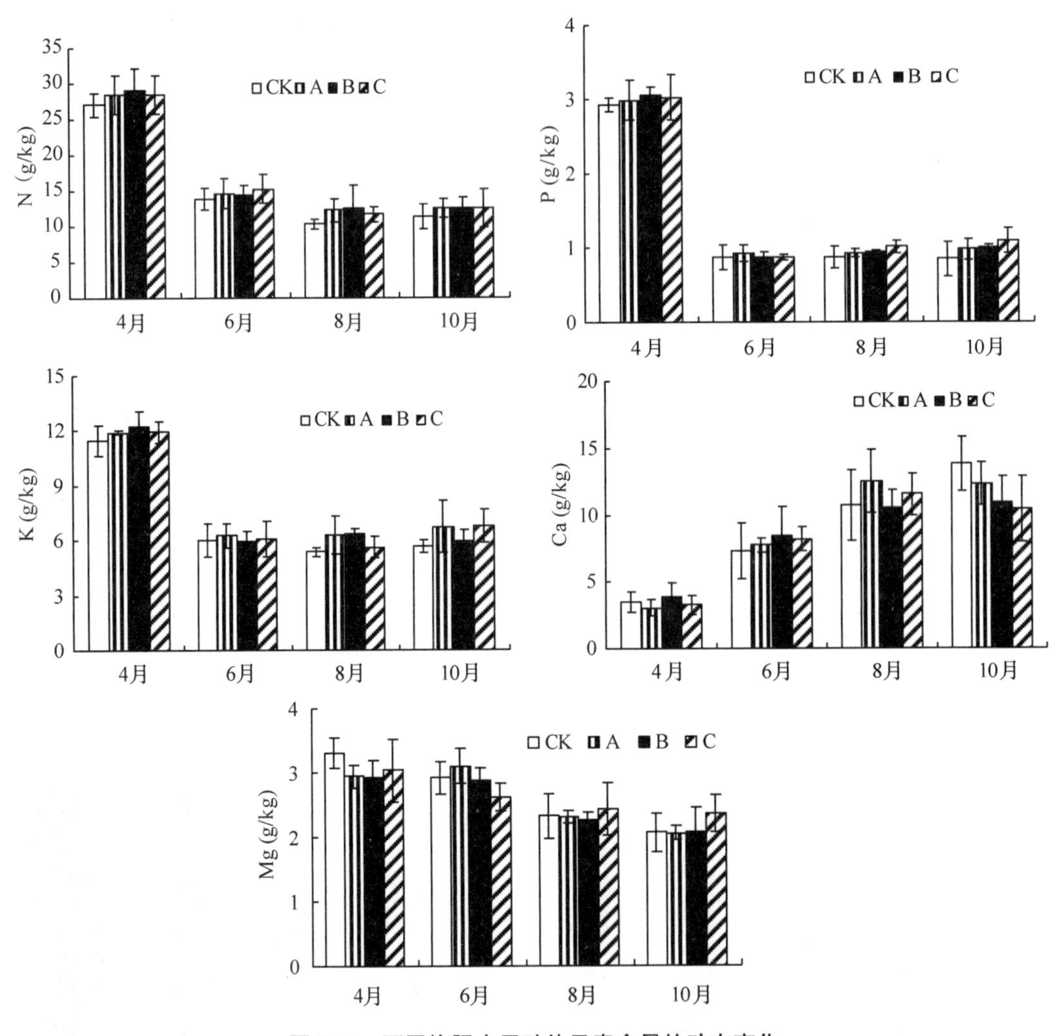

图3-30 不同施肥水平叶片元素含量的动态变化

(3)土壤pH值和有机质的季节变化。6月土壤pH值达到最大，10月达到最低，各月份pH值差异达到极显著水平，表明季节变化影响pH值的大小，夏季最大，春秋季变小。各月份间土壤有机质含量差异达到极显著水平，4月时处理A有机质含量最高，6月、8月开始下降，10月开始又逐渐上升，说明土壤有机质随季节变化而变化，春季相对较高，夏季最低，秋季稍稍增长。不同施肥水平内土壤有机质差异未达到显著水平(图3-31)。

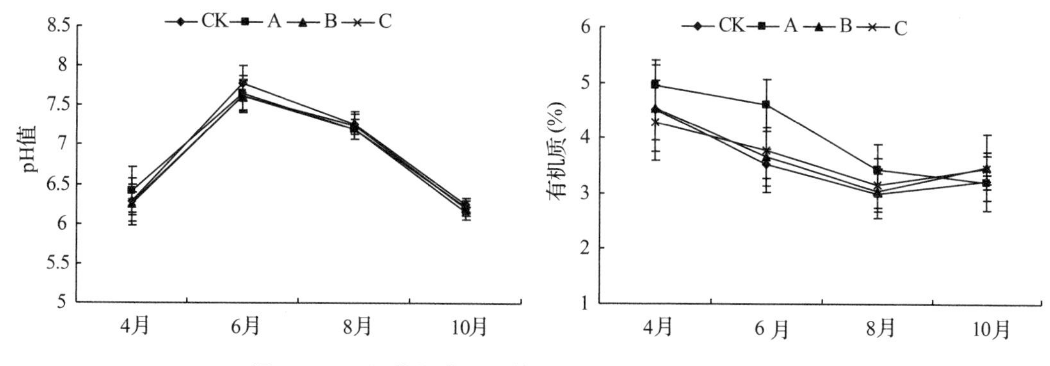

图 3-31　不同施肥水平土壤 pH 值和有机质的动态变化

(4)土壤全氮和水解性氮季节变化。各月份间含量差异达到极显著水平。不同施肥水平间发现处理 B、C 在 4 次的测量结果中都比处理 CK 高，且变化幅度相一致，不同施肥水平间土壤全氮含量差异不显著，说明施肥对土壤全氮短期内没有显著的影响，还需继续进行长期观察。各月份土壤水解性氮变化幅度很大，呈先升高再降低的趋势，不同月份和施肥水平间土壤水解性氮含量之间差异达到极显著水平(图 3-32)。说明施肥对土壤水解性氮是有显著影响的，且基本上随着施肥量的增加而增加。

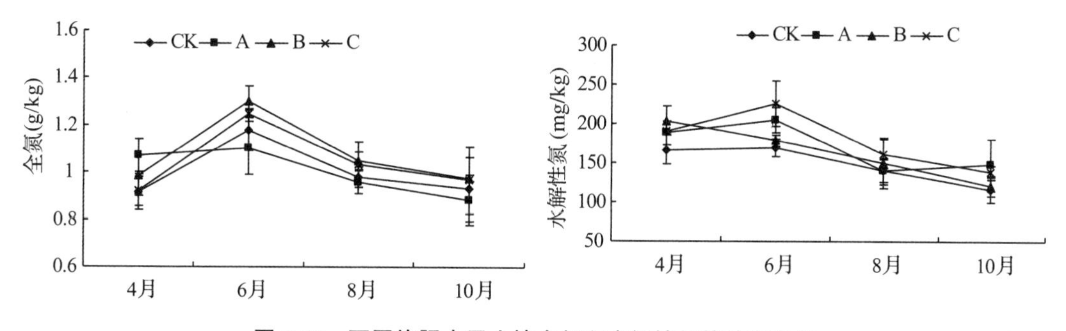

图 3-32　不同施肥水平土壤全氮和水解性氮的动态变化

(5)土壤全磷和有效磷的季节变化。土壤全磷随着月份变化呈现先降低后升高的趋势，其中，8 月最低，4、10 月相对较高，各月份间差异达到显著水平。不同施肥水平间比较，3 个处理在各月份均高于处理 CK，不同施肥水平间土壤全磷达到显著水平。土壤有效磷随着月份的变化存在着极显著差异，总体趋势为先降低后升高，和土壤全磷变化相一致。不同施肥水平间土壤有效磷差异同样达到显著水平(图 3-33)。

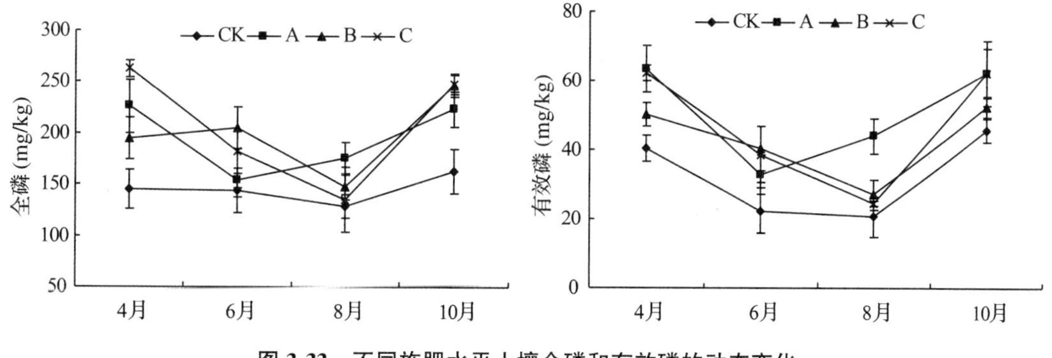

图 3-33　不同施肥水平土壤全磷和有效磷的动态变化

(6)土壤全钾和速效钾的季节变化。各月份全钾的变化幅度不大，总体上来看是呈先下降再上升的趋势，在8月达到最低，4月最高，方差分析表明各月份间土壤全钾之间差异达到显著水平。不同施肥水平间差异未达到显著水平。土壤速效钾的变化呈先升高再降低的趋势，其中，6月最高，10月时最低，各月份间土壤速效钾差异达到极显著水平，不同施肥水平间土壤速效钾差异未达到显著水平(图3-34)。

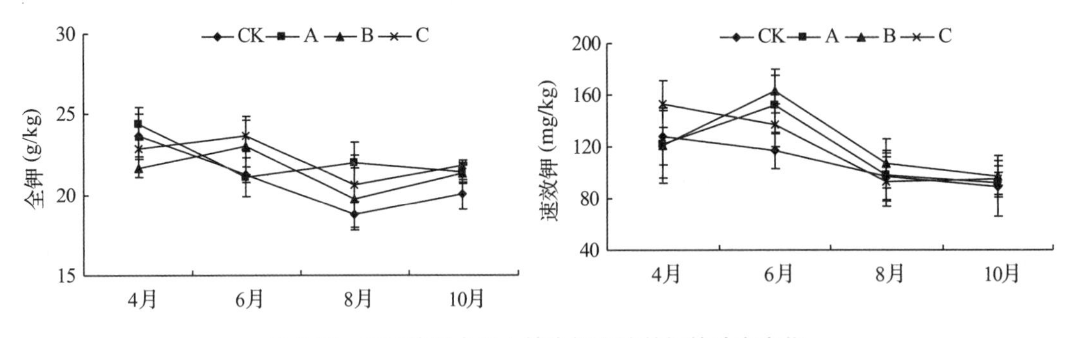

图3-34 不同施肥水平土壤全钾和速效钾的动态变化

(7)不同施肥处理下光合特征的日变化。光合速率随月份的变化呈先升高再降低的趋势，其中，6月C处理的光合速率达到最高14.905 μmol/(m^2·s)，比4月时的光合速率增加了1.54倍，比10月时增加了1.22倍。随着施肥量的增加，光合速率呈递增的趋势。其中，C处理最高，而且处理A、B、C均要高出CK(图3-35)。

不同月份麻栎的气孔导度之间差异极显著，在生长旺盛期间6月和8月达到最高，4月和10月是生长缓慢季节相对较低。各处理间差异未达到显著水平，总的来说处理A、

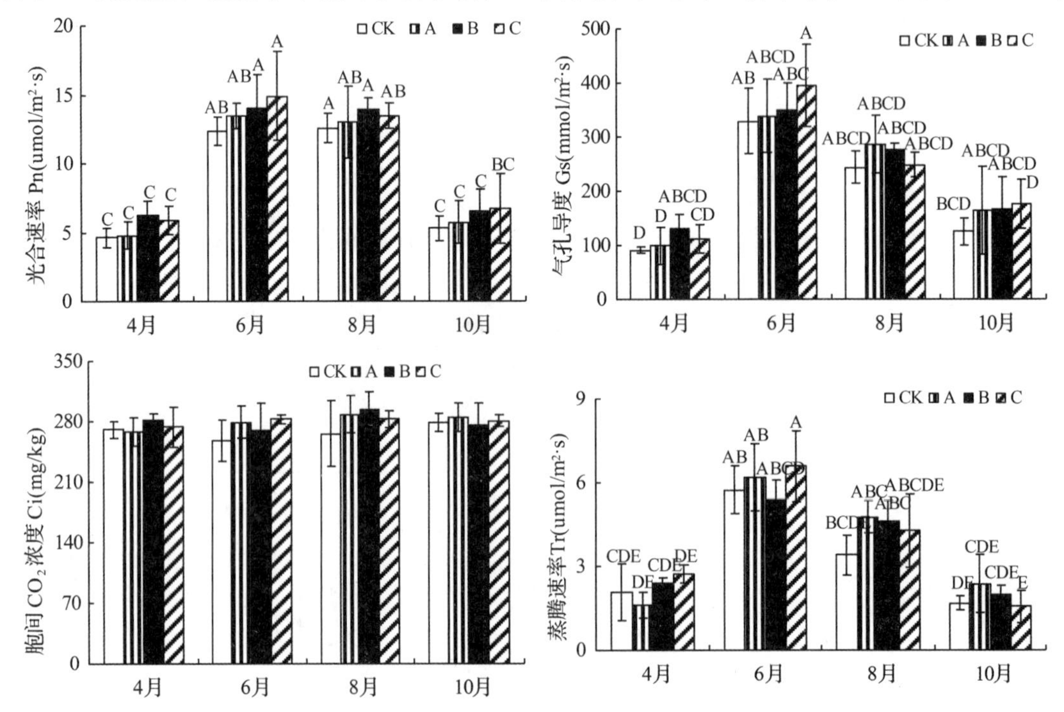

图3-35 不同施肥水平光合参数动态变化

B、C 的气孔导度均高于 CK。

不同月份和不同施肥水平间麻栎胞间 CO_2 浓度差异均未达到显著水平。各月份变动幅度不大，一般在 280 mg/kg 左右。施肥水平间总体看来，处理 CK 的胞间 CO_2 浓度稍低于处理 A、B、C。

6 月时处理 C 蒸腾速率达到最大为 6.579 μmol/(m² · s)，这和 6 月时处理 C 气孔导度达到最大是一致的。随着月份的变化麻栎蒸腾速率呈现先上升后下降的趋势，6 月份最高，在 10 月达到最低，生长旺季和生长后期差距很大。方差结果表明，不同月份间麻栎蒸腾速率达到极显著水平，不同施肥处理之间未达到显著水平。

光合速率日变化呈双峰曲线，峰值分别出现在 10:00 和 16:00。10:00 时，处理 A、B、C 的净光合速率分别比处理 CK 高出 18.72%、23.74%、31.45%。各时段处理 A、B、C 高于 CK，且达到显著差异水平。可以看出随着施肥量的增加光合速率呈递增趋势。气孔导度最大值出现在中午 12 点左右，最小值出现在早晚 6:00 与 18:00，也出现了双峰曲线，和光合效率曲线基本对应。不同施肥水平间差异达显著水平。麻栎蒸腾速率在不同时间段呈现先上升后下降的趋势，这和光合速率和气孔导度的日动态变化一致(图 3-36)。

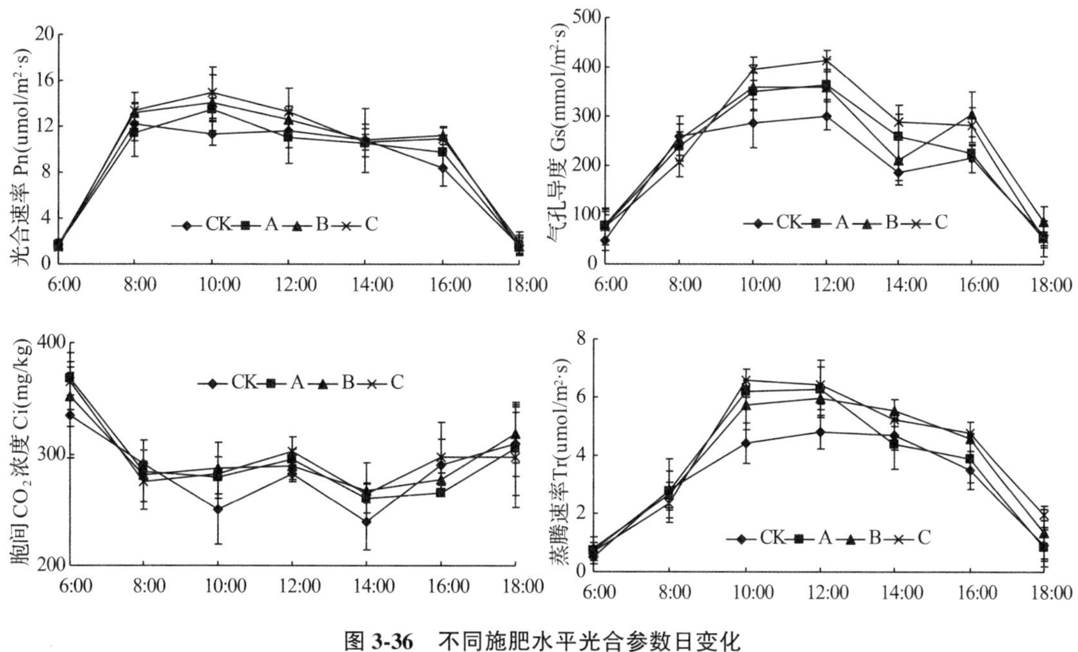

图 3-36　不同施肥水平光合参数日变化

(8)各施肥处理下麻栎不同器官生物量及能量比较。处理 A、B、C 总生物量分别比对照高出 1.1 kg(24.41%)、1.4 kg(31.09%)、4.45 kg(98.74%)，不同施肥处理麻栎总生物量之间差异达到显著水平(表 3-12)。

通过对麻栎热值和生物量的计算可以得出麻栎能量的情况，总能量最高的是处理 C 达到 166.954MJ，最低为处理 CK 只 83.5MJ，处理 A、B、C 分别比处理 CK 高出 18.053MJ(21.62%)、26.414MJ(31.63%)、83.454MJ(99.94%)。不同施肥水平对麻栎有显著影响，其中，处理 C(0.45 kg/株)的麻栎生物量和能量均为最大，说明处理 C 的施肥效果最好，处理 A 和处理 B 次之(表 3-13)。

表 3-12 不同施肥水平各生物组分生物量的比较

施肥处理	不同林分生物量(kg)				
	树干生物量	树枝生物量	树叶生物量	树根生物量	总生物量
CK	1.577±0.106a	1.103±0.187a	0.479±0.017a	1.343±0.682a	4.502±0.405a
A	2.088±0.574a	1.294±0.083b	0.720±0.203a	1.499±0.277a	5.600±1.170ab
B	2.388±0.149a	1.323±0.208b	1.017±0.28a	1.173±0.034a	5.901±0.222b
C	2.809±0.064a	3.029±0.749b	0.958±0.231a	2.150±0.277a	8.947±0.730b
均值	2.215	1.687	0.794	1.541	6.238

表 3-13 不同施肥水平麻栎各生物组分能量的比较

处理	树干能量(MJ)	树枝能量(MJ)	树叶能量(MJ)	树根能量(MJ)	总能量(MJ)
CK	29.072±1.958b	20.814±3.532b	9.241±0.319a	24.373±2.382a	83.500±7.210b
A	37.844±10.396ab	24.010±1.543b	13.630±2.635a	26.069±4.409a	101.553±21.297b
B	44.431±2.766ab	24.986±3.926b	19.179±5.300a	21.317±0.424a	109.914±4.140b
C	53.497±1.214a	56.618±13.993a	18.481±4.462a	38.358±4.931a	166.954±13.248a

【密度调控对麻栎林分生长的影响】

(1)不同密度造林试验。2008 年 4 月，在安徽滁州红琊山林场建立麻栎密度试验林，每年进行本底调查。试验采用裂区试验设计，主裂区为 5 个不同种源(山东、安徽、浙江、湖南、江苏)，副裂区为三个水平(2 m×1 m、2 m×2 m、2 m×3 m)。8 行 8 列 64 株小区，重复 3 次。2008 年和 2009 年间种花生，2009 年 4 月，调查表明，山东和湖南种源表现较差，其他则生长良好。

(2)间伐试验。试验林为滁州市红琊山林场 9 年生麻栎纯林，1998 年年底机械全垦整地，深度 40 cm。1999 年春造林，1 年生苗木(60cm)。造林密度 9597 株/hm^2，株行距 1 m ×1.5 m。1999 年和 2000 年间作花生。林木长势良好，由于初植密度较大，保存率也高，致使林分郁闭程度高，林木分化和自然整枝严重。依据“三砍三留”(砍劣留优、砍小留大、砍密留稀)的原则选择间伐木，采取 4 种不同强度处理：对照 0%，弱度 22.9%~26.9%，中度 38.9%~49.8%，强度 60.5%~65.4%。每个标准地的保留木每木检尺，伐后每年测量其生长量。

①间伐对林木树高生长的影响。2007 年 4 月进行第一次间伐后，分别于 2008 年 5 月和 2009 年 4 月进行了复测(表 3-14)。不同的间伐强度对麻栎人工林高生长影响不大，经方差分析，抚育间伐对麻栎人工林高生长影响不显著。因此，不同抚育间伐强度对林分高生长无显著影响。

表 3-14 不同抚育间伐强度对林木高生长的影响

间伐强度	平均树高(m)		1 年后复测平均值	观测期间生长量(m)	2 年后复测平均值	观测期间生长量(m)
	伐前	伐后				
对照	4.69	4.69	4.99	0.30	5.21	0.52
弱度	4.53	4.87	5.16	0.29	5.27	0.40
中度	4.61	4.99	5.35	0.36	5.46	0.47
强度	4.59	5.23	5.49	0.26	5.54	0.31

②间伐对林木胸径生长的影响。麻栎林分经抚育间伐后，因林木树冠疏开，林木光照条件得到有效的改善，使保留木扩大了生长空间和营养面积，致使林木直径生长量显著提高，且增加值与间伐强度成正相关。经方差分析表明不同抚育间伐强度对林木直径生长量有显著影响(表3-15)。

表3-15　不同抚育间伐强度对林木胸径生长的影响

间伐强度	平均胸径(cm)		1年后复测平均值(cm)	观测期间生长量(cm)	2年后复测平均值(cm)	观测期间生长量(cm)
	伐前	伐后				
对照	4.95	4.95	5.57	0.62	6.11	1.16
弱度	4.75	5.22	5.87	0.65	6.28	1.06
中度	4.81	5.38	6.24	0.86	6.73	1.35
强度	4.82	5.89	6.74	0.85	7.54	1.65

③间伐对林木材积生长的影响。2008、2009年2次复测结果表明，对麻栎林分进行抚育间伐可提高单株林木材积和林分单位面积材积平均生长量和连年生长量。并且单株林木材积增长量：强度抚育间伐>中度抚育间伐>弱度抚育间伐>对照区(表3-16)；林分单位面积材积增长量：弱度抚育间伐>中度抚育间伐>强度抚育间伐>对照区(表3-17)。

表3-16　不同抚育间伐强度对单株林木材积生长量的影响

间伐强度	连年生长量(m^3)	平均生长量(m^3)
对照	0.00226	0.00099
弱度	0.00235	0.00111
中度	0.00234	0.00130
强度	0.00388	0.00174

表3-17　不同抚育间伐强度对林分材积生长量的影响

间伐强度	林分蓄积(m^3/hm^2)			连年增长量(m^3/hm^2)	年均增长量(m^3/hm^2)
	2007年	2008年	2009年		
对照	26.54	31.48	37.78	5.62	3.75
弱度	24.59	34.63	42.43	8.92	5.95
中度	21.14	29.39	35.83	7.35	4.90
强度	17.39	24.59	31.63	7.12	4.75

④间伐试验结论。麻栎胸径生长随间伐强度加大而增加，但树高的差异较小；经过间伐的林分蓄积增长率显著高于未间伐林分。间伐强度过大的林分因林地保留的林木株数太少而使林分蓄积量低于中度区和弱度区；单株林木材积增长量：强度抚育间伐>中度抚育间伐>弱度抚育间伐>对照区，林分单位面积材积增长量：弱度抚育间伐>中度抚育间伐>强度抚育间伐>对照区；林木在整个培育过程中，幼龄和中龄阶段是林木生长和形成森林群体的重要时期，因此，抚育间伐是其首要工作，但这阶段由于林木生长尚不稳定，抗逆性不强，抚育间伐的强度难以精确确定。通过对麻栎人工林抚育间伐强度的初步试验，在初植密度为440株/亩的条件下，间伐强度以25%~35%为宜，有利于林木的生长。间伐后，随着时间的推移，林分的生长状况将可能发生变化，如何采取适当的间伐强度使得林分各项生长因子综合达到最佳状况，有待进一步探讨。

【不同伐桩高度及留萌条数对麻栎林分生长及能量品质的影响】

2002 年，用 1 年生实生苗造林，造林株行距为 1 m×1.5 m。2006 年 11 月，设置样地，2007 年 11 月，定萌条数量。伐桩高度为 H1：5 cm、H2：50 cm、H3：100 cm；留萌条数为 S1：一根、S2：二根、S3：四根、S4：自然生长。

(1)不同处理萌条生长动态变化。不同伐桩高度下麻栎萌条长度大都随着伐桩高度和留萌条数的增加而呈现变小的趋势，处理 S1H1、S1H2、S1H3 的萌条长度在 4 次测量中都高于其他处理，处理 S3H3 的萌条长度为最低，而自然生长的萌条长度也仅高于留萌条为四根的处理。方差分析表明，不同萌条数处理之间在 8 月和 10 月达到极显著水平($P<0.01$)，在 4 月时达到显著水平，而在 6 月时差异不显著；而不同伐桩高度处理之间在 4 月和 8 月时差异达到极显著水平，在 6 月和 10 月时差异未达到显著水平(图 3-37 和图 3-38)。

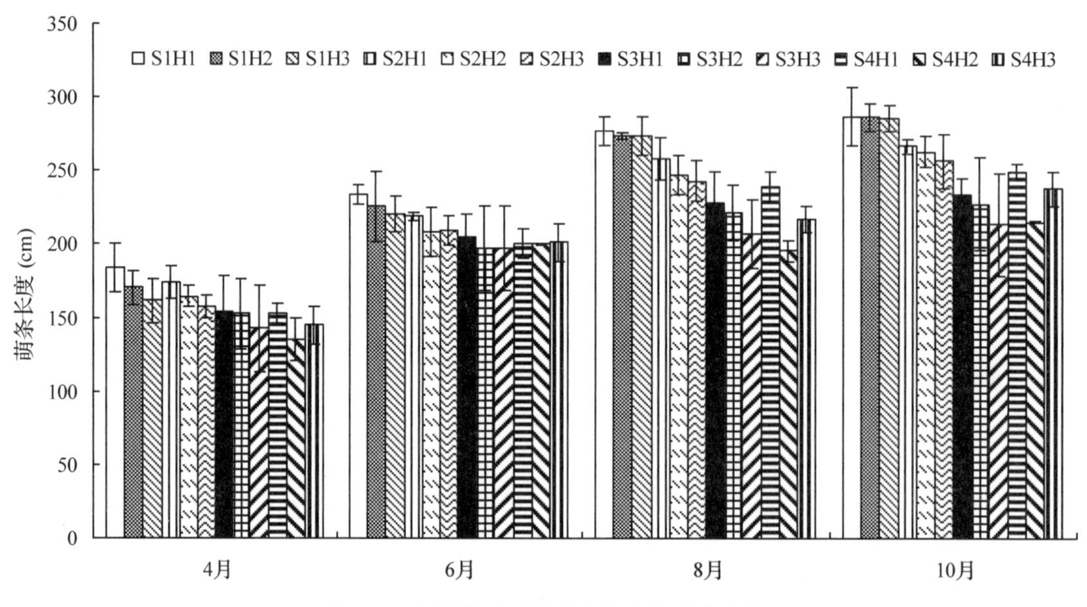

图 3-37　不同伐桩高度萌条长度的动态变化

(2)不同处理萌条生长动态变化。在环境条件相同的情况下，伐桩产生萌条数量取决于自身特性，通过对样地内萌芽更新的调查，经分析得出样地内不同高度伐桩产生萌条的数量变化。伐桩产生萌芽的数量因萌桩高度不同而存在较大的差别，而且同一萌桩高度不同直径伐桩所产生萌条数量也不同。从图 3-39 可以看出，萌桩高度 100 cm 的变化最大，萌桩高度 100 cm 的变化不大。不同高度伐桩萌条产生的部位不同：萌桩高度 5 cm 的萌条主要发生在伐桩的基部，而萌桩高度 100 cm 萌条在整个伐桩的侧面都有分布，且上部较多，随着时间的推移，仅存活上部的萌条。

(3)不同处理萌条生物量和叶面积指数比较。从表 3-18 可以看出：萌条和叶片生物量都随着留萌条数的增加而增加，而伐桩高度对生物量的影响不大，其中总生物量最大为处理 S4H1(自然生长伐桩高度为 5 cm)达到 5.984 kg，而 S1H1(留萌条数为一根伐桩高度为 5 cm)为最小只有 1.536 kg，前者是后者的 3.9 倍。

同时研究发现留萌条数为一根时，总生物量随着伐桩高度的增加而增加，当留萌条数为二根时，不同伐桩高度下总生物量基本无差异，而当留萌条数为四根时，总生物量又随

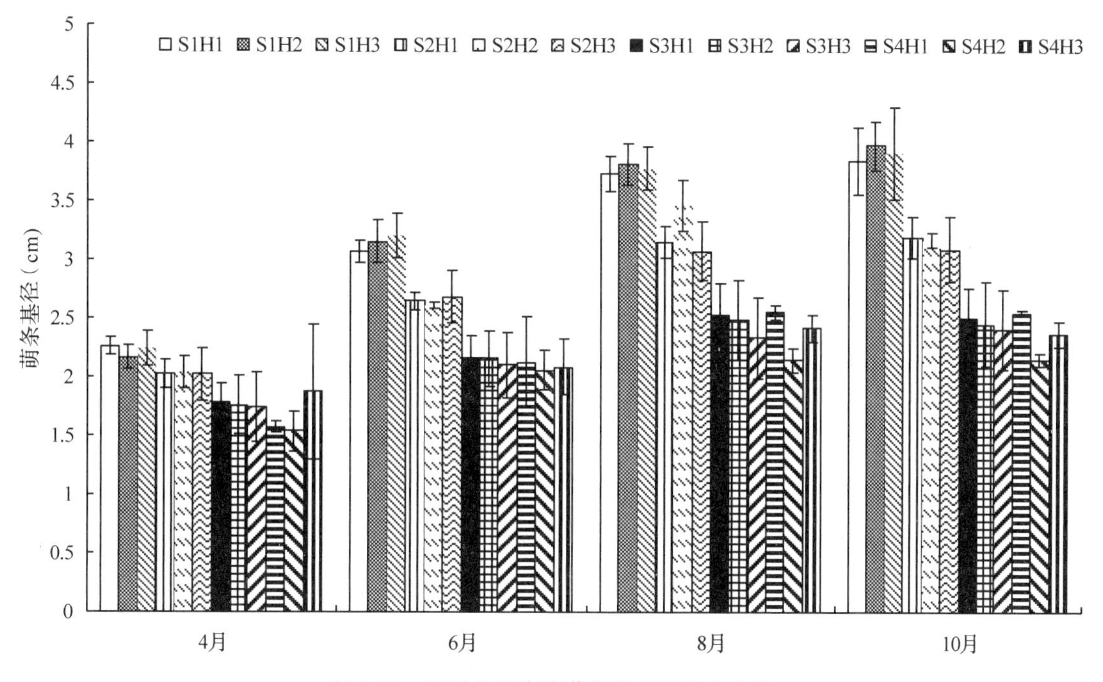

图 3-38　不同伐桩高度萌条基径的动态变化

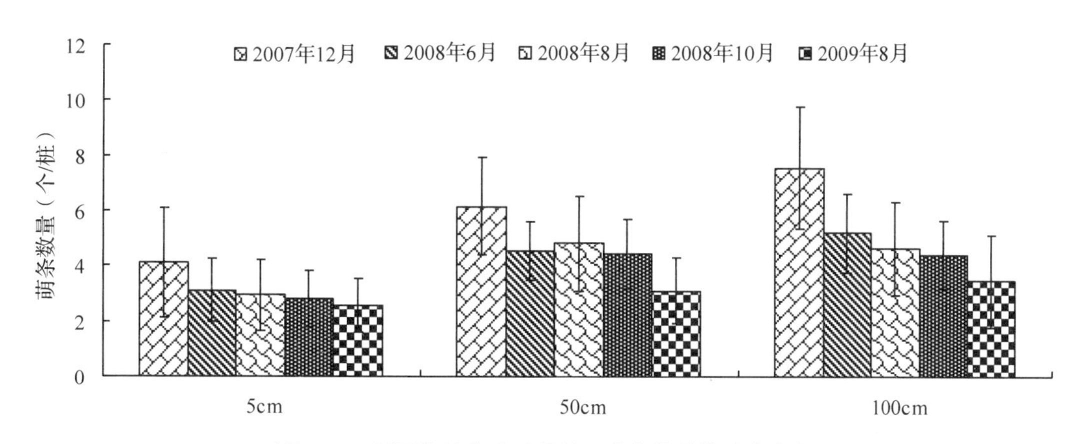

图 3-39　不同伐桩高度对照处理萌条数量的动态变化

表 3-18　不同伐桩高度对萌条生物量和叶面积指数的比较

处理	萌条生物量(kg)	叶片生物量(kg)	萌条总生物量(kg)	叶面积指数
S1H1	1. 325±0. 299	0. 21±0. 026	1. 536±0. 325	0. 73±0. 012
S1H2	1. 64±0. 417	0. 187±0. 041	1. 828±0. 458	0. 56±0. 023
S1H3	2. 745±0. 505	0. 701±0. 063	3. 446±0. 568	1. 87±0. 052
S2H1	2. 02±0. 304	0. 374±0. 012	2. 393±0. 316	0. 78±0. 024
S2H2	2. 461±0. 287	0. 49±0. 042	2. 952±0. 329	1. 07±0. 032
S2H3	2. 272±0. 616	0. 514±0. 012	2. 786±0. 628	1. 6±0. 115
S3H1	1. 862±0. 730	0. 538±0. 015	2. 399±0. 745	2. 02±0. 028
S3H2	2. 367±0. 877	0. 42±0. 002	2. 787±0. 879	1. 85±0. 069

续表

处理	萌条生物量(kg)	叶片生物量(kg)	萌条总生物量(kg)	叶面积指数
S3H3	1. 767±0. 312	0. 14±0. 007	1. 907±0. 319	0. 63±0. 014
S4H1	5. 049±0. 281	0. 935±0. 124	5. 984±0. 406	1. 99±0. 119
S4H2	2. 398±0. 550	0. 748±0. 042	3. 146±0. 592	2. 37±0. 251
S4H3	4. 039±0. 956	0. 841±0. 019	4. 88±0. 975	1. 12±0. 076

着伐桩高度的增加而减少。

(4)不同处理萌条各组分热值比较。各部位热值均值大小顺序大致为叶>枝>干>皮。方差分析表明：树干热值在不同留萌条数处理下差异不显著，而在不同伐桩高度下差异为极显著水平；树枝热值在不同留萌条数处理下差异不显著，而在不同伐桩高度下差异为极显著水平；树皮热值在不同留萌条数处理下差异显著，而在不同伐桩高度下差异不显著；树叶在不同留萌条数处理下和在不同伐桩高度下差异均不显著(图 3-40)。

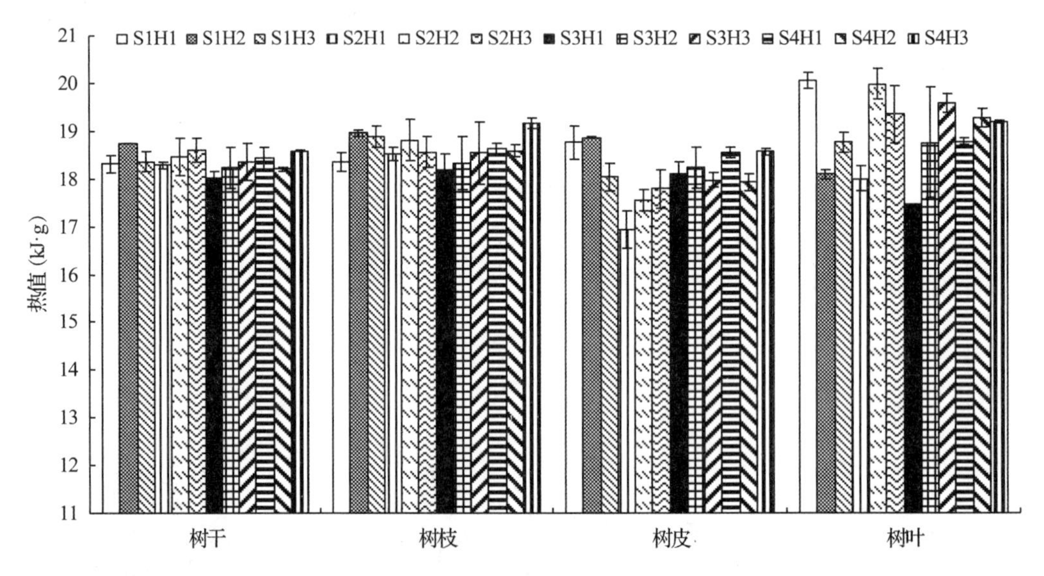

图 3-40 不同伐桩高度下各生物组分热值的比较

(5)不同处理萌条能量比较。通过对不同伐桩高度麻栎萌条的热值和生物量计算得出麻栎产能，树干能量大小范围是 24. 278~75. 072 MJ，树叶能量大小范围是 2. 744~17. 549 MJ，萌条总能量最高的是处理 S4H1 为 110. 569 MJ，最低为处理 S1H1 为 28. 496 MJ，前者是后者的 3. 88 倍。自然生长的处理平均萌条总能量为最高，留萌条数为一根的平均萌条总能量为最低，萌条总能量一般随萌条数的增加而增加。方差分析表明不同伐桩高度及不同顶萌条数处理间差异不显著(表 3-19)。

表 3-19 不同伐桩高度各生物组分能量的比较

处理	萌条能量(MJ)	叶片能量(MJ)	萌条总能量(MJ)
S1H1	24. 278±5. 522c	4. 218±1. 23cd	28. 496±6. 753d
S1H2	30. 768±7. 504c	3. 383±1. 05d	34. 151±8. 555cd
S1H3	50. 412±9. 233bc	13. 158±2. 815abc	63. 57±12. 047bc

续表

处理	萌条能量(MJ)	叶片能量(MJ)	萌条总能量(MJ)
S2H1	36.944±6.359c	6.731±1.156bcd	43.675±7.514cd
S2H2	45.461±6.06c	9.805±0.408abcd	55.265±6.468cd
S2H3	42.247±11.989c	9.946±1.679abcd	52.193±13.668cd
S3H1	33.557±9.917c	9.384±5.195abcd	42.941±15.112cd
S3H2	43.149±12.252c	7.89±5.032bcd	51.039±17.284cd
S3H3	32.423±6.036c	2.744±0.303d	35.167±6.339cd
S4H1	93.02±10.356a	17.549±4.843a	110.569±15.2a
S4H2	43.652±7.689c	14.406±3.589ab	58.058±11.279cd
S4H3	75.072±15.727ab	16.137±4.397ab	91.209±20.124ab

【不同定萌时间及留萌条数对麻栎林分生长及能量品质的影响】

试验地为 15 年生麻栎皆伐迹地，造林株行距为 1 m×1.5 m。定萌时间为 T1：6 月 25 日，T2：8 月 15 日，T3：12 月 30 日；留萌条数为 S1：一根，S2：二根，S3：四根，CK：自然生长。

(1)不同处理萌条生长动态变化。萌条长度最低为处理 CK，留萌条数为一根的处理萌条长度最高，萌条长度随着留萌条数的增加而减少，而定萌时间对萌条长度无显著的影响。方差分析表明不同定萌时间和不同留萌条数间萌条长度差异不显著。萌条基径的变化在 4 次测量中，CK 处理地径为最低，不同留萌条数对基径大小影响很大，留萌条数越少，萌条基径就越大。萌条基径变化幅度没有规律，且变化幅度不大。

(2)不同处理萌条数量动态变化。通过对样地内萌芽更新的调查，经分析得出样地内伐桩产生萌条的数量变化。从图 3-41 可以看出，2007 年 12 月，萌条数量的极差的变化最大。随着时间的推移，每个萌桩上萌条的极差和平均值都表现减小的趋势。

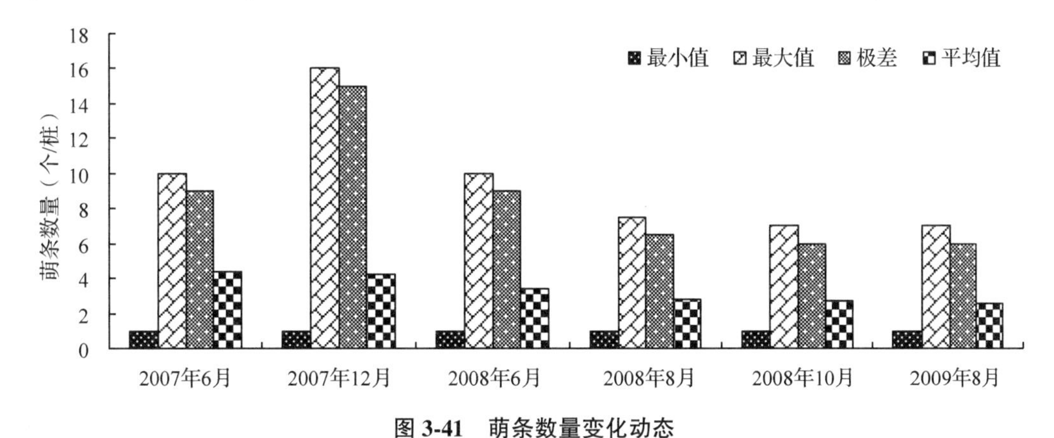

图 3-41　萌条数量变化动态

(3)活伐桩数量动态。具有存活萌生枝的伐桩占固定样地内该树种伐桩总数的比率，即保存率。活伐桩数量在总体趋势上表现为第 1 年和第 2 年上半年变化很小，第 2 年下半年，可能由于风倒和虫害严重，活萌桩数量减小幅度较大，但降低后又保持一定水平不变。同时，调查中还发现萌条死亡的萌桩第 2 年仍有新的萌生条产生，但数量很少，且发育不良，与第1年不同之处在于萌生条开始死亡，并且伐桩产生的萌生枝越多，死亡的数量也增大(图3-42)。

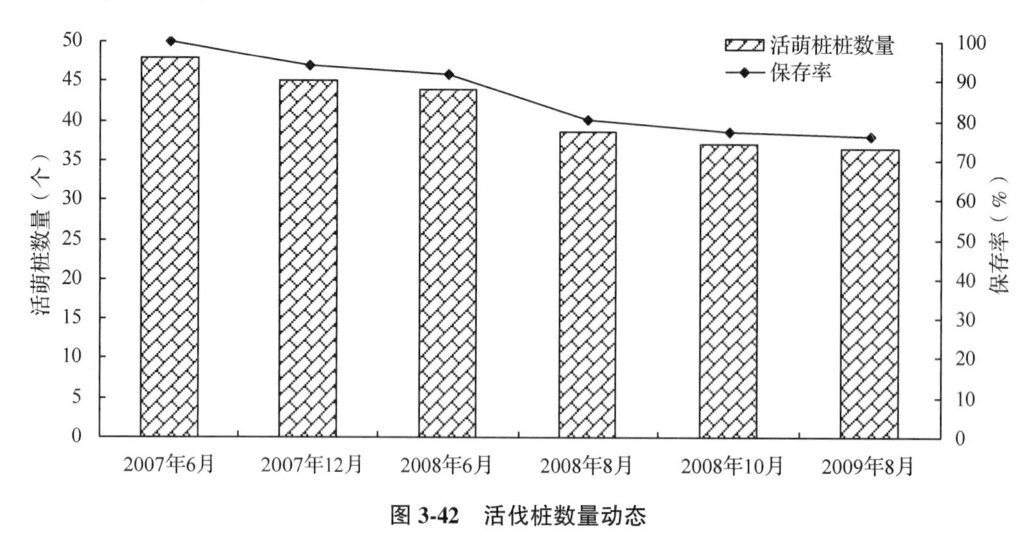

图3-42 活伐桩数量动态

(4)不同处理萌条生物量和叶面积指数比较。麻栎萌条生物量不随定萌时间的不同而存在显著差异，而随着留萌条数的增加而增加的趋势，处理T3S3的萌条总生物量达到最大，而处理CK生物量大于留萌条为一根与两根的处理，但还是小于留萌条为四根的处理。

同一定萌时间内叶面积指数是随着留萌条数的增加而增加的，留萌条数为一根的叶面积指数最小，而留萌条数为四根的叶面积指数最大，总体来说定萌时间为T1处理的叶面积指数较高，而处理CK叶面积指数除小于T1S3和T3S3外都高于其他处理，方差分析表明不同定萌时间与不同留萌条数间差异都不显著。

(5)不同处理萌条各组分热值比较。不同定萌时间麻栎各组分热值均值大小顺序为树叶>树皮>树枝>树干。方差分析表明其中各部位各处理间热值差异均没有达到显著水平。其中树叶各处理间的热值变化幅度最大为18.351~20.277 kJ/g；而树枝的变化幅度最小18.467~18.818 kJ/g；树干的热值大小范围是18.058~18.58 kJ/g；树皮的热值大小范围是18.079~19.644 kJ/g方差分析表明其中各部位各处理间热值差异均没有达到显著水平。

(6)不同处理萌条能量比较。通过对不同定萌时间麻栎萌条的热值和生物量计算得出麻栎萌条能量见表9，总能量最高的是T3S3处理达到90.295MJ，最低的是T1S1处理只有28.452MJ，前者是后者的3.17倍。同一定萌时间内不同留萌条数总能量大小顺序为四根>二根>一根；不同定萌时间相同留萌条数总能量比较大小顺序为12月>8月>6月。方差分析表明树干能量、树叶能量和总能量在不同定萌时间处理间麻栎热能未达到显著水平，而在不同留萌条数间麻栎产能达到显著水平。

【苗木类型、整地方式和间作对麻栎生长的影响】

(1)超级苗与普通苗造林试验。2004年年底机械全垦整地，深度40 cm。2005年春造林，造林密度440株/亩，株行距1 m×1.5 m。2005年和2006年间作花生。2009年9月调查生长量和存活率(表3-20)。

表 3-20　造林苗木规格

苗木类型	苗高(cm)	地径(cm)	冠幅(cm)
普通苗	69. 52±5. 31	0. 78±0. 25	65. 85±15. 34
超级苗	102. 50±8. 45	1. 58±0. 45	85. 21±20. 56

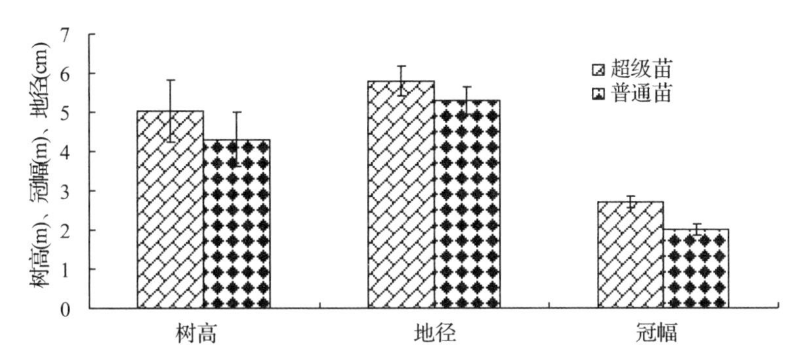

图 3-43　超级苗和普通苗造林 5 年后树高、地径、冠幅比较

超级苗和普通苗造林 5 年后生长表现，由图 3-43 可知，超级苗在树高、冠幅和地径生长量均优于普通苗。但是调查发现，超级苗的保存密度为 350±14 株/亩低于普通苗的保存密度 370±14 株/亩，这可能与超级苗形态较大，在起苗和栽植过程中受机械损伤较大，造成在缓苗期的抗逆性低于普通苗。

(2)1 年生苗与 2 年生苗造林试验。2005 年年底机械全垦整地，深度 40 cm。2006 年春造林。造林密度 440 株/亩，株行距 1 m×1. 5 m。2006 年和 2007 年间作花生。2009 年 9 月调查。

1 年生苗和 2 年生苗造林 4 年后生长表现，由图 3-44 可知，2 年生苗在树高、冠幅和地径生长量均优于 1 年生苗。但是调查发现，超级苗的保存密度为 290±14 株/亩远低于普通苗的保存密度 350±14 株/亩，可能是 2 年生在起苗和栽植过程中受机械损伤较大，造成在缓苗期的抗逆性低于普通苗，所以在实际造林过程中要注意保护苗木根系，加强前期抚育，以提高造林成活率。

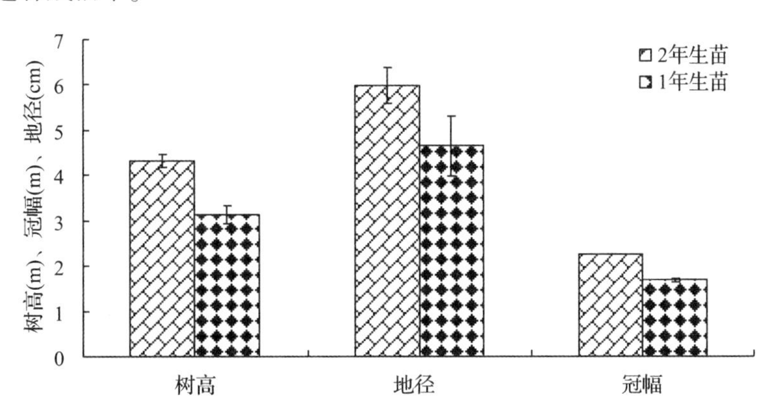

图 3-44　1 年生苗和 2 年生苗造林 4 年后树高、地径、冠幅比较

(3)穴状整地与机械全垦整地造林试验。穴状整地规格：40 cm×40 cm×20 cm，械全垦整地规格：深度 40 cm。1997 年春，造林，造林密度 440 株/亩，株行距 1 m×1.5 m。2009 年 9 月，调查生长量和存活率。

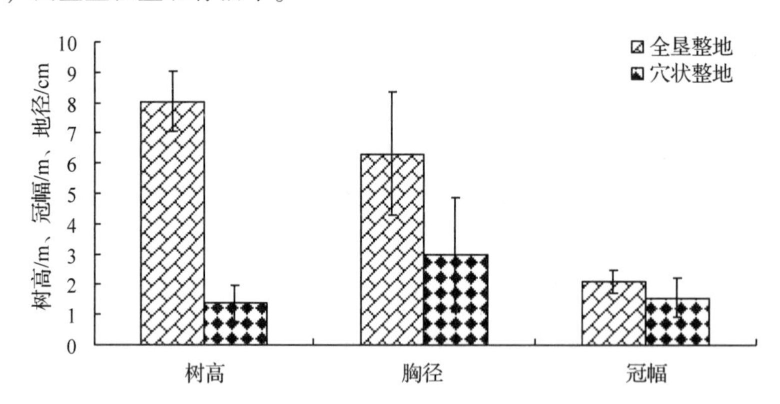

图 3-45 全垦整地和穴状整地造林 12 年后树高、地径、冠幅比较

1 年生苗和 2 年生苗造林 12 年后生长表现，由图 3-45 可知，机械全垦造林在树高、冠幅和地径生长量均优于穴状整地。同时，机械全垦造林的保存密度为 400±14 株/亩远高于穴状整地造林的保存密度 250±14 株/亩，机械全垦整地打破原有土壤石块，提高土壤空隙度，利于根系伸展发育。同时，也提高了土壤肥力，有利于苗木生长。机械全垦可能会造成水土流失，研究表明前 2 年间作花生可明显的减低水土流失问题，所以在实际生产中应提倡机械全垦的造林方式。

(4)套种花生与未套种花生造林试验。试验地原为石质荒山，土层不足 10 cm。2006 年年底机械全垦整地，深度 40 cm。2007 年春造林，造林苗木采用两根一干苗木。造林密度 333 株/亩。套种花生试验地于 2006 年和 2007 年间作花生，未套种花生试验地块状抚育两年，2009 年 9 月调查生长量和存活率。

套种花生与未套种花生造林 3 年后生长表现，由图 3-46 可知，套种花生造林地在树高、冠幅和地径生长量均优于未套种花生地。同时，套种花生造林的保存密度为 300±14 株/亩也高于未套种花生造林的保存密度 250±14 株/亩，套种花生能提高土壤空隙度，保持土壤湿度，抑制杂草生，提高了土壤肥力，有利于苗木生长。

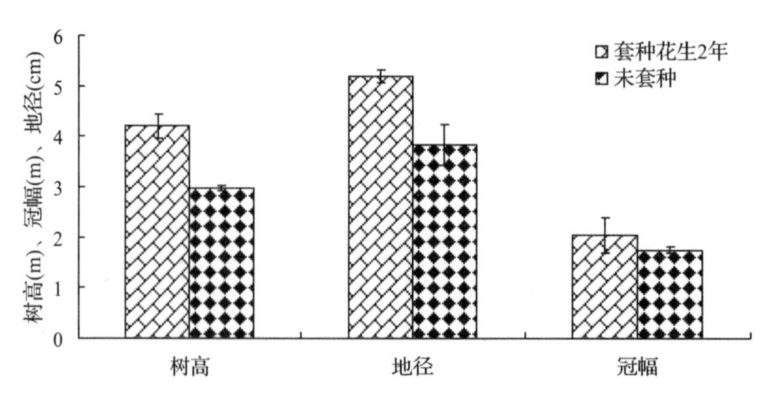

图 3-46 套种花生与未套种花生造林 3 年后树高、地径、冠幅比较

3.4 技术评价

以南京市邓下小流域为例：以苏南丘陵区杉木、马尾松、栎林、毛竹等4种林分土壤为研究对象，采用全氯、全磷、有效磷、速效钾、pH值、土壤密度、有机质、蔗糖酶、脲酶、磷酸酶、全铜、全锌、全铅、全铬、全镍等15个指标，分别从土壤肥力质量、生物学质量和环境质量3个方面，研究各林分的土壤质量，并将研究区的土壤质量分为5级。运用模糊综合评价法，对4种林分的土壤质量进行评价(表3-20)。

表3-20 林分基本特征

林分	坡向	坡度(°)	林龄	密度(株/hm^2)	平均树高(m)	平均胸径(cm)	林下草灌
杉木	东坡	27	42	950	10.8	16.3	山胡椒 *Lindera glauca* (sieb. et Zucc.) Bl.、一年蓬 *Erigeron annuus* (L.) Pers. (Aster an-nuus L.)、荩草 *Arthraxon hispidus* (Thunb.) Makino、盐肤木 *Rhus-chinensis*、蓬蘽 *Rubus tehrodes* Hance
栎林	西坡	26	42	700	16.8	21.9	
毛竹	西坡	20	1~5	2600	10.8	10.0	
马尾松	南坡	15	34	1000	11.6	21.0	

3.4.1 土壤理化性质、生物学性质分析

在土壤密度方面，马尾松林土壤密度最大(1.43 g/cm^3)，其次为栎林(1.42 g/cm^3)、裸地(1.36 g/cm^3)、杉木林(1.31 g/cm^3)、毛竹林(1.22 g/cm^3)，各样地间的变幅不大。土壤呈酸性，栎林、毛竹、杉木、马尾松林、裸地土壤的pH值分别为4.43、4.79、4.49、4.50、4.49。方差分析结果显示，同一林分不同土层间的差异不显著，不同林分间表层土壤的pH差异显著($P<0.05$)。栎树、毛竹、杉木、马尾松林、裸地土壤的全氮分别为1.33 g/kg、1.39 g/kg、2.14 g/kg、1.31 g/kg、0.95 g/kg。

根据土壤肥力分类结果，研究区的土壤全氮含量在六级分类中均有分布，杉木林、毛竹林的不同土壤层次之间，全氮含量差异显著($P<0.05$)，栎林、马尾松林不同土壤层次之间全氮的含量差异极显著($P<0.01$)。栎树、毛竹、杉木、马尾松林、裸地土壤的全磷分别为0.21 g/kg、0.28 g/kg、0.20 g/kg、0.16 g/kg、0.15 g/kg，处于Ⅴ、Ⅵ两级。各林分间的全磷含量无显著差异，同一林分不同土层问也无显著差异($P>0.05$)。栎树、毛竹、杉木、马尾松林、裸地土壤的有效磷含量分别为0.99 g/kg、1.48 g/kg、1.77 g/kg、1.28 g/kg、0.70 mg/kg，处于Ⅴ、Ⅵ两级，栎林、杉木林各层土壤间显著差异($P<0.05$)，其他林分不同土层间的差异不明显($P>0.05$)。栎树、毛竹、杉木、马尾松林、裸地土壤的速效钾含量分别为54.66 mg/kg、62.26 mg/kg、76.67 mg/kg、63.11 mg/kg、93.36 mg/kg，处于Ⅳ到Ⅵ级之间。栎林、毛竹林不同土层间速效钾含量差异显著($P<0.05$)，马尾松林的为极显著差异($P<0.05$)。栎树、毛竹、杉木、马尾松林、裸地土壤的有机质含量分别为7.77 g/kg、15.44 g/kg、13.28 g/kg、14.98 g/kg、8.35 g/kg，处于Ⅳ到Ⅴ级之间。从土壤全磷、有效

磷、速效钾的含量可知，研究区土壤中的磷元素缺乏，供钾水平中等。

杉木、栎树、马尾松、毛竹林地及裸地土壤蔗糖酶活性平均值分别为 13.713 mg/g、12.279 mg/g、15.590 mg/g、17.134 mg/g、4.653 mg/g，栎林 4 个土壤层次间的差异显著($P<0.05$)，杉木林、马尾松林 4 层土壤间的差异极显著($P<0.01$)；杉木、栎树、马尾松、毛竹林地及裸地土壤磷酸酶活性平均值分别为 133.25 mg/kg、216.59 mg/kg、377.98 mg/kg、302.84 mg/kg、140.72 mg/kg，除毛竹林的 4 个土层间酶活性差异显著($P<0.05$)，其他林分不同土层间差异不显著($P>0.05$)；杉木、栎树、马尾松、毛竹林地及裸地土壤脲酶活性平均值分别为 0.264 mg/g、0.189 mg/g、0.449 mg/g、0.281 mg/g、0.244 mg/g，在同一林分不同土层、不同林分同一土层间的差异并不明显($P>0.05$)。3 种土壤酶活性在土壤剖面中的分布均呈现随土壤深度增加而递减的规律(图 3-47)。

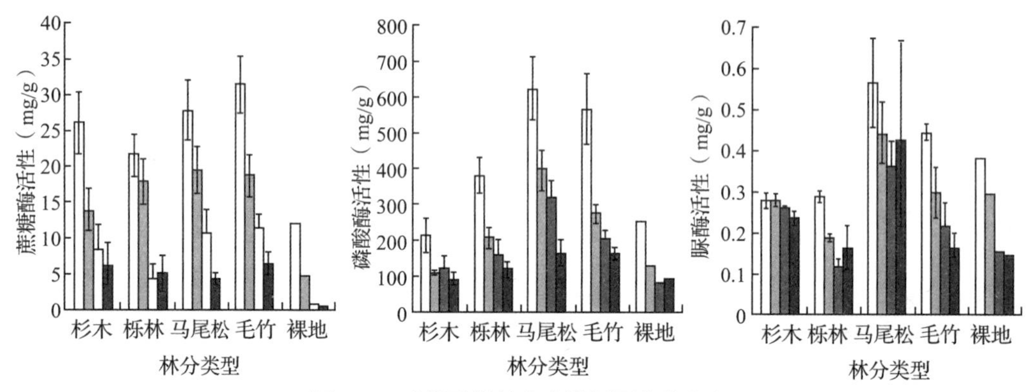

图 3-47 土壤酶活性在土壤剖面中的分布

3.4.2 土壤环境质量及各指标相关性分析

对研究区不同林地土壤内铜、锌、铅、铬、镍等 5 种重金属的全量分析表明，4 种林分及裸地的铬、镍元素的含量均低于土壤环境质量标准的一级水平，铜、铅两种元素的含量略高于一级水平，但远低于二级水平，除毛竹林土壤的锌元素含量略高于一级水平外，其他 3 种林分及裸地土壤的含量均低于一级水平(图 3-48)。从重金属元素的含量可知，研究区土壤的环境质量属于清洁状态。由方差分析结果表明，5 种重金属元素的含量在各林分间的分布均呈极显著差异($P<0.01$)。

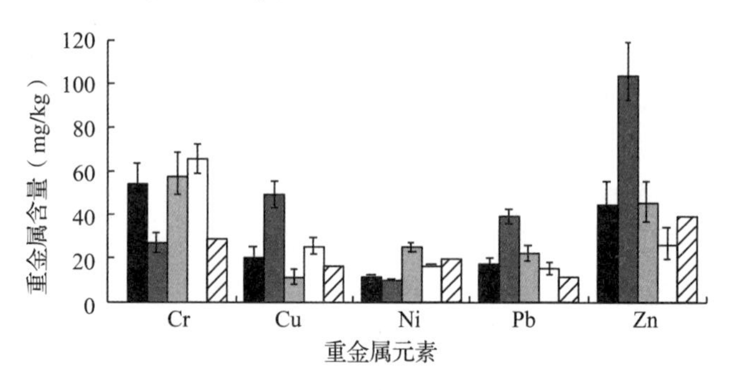

图 3-48 不同林分土壤和重金属元素含量

相关分析结果表明，土壤磷酸酶活性与脲酶、蔗糖酶活性分别呈显著和极显著正相关，3 种酶的活性分别与总氮、有机质、铅呈显著或极显著正相关；土壤蔗糖酶活性与有效磷、速效钾分别呈显著和极显著正相关；土壤脲酶活性与总磷、铜呈极显著和显著正相关，与土壤密度呈极显著负相关；土壤磷酸酶活性与总磷呈显著正相关，与有效磷、铜呈极显著正相关。可见，3 种酶的活性与土壤肥力状况和重金属元素含量间均呈显著或极显著相关，虽然每一种酶并不与所有的养分元素和重金属元素呈显著相关，但是将 3 种酶综合运用，可以用来指示土壤的肥力和环境状况(表 3-21)。

表 3-21　土壤质量指标相关关系

指标	ZTM	NM	ISM	pH	TN	TP	AP	AK	ρ_i	MO	Cu	Zn	Pb	Cr	Ni
ZTM	1.00	0.44	0.70**	−0.14	0.94**	0.39	0.72**	0.49*	−0.08	0.79**	0.34	−0.08	0.52*	0.12	−0.08
NM		1.00	0.57*	0.33	0.55*	0.83**	0.37	0.32	−0.46**	0.74**	0.47*	−0.28	0.76**	−0.26	−0.41
LSM			1.00	0.11	0.83**	0.53*	0.59**	0.30	−0.32	0.84**	0.68**	0.31	0.76**	−0.250	−0.45
Ph				1.00	−0.05	0.28	−0.17	0.29	−0.59**	0.09	0.39	−0.07	0.37	−0.20	−0.02
TN					1.00	0.52*	0.70**	0.57*	−0.19	0.90**	0.41	0.00	0.64**	−0.06	−0.23
TP						1.00	0.47**	0.13	−0.71**	0.73**	0.55**	−0.09	0.83**	−0.18	−0.37
AP							1.00	0.41	−0.11	0.63**	0.26	0.10	0.48*	0.18	−0.06
AK								1.00	−0.06	0.52*	0.04	−0.32	0.30	0.09	0.20
ρ_i									1.00	0.41	−0.66**	−0.02	−0.70**	0.22	0.17
MO										1.00	0.57*	−0.10	0.82**	−0.09	−0.32
Cu											1.00	0.23	0.86**	−0.23	−0.36
Zn												1.00	0.09	0.01	−0.37
Pb													1.00	−0.12	−0.35
Cr														1.00	0.68**
Ni															1.00

注：ZTM 表示蔗糖酶；LSM 表示磷酸酶；TN 表示总 N；TP 表示总 P；AP 表示有效 P；AK 表示速效 K；MO 表示有机质；ρ_i 表示密度。* 表示显著相关($p<0.05$)，** 表示极显著相关($p<0.01$)。

3.4.3　土壤质量综合评价

将评价指标分为 3 个部分，其中，土壤肥力指标包括土壤全氮、全磷、有效磷、速效钾、pH 值、土壤密度、有机质含量；土壤酶活性指标包括蔗糖酶、脲酶、磷酸酶；土壤环境质量指标包括铜、锌、铅、铬、镍的全量。评价方法采用模糊综合评价法。其中，pH 值、土壤密度采用抛物线形隶属函数，评价模型中 pH 值转折点的取值为 4、7、8.5、9；土壤密度转折点的取值为 0.9、1.1、1.8。重金属采用降半梯形隶属函数，评价模型中各指标转折点的取值见土壤环境质量标准，铜、锌、铅、铬、镍的转折点(最大、最小值)分别为 400、35；500、100；500、35；300、90；200、40。其他指标采用 S 形隶属度函数，最大、最小值分别为 2.0、0.5；0.10、0.02；40、3；200、30；4.0、0.6，土壤蔗糖酶、脲酶、磷酸酶活性的转折点采用所有土样中同种酶的最大、最小值，分别为 17.134、4.635；0.449、0.189；30.284、13.325。

确定各单因素的权重是综合评价的关键，以往研究中多采用专家打分来确定。为避免人为主观的影响，采用主成分分析法来计算公因子方差，进一步计算各个公因子方差占公因子方差总和的比例，并将土壤生物学质量、土壤环境质量、土壤肥力质量各个因子的百分数归一化处理，将其作为单项评价指标的权重(表 3-22)。

表 3-22 土壤质量综合评价指标权重

生物学指标	公因子方差	权重	环境指标	公因子方差	权重	肥力指标	公因子方差	权重
蔗糖酶	0.767 3	0.320 4	Cu	0.7154	0.167 6	土壤密度	0.658 1	0.128 1
脲酶	0.827 3	0.345 5	Zn	0.848 7	0.198 9	有机质	0.821 2	0.159 8
磷酸酶	0.800 4	0.324 1	Pb	0.887 3	0.208 0	pH 值	0.746 6	0.145 3
			Cr	0.900 3	0.211 1	全 N	0.800 1	0.155 6
			Ni	0.914 5	0.214 4	全 P	0.727 0	0.141 4
			Cu	0.715 4	0.167 6	有效 P	0.680 4	0.132 5
						速效 K	0.705 9	0.137 3

最后通过模糊复合运算，确定土壤质量的等级。运算模型为 $B=AR$。其中，A 为权重集；R 为通过隶属函数得到的隶属度模糊关系矩阵。经模糊综合评价后，各项指标的数值划分为 0~1 区间的评价指数，以 0.2 为级差，将各项指标值划分为 5 个等级：0.8~1 为Ⅰ级(优)；0.6~0.8 为Ⅱ级(良)；0.4~0.6 为Ⅲ级(中)；0.2~0.4 为Ⅳ级(差)；0~0.2 为Ⅴ级(较差)。

由土壤肥力质量评价结果可知(图 3-49)，土壤肥力评价指数变幅为 0.2~0.4，从大到小依次为杉木、毛竹、马尾松、对照、栎林，其肥力质量等级均为Ⅳ级，质量较差。主要表现在土壤全磷、有效磷含量太低，速效钾的含量也偏低，影响着土壤磷、钾元素的供应，造成土壤肥力偏低。由环境质量评价结果分析，各林地的土壤环境质量评价指数均在 0.9 以上，从大到小依次为马尾松、杉木、裸地、毛竹、栎林。从重金属元素的含量可知，只有极少数样本的含量超过土壤环境质量标准的Ⅱ级、Ⅲ级，其他样本均低于Ⅰ级标准的水平，说明该地区未受重金属污染，基本保持土壤背景值状态，土壤环境质量极好。除对照区的土壤酶活性评价指数低于 0.2 外，其他样地均保持在 0.2~0.4，从大到小依次为马尾松、毛竹、杉木、栎林、对照。值得指出的是，虽然各林地 0~10 cm 的土壤酶活性较高，但是其他 3 层土壤的酶活性较低，导致酶活性的总体水平不高。而土壤质量综合评

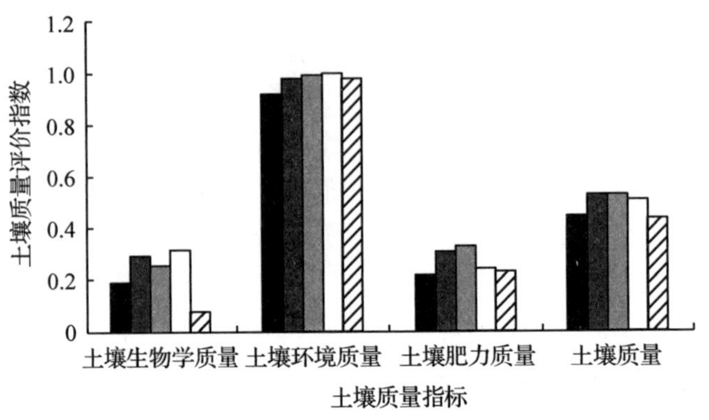

图 3-49 土壤质量评价结果

价指数均在0.4~0.6，从大到小依次为毛竹、杉木、马尾松、栎林、裸地。各样地之间相差不大，表明该地区的土壤质量总体处于中等水平。

3.4.4　主要林分类型物种多样性及其养分效应

对江宁小流域主要林分类型的降水截持效益、林地枯落物层持水性能、林地土壤渗透性能及蓄水能力进行了研究。结果表明：各林分树干茎流率排序为毛竹林(7.89%)>栎林(5.13%)>杉木林(3.28%)>马尾松林(1.85%)；各林分林冠截留率排序为栎林(31.2%)>毛竹林(24.17%)>杉木(20.57%)>马尾松林(16.2%)；各林分枯落物层最大持水量和有效拦蓄量排序均为栎林>为毛竹林>杉木林>马尾松林；各林分土壤非毛管空隙度和总空隙度排序均为马尾松林>杉木林>毛竹林>栎林；各林分土壤渗透性能排序为马尾松林>杉木林>栎林>毛竹林。采用Topsis优劣解距离法比较不同林分类型综合水源涵养功能，结果显示栎林的综合水源涵养功能最好，其次为毛竹林，再次为杉木林，马尾松林最差。

3.4.4.1　不同植物类型的群落结构特征

表3-23和表3-24是邓下小流域9种植物群落基本情况以及按多样性测度指标的排序结果。可以看出，物种丰富度最高的是以杉木、白栎、薹草为优势种组成的P6群落，乔灌草层共计为21，其Shannon-Weiner指数以乔木层为最高，为1.779，大于草本层(0.758)和灌木层(0.392)，Simpson指数和Pielou均匀度指数以灌木层最高，分别是0.832和0.847，大于草本层(分别是0.639和0.646)和乔木层(分别是0.410和0.433)。物种丰富度最低的是以杉木、茶、蕨为优势种组成的P2群落和以竹子、柘树、雀梅藤为优势种组成的P8群落，乔灌草层共计为9。P2群落的Shannon-Weiner指数以乔木层最高，为4.396，大于草本层(1.350)和灌木层(1.046)，Simpson指数和Pielou均匀度指数以灌木层为最高，分别是0.533和0.557，大于草本层(分别是0.444和0.476)和乔木层(分别是0.237和0.245)。

表3-23　邓下小流域植物群落样地基本情况

样地	坐　标	坡度	坡位	坡向	海拔	土层/A层厚度	群落优势种	郁闭%
P1	118°56.651′E、31°57.865′N	15°	上	NW	98.3	50/20	山胡椒、杉木、四棱草	70
P2	118°57.117′E、31°57.878′N	5°	上	NE	85.3	80/15	杉木、茶、蕨	50
P3	118°56.865′E、31°57.958′N	10°	中	SE	92.9	60/40	山胡椒、竹子	55
P4	118°57.088′E、31°57.819′N	2°	中	S	81.9	5/1	马尾松、薹草	55
P5	118°57.085′E、31°57.720′N	10°	下	NE	77.9	30/7	毛竹、薹草	60
P6	118°57.127′E、31°57.817′N	5°	下	SE	75.6	10/1	杉木、白栎、薹草	80
P7	118°57.030′E、31°57.687′N	20°	上	NW	124.0	15/4	马尾松	50
P8	118°57.577′E、31°58.039′N	5°	坡脚	S	70.9	60/5	竹子、拓树、雀梅藤	35
P9	118°57.030′E、31°57.687′N	2°	山顶	NE	102.0	60/5	杉木、盐肤木、薹草	25

表 3-24 邓下小流域主要植物群落物种丰富度、生物多样性与均匀指数

植物群落	物种丰富度			Shannon-Wiener 指数			Simpson 指数			Pielou 指数		
	乔	灌木	草	乔	灌木	草	乔	灌木	草	乔	灌木	草
P1	7	7	2	1.226	0.502	1.225	0.532	0.757	0.463	0.539	0.775	0.485
P2	5	4	2	4.396	1.046	1.350	0.237	0.533	0.444	0.245	0.557	0.476
P3	5	4	—	1.045	0.411	—	0.549	0.608	—	0.560	0.634	—
P4	2	5	7	1.455	1.196	2.627	0.375	0.681	0.742	0.409	0.969	0.751
P5	5	9	6	0.904	0.575	1.496	0.601	0.734	0.474	0.611	0.752	0.479
P6	3	12	6	1.779	0.392	0.758	0.410	0.832	0.639	0.433	0.847	0.646
P7	4	6	3	1.404	0.564	0.669	0.485	0.718	0.651	0.526	0.728	0.670
P8	2	4	3	1.350	1.331	1.892	0.44	0.496	0.405	0.533	0.517	0.426
P9	3	10	5	9.621	0.597	0.756	0.124	0.721	0.647	0.127	0.734	0.790

P8 群落的 Shannon-Weiner 指数是草本层(1.892)>乔木层(1.350)>灌木层(1.331)，Simpson 指数是灌木层(0.496)>乔木层(0.444)>草本层(0.405)，Pielou 均匀度指数是乔木层(0.533)>灌木层(0.517)>草本层(0.426)。Shannon-Weiner 指数乔木层最高的是以杉木、盐肤木、薹草为优势种组成的 P9 群落，为乔木层(9.621)>草本层(0.756)>灌木层(0.597)，物种丰富度乔灌草层分别是 3、10 和 5，Simpson 指数是灌木层(0.721)>草本层(0.647)>乔木层(0.124)，Pielou 均匀度指数是草本层(0.790)>灌木层(0.734)>乔木层(0.127)。

Shannon-Weiner 指数乔木层最低的是以竹子、薹草为优势种组成的 P5 群落，为草本层(1.496)>乔木层(0.904)>灌木层(0.575)，物种丰富度乔灌草本层分别是 5、9 和 6，Simpson 指数是灌木层(0.734)>乔木层(0.601)>草本层(0.474)，Pielou 均匀度指数是灌木层(0.752)>乔木层(0.611)>草本层(0.479)。Simpson 指数和 Pielou 均匀度指数乔木层最高和高低的分别是 P5 群落和 P9 群落，已经分析。

以马尾松、薹草为优势种组成的 P4 群落的 Simpson 指数是草本层(0.742)>灌木层(0.681)>乔木层(0.375)。以山胡椒、竹子为优势种组成的 P3 群落，因草本层没有植物生长，故草本层的各指数为空。

3.4.4.2 主要植被类型土壤养分效应

图 3-50 至图 3-53 分别表示小流域内主要植被类型下土壤剖面中有机质、全氮、全磷和速效钾含量的垂直变异特征。可以看出，总体而言表层土壤受植被类型影响，不同养分性质差别较大，随着土壤深度增大，差异变小。据研究结果，茶园、杉木林、马尾松林、毛竹林和旱耕地土壤剖面的 pH 值均沿土壤深度增大而减小，其中茶园的减小幅度最大。水田和旱耕地土壤剖面的 pH 值随着土壤深度的增大而增大，与其他植被类型变化情况恰好相反，水田土壤剖面的 pH 值在 6.43～7.65 波动，旱耕地土壤剖面的 pH 值在 7.71～7.68 波动，可见水田土壤剖面的 pH 值增大幅度较大，为 19%。

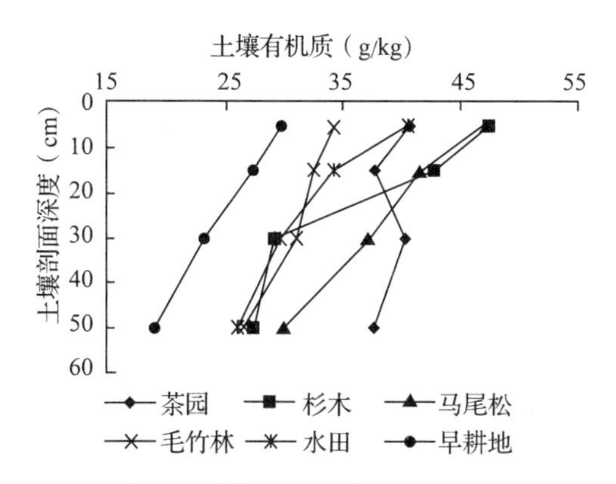

图 3-50　主要植被类型下土壤有机质含量垂直变异

从图3-50可以看出，土壤有机质均随着剖面深度下降，土壤表层有机质含量最高，从杉木林、马尾松林、茶园、水田、毛竹林、旱耕地依次降低，到20~40 cm处，土壤中有机质含量明显下降，以杉木林表层0~20 cm有机质含量的62%为最低，茶园和毛竹林较高。土层40~60 cm处杉木林、马尾松林、茶园、水田、毛竹林、旱耕地有机质变化趋缓慢，且各种植被类型土壤差异不大，以茶园有机质变化最缓慢，为99%，马尾松林较快，为81.2%。

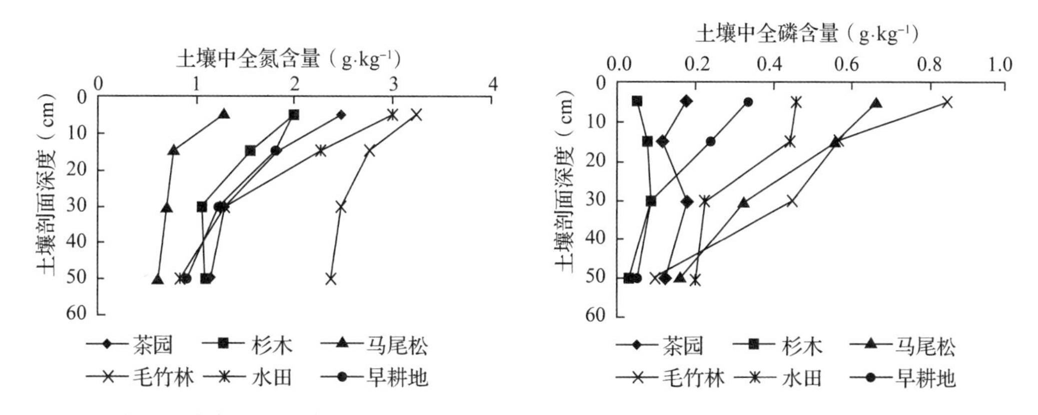

图 3-51　主要植被类型下土壤全氮含量垂直变异　图 3-52　主要植被类型下土壤全磷含量垂直变异

图3-51反映的是主要植被类型下土壤全氮含量垂直变异，可以看出，表层土壤全氮含量毛竹林>水田>茶园>旱耕地>杉木林>马尾松林，分别为3.25 g/kg、3.00 g/kg、2.47 g/kg、1.99 g/kg、1.99 g/kg和1.29 g/kg，全氮含量沿土壤剖面深度下降，其中毛竹林全氮含量在各个深度一直保持最大，至40~60 cm处。除毛竹林外，各植被类型土壤全氮含量差异不大。图3-52可以看出，土壤全磷在主要植被类型垂直剖面分布差异显著，0~10 cm土层中，毛竹林土壤中含有大量的磷，为0.846 g/kg，马尾松林、水田、旱耕地、茶园、杉木林的全磷含量分别为0.664 g/kg、0.455 g/kg、0.334 g/kg、0.177 g/kg、0.050 g/kg，都远低于毛竹林。20~40 cm土层剖面中，毛竹林全磷含量为0.448 g/kg，其他植被类型的土壤全磷差异较小，平均值为0.268 g/kg左右。在40~60 cm土层剖面中，毛竹林与其他植被类型的土壤在全磷含量上已不存在显著性差异（<0.05），平均值为0.095 g/kg，小于其他各组平均0.110 g/kg。这与已有的研究土壤中全磷的向下淋溶主要

发生在60cm以上的土层结论一致。其他植被类型的土壤由于全磷含量相对较低，全磷的淋溶发生程度相对较小。

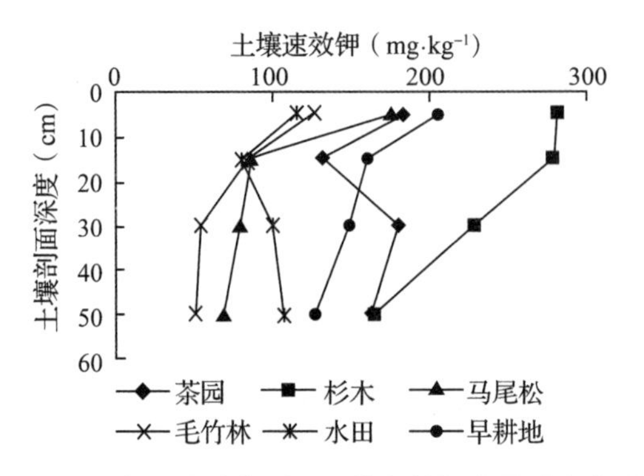

图 3-53 主要植被类型下土壤有效钾含量垂直变异

图3-53可以看出，杉木表层土壤中的速效钾含量明显高于其他植被类型，含量为281.2 mg/kg，其他依次为旱耕地206.3 mg/kg，茶园182.8 mg/kg，马尾松林175.9 mg/kg，毛竹林125.7 mg/kg，水田115.5 mg/kg。杉木林、旱耕地、马尾松林、毛竹林土壤速效钾含量随土壤深度增大而减小，在40~60 cm剖面处分别为163.4 mg/kg、126.0 mg/kg、69.1 mg/kg、50.3 mg/kg。茶园、水田土壤速效钾含量在20~40 cm剖面处比10~20 cm剖面处增大，分别为181.1 mg/kg、98.9 mg/kg，幅度达37.2%、18.03%。茶园、水田土壤速效钾含量在40~60 cm剖面处分别为162.2 mg/kg、107.7 mg/kg，可见，比表层土壤速效钾含量分别减少11.3%和6.8%。

3.4.5 主要林分类型的水源涵养功能评价

选取林冠截留率、枯落物层蓄积量、枯落物层最大持水率、土壤稳渗速率、土层厚度、土壤总孔隙度和非毛管孔隙度为评价指标，构建森林水源涵养功能综合评价方法。结合实测数据，对研究区各森林类型水源涵养功能进行评价。结果表明：水源涵养功能为青冈林>杉木林>毛竹林>香樟林>马尾松林>板栗林；青冈林的水源涵养功能属较好等级，杉木林、毛竹林、香樟林为中等，马尾松林、板栗林较差。

3.4.5.1 评价原理

目前用于某一对象定性评价的方法有很多，层次分析法、模糊评价、灰色关联评价、神经网络评价等，各评价方法特点不一，计算过程过于繁琐。本研究从实用角度出发，选择使用最为普遍的一种评价方法，即加权平均法。该方法的实质是赋予方案每个指标(准则)权重后，对方案各评价指标下实测值的评分值求加权和。以数学公式表达为

$$U = \sum_{i=1}^{n} w_i V_i(x_i) \tag{1}$$

其中：U 为待评方案的加权综合评价值；x_i 为待评方案第 i 个指标的实测值；$V_i(x_i)$ 为 x_i 的评分值；W_i 为评价体系中第 i 个指标的权重系数。

$V_i(x_i)$ 通过构造出不同评价指标的岭形评分函数计算获得。由于岭形函数的特性，其评分值的大小在[0，1]中变化。

$$V_i(x_i)_{\min} = \begin{cases} 1, & x_i \leqslant a_2 \\ \dfrac{1}{2} - \dfrac{1}{2}\sin\dfrac{\pi}{a_1 - a_2}\left(x_i - \dfrac{a_1 + a_2}{2}\right), & a_2 < x_i \leqslant a_1 \\ 0, & x_i > a_1 \end{cases} \tag{2}$$

$V_i(x_i)_{\min}$ 为第 i 个指标偏小型岭形函数，在$(a_1, a_2]$中呈递减趋势，即 x_i 值越小，评分值 $V_i(x_i)_{\min}$ 越高(a_1、a_2 为指标 x_i 的上下限阀值)。

$$V_i(x_i)_{\max} = \begin{cases} 0, & x_i \leqslant a_2 \\ \dfrac{1}{2} + \dfrac{1}{2}\sin\dfrac{\pi}{a_1 - a_2}\left(x_i - \dfrac{a_1 + a_2}{2}\right), & a_2 < x_i \leqslant a_1 \\ 1, & x_i > a_1 \end{cases} \tag{3}$$

$V_i(x_i)_{\max}$ 为第 i 个指标偏大型岭形函数，在$(a_2, a_1]$中呈递增趋势，即 x_i 值越大，评分值 $V_i(x_i)_{\max}$ 越高。

3.4.5.2　评价指标及阀值选取

森林生态系统通过树木冠层水文效应、林地地表枯落物层的吸水截持、林地土壤水库的渗透蓄水这 3 个主要环节的共同作用，使得森林对降雨过程进行了有效的拦蓄和调节分配，从而发挥水源涵养功能；因此，要客观评价森林水源涵养功能，需要选择能较好表征这 3 个方面的指标。

(1)森林冠层水源涵养功能评价指标。森林冠层是降雨过程中第一个接触面，其不仅有效地截留了一定数量的降雨，同时还削弱了降雨的动能，因而树木的林冠截留作用在森林发挥水源涵养功能的过程中发挥着极为重要的作用。考虑到降雨分布的地域差异，选择林冠截留率(x_i)作为森林冠层水文效应的评价指标。

程根伟指出，温带针叶林、亚热带杉木、马尾松林、季风常绿阔叶林林冠截留分别占全年降雨量的 20%~40%、15%、25%和 30%；刘世荣等根据我国不同区域生态站森林水文生态功能观测结果，指出我国主要森林林冠截留率的变化范围为 11%~37%。参照这些研究结果，设定指标的上限阀值为 40%，下限阀值为 10%。

(2)枯落物层水源涵养功能评价指标。枯枝落叶层的涵养水源作用主要体现在吸持水方面。衡量枯落物层吸持水性能的指标主要有最大持水量(率)、最大拦蓄量(率)、有效拦蓄量(率)等，其中对枯落物层吸持水特性起最主要作用的是枯落物层的蓄积量和最大持水率，故选择枯落物层的蓄积量(x_2)和最大持水率(x_3)为枯落物层水源涵养功能评价指标。

王佑民指出，我国各地乔木林地的枯落物蓄积量一般均在 10 t/hm^2 以上，生长良好的林分可达 20~40 t/hm^2，枯落物的最大吸水率多为其干质量的 2~3 倍，有的阔叶树种可达 4 倍；刘世荣等根据我国不同区域生态站森林水文生态功能观测结果，指出我国主要森林枯落物层蓄积量的变化范围为 3.5~26.8 t/hm^2，枯落物层的最大持水率变化范围为 200%~500%。参照这些研究结果，设定指标 x_2 的上限阀值为 40.0 t/hm^2，下限阀值为 3.5 t/hm^2，设定指标 x_3 的上限阀值为 400%，下限阀值为 200%。

(3)土壤水库水源涵养功能评价指标。土壤水库的水源涵养功能主要体现在土壤渗透性能和蓄水性能 2 个方面。在降雨强度、降雨量适中的降雨条件下，土壤可以充分入渗雨水，使降雨滞留于土壤水库中，使林地不易形成地表径流，很好地起到水源涵养作用。

表征土壤渗透性能的指标主要有初渗透率、稳渗速率、渗透系数等，选择土壤稳渗速率(x_4)为衡量土壤水库渗透性能优劣的指标。根据现有的研究结果，发现不同地区不同森林类型土壤的稳渗速率一般不超过 8 mm/min，而一些透水性较差的土壤的稳渗速率都低于 1 mm/min，因而设定指标 x_4 的上限阀值为 8 mm/min，下限阀值为 1 mm/min。

表征土壤蓄水性能的指标有土壤总蓄水量、毛管蓄水量与非毛管蓄水量，其中土壤总蓄水量是毛管与非毛管蓄水量之和，反映土壤储蓄和调节水分的潜在能力，它是土壤涵蓄潜力的最大值；土壤非毛管蓄水量又称涵养水源量，反映土壤迅速容纳降雨径流和调节水分的能力。土壤层的总蓄水量和非毛管蓄水量取决于土层的厚度和土壤孔隙状况，因而，选取土层厚度(x_5)、土壤总孔隙度(x_6)和土壤非毛管孔隙度(x_7)作为评价土壤蓄水性能的指标。参考林地立地质量评价相关方法，设定指标 x_5 上限阀值为 100 cm，下限阀值为 20 cm，参考土壤总孔隙度的一般范围(30%~60%)，设定指标 x_6 的上限阀值为 60%，下限阀值为 30%，参考土壤非毛管孔隙度的一般范围(5%~20%)，设定指标 x_7 的上限阀值为 20%，下限阀值为 5%。

3.4.5.3 指标权重系的确定和功能等的划分

依据评价指标的选取及其各自的阀值，采用专家打分法为各评价指标赋权重。各评价指标的权重系数及上下限阀值见表 3-25。

表 3-25 各评价指标的权重系数及阈限值

指标名称	林冠指标	枯落物层指标		土壤层指标			
	林冠截留率(X_1)	蓄积量(X_2)	最大持水率(X_3)	稳渗速率(X_4)	土层厚度(X_5)	总孔隙度(X_6)	非毛管孔隙度(X_7)
	%	$t \cdot hm^{-2}$	%	$mm \cdot min^{-1}$	cm	%	%
权重系数	0.27	0.15	0.11	0.14	0.10	0.11	0.12
上限阀值	40	40	400	8	100	60	20
下限阀值	10	3.5	200	1	20	30	5

依据森林水源涵养功能综合评价值(U)的大小，可以将待评森林水源涵养功能定性划分为 5 个功能等级：好(0.8~1.0)、较好(0.6~0.8)、中等(0.4~0.6)、较差(0.2~0.4)、差(0~0.2)。

3.4.5.4 各指标评分值计算

各评价指标的岭形评分函数 $V(x_i)_{\max}$ 分别如下，利用这些公式可以分别计算各指标的评分值。

$$V_1(x_1)_{\max}=\begin{cases}0, & x_1 \leqslant 10\\ \dfrac{1}{2}+\dfrac{1}{2}\sin\dfrac{\pi}{40-10}\left(x_1-\dfrac{40+10}{2}\right), & 10<x_1 \leqslant 40\\ 1, & x_1>40\end{cases}$$

$$V_2(x_2)_{\max}=\begin{cases}0, & x_2 \leqslant 3.5\\ \dfrac{1}{2}+\dfrac{1}{2}\sin\dfrac{\pi}{40.0-3.5}\left(x_2-\dfrac{40.0+3.5}{2}\right), & 3.5<x_2 \leqslant 40\\ 1, & x_2>40\end{cases}$$

$$V_3(x_3)_{\max}=\begin{cases}0, & x_3\leqslant 200\\ \dfrac{1}{2}+\dfrac{1}{2}\sin\dfrac{\pi}{400-200}\left(x_3-\dfrac{400+200}{2}\right), & 200<x_3\leqslant 400\\ 1, & x_3>400\end{cases}$$

$$V_4(x_4)_{\max}=\begin{cases}0, & x_4\leqslant 1\\ \dfrac{1}{2}+\dfrac{1}{2}\sin\dfrac{\pi}{8-1}\left(x_4-\dfrac{8+1}{2}\right), & 1<x_4\leqslant 8\\ 1, & x_4>8\end{cases}$$

$$V_5(x_5)_{\max}=\begin{cases}0, & x_5\leqslant 20\\ \dfrac{1}{2}+\dfrac{1}{2}\sin\dfrac{\pi}{100-20}\left(x_5-\dfrac{100+20}{2}\right), & 20<x_5\leqslant 100\\ 1, & x_5>100\end{cases}$$

$$V_6(x_6)_{\max}=\begin{cases}0, & x_6\leqslant 30\\ \dfrac{1}{2}+\dfrac{1}{2}\sin\dfrac{\pi}{60-30}\left(x_6-\dfrac{60+30}{2}\right), & 30<x_6\leqslant 60\\ 1, & x_6>60\end{cases}$$

$$V_7(x_7)_{\max}=\begin{cases}0, & x_7\leqslant 5\\ \dfrac{1}{2}+\dfrac{1}{2}\sin\dfrac{\pi}{20-5}\left(x_7-\dfrac{20+5}{2}\right), & 5<x_7\leqslant 20\\ 1, & x_7>30\end{cases}$$

其中$V_1(x_1)_{\max}$、$V_2(x_2)_{\max}$、$V_3(x_3)_{\max}$、$V_4(x_4)_{\max}$、$V_5(x_5)_{\max}$、$V_6(x_6)_{\max}$、$V_7(x_7)_{\max}$，分别为林冠截留率(X_1)、枯落物层蓄积量(X_2)、枯落物层最大持水率(X_3)、土壤稳渗速率(X_4)、土层厚度(X_5)、土壤总空隙度(X_6)、土壤非毛管空隙度(X_7)各评价指标的偏大岭形评分函数，x_1，x_2，…，x_7分别为评价指标x_1，x_2，…，x_7的实测值。

运用构建的森林水源涵养功能综合评价方法和表3-26中的数据，得到综合评价结果，见表3-27。从各森林类型水源涵养功能综合评价值可以看出，综合水源涵养功能的大小顺序为青冈(0.7550)>杉木(0.5688)>毛竹(0.4738)>香樟(0.4665)>马尾松(0.3230)>板栗(0.3011)。

表3-26　不同森林类型个评价指标实测值

森林类型	X_1(%)	X_2(t/hm^2)	X_3(%)	X_4(mm/min)	X_5(cm)	X_6(%)	X_7(%)
青　冈	29.6	26.94	214.24	10.284	95	59.75	15.95
香　樟	23.5	17.01	101.78	3.358	80	56.1	14.2
杉　木	26.4	10.22	192.68	6.725	90	52.15	14.5
马尾松	24.6	7.99	135.46	1.333	90	51.05	6.65
毛　竹	23.7	11.22	306.51	4.249	85	53.25	10.00
板　栗	16.3	7.78	319.91	2.183	80	53.25	6.75

表 3-27 各森林类型水源涵养功能综合评价结果

森林类型	X_1	X_2	X_3	X_4	X_5	X_6	X_7	综合评价值	功能等级
青　冈	0.7315	0.7159	0.0125	1.0000	0.9903	0.9998	0.8305	0.7550	较好
香　樟	0.4218	0.3017	0	0.2549	0.8534	0.9588	0.6742	0.4665	中等
杉　木	0.5730	0.0815	0	0.9202	0.9618	0.8402	0.7033	0.5688	中等
马尾松	0.4791	0.0370	0	0.00556	0.9618	0.7959	0.0297	0.3230	较差
毛　竹	0.4322	0.1065	0.5510	0.4438	0.9156	0.8801	0.2501	0.4738	中等
板　栗	0.1051	0.0337	0.6538	0.0690	0.8534	0.8801	0.0333	0.3011	较差

湿地松和杉木林下补植阔叶树种

（主要撰写人：张旭东）

Chapter 4
第4章

水源地水源涵养及面源污染生态控制技术集成与应用

4.1 水源涵养林改造技术

4.1.1 背景介绍

水源涵养林是水土保持防护林的主要林种之一，泛指河川、水库、湖泊的上游集水区内大面积的原有林包括原始森林和次生林和人工林，具有水源涵养、水土保持、水质改善等综合生态功能。水是生命的源泉，是生态系统不可缺少的要素，同土地、能源等构成人类经济与社会发展的基本条件。对于地处东南沿海地区的浙江来说，水资源总量相对丰富，但随着工农业生产的大规模扩张、各种生产和生活废弃物排放量急剧增加，导致浙江省水环境质量显著下降，水质污染严重。据《浙江省2008年环境公报》显示，杭州城市地表水主要超标指标为粪大肠菌群、总磷、氨氮、石油类等。目前，浙江全省范围内普遍存在因水源的水质达不到国家规定的饮用水水质标准而造成的水质型缺水城市。统计显示，目前浙江省有45%左右的城市优质水的供水水量不足，有27个属于严重缺水的市县。

水源涵养林是根据植物修复的技术和原理，通过营建大面积的生态林来发挥森林的水源涵养、水质净化、防污治污的功能，在区域生态环境建设中发挥重要作用。浙江地处亚热带东部，地带性植被为典型的常绿阔叶林。但浙江省现有的常绿阔叶林面积不到30%，大部分已被次生的马尾松针叶林等取代，导致物种多样性丧失，调节小气候效能低，蓄持水分功能差，地力衰退，松毛虫和松材线虫病危害严重。阔叶林具有非常明显的生态效益，其涵养水源功能强，物种多样性丰富，群落结构稳定，森林景观良好。研究表明，常绿阔叶林的持水功能比马尾松林高30%。《杭州市生态环境专项规划》明确提出开展大中型水库水源涵养林建设工程、“三江”(新安江、富春江、分水江)水土保持林建设工程，以便从源头上改善杭州市城市生态环境质量。在浙江省现代化进程加快、城乡水环境恶化的新形势下，作为以涵养水源为主要目的的水源涵养林也越来越引起人们的重视，如何配置这一体系中的林种和树种以及开发相应的构建技术，建立和完善浙江省重要水源区水源涵养林体系成为保护水资源、改善水环境的一个重要途径。

4.1.2 水源涵养林综合改造技术集成

4.1.2.1 试验区

富春江是钱塘江上游，长 110 km，承担着杭州市饮用水和工业用水的双重任务，流域内现有森林面积 10 多万 hm^2，森林覆盖率 68.5%，在促进农村经济发展，改善区域生态环境方面作出了重要贡献。长期以来，由于人为和自然的强烈干扰，地带性植被遭受严重破坏，形成大面积低质天然次生林和人工林。根据森林资源数据分析，项目区林业用地中，疏林地 575.6 hm^2，低效林 9700 hm^2，再者需要补植改造，合计占林地面积比例 28.4%。项目区无林地仅占 0.5%，并且立地条件差，交通不便，宜采取封山育林、天然更新为主，新造林已经不是重点。现在有较多的林地资源需要补植改造、生态恢复，现有林生态恢复是今后林业生态建设的重点。尤其在城市水源区，由于社会经济的快速发展和全球气候变化的影响，地带性森林植被几乎破坏殆尽，形成次生林群落或者低效人工林群落，水源涵养功能低下，不能适应城市规模扩展和城市经济快速发展对水资源和水环境的需要。

杉木林在我国亚热带森林生态系统中占有十分重要的地位(俞月凤等，2013)，大规模营造杉木人工林导致树种组成单一、针叶化现象严重，影响森林生态功能的正常发挥(俞新妥等，1989；俞新妥，1997)。森林水文水质效应是森林生态系统的重要功能，也是生态公益林的核心功能之一(雷瑞德，1984；王小明等，2011；刘菊秀等，2003；李谦等，2014)。阔叶化发展工程是浙江省实施的重点生态工程。2008 年以来，浙江省林业部门在富春江流域实施杉木纯化阔叶林改造工程 1000 多亩。森林水文水质效应是森林生态效应的重要表现形式，如何科学评价评价阔叶化改造工程的水质效应已经成为浙江省生态林建设与效益评价的迫切需求之一。目前，有关林分改造对森林生态效应的影响研究主要集中在土壤和凋落物持水能力等方面(赵磊等，2013；唐洪辉等，2014)。而杉木林阔叶化改造林分对径流水质的影响还缺少系统的、详细的研究(赵雨森等，2007；田大伦等，2002)。为提高富春江流域水源涵养林的质量和生态效益，促进次生林快速恢复成阔叶林，以杭州市富阳区岩石岭水库、中埠水库的次生杉木林为例，重点针对次生杉木林开展阔叶化改造的多种改培模式和配套关键技术开展研究，以支撑水源涵养林的林相改造和阔叶化发展工程。

4.1.2.2 改造原则

(1)以生态系统恢复和经济可持续发展为目标，努力实现生态与经济共赢发展。

(2)因林因地制宜，适地适树，遵循自然，注重改造效果和生物多样性保护，推行人工促进天然更新、封山育林和人工造林相结合的疏、补、封、造相结合的改造技术。

(3)以优良乡土树种为主，合理利用外来树种，以乔木树种为主，乔、灌相结合，优化树种结构和群落结构，努力实现与自然地理景观相一致的林相。

4.1.2.3 改造模式

(1)补植改造模式。一是留阔补阔改造。对土层较深厚且有一定数量阔叶树种的杉木林地，保留乔木树种，补植木荷、乳源木莲等优质速生乡土树种和杨梅等生态经济树种。

二是人工造林改造。对于土层中等且林下植被不丰富并以草本为主的杉木林地，采用块状或带状整地，人工种植木荷等优质速生阔叶树种。三是以灌促阔改造。对土层较薄且林下植被以芒萁或禾草等草本为主的杉木林地，采用美丽胡枝子等先锋灌木，补植木荷、青冈、苦槠、甜槠、栲树等地带性常绿阔叶树种。

(2)抚育间伐改造模式。一是采取带状间伐改造。通过50%~60%的强度按行间伐，在杉木林冠下栽植木荷、薄叶润楠以及深山含笑、乳源木莲等较耐阴的阔叶树种。二是块状间伐改造。团块状(每个团块0.05~0.10 hm^2)间伐杉木纯林，更新栽植其他阔叶树种，形成块状混交结构。

(3)阔叶化改造模式。对于土层较深厚(>50 cm)，林下植被具有较丰富的木荷、青冈、冬青、枫香等阔叶乡土树种的迹地，推广应用留阔促阔等技术，留养培育阔叶树种。对于土层中等(30~50 cm)，林下植被不丰富的迹地，推广应用留阔补阔技术，营造枫香、木荷、苦槠、栲树、冬青、铁冬青等乡土阔叶树种。对于土层较薄(<30 cm)，林下植被以芒萁或禾草等草本为主的迹地，推广应用以灌促阔技术，种植美丽胡枝子等先锋灌木养护林地，同时营造木荷等阔叶树种。

4.1.2.4 改造技术要点

4.1.2.4.1 树种选择与配置

树种选择：选择适生的、优良的乡土阔叶树种。包括木荷、枫香、青冈、苦槠、甜槠、石栎、栲树、冬青、小果冬青、香樟、红楠、浙江楠、紫楠、薄叶润楠、马褂木、深山含笑、玉兰、乐昌含笑、乳源木莲、山杜英、杜英、秀丽槭、光皮桦、山乌桕、拟赤杨、蓝果树、黄檀、毛红椿等。

配置方式：一是生态化配置。树种配置采用3~5行环山水平带状或(20~100)m×(20~100)m块状的多树种混交，如上层为南酸枣、马褂木、栾树、枫香、蓝果树等速生落叶阔叶树种，下层配以木荷、苦槠、青冈、石栎、甜槠等常绿阔叶目的树种。二是景观化配置。在林缘、道旁、森林公园和风景区等地，配置观花观叶或具季相变化的景观树种。带状按照2~4行目的树种配种1行景观树种(混交比例为2~4∶1)，块状按照每5~10 m单株点植景观树种。

4.1.2.4.2 林地清理与整地

林地清理：林地清理包括全面清理带状归堆、带状清理带状归堆及疏伐清理局部归堆等3种，无论何种方法，均应保留有价值的乡土乔灌木。包括全面清理带状归堆、带状清理带状归堆和疏伐清理局部归堆。针叶低效林和疏残林的改造，应根据改造的密度进行疏伐调整。

一般来说，可考虑环山带状砍伐2~3行(4~6 m)保留1~2行(2~4 m)原有林木，间种2~3行目的树种。如果生长较好林木密度较大时，保留的1~2行再交叉隔株疏伐。砍伐行距还可根据现有林木的60%高度，保留距离为现有林木的40%控制。然后将种植带内的杂物清理干净，带状归堆。或均匀疏伐，保留0.4~0.5郁闭度，将种植点1 m内的杂灌、杂草清除干净。

4.1.2.4.3 抚育管理

除草松土。有全面砍草穴状松土、带状砍草穴状松土及穴状除草松土等3种方法。全面清理穴状松土。全面清理林地杂草，将1 m^2 种植穴松土，深3~5 cm。带状清理穴状松土。清理种植带 2 m 宽范围内的杂草，松土深 3～5 cm。穴状清理穴状松土。清理种植穴 1 m^2 内的杂草，松土深 3～5 cm。不论何种方法，均应当保留原杂灌木。

除草松土时间：4～5 月，8～9 月各 1 次。种植后结合抚育，每株施尿素 30～50 g；第 2 年开始，在 4～6 月可结合松土除草施肥 1 次。造林成活率低于 85%时，应进行补植。补植工作应在造林后 1 年内进行。

4.1.2.5 富春江流域水源林综合改造试验

为提高库区水源涵养林的质量和生态效益，促进次生林快速恢复成阔叶林，2006 年开始，项目组先后在富阳区岩石岭水库和中埠水库，重点针对次生杉木林、杉木林和阔叶幼林火烧迹地及阔叶幼林开展阔叶化人工造林改造、抚育改造、补植改造，并进行相关技术研究，以支撑水源涵养林的构建(图 4-1)。

(1)杉木林抚育改造模式：在岩石岭水库库区，分析次生杉木林种群结构的基础上，运用林窗经营技术，实施择伐经营以调整杉木林密度，促进林下木荷、苦槠、青冈等常绿阔叶树种的生长与群落恢复，试验林面积 500 亩。

(2)杉木林补植改造模式：在中埠水库库区，现状林分为阔叶幼林，先进行抚育，在林中空地补植阔叶树，补植树种包括枫香、马褂木、乐昌含笑、乳源木莲、浙江樟，试验林面积 300 亩。

(3)杉木林阔叶化人工造林改造模式：在中埠水库库区，在杉木林和阔叶幼林火烧迹地上，采取人工造林造林方式。主栽树种：乳源木莲、木荷、枫香、娥眉含笑、马褂木；伴生树种：复叶槭、云山白兰、二乔玉兰、乌桕、桂南木莲等，块状混交；实施面积：杉木火烧迹地 108 亩，阔叶幼林火烧迹地 392 亩。

图 4-1 富春江流域水源林改造试验林

4.1.3 水源涵养林综合改造效益监测

4.1.3.1 水源涵养林不同改造模式水文生态特征

表 4-1 杉木林不同改造模式水文生态特征的比较

改造模式	穿透雨		林冠截留		地表径流		枯枝落叶层		
	量(mm)	率(%)	量(mm)	率(%)	量(mm)	系数(%)	蓄积量($t \cdot hm^{-2}$)	最大持水率(%)	最大蓄水潜力(mm)
阔叶化改造	715.8	49.7	468.4	32.5	34.3	2.4	5.7	313.7	1.6
抚育改造	1289.7	89.6	112.3	7.8	133.2	9.3	2.3	193.4	1.0
补植改造	1136.5	78.9	121.8	8.5	51.7	3.6	1.4	167.1	0.6
杉木纯林	1178.2	81.8	144.4	10.0	102.8	7.1	1.6	135.7	0.4

杉木纯林不同改造模式在组成、结构、功能上的差异，导致不同改造模式的杉木林分水文生态特征的不同(表 4-1)。比较不同模式的林内穿透雨量可知，阔叶化改造模式<补植改造模式<杉木纯林<抚育改造模式，人工杉木纯林的林内穿透雨是杉木林阔叶化改造模式的 1.7 倍。而杉木林阔叶化改造模式林冠截留量最高，是杉木纯林的 3.2 倍。降水通过林冠后，到达枯枝落叶层，而森林枯枝落叶层具有较大的水分截持能力。枯枝落叶层蓄积量排序为阔叶化改造模式>纯林抚育改造模式>杉木纯林模式>补植改造模式，最大持水率排序为阔叶化改造>纯林抚育间伐>补植改造>杉木纯林，阔叶化改造模式的最大持水率是杉木纯林的 2.3 倍，林分枯枝落叶层的最大蓄水潜力是杉木纯林的 4.0 倍。降雨经过林冠和枯落物层的拦截和消能作用，形成地表径流的排序为阔叶化改造模式<补植改造模式<杉木纯林<抚育改造模式，杉木纯林的地表径流是阔叶化改造模式的 3.0 倍。研究结果表明，杉木纯林的阔叶化改造模式林分的水文生态效应最佳。

4.1.3.2 水源涵养林不同改造模式水质效应分析

以富阳中埠水库库区杉木纯林不同改造模式为试验林分，以大气降水为对照，选择 pH、硫酸根(SO_4^{2-})、总氮(TN)、铵态氮(NH_4^+-N)、硝态氮(NO_3-N)、总磷(TP)、氯离子(Cl^-)为水质指标，分别对杉木林不同改造模式的不同水文过程(穿透雨、树干径流、地表径流和壤中流)中各离子质量浓度变化进行逐月取样和分析，监测杉木林不同改造模式水文过程各元素的输入、输出动态，研究水源涵养林不同层次的水质效应，探讨杉木林不同改造模式对水质净化作用。

(1)杉木林阔叶化改造模式的水质效应。人工杉木林内地表径流层的总磷、铵态氮和氯离子浓度分别是人工阔叶林的 2.5、12.9 和 1.5 倍；人工杉木林地壤中流的总氮、总磷、硝态氮和氯离子浓度分别是人工阔叶林的 2.2、2.5、8.3 和 1.9 倍。阔叶林壤中流 pH

值上升到6.0，而杉木林壤中流则降至5.7。

(2)抚育改造模式水质效应。人工杉木林间伐后的地表径流中的总氮、总磷、铵态氮、硝态氮分别比对照下降了22.6%、51.5%、95.9%和44.6%。

(3)杉木林补植改造的水质效应。杉木林补植改造模式林地的地表径流中的总氮、总磷、铵态氮、硝态氮、硫酸根和氯离子分别比杉木纯林下降了10.7%、33.3%、6.8%、3.0%、8.5%和3.7%。

(4)水源涵养林不同层次的水质效应。

pH值变化特征：大气降雨pH值的月际变化较大，大气降水全年平均pH值为5.92，弱酸性。降水经过人工阔叶林和人工杉木林冠层后，pH值分别增加4.3%和4.9%；形成树干径流后，pH值对比大气降雨分别下降16.6%和28.8%，酸化作用显明。形成地表径流后，pH值分别增加15.8%和13.5%；形成壤中流后，人工阔叶林pH值(6.04)增加2.1%，而人工杉木林pH值(5.57)则下降5.9%。由此可见，大气降水经人工阔叶林生态系统后，pH值增加2.1%，减缓酸雨效应；而大气降水经人工杉木林生态系统后，pH值下降5.9%，加剧酸雨效应，表明人工阔叶林生态系统有益于缓和酸雨效应。

总氮变化特征：大气降雨总氮的月际变化较大，大气降水全年平均总氮含量为1.88 mg/L。降水经过人工阔叶林后，总氮含量增加56.6%，而人工杉木林仅增加2.3%。形成树干径流后，总氮含量对比大气降雨分别增加188.2%和409.9%，富集作用明显。形成地表径流后，总氮含量分别增加348.6%和85.2%；形成壤中流后，人工阔叶林总氮含量比大气降水下降17.1%，而杉木林则比对照(大气降雨)增加91.84%，表现为正淋溶。分析表明，对于总氮，两种林分在树干径流和地表径流层均表现为正淋溶；在壤中流层，人工阔叶林表现为负淋溶，对总氮有吸收作用。

铵态氮变化特征：大气降雨铵态氮的月际变化较大，大气降水全年平均铵态氮含量为0.64 mg/L。人工阔叶林和杉木林穿透雨后的铵态氮含量分别比对照增加38.8%和120%。形成树干径流后，人工阔叶林的铵态氮含量比对照增加301.5%，杉木林铵态氮含量达到最高值(4.56 mg/L)，比大气降雨增加611.6%，富集作用明显。形成地表径流后，人工阔叶林铵态氮含量达到最高值(6.59 mg/L)，比大气降雨增加914.0%，而杉木林铵态氮含量比对照下降33.8%，在壤中流层，人工阔叶林和杉木林的铵态氮含量分别降至0.37 mg/L和0.07 mg/L，分别比对照下降42.75%和89.52%，表现为负淋溶。

硝态氮变化特征：大气降雨硝态氮的月际变化较大，大气降水全年平均总氮含量为0.61 mg/L。人工阔叶林穿透雨硝态氮含量比对照增加111.7%，而杉木林则比对照下降3.28%。形成树干径流后，人工阔叶林的硝态氮含量比对照增加206.8%，杉木林硝态氮含量达到最高值(5.03 mg/L)，比大气降雨增加724.6%，富集作用明显。形成地表径流后，人工阔叶林硝态氮含量达到最高值(2.19 mg/L)，比大气降雨增加258.7%，而杉木林硝态氮含量比对照增加200.4%，在壤中流层，人工阔叶林硝态氮含量降至0.68 mg/L，仅比对照增加10.7%，而杉木林硝态氮含量急剧增加至3.74 mg/L，比对照增加513.4%，表现为强烈的正淋溶。

4.1.3.3　杉木林阔叶化改造模式小流域集水区的水质效应

将人工阔叶林集水区和杉木纯林集水区水体指标在各月份的含量进行平均，得到年平均值。结果如图 4-2 所示，可以看出，人工阔叶林集水区水体中溶解氧含量平均达到 7.28 mg/L，是杉木纯林的 1.18 倍；总磷含量达到 0.23 mg/L，是杉木纯林的 4.6 倍。杉木纯林水体的生化需氧量达 2.47 mg/L，是人工阔叶林集水区的 1.47 倍；化学需氧量达 2.62 mg/L，是人工阔叶林集水区的 1.29 倍。杉木纯林的总氮含量达到 3.61 mg/L，是人工阔叶林集水区的 2.31 倍。杉木纯林的硝态氮含量达 3.74 mg/L，是人工阔叶林集水区的 5.5 倍。人工阔叶林集水区年平均 pH 值为 6.04，而杉木纯林集水区体年平均 pH 值为 5.57，水质微酸性，低于《地表水环境质量标准》(GB3838—2002)中 6-9 的限定。

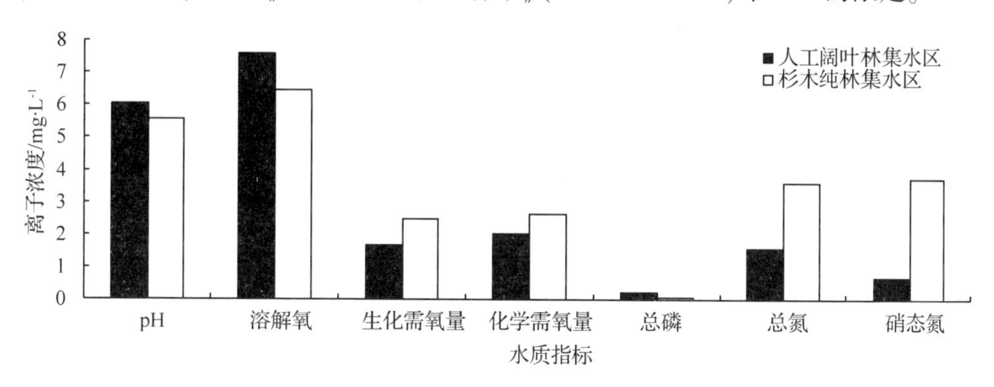

图 4-2　人工阔叶林和杉木纯林集水区水质效应比较

参照《地表水环境质量标准》(GB3838—2002)，杉木纯林集水区径流水体中达到Ⅰ类标准的水质指标有化学需氧量和生化需氧量；达到Ⅱ类标准的有溶解氧和总磷；达到Ⅳ类标准的有总氮和硝态氮。杉木纯林集水区水体中的 pH 值超标。杉木纯林经过人工阔叶化改造后，人工阔叶林集水区水体中达到Ⅰ类标准的水质指标上升到 5 个(pH 值、溶解氧、生化需氧量、化学需氧量、硝态氮)。由此可见，降雨经过人工阔叶林生态系统后，水质指标得到了明显的改善。

4.1.3.4　不同降雨强度水源涵养林水质效应比较

以阔叶化改造模式为研究对象，参照气象学降雨划分标准(小雨 0~25 mm，中雨 25~50 mm，大雨>50 mm)，研究不同降雨强度水源涵养林地表径流的水质效应。

(1)pH 值。两种林分的 pH 值均有所增加，分别比对照增加 11.9%~14.7%。不同降雨强度下，两种林分的地表径流 pH 值变动均较小。

(2)总氮。人工阔叶林地表径流的总氮有明显增加，在中等雨强时增加幅度最大(149.7%)，杉木林在中小雨强时地表径流的总氮下降，分别比对照减少 16.7%和 10.2%，在大雨强时比对照增加 38.2%。

(3)铵态氮。和对照相比，不同雨强下两种林分的铵态氮均呈下降趋势，在大雨条件下，人工阔叶林地表径流中的铵态氮被完全吸收，杉木林地表径流中的铵态氮也比对照下降 78.9%。

(4)硝态氮。和对照相比，不同雨强下两种林分的硝态氮多数呈增加趋势，人工阔叶林在大雨强时地表径流中的硝态氮含量最高(2.91 mg/L)，而杉木林在小雨强时的含量最高(1.04 mg/L)。

4.1.4 水源涵养林综合改造技术推广示范

4.1.4.1 示范区选择

在富阳西部山地范围的人工纯林，树种和林层单一，林分结构简单，长势衰弱，林下植被种类少，林分结构性缺陷明显；土壤板结，肥力下降，地力衰退，呈现不可持续经营趋势，生物多样性矛盾突出，抗病虫害能力低；土层蓄水能力降低，抵抗干旱能力弱，森林生态功能退化。

4.1.4.2 示范区林分改造技术模式

以水源涵养林综合改造技术为基础，根据示范区林分现状特征，设计阔松混交改造模型、阔杉混交改造模型和阔杉竹混交改造模型 3 种改造技术模式。

4.1.4.2.1 立地条件类型

将坡度、坡位、土层厚度作为主要立地因子，进行立地条件类型分类。坡度分为 2 级，斜缓坡(≤25°)和陡坡(>26°)。土层厚度分为 2 级，薄土层(≤40 cm)和中厚土层(>40 cm)，组合立地因子，得到立地类型(表 4-2)。

表 4-2 立地条件类型分类表

代号	立地类型名称	立地因子		
		坡度	坡位	土层厚度
S1	陡坡林地	陡坡	上坡、中下坡	薄、中、厚
S2	斜缓坡上坡薄层土	斜、缓坡	上坡	薄
S3	斜缓坡上坡中厚层土	斜、缓坡	上坡	中、厚
S4	斜缓坡中下坡薄层土	斜、缓坡	中下坡	薄
S5	斜缓坡中下坡中厚层土	斜、缓坡	中下坡	中、厚

4.1.4.2.2 技术模式设计

根据现存林分类型、立地条件类型，在立地条件水平上具体设计补植造林技术措施(表 4-3)。

表 4-3 不同技术模式植造林技术措施

技术模型	立地类型	主要补植树种	补植株数株(hm^2)	抚育	施肥量(kb/hm^2)	经营措施
阔松混交	S1~S5	枫香、山合欢、木荷、榉树、无患子、香樟、浙江樟、山杜英、黄连木	300	2 年，1 次/年	基肥 90	间伐松木
阔杉混交	S1~S5	枫香、檫木、马褂木、山合欢、木荷、乳源木莲、浙江樟	450	2 年，1 次/年	基肥 135	间伐杉木
阔杉竹混交	S3，S5	枫香、檫木、马褂木、山合欢、乳源木莲、黄连木、南酸枣、毛竹、淡竹	阔 330 竹 210	2 年，1 次/年	基肥 165	间伐杉木、低强度割灌

(1)阔松混交林模式。现状林分为松木纯林，通过补植阔叶树形成阔松混交林(图 4-3)。

图 4-3　阔松混交林模式

①产地条件控制。立地条件差(S1、S2、S4)，容易发生水土流失的林地，只能补植阔叶树，不补植经济树种、毛竹等易于采取强度经营措施的树种。

②补植方式。逢空补植、小块状补植阔叶树，形成散生混交、团状或小块状镶嵌混交。

③补植树种。枫香、檫木、马褂木、山合欢、乳源木莲、黄连木、南酸枣、毛竹、淡竹等。

④补植株数。补植阔叶树株数平均为 330 株/hm^2，补植毛竹 210 株/hm^2。

⑤幼林管理。幼林连续抚育 2 年，夏秋季抚育，每年 1 次。根蔸培土，或穴周劈灌、扩穴、松土除草。幼林施肥 1 次，补植时种植穴施基肥。

⑥森林经营。间伐部分现有上层杉木，调整林分密度，促进林分生长。保留的松木约 525 株/hm^2，培育成大径材。整个森林经营过程中，合理保留乔木株数，形成优化的乔木、竹了混交结构；严格控制森林经营强度，确保林地植被覆盖。

⑦预期效果。将松木纯林培育成阔杉竹混交林，林分密度 900 株/hm^2，阔叶树株数比例 40%以上，毛竹保持低立竹密度；通过补植、抚育、施肥，促进现有林木、补植树木的生长，提高林分生态功能。

(2)阔杉混交模式。现状林分为杉木纯林。补植阔叶树形成阔杉混交林(图 4-4)。

①立地条件。立地条件差(S1、S2、S4)，容易发生水土流失的林地，只能补植阔叶树，不补植经济树种、毛竹等易于采取强度经营措施的树种。

②补植方式。逢空补植、小块状补植阔叶树，形成散生混交、团状或小块状镶嵌混交。

③补植树种。枫香、檫木、马褂木、山合欢、木荷、乳源木莲、浙江樟。

④补植株数。补植株数平均为 450 株/hm^2。

⑤幼林管理。幼林连续抚育 2 年，夏秋季抚育，每年 1 次。根蔸培土，或穴周劈灌、扩穴、松土除草。

图 4-4 阔杉混交模式

⑥森林经营。采用低密度、长采伐周期的森林经营方式，以便增加林地植被，提高生态功能。择伐部分现有上层杉木，调整林分密度，促进林下阔叶树生长。保留的杉木约900 株/hm^2，培育成大径材。

⑦预期效果。将杉木纯林培育成用阔混交林，林分密度 1350 株/hm^2，阔叶树株数比例 35%以上，针阔比 6∶4；通过补植、抚育、施肥，促进现有林木、补植树木的生长，提高林分生态功能。

(3) 阔杉竹混交林模式。现状林分为杉木纯林。补植阔、竹，形成阔杉竹混交林(图 4-5)。

图 4-5 阔杉竹混交林模式

①立地条件。立地条件好(S3、S5)，不容易发生水土流失的林地，可以补植阔叶树和毛竹。

②补植方式。逢空补植、块状补植、行带状补植，形成散生混交、团状、块状或行带状混交。

③补植树种。枫香、檫木、马褂木、山合欢、木荷、乳源木莲、浙江樟。

④补植株数。补植株数平均为450株/hm^2。

⑤幼林管理。幼林连续抚育2年，夏秋季抚育，每年1次。根蔸培土，或穴周劈灌、扩穴、松土除草。

⑥森林经营。采用低密度、长采伐周期的森林经营方式，以便增加林地植被，提高生态功能。择伐部分现有上层杉木，调整林分密度，促进林下阔叶树生长。保留的杉木约900株/hm^2，培育成大径材。

⑦预期效果。将杉木纯林培育成用阔混交林，林分密度1350株/hm^2，阔叶树株数比例35%以上，针阔比6∶4；通过补植、抚育、施肥，促进现有林木、补植树木的生长，提高林分生态功能。

4.1.4.3　示范成效与评价

自2013年以来，通过水源涵养林经营管理示范林良好效果的宣传、技术培训等，在杭州市富阳区场口镇宋家溪村、真佳溪村，常安镇安禾村、东山下村等地的世行贷款林业综合发展项目中推广应用该技术，应用面积1446.2 hm^2，建设模式有杉阔竹混交林、杉阔混交林、松阔混交林等。通过对松木、杉木低效纯林采用常绿阔叶树种混交补植等方式，实施生态修复性补植造林和生态化经营措施，形成了多树种、多模式的健康混交林，示范区森林生态功能和综合效益得到充分体现，水源涵养和水质净化效果提升20%以上，森林结构和质量得到有效提升。

4.2　水源地面源污染生态控制技术

4.2.1　背景介绍

当前，我国水环境问题十分突出，在工业点源污染得到基本控制的同时，面源污染已经成为水体污染的主要因素。对面源污染的治理，人们从污染水体的末端治理、农业生产的源头减肥减药、以及迁移过程的生态拦截方面开展了较多研究，成效显著。对于农业生产的减肥减药，多关注平原水网地区的农业生产的精准施肥、养殖废弃物处理等角度开展工作，但是，对于低山丘陵地区等水系源头，尤其是以经济林为主要生产方式的水源地林区面源污染的生态控制技术缺乏研究。经济林人为翻耕、除草等农业生产活动频繁，使得林地水土流失强度高于其他类型的土地，由此造成的环境危害也较为严重，是水土流失综合治理重点和难点；经济林效益的提升，刺激了林农不断提升化肥、农药投入量，但肥药利用率低，随水土流失的肥料和农药成为水源地面源污染的重要来源，是水源地面源污染控制的重点。

长江三角洲地区主要水系多发源于山地丘陵地区，如太湖上游重要水系苕溪，其源头之一东苕溪发源于东天目山临安市水竹坞，另一源头西苕溪发源于天目山北麓安吉大沿坑；黄浦江水系发源于安吉龙王山，等等。这些低山丘陵坡地多以种植毛竹、茶叶、板栗、山核桃等经济林树种为主，因经济林生产效益可观，林农投入的积极性非常高，经济林的经营强度大，农药化肥投入多，如板栗林施肥量在 1500 kg/hm^2，为便于管理及收获，林地垦复频繁，地表植被稀少甚至基本没有，进一步加剧了这些坡地区域的水土流失。仅浙江省水土流失面积达 1.9 万 km^2，其中经济林地水土流失面积占 60%以上。经济林地经营中过量投入的肥料利用率较低，如板栗林的化肥利用率低于 30%，多余的肥料多随地表径流通过集水区进入河流、水库，造成水体富营养化。如西苕溪的赋石水库，水质总氮为Ⅲ类，总磷为Ⅳ类，积极性富营养化程度达到Ⅲ类水平。2014 年，浙江省 221 个省控河流断面中有 63.8%的监测断面水质达到地表水环境质量Ⅲ类标准，主要污染物是石油类、氨氮和总磷，其中氮磷主要来源于面源污染。水体富营养化，使沿溪供水水库水质受到污染，直接影响到供水区域经济社会的可持续发展和人民群众的饮水安全。因此，针对水源地的较大面积的经济林，采取生态经营措施，从源头控制水土流失、削减面源污染物的产生，并结合迁移途径，拦截地表径流中的面源污染物，削减氮磷元素进入水体的数量，改善水环境质量，意义重大。

针对水源地经济林高强度经营带来的生态环境问题，根据经济林的区位特征和经营现状，中国林业科学研究院亚热带林业研究所联合安吉县林业技术推广中心、宜兴市林业技术推广中心、上海市农业科学院、南京林业大学等单位，科技部林业公益性行业专项(201104055)、浙江省科技厅公益技术项目(2010C33188)、浙江省重点科技创新团队项目(2011R50027-1)、浙江省林业科技推广项目(07A02、2010B01)、和江苏省科技支撑计划(BE2008636、BE2009603)等项目的支持下，中国林业科学研究院亚热带林业研究所联合安吉县林业技术推广中心、宜兴市林业技术推广中心、上海市农业科学院、南京林业大学等单位，从 2005 年开始，以太湖上游水源地浙江安吉赋石水库、老石坎水库等小流域，以及江苏宜兴等太湖沿岸和上海黄浦江沿岸为研究基地，开展了水源区面源污染生态控制技术研发，历经 10 余年研发，形成水源区污染污染生态控制技术成果，2015 年通过成果鉴定。

4.2.2 水源地面源污染生态控制技术成果集成与应用

水源地面源污染生态控制技术成果以坡地经济林林分结构优化技术、经济林林下草本植被层构建及管理技术、坡地植物篱构建技术、汇水区生态沟渠构建技术、库首/库尾湿地构建技术、集水区滨岸植被缓冲带构建技术等关键技术为核心，从源头控制水土流失、养分流失，并有效减地表径流，拦截地表水中的营养物质，从源头和迁移过程有效控制面源污染的产生，在太湖上游水源地浙江安吉赋石水库等小流域、以及江苏宜兴等太湖沿岸和上海黄浦江沿岸营建研究基地并开展示范，协调生态和经济效益的平衡，兼顾林农经济利益，具有较大应用潜力。

4.2.2.1 水源区经济林结构优化技术

毛竹(*Phyllostachys heterocycla*)是我国亚热带主要竹种，分布于我国长江流域及南方各省份，是我国人工竹林面积最大，用途最广，开发和研究最深入的优良经济竹种。东起台湾、西至云南、南自广东、广西，北至江苏安徽北部，河南南部都有分布，在山地、丘陵和平原地区都能生长。其中，浙江省竹林资源丰富，毛竹产量位居全国前列。竹林尤其是毛竹林多分布在生态安全的敏感区，如江河湖库的源头或两岸，发挥着巨大的生态安全屏障作用，另一方面，竹林是当地农民的主要经济收入来源。较高的经济收入预期导致毛竹林的经营强度加大，地表植被稀疏甚至接近于无，再加上毛竹林的林分结构单一，造成了较重的水土流失问题。

板栗(*Castanea mollissima*)为壳斗科栗属落叶高大乔木树种，板栗多分布在海拔500 m以下的低山丘陵区，其适应性强、耐干旱瘠薄。浙江省是板栗栽培的主产区之一，栽培面积在面积有5.97万hm^2(吴大瑜，2019)，是浙江省山区农民经济收入的重要来源。板栗根系发达，本身水土保持功能较强，但因经济效益驱动，林农希望早产丰收，造林密度较大，频繁翻耕、施肥、除草等，导致林地郁闭度高，但地表植被稀疏，又因板栗是落叶树，半年无树冠，由于地表缺少低矮植被覆盖，冬春雨水较多遭受降雨溅蚀的面积较大，加剧了林地土壤侵蚀，造成水土流失及养分流失。

山核桃(*Carya cathayensis*)是我国特有高档干果和木本油料树种，主要分布于浙皖交界的山区，其中浙江临安有山核桃林3.1万hm^2，安徽宁国市有山核桃2.2万hm^2，是当地农民的主要经济来源。山核桃多生长于陡峭的山地，坡度达到25°以上，土层浅薄，立地条件较差。随着山核桃经济效益的不断提高，经营强度不断提升，施肥水平不同提高，绝大多数仅仅使用化肥；林农为了方便采摘及管理，大量使用除草剂，导致山核桃林下植被几乎绝迹，导致山核桃林出现水土流失、病虫害加剧以及石漠化等生态问题，对生态安全造成威胁。

林分结构是组成林分的林木群体各组成成分的空间和时间分布格局，包括组成结构、水平结构、垂直结构和年龄结构。针对毛竹、板栗和山核桃等林分结构单一的坡地经济林高强度经营带来的水土保持能力较低、易产生水土流失、易造成面源污染等生态问题。从改变单一的林分结构、营建复合林分，是首要考虑的措施。对毛竹、板栗和山核桃等单一林分的经济林而言，其林分结构优化，主要指通过混交，如套种其他耐阴经济树种，如毛竹林套种红豆杉、披针叶红茴香等珍贵或药用乔木，板栗林套种油茶、香榧、朱砂根等药用灌木树种，山核桃林套种茶叶、香榧等常绿经济树种，变单一林分为为混交林，增加树种组成，提高生物多样性，增加年龄组成和林冠层次，形成复合经营模式，减缓降雨的土壤侵蚀，提升经济林的水土保持、水源涵养和水质净化的能力。

(1)毛竹套种红豆杉、披针叶红茴香等小乔木类耐阴经济树种。针对毛竹林冠层单一，但林下植被较丰富的特点，主要采取构建复层林的措施，减少土壤侵蚀。毛竹林下套种红豆杉(图4-6、图4-7)、披针叶茴香等个体相对矮小、较耐荫庇的经济价值较高的小乔木，形成复层异龄林，一方面可以营造多层次的冠层，改善林分结构，另一方面可以减弱降水的土壤侵蚀能力，增强水源涵养能力，并且可以有一定的经济效益，提高林地产值。具体做法：①选用无病虫害，生长健壮、2年以上苗龄，地径1 cm以上的健壮苗木；②在毛竹林下沿等高线行状栽植，穴状整地，种植穴规格为60 cm×60 cm×40 cm，株行距4 m×3 m，每亩50株左右，具体可以根据毛竹密度调整；③栽植前每穴施有机肥2 kg为基肥，前期注意除草，修枝。

图 4-6　毛竹林下套种红豆杉(陈光才　摄)

图 4-7　毛竹林下套种红豆杉(陈光才　摄)

(2)板栗林间种香榧、油茶、杨梅等常绿经济树种。针对板栗为落叶乔木，冬春季节土地较多的特点，主要采用常绿经济树种构建混交林的措施，提升冬春季节的林分郁闭度，减少土壤和养分流失。主要推荐树种有香榧(图 4-8)、油茶和杨梅等常绿经济树种，达到立体空间充分利用、光能充分利用的效果，并且起到提升生态服务能力、提高经济效益的目标。具体做法：①选择自然稀疏板栗林带，选用无病虫害，生长健壮、油茶和杨梅选用 2 年以上苗龄，香榧选用 3+2 苗龄、地径 1 cm 以上的健壮苗木；②在板栗林沿等高线行状栽植，穴状整地，种植穴规格为 60 cm×60 cm×40 cm，株行距 6 m×4 m，每亩 28 株左右；③栽植前每穴施有机肥 2 kg 为基肥，前期注意除草，修枝。

图 4-8　板栗林间种香榧(陈光才　摄)

(3)山核桃林间种油茶、高节竹等小型常绿经济树种(郭峰等，2018)。山核桃为落叶大乔木，在林下种植个体相对矮小的常绿的高节竹(图4-9)、石竹等竹类经济植物，在坡度小于25°的阳坡和半阳坡山核桃林套种油茶，形成复层冠层，并且可以在冬春季节山核桃落叶期间形成绿色景观，减少降雨对于土壤的侵蚀，显著提升山核桃林的水土保持和水源涵养效益，并取得较为显著的经济效益。对投产山核桃林老林林分，可以通过移植或砍除，株行距6.0 m×8.0 m；种植密度约15株/亩的高节竹或油茶，以改善林内生态条件；对于未投产林分套种油茶，可采取块状或点状套种，株行距4.0 m×5.0 m，种植密度约35株/亩。

图 4-9　板栗林间种高节竹(陈光才　摄)

(4)技术应用与示范。围绕经济林林分结构调整，在浙江安吉赋石水库小流域营建毛竹林林分结构调整示范林1000余亩，主要内容包括毛竹林套种红豆杉、披针叶红茴香、板栗林套种香榧、油茶、杨梅常绿经济树种、板栗林套种高节竹等，示范效果明显，生态效益显著。

4.2.2.2 经济林林下草本植被层构建及管理技术

森林群落内，以维管组织不发达的地面植物如阴生草本植物为主形成的层次，称为草本层。草本层根系较浅、根系以≤1 mm细根为主，在形成大粒级水稳性团聚体含量和水稳性团聚体总量方面作用显著，能有效提高土壤的抗侵蚀能力(董慧霞，2005)。因此，经济林林下草本层的构建对于提升林地生态服务能力至关只要。

(1)封育配置草本层。经济林经营过程中，经常喷施除草剂，以灭除林下草本植物层，便于病虫害防治及果实采收。但是，也造成了经济林的生物多样性进一步降低，水土流失加重。因此，林下草本植物层对防止水土流失、提高水源涵养能力、控制面源污染起到决定性作用。为培育经济林林下草本植物层，首先考虑采取的措施是封育措施，严禁施用高残留以及内吸除草剂，封育期间杜绝林地垦复，封育一段时间后，一般可以形成丰富的草本植被层。

(2)采用科学垦复技术。另外，可以采用生态化经营的方式，减少垦复频率，变一年一垦复为两年一垦复；并且需要改良垦复方法，变全面垦复为带状或块状垦复，在坡地底部、半山腰部保留0.5~1 m宽的带状区域的地表植被，起到保护林下植物多样性的效果，提升林地的水土保持、水源涵养和面源污染控制的效果。

(3)人工建植草本植被。对于封育后林下植被仍然稀疏的经济林，考虑在林下套种豆科、禾本科等绿肥植物，如紫云英、黑麦草等。实现草本植物与板栗和山核桃的生态位互补，板栗和山核桃根系较深，吸收深层土壤养分，草本根系较浅，主要吸收表层土壤养分；豆科草本还可通过固氮功能为山核桃提供氮素；草本覆盖地表，提高了土壤的保水保肥能力(郭峰，2018)。采用人工播种的方式，恢复草本层，快速构建乔木+草本的高效复合模式，实现长期效益与短期效益的统一。可以利用紫云黑麦草再生能力强、固持土壤牢、抽穗时恢复生长快的特性，在板栗林及山核桃林间套种黑麦草，较快改善土壤结构，恢复植被，减少水土流失。并且，黑麦草的生长周期短，在板栗和山核桃收获时枯萎，基本不影响板栗和山核桃采收，因而是较为理想的草本层恢复方式。

林下构建紫云英或黑麦草草本层的技术要点为：沿林间坡面10~15 m种植约1m宽的黑麦草。初秋播种，最迟不得晚于10月中旬；也可在3月底以前播种，每亩播种量1.5~2 kg，避免幼苗期初植造成水土流失，割除时一般留茬高6 cm左右，每年割3~5次，667 m^2产鲜草5 000~8 000 kg。黑麦草既作为水土保持的植被，又作为绿肥，在山核桃采收时，紫云英及黑麦草已枯萎，不影响山核桃的采收(郭峰，2018)。

(4)技术应用与示范。在赋石水库库尾板栗林下营建草本植被20亩，主要采用播种黑麦草的方式，水土保持效果明显(图4-10)。

4.2.2.3 坡地植物篱构建技术

植物篱通常指在坡面上沿等高线或直接在地埂上设定合适的带间距、带间结构以及植物种植密度、由适宜的草本、木本植物以单一或组合形式营建的植物条带，利用其根系固土保水、保护坡地。按种植坡地部位的不同有植物篱与地埂篱(又称为梯田地埂植物篱或者梯田生物梗)之分。按植物种类的不同分为灌木篱(由灌木或耐修剪的乔木树种组成)、草篱(由多年生草本植物组成)、草灌混合篱(由一行灌木篱和数行草篱组成)。按坡面性

图4-10 板栗林下草本层植被构建(陈光才 摄)

质分为石坎梯田式、半坡式、土埂式、纯坡式。根据不同的植物品种及效益可划分为以豆科灌木或草本为主的固氮型植物篱、以发展畜牧为主的牧草型植物篱、以水土保持为目标的水土保持型植物篱和以增加经济收益为目的的经济型植物篱等(蒲玉琳等，2012)。

植物篱技术自20世纪30年代在印度尼西亚产生，当地农民通过在林下种植豆科固氮植物，以减少橡胶林的土壤流失，改善土壤肥力(陈蝶等，2016)。随后较多应用于平原地区的带状耕作系统，被应用于防治坡耕地水土流失。植物篱在抑制土壤侵蚀、提高土壤质量、降低洪水水位、控制农业面源污染、促进生态系统的恢复等方面都有着重要的作用(李海强等，2016；Kang B. et al，1993；Lamichhane K. 2013；何聪等，2014)。近年来，植物篱作为坡耕地的综合治理措施也在我国兴起，并在长江中上游干旱河谷区和三峡库区以及北方黄土高原等水土流失严重地区成功进行了推广应用，获得了良好的水土保持效益(董萍等，2011)。在长江中下游水源区坡地经济林如板栗林和山核桃林中营建植物篱，对于控制水土流失和防治面源污染也具有重要意义。

营造植物篱的关键在于植物的选择与搭配、空间结构以及植物篱与其他水土保持的措施的结合布置等。

(1)植物的选择。选择植物的品种要能适应当地的自然环境，最好以本土树种为主。植物还要茎部萌发力强，分枝密，根系发达，能固护土壤，耐性强。除此之外，经济林为主的区域还可以充分利用林下空间，发展林下经济，选取耐阴性强的植物，在提高植被覆盖率减缓雨水对地表的侵蚀的同时，发挥出本地经济林最大的经济效益。植物在保持其生态的效应下，也要具有一定景观效果，可以适当增加更具有观赏性的植物。不同区域所选用的等高植物篱或梯田生物埂植物种类不同，三峡库区为黄荆、马桑、新银合欢和木槿等；红壤坡耕地区有黄花菜和百喜草等；紫色土区主要是香根草、衰草、紫羊蹄甲等；长江中下游地区则选择茶叶、杨桐、山茱萸等经济作物或药材。

(2)植物篱的空间结构。等高植物篱带间距布设应以细沟侵蚀产生的临界坡长为准，最大带间距不应超出该临界值。较为常见的带间距通用理论计算公式为 $L=\sin 4H/2a$(L 为带间距，H 为坡面土层平均厚度，a 为坡度），该公式的理论前提是植物篱能截留所有带间泥沙，最终形成水平梯田，在土层薄、成土慢的地区具有一定的意义。在坡地上一般带间距为 3~7 m，沿等高线高密度种植单行、双行或多行，但最佳的带间距要结合场地实际状况进行设置，才能将植物篱效益发挥到最大。简化操作的话，可以在经济林地的半山腰及坡地构建 2 道植物篱，可以起到事半功倍的成效。

植物篱的带内结构多种多样，要根据当地的实际情况考虑侵蚀程度、田面宽度、植物特性和农民接受的可能性确定合适的植物篱宽度及带内植株间距。植株间距过大，靠近地面的枝条过稀疏，不能有效发挥其生态效益。但是，株距过小不利于植物本身的正常生长，会造成土壤水分和肥力的过度消耗。因此，植物篱株距的选择既要其基部快速密闭发挥拦截径流和泥沙的能力，又要不产生竞争抑制。为了植物篱的快速形成并尽早发挥其挡水挡土的效益，对于根茎萌发能力强，生长迅速的植株，株距可以宽些，反之则应密植。对于承压力大的乔木，可以单行种植，灌木与草本实行双行与多行种植。并且为了达到最好的挡水挡沙效果，行间植株还可错开呈“品”字形的锯齿状分布。

（3）植物篱的整地方法。带状整地适合在山地丘陵或北方草原区的植物篱建设时应用。山地丘陵带状整地要沿等高线进行，带状整地宽度多在 30 cm 以上，根据实际地形等条件进行调节。带长根据地形确定，不能过长，每隔一定距离保留 1 m 左右的自然植被。

穴状整地是山地、丘陵、平原广泛采用的整地方法。尤其是在山地陡峭、水蚀和风蚀严重地带更应采用。穴的口径一般为 10~60 cm，如果是灌木与草本植物，穴口口径可以适当地小些，对于双行或多行模式的植物篱，栽植穴一般为三角形分布。

一般应在造林前一个月整好地，对于冻害地区可不预先整地，等到造林是再挖穴栽植。干旱、半干旱地区则应在雨季或雨季前进行。

（4）植物篱的效益。植物篱因能延长产生径流时间，减缓径流流速，从而减少径流流失量和土壤侵蚀量，同时，也可以减少养分的流失。除了经济效益植物篱株还具备生态效益，通过机械拦截，降低了地表径流的速度、改善土壤物理性状，增加了水分的入渗量，四川宁南县 18°~25°坡耕地每隔 4 m 密植双行新银合欢和山毛豆等高植物篱，4~7 年后与对照相比地表径流降低的幅度为 26%~70%，土壤侵蚀降低的幅度为 76.1%~99%（唐亚，2001），并且随植物篱栽植年份的增加，其减流减沙效应有增加趋势。

植物篱和作物形成一个复合系统，改变土壤理化性质，控制土壤中氮磷的养分的流失，能改善退化土壤的生产力，提高农作物质量，这使得植物篱果园的经济效益比常规果园要高，种植在植物篱间的桑树比传统地埂桑的桑叶产量高 114.3%~180.6%，并且没有化肥和农药投入的污染。在南方红壤区采用的经济植物篱“黄花菜、金荞麦+树”模式配合平衡施肥，比传统农民习惯种植方式不仅减少土壤流失还增加了经济收入。三峡库区的植物篱-果园系统内柑桔增产效应也相当显著，在秭归周坪河流域采用植物篱技术实施土坎坡改梯，在第二年汛期来临之前及时对植物篱加强培育管护，使植物篱迅速起到了护坎作用，并且与纯坡地经济林相比“植物篱+经济林”模式纯收入增长 11%。

（5）植物篱模式。

①板栗林/山核桃下营建茶树植物篱（图 4-11）。板栗林套种茶树，如安吉白茶，水土保持效果较好，经济消息较高，被群众广泛接受。白茶等茶树根系较浅，板栗则是深根系

树种，两者的根系在土壤中分层生长，增加了土壤中的根系密度，在土壤中形成致密的网格，起到促进土壤保持的作用。同时，板栗林下的光照强度小、气温低、空气湿度大，对茶树的生长有益。茶树作为常绿灌木，可以弥补板栗落叶导致冬春季节土地裸露、水土流失的问题，再加上长江中下游地区茶叶采摘基本集中在 4 月份，板栗叶片在 4~5 月郁闭后，荫蔽的环境，对于茶树的休养具有好处，茶树植物篱不仅较板栗等落叶乔木在改善种植园冬季景观方面效果显著，在增加降水入渗、保持水土方面也具有明显的优势。茶树植物篱多设置于板栗林半山腰及底部，单行种植或双行种植为主，种植间距 0.3 m×0.3 m，双行带宽控制在 0.5 m 以内。

图 4-11 板栗林下营建茶叶植物篱(陈光才 摄)

②板栗林/山核桃下营建杨桐植物篱。杨桐是一种散生的常绿小乔木，其枝叶出口日本，具有较高的经济价值。杨桐喜生于湿润、肥沃、蔽阴之地，利用板栗喜阳、杨桐喜阴的生物学和生态学特征，在板栗林下构建杨桐植物篱，能够起到丰富林地树种结构、保持水土、拦截养分流失的作用。通过上层板栗树的庇荫作用，促进下层杨桐的生长，既能起到保护生态、防治水土流失的作用，又能增加林农收入，达到林相改造的效果。杨桐植物篱多设置于板栗林半山腰及坡地底部，构建单行植物篱，种植间距 0.5 m×0.5 m。

③板栗/山核桃林营建紫穗槐植物篱(图 4-12)。紫穗槐为豆科类植物，根系发达，抗逆性强，属于水土保持优良植物品种。可以在坡度较大的经济林下营建紫穗槐植物篱，起到减缓地表径流速率，拦截坡面径流挟带的泥沙，发达的根系可以起到固结土壤的作用，水土保持效果和养分拦截效果显著。根据林地环境，可以分别在坡地底部、中部设置分别 1 道植物篱，设置带宽约 2 m，株行距 30 cm×30 cm，行与行之间的苗株呈品字型排列，较快形成防护措施。

(6)技术应用与示范。应用植物篱技术，在浙江安吉赋石水库营建板栗林茶树植物篱、板栗林紫穗槐植物篱 600 余亩。

4.2.2.4 生态沟渠构建技术

沟渠具有集水与排水功能，是地表径流汇入湖泊与河流的必经通道，也是拦截面源污

图 4-12 板栗林营建紫穗槐植物篱(陈光才 摄)

染的关键场所。生态沟渠是通过特殊的护坡、耐水及水生植物种植等方式，对传统沟渠进行修复改造，其独特的植物—底泥—微生物系统可通过植物吸收、底泥吸附、微生物降解等方式一定程度上降低地表径流所携带的氮磷污染物浓度(Liu L. et al.，2016)，在保护沟渠和不影响排涝的前提下，既能治理农村面源污染，又绿化美化沟渠环境。生态沟渠的建设成本低、污染去除效率高(Liu F. et al.，2013)，因此将现有沟渠建设成能净化地表径流污染物的生态沟渠，不仅具有技术可行性，也具经济可行性，此技术适宜我国广大农村地区，具有实用性和推广价值。

耐水及水生植物是生态沟渠中的重要组成部分，它在生长过程中会吸收水与泥中的 NH^{4+}、NO^{3-}和 PO^{4-}离子，转化为自身所需物质，并加速污染物进入底泥的速度，增强了其截留能力。此外，植物的加入使得沟渠中的摩擦力与阻力增加，降低沟内的水流速度，延长了水力停留时间。沟渠中的底泥主要由农田流失的土壤和自然形成的底泥两部分组成，作为沟渠系统的基质与载体，底泥为微生物和水生植物提供了生长的载体和营养物质的同时，自身亦具有对水体中氮、磷的净化作用(徐红灯等，2007)。

建设生态沟渠需要在满足沟渠输排水功能的同时尊重原有的自然环境，使沟渠与周围景观相协调，通过生物的方法降解水中污染物，减少对生态环境的影响。

(1)生态沟渠的结构。生态沟渠通常采用梯形断面、复式断面和植生型防渗砌块技术，主要由工程部分和植物部分组成，其两侧沟壁一般采用蜂窝状水泥板(也可直接采用泥土沟壁)，两侧沟壁具有一定坡度，沟体较深，沟体内相隔一定距离构建小坝，减缓水速、延长水力停留时间，使流水携带的颗粒物质和养分等得以沉淀和去除。为了渠道的管理与清淤，还可设置渠道梯步段。生态沟渠的大小、边坡形式、断面尺寸、水力半径、纵坡等规格均影响着水体中氮磷的转化和去除，加上农业面源污染具有极大地时空变异性，因此需要因地制宜对沟渠的规格尺度进行选择，以达到污染物去除率高且稳的最佳效果。

(2)植物的选择。对于农业面源污染及富营养化水体处理，水生植物占着举足轻重的地位，植物可以通过自身组织直接吸收利用污染水体中的营养物质，供其生长发育。因此，植物选择需要考虑耐水性，根系发达，生长旺盛，对N、P营养元素具有较强吸收能力，生态景观较好的植物。适宜的植物有

在植物的配置上，按高矮搭配的方式种植植物，高杆植物密度适中、泥沙拦截能力强，低矮植物覆盖度大、耐淹能力强，重点配置有一定经济价值或观赏功能的本土湿生植物。常见的可供选择的植物有再力花、美人蕉、铜钱草、狐尾藻、黑藻等。

(3)生态沟渠的后期管理与强化措施。沟渠中水生植物死亡后沉积水底会腐烂，向水体释放有机物质和氮磷元素，造成二次污染，因此要定期清理沟渠中的植物，以减少沟渠中的滞留垃圾，避免水体富营养化，保护生态多样性。沟底淤积物超过10 cm或有杂草丛生会严重影响水流，要及时清淤，保证沟渠的容量和水生植物的正常生长。延长水力停留时间可以增加悬浮物的沉积量和污染物反应时间，对污染物去除效果影响很大，通过在各级排水沟出口增设排水阀门来控制水流，调节排水沟水位或在排水沟内设置截流坝可以延长水力停留时间。

(4)生态沟渠的效果。生态沟渠通过拦截并延长含有氮磷的污染水在沟渠的停留时间，最大程度去除污水中的氮磷元素，降低这些元素进入水体造成水体富营养化的风险。杨林章等根据太湖地区实际污染情况进行生态沟渠的设计，从而控制氮磷元素进入湖中，对当地面源污染氮磷削减率达到40%以上(杨林章等，2005)。薛国红等报道对生态沟渠对太湖地区氮的去除率达到50%以上，磷去除率达到40%以上，不仅极大地降低了水中营养物质的含量，改善太湖水质，还形成了良好的生态景观(薛国红等，2011)。在珠海市斗门区上洲村，生态沟渠人工湿地的建设在满足原有排灌功能的前提下，对稻田排水径流中固体悬浮物、总磷、总氮、化学需氧量、铵态氮、生化需氧量的去除效率分别达到71.7%、63.4%、49.9%、26.6%、14.5%和11.66%，既减轻了稻田排水对附近的水体污染，又增加了农田的景观效果(何元庆等，2012)。

(5)技术应用于示范。赋石水库又名“天赋湖”，位于安吉县城以西20 km，是浙北区最大的水库。库容2.18亿m^3，蓄水量与15个杭州西湖相当，并且，它也是安吉县和湖州市非常重要的饮用水水源。但近年来，由于板栗林集约化栽培程度的提高加上周围农业生产活动，使得水库富营养化风险不断加大。为了削减水中的污染物，改善水体质量，在政府的大力支持下，因地制宜的在水库周边进行了生态沟渠的建设，完善沟渠系统功能与后期维护管理，对流失出的氮磷等养分进行有效拦截净化，提升水库的水质的同时保护了水体的生物多样性。

4.2.2.5 库首/库尾湿地构建技术

库首和库尾湿地指位于水库蓄水的前端和尾端的生态湿地。地表径流结果汇水区的生态沟渠后，进入库首/库尾湿地，通过湿地植物的拦截后，水流速度变缓，水体中悬浮物进一步沉淀，营养物质截留，能够有效削减入库泥沙及污染物总量，减轻泥沙淤积和水体污染，延长水库的使用寿命，给当地带来巨大的经济、生态和社会效益(程岚等，2019)。

(1)库首/库尾湿地设计。在设计库首/库尾湿地时要根据实际的需求、当地的地形条

件、水文条件等来进行合理的选择构建。结合地形和水库的条件来进行合理的设计。遵循顺其自然，因地制宜等设计理念。在满足湿地水流均匀分布的情况下，结合湿地进出口设置、地形地貌、土地属权等来进行保护改造(王维等，2016)。

在改保护改造过程中，根据实际情况可以将湿地进行分区，位于湿地的进水区可以修建调节进水的装置；利用原有植物或者增加适当树种打造水体净化区；可建设多水塘等来净化水体、控制出水量等(王维等，2016)。在湿地改造前，要先对实地进行清理，如打捞水草等。根据湿地现有植被的状况，保留原有抗性强、生态效益高的植物，适当增加树种种类，增强其净化水体、改善环境的能力。根据湿地和周边环境的地形地质条件，进行适当的微地形改造，使其更适合湿地的长期发展。在保护改造的过程中要尽量减少对水库的影响。根据参考当地物种的栖息情况进行湿地保护改造。

(2)水库湿地植物配置。湿地的植物选择要因地制宜、适地适树，选择当地树种，乔灌草多种植物进行合理的配置，维持生态稳定性。根据湿地现有的植被状况进行配置树种。植物要根系发达，适应多种环境，具有一定的净化污水的能力，便于管理。在保持水土、改善水质的基础上，也要具有景观性，在选择植物时可以适当添加一定的景观植物，具有一定的视觉效果。选择的树种要具有抗污性、抗病性、抗寒性等抗逆性的特征，适应当地的气候，适应湿地的环境(单奇华等，2019)。植物的选择也要根据当地的经济等情况进行选择，经济和观赏综合利用价值高。湿地植物不仅要在水平空间上进行配置，也要进行垂直空间的配置。

湿地植物一般包括中生植物、湿生植物和水生植物，种植在湿地的不同位置，中生植物一般种植在湿地最高水位以上，而湿生植物一般种植在常水位线下的水淹区域，水生植物种植在水中。选择的植物要适应湿地土壤条件，三种植物类型进行合理的配置，发挥最大的生态效应。

湿地常用的中生植物：水杉、落羽杉、枫杨、柳树、水紫树、桤木、乌桕、沼地紫树、洋白蜡、河桦、纳塔栎、江南桤木、水竹、蜡杨梅等；常用的湿生植物：湿生鸢尾类及石菖蒲、海芋、芋类、水八角、水虎尾、芦竹、荻类、莎草类；常用的水生植物：莲、菱角、千屈菜、菖蒲、水葱、藤草类、香蒲、芦苇(挺水植物)，莲类、睡莲类、萍蓬草类、芡实、荇菜类(浮水植物)，海菜花类、黑藻类、金鱼藻类、眼子菜类、苦草类(沉水植物)。

不同植物对不同污染物的去除效果也不相同，如凤眼莲、金鱼草、狐尾草等都对水中的总氮总磷消除效果最好，鸢尾对氮、磷的消除效果较强。选择植物是要根据当地的污染状况，选择合理的植物，利用植物对水质进行净化。香蒲和芦苇在湿地中被广泛利用，也是世界公认的最佳湿地植物(张清，2011)。水库植物在挑选时，要挑选对当地雨水等能进行一个有效的截留、净化的效果的植物。对雨水中的碳氮磷能起到一个有效的净化效果，减小水库水的污染。

(3)技术应用与示范。应用该技术，在安吉赋石水库、安吉老石坎水库、赋石绍兴汤浦水库、诸暨陈蔡水库和温州珊溪水库集水区营建生态湿地合计600多亩，有效降低了入库水体的N、P污染物浓度，为改善水库水质和保障饮水安全发挥了很大作用。

· 赋石水库湿地位于浙江省湖州市安吉县赋石水库，水库建于1970年，库容2.18亿m^3，水库具有防洪、灌溉、发电、养殖、旅游的综合功能。赋石水库周边湿地由于大量的开发，导致水体面临面源污染的威胁。库首/库尾湿地急需改造保护，在库首赋石村改造库首湿地一处，位于小流域的集水区与水库链接区，面积10余亩，以拦截地表径流中的悬浮物及养分物质，控制面源污染。湿地水位较高处，保留了原有的水杉、柳树、水竹，在植被稀疏处，适当增加了柳树和水紫树，在接近水库水面的部分，增加了部分水生植物如香蒲、芦苇，水面以下增加了苦草类沉水植物。通过改造，增加了湿地的过水面积及水体负荷，提升了湿地净化水体的能力，也为鸟类提供了更好的栖息地，形成了漂亮的湿地景观(图4-13、图4-14)。

图4-13 赋石水库库首森林湿地示范区(陈光才 摄)

图4-14 赋石水库库尾森林湿地示范区(陈光才 摄)

老石坎水库库尾湿地，位于浙江省湖州市安吉县，水库建成于1970年，水库周围有大量的天然湿地，由于不合理的开发，现有的湿地造成了破坏。库尾滩乱、景观差，对于水体的净化也不断消减。为了改变这种状态，对老石坎水库库尾湿地进行改造，建设引水渠等引水装置，设置多水塘系统，形成库尾湿地。

按高程和不同植物的适生环境设置5个湿地分区，共设湿地森林区、水生草滤带、挺水植物区、浮水植物区和沉水植物区，水流在流经各分区过程中分别得到净化，通过各分区的协同作用，达到强化湿地净水功能的目的。

4.2.2.6 集水区滨岸植被缓冲带构建技术

滨岸缓冲带是指水陆地交界处的两边，直至河、湖水影响消失为止的地带，是介于河、溪、湖、库和高地植被之间的生态过渡带。植被缓冲带是指邻近受纳水体，有一定结构和宽度的植被带，如植被过滤带、水体岸边缓冲带、草地化径流带、防风或遮护缓冲带。植被缓冲带可以过滤径流，将营养物质、污染物等在进入水体之前移除，将营养物质储存在缓冲带。对于集水区上游地表径流引起的土壤有机物、化肥、农药等的流失，需要通过建立植被缓冲带，加强生物防护，控制径流量，对流失的水土以及N、P等进行生态拦截。

(1)植被缓冲带的类型。根据集水区地形特点及周边的用地类型，进行缓冲带的分区，有针对性的选择具有耐水淹等抗逆性，兼有污染物净化能力，同时，还要具有一定的景观效果植物，构建植被缓冲带。根据选用植物的不同，植被缓冲带一般分为草本植被缓冲带、灌木缓冲带和乔木缓冲带。不同的植被类型也对与面源污染的颗粒物滞留、水土保持等方面也具有不同的效应。草本缓冲带对于固体颗粒物悬浮物的净化效果最佳，截流污染物效果为草本带>灌木带≈小乔木带。

林草复合的植被缓冲带应用较广。植被缓冲带横向以单带结构为主，纵向为乔、灌、草或乔-草结构的复层林，林相主要为阔叶林混交林。根据距离水体的距离，划分为为远岸区、近岸区和滨水区，构建以耐水湿乔灌草搭配的植物带，起到降低地表径流速度，拦截径流中污染物的目的。

(2)植被缓冲带物种选择。综合考虑树种的适应性，根系生长习性，分布范围，枯枝落叶层、养分吸收和贮藏特性以及景观、经济效果等，建议应用如下树种。

耐水湿乔木：水杉、池杉、垂柳、枫杨、重阳木、合欢、乌桕、青桐、黄山栾、国槐、臭椿、银杏、落羽杉、女贞、桂花、香樟、雪松。

耐水湿灌木：蜡杨梅、木槿、杞柳、夹竹桃、红叶石楠、芦竹。

水生植物：芦苇、菰草、席草、香蒲、莎草、美人蕉等。

地被植物：以野生地被植物利用、培育为主，沿边缀植草本花卉。

(3)植被缓冲带营建。营建植被缓冲带时，局部地段修筑台地、引入客土，种植区向河滩一侧扩展。根据距离水体的距离，划分为远岸区、近岸区和滨水区，其中远岸区稍高，营建技术要点如表4-4、图4-15。

表 4-4　植被缓冲带营建技术要点

区　位	树种配置	技术要点
远岸区 5~20 m	耐水湿乔木：水杉、池杉、垂柳、枫杨、重阳木、合欢、乌桕、青桐、黄山栾、国槐、臭椿、银杏、落羽杉、女贞、桂花、香樟、雪松	(1)旱地开沟、整地：在旱地宽阔处因势造形，与河道、湖面垂直方向每 15 m 开挖一条一级排水沟，沟渠规格上宽 60 cm，下宽 40 cm，深 40 cm；与河道平行方向每 6 m 开挖一条二级排水沟，沟渠规格上宽 30 cm，下宽 20 cm，深 20 cm。开沟后，在出现的地垄上清理杂草、杂物，平整土地，开挖种植穴、种植穴规格为 70 cm×70 cm ×70 cm； (2)苗木要求：①无病虫害，生长健壮苗木；②苗木规格：乔木要求胸径 5 cm 左右，高度 2 m 左右，土球是胸径的 6~8 倍； (3)造林密度：乔木株行距 3 m×3 m； (4)水肥措施：种植后立即浇透定根水，后期管理中除非干旱性灾害气候，一般不人为干预浇水； (5)覆盖：定植后在苗木根部用地膜覆盖，地膜用土压实； (6)支撑固定：用木棒斜插入土中，用草绳绑紧，使定植苗木不能晃动； (7)抚育措施：封闭管理，加强病虫防治、预防涝灾、风灾和护林防火，杜绝其他人为种养行为
近岸区 2~5 m	耐水湿灌木：蜡杨梅、木槿、杞柳、夹竹桃、红叶石楠、芦竹	(1)旱地开沟、整地：在旱地宽阔处因势造形，与河道、湖面垂直方向每 15 m 开挖一条一级排水沟，沟渠规格上宽 60 cm，下宽 40 cm，深 40 cm；与河道平行方向每 6 m 开挖一条二级排水沟，沟渠规格上宽 30 cm，下宽 20 cm，深 20 cm。开沟后，在出现的地垄上清理杂草、杂物，平整土地，开挖种植穴、种植穴规格为 70 cm×70 cm ×70 cm； (2)苗木要求：①无病虫害，生长健壮苗木；②苗木规格：灌木要求高度 1 m 左右，4 分枝，土球是地径的 4~6 倍； (3)造林密度：株行距 1 m×1 m； (4)水肥措施：种植后立即浇透定根水，后期管理中除非干旱性灾害气候，一般不人为干预浇水； (5)覆盖：定植后在苗木根部用地膜覆盖，地膜用土压实； (6)抚育措施：封闭管理，加强病虫防治、预防涝灾、风灾和护林防火，杜绝其他人为种养行为
滨水区 1~5 m	水生植物：芦苇、菰草、席草、香蒲、莎草、美人蕉等	(1)植物分株繁殖，穴状采挖，一穴以 10 分支左右为宜，根埋入淤泥不漂浮； (2)种植密度：挺水植物穴距 3 m×3 m，每亩 74 穴

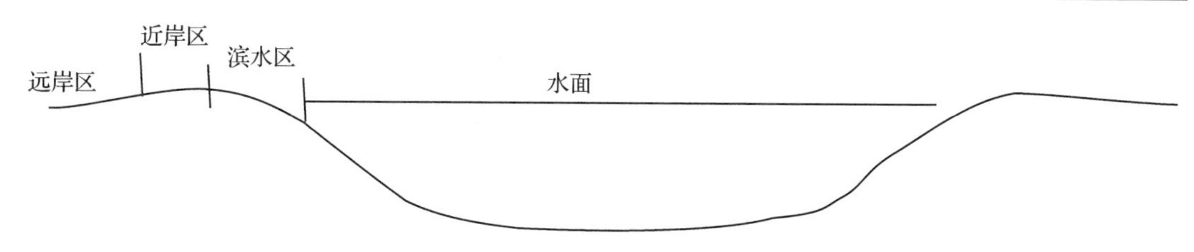

图 4-15　植被缓冲带地形示意图

(4)技术应用与示范。应用滨岸植被缓冲带构建技术，在安吉县赋石水库、老石坎水库集水区营建了由美国水紫树、纳塔栎、落羽杉等耐水湿树种和枫杨、桤木等乡土树种组成的水岸植被缓冲带 500 亩；在太湖大堤宜兴段西侧 200 m 退渔区及主要入湖河道上溯 10 km 两侧 50 m 退渔区建成以水生植物为主的植被缓冲带 0.6 万亩；在主要入湖河道两侧坡岸及邻近 50 m 区域，建成以乔木为主的防护林带 2.4 万亩，生态效益显著。

4.2.3 技术评价

针对农林业生产特点和水源区面源污染问题，在水源区面源污染发生机制及林分结构优化、滨岸植被缓冲带构建、塘渠-湿地复合系统污染物削减、污染水体植物修复、养殖废弃物氮磷流失控制及抗生素去除等方面进行了系统研究，集成研创了水源区面源污染林业生态控制技术，对林区水源地面源污染控制和生态环境建设具有重要意义。

（主要撰写人：陈光才、王小明）

Chapter 5
第5章

干热河谷退化天然林和低效人工林提质增效技术集成与应用

5.1 背景介绍

5.1.1 干热河谷简介

干热河谷是在特定的地理环境和多变的气候等自然条件下形成的具有热资源的地区，“干热”是水分条件与热量条件的配合，“河谷”指的是地形因素(金振洲等，2000)。干热河谷主要分布于北纬23°00′~27°21′、东经98°49′~103°23′的金沙江、红河、怒江和澜沧江流域；面积近4万km^2，除金沙江干热河谷为半干旱亚类型外，红河、怒江、澜沧江等干热河谷均为半干旱偏湿亚类型(张荣祖，1992)。干热河谷光热资源丰富，气候炎热少雨，植被稀少，森林覆盖率不足10%，水土流失严重，生态十分脆弱，旱、风、虫、草、火等自然灾害特别突出。

干热河谷植被曾被称为“热带稀树草原植被 Savanna”，即萨王纳植被(吴征镒等，1980)；金振洲将其称为“半萨王纳植被 Semi-Savanna”(欧晓昆等，1987)；1998年又定名为“河谷型萨王纳植被 Savanna of valley type”(金振洲等，2000)。干热河谷热量资源丰富，干旱严重，自然植被中乔木林发育差，土壤贫瘠板结，保水性能弱，山坡陡峭地表物质易被搬运且移动快(何毓蓉等，1995；李昆等，2009；刘方炎等，2010)；是我国江河流域典型生态脆弱带和生态退化生态系统，也是我国造林的重点和难点地区(欧朝蓉等，2018)。以长江上游金沙江干热河谷为例，其水土流失面积达60.15%，境内典型地段土壤侵蚀模数1400~1500 t/km^2年，长江宜昌段以上来沙量中有45.8%来自干热河谷地区，严重恶化的生态环境不仅影响了当地经济社会的发展，也威胁到长江中下游地区的经济社会可持续发展及人民生命财产安全。干热河谷植被恢复和生态治理在长江流域构建生态安全屏障中占有十分重要的位置；同时，对于保证国家西部大开发战略的顺利实施和西南水利水电资源的合理开发利用、改善促进国与国之间的关系(红河、澜沧江、怒江等属涉外河流)等方面均具有十分重要的意义。

5.1.2 干热河谷植被恢复途径和技术

干热河谷地理环境异质性程度较高，区域植被破坏严重，可供参照的地带性原生植被很少，目前该区域造林的乔木树种主要为引进树种(杨成源等，1996；周蛟等，2000；李昆等，2004、2011；孙永玉等，2009；刘方炎，2008)。土壤入渗能力强的石质山地有利于高大乔木的生长，侵蚀严重的泥质山地则相反(杨忠等，2000)。与退化生境分类和立地区划相结合的分类恢复、

定向培育，以及树种选择、容器育苗、提前预整地、适当密植和雨季初期造林是干热河谷主要的植被恢复途径和配套技术(李昆，2011)。另外，针对干热河谷的气候条件以及严重土壤退化，提出了构建以乔木树种为主的复合农林系统，在林带内进行“胡同”式农业耕作(何毓蓉等，1997)。在立地条件好的地段营造高价值多用途树种、农用小径材或薪炭林，提高山区群众收入，解决干热河谷区生活燃料问题，促进自然更新恢复(杜天理，1994)。适当加大初植密度，有利于提高干热河谷造林成活率和保存率(陈玉德等，1995；杨成源等，1996)；但也有人认为应通过减少群落植株密度和生物量，建立“适度”的乔木层密度、“适度”的灌草层结构的“适度”造林技术(费世民等，2003)。李彬等(2013)以元谋干热河谷赤桉和新银合欢为对象，研究其纯林及混交林内林木和林分生物量及其空间分布，分析不同树种地上、地下空间分布规律，唐国勇(2013)研究了干热河谷植被恢复的土壤效果益等方面，为该地区的人工植被恢复和科学经营提供了基础资料。

5.1.3 干热河谷退化天然林和低效人工林概况

长江上游尤其是金沙江干热河谷天然林退化现象非常明显，大面积低效人工林的存在也是该区域林业生态建设的普遍现象。天然林退化的原因是长期不科学、不合理采伐，再加上原来天然林覆盖率低、干热逆境及人为破坏严重；干热河谷 20 世纪中后期营建了大面积人工生态防护林，由于特殊的干热逆境条件限制，加上当时造林方式、树种选择、管理模式等方面的缺陷，形成了大面积的低效低质林分和“小老头林”。干热河谷退化天然林和低效人工林群落结构单一，物种组成稀少，多样性程度低下，地面裸露，水土保持功能极差，为典型的低质低效林。以干热河谷典型地区云南元谋为例，1998 年和 2014 年的森林资源连续清查结果对比分析表明，天然林和低效人工生态防护林活立木蓄积年下降年递减率 0.55%左右；林分面积年减少率为 0.30%左右，具体表现为资源面积、蓄积大幅度减少，森林质量下降，疏林、灌木林、灌丛地面积增加，残存的天然林和人工林多林分稳定性差，造成了干热河谷区域严重的水土流失和生态功能的缺失。由于人为干扰和自然因素变化双重压力造成的生态系统结构简单化和功能衰退，出现了退化天然林和低效人工林大面积的存在，只有针对性地采取相应人工辅助措施，加速其恢复进程，巩固和发展干热河谷地区的植被恢复成果，才能为该区域林业生态建设提供技术支撑，推动长江上游的生态环境建设和经济社会发展。

5.2 干热河谷退化天然林和低效人工林提质增效技术

5.2.1 干热河谷退化天然林物种组成、结构及多样性特点

干热河谷现存天然林在恶劣气候以及严重人为干扰作用等下，林分结构破碎化程度较高，水土保持功能低下，呈现出林分退化特征。针对干热河谷不同干扰程度下的现有天然林分物种组成、结构及多样性程度，以干热河谷典型地区元谋为例，进行了谷退化天然林物种组成、结构及多样性特点的比较研究。并根据干扰程度将林分划分为三种类型：即群落Ⅰ、群落Ⅱ和群落Ⅲ。其中，群落Ⅰ：距离公路20~30 m，离最近一户居民住宅区约70 m；林分经常作为牲畜中午避暑的休息地，受牲畜和人类活动踩踏较为严重；植株稀少，林分破坏较为严重，有较多树根被挖走后留下的痕迹及少量伐根，受人类活动重度干扰。群落Ⅱ：距离公路及居住区较远，离最近一户居民住宅区约500 m；林分内干扰方式主要为放牧、打枝和捡枯枝落叶、野生菌，无挖树根痕迹，无人工种植植物，受人类活动中度干扰。群落Ⅲ：距离公路及居住区较远，离最近一户居民住宅区约2000 m；林内无伐根，无明显结构变化，没有大的空地，地表枯落物层较厚，有少量放牧及捡野生菌现象，林分生境相对较好，受人类活动较轻干扰。在调查群落内乔灌层植物时，设定的大样方面积为10 m×10 m(样方面积设置借鉴了金振洲等的研究方法)，在每个大样方内，用相邻格子法将其细分为4个5 m×5 m的小样方，在小样方正中间设置一个1 m×1 m样方调查草本层植物；对每一个10 m×10 m大样方内树高1.5 m以上植株进行每木检尺，记录物种名称、胸径、树高、枝下高、冠幅和生长状况等指标；在1 m×1 m的小样方中，记录1.5 m以下草本层植物种名、株(丛)数、平均高度及盖度等。

5.2.1.1 干热河谷退化天然林群落物种组成特征

研究发现，干热河谷退化天然林林下植物种类较少，科属种类组成较为简单。共发现68种植物，隶属于35科60属(表5-1)。植物种类较多的科分别为禾本科、蝶形花科、菊科、唇形科、茜草科、卷柏科、大戟科、爵床科、莎草科等。其中，禾本科植物最多，共有11属12种，占群落中所有植物属的18.3%和所有种类的17.6%；其次是蝶形花科植物，共有7属8种，占群落中所有植物属的11.7%和所有植物种类的11.8%；菊科植物种类数量在群落中处于第3位，共有7属7种，占群落中所有植物属的11.7%和所有植物种类的10.3%。群落中一个属仅具有1个种的植物属较多，占所有属的88.3%。从生活型来看，退化天然林群落内以草本植物居多，共占58.8%，木本植物相对较少，共占41.2%；在功能型方面，一年生植物所占数量相对较少，共占36.8%，而多年生植物数量较多，占所有植物种类的63.2%。

表5-1 元谋干热河谷退化天然林群落林下物种组成

科名	属名	种名	生活型	功能型
禾本科	旱茅属	旱茅 *Eremopogon delavayi*	H	P
禾本科	虎尾草属	虎尾草 *Chloris virgata*	H	A
禾本科	画眉草属	画眉草 *Eragrostis pilosa*	H	A

续表

科 名	属 名	种 名	生活型	功能型
禾本科	菅属	黄背草 *Themeda japonica*	H	P
禾本科	孔颖草属	孔颖草 *Bothriochlora pertusa*	H	P
禾本科		臭根子草 *B. intermedia*	H	A
禾本科	拟金茅属	拟金茅/龙须草 *Eulaliopsis binata*	H	P
禾本科	荩草属	矛叶荩草 *Arthraxon lancifolius*	H	P
禾本科	黄茅属	扭黄茅 *Heteropogon contortus*	H	P
禾本科	三芒草属	三芒草 Aristida adscensionis	H	A
禾本科	细柄草属	细柄草 *Capilipedium prviflorum*	H	P
禾本科	黍　属	细柄黍 *Panicum psilopodium*	H	A
蝶形花科	木蓝属	单叶木蓝 *Indigofera linifolia*	W	P
蝶形花科		灰毛木蓝 *I. cinerascens*	W	P
蝶形花科	灰叶属	灰叶 *Tephrosia purpurea*	W	P
蝶形花科	虫豆属	蔓草虫豆 *Atylosia scarabaeoides*	W	P
蝶形花科	胡枝子属	毛叶铁扫帚 *Lespedeca juncea*	W	A
蝶形花科	合欢属	山合欢 *Albizia kalkora*	W	P
蝶形花科	杭子梢属	西南杭子梢 *Campylotropis delavayi*	W	P
蝶形花科	丁癸草属	丁癸草 *Zornia diphylla*	H	P
菊　科	苇谷草属	白背苇谷草 *Pentaneu raindicum*	H	A
菊　科	扶郎花属	毛大丁草 *Gerbera piloselloides*	H	A
菊　科	百日菊属	多花百日菊 *Zinnia elegans*	H	A
菊　科	蒿　属	苦蒿 *Artemisia annual*	H	A
菊　科	斑鸠菊属	柳叶斑鸠菊 *Vernonia Schreber*	W	P
菊　科	栌菊木属	栌菊木 *Nouelia insignis*	W	P
菊　科	野苦荬属	山苦荬 *Ixeris chinensis*	H	A
唇形科	香薷属	香薷 *Elsholtzia ciliate*	H	A
唇形科		野拔子 *Elsholtzia rugulosa*	H	A
唇形科	香茶菜属	黄花香茶菜 *Isodon secundiflorus*	H	A
唇形科		毛萼香茶菜 *I. eriocalyx*	H	A
茜草科	耳草属	白花蛇舌草 *Hedyotis diffusa*	H	A
茜草科	野丁香属	薄皮木 *Leptodermis oblonga*	W	P
茜草科		白毛野丁香 *L. rehderiana*	W	P
卷柏科	卷柏属	九死还魂草 *Selaginella pulvinata*	H	P
卷柏科		卷柏 *S. tamariscina*	H	P
卷柏科		云贵卷柏 *S. mairei*	H	P
大戟科	叶下珠属	草本叶下珠 *Phyllanthus urinaria*	H	A
大戟科		余甘子 *P. emblica*	W	P

续表

科　名	属　名	种　名	生活型	功能型
爵床科	地皮消属	地皮消 *Pararuellia delavayana*	H	A
爵床科	假杜鹃属	假杜鹃 *Barlaria cristata*	W	P
莎草科	羊胡子草属	丛毛羊胡子草 *Eriophrum comosum*	H	P
莎草科	莎草属	南莎草 *Cyperus niveus*	H	P
中国蕨科	旱蕨属	山角旱蕨 *Pellaea hastata*	H	P
柿树科	柿　属	毛叶柿 *Diospyros mollifolia*	W	P
苏木科	羊蹄甲属	马鞍叶 *Bauhinia brachycarpa*	W	P
景天科	石莲属	石莲 *Sinocrassula indica*	H	P
檀香科	沙针属	沙针 *Osyris wightiana*	W	P
百合科	天门冬属	天门冬 *Asparagus cochinchinensis*	W	P
无患子科	车桑子属	车桑子 *Dodonaea viscosa*	W	P
梧桐科	山芝麻属	柳叶山芝麻 *Helicteres angustifolia*	W	P
玄参科	独脚金属	独脚金 *Striga asiatica*	H	A
旋花科	土丁桂属	银丝草 *Evolvulus alsinoides*	H	P
鸭跖草科	蓝耳草属	蓝耳草 *Cyanotis vaga*	H	A
紫草科	滇紫草属	滇紫草 *Lithosperrum hancockianum*	H	A
紫茉莉科	细辛属	黄细辛 *Boerhavia diffusa*	H	A
酢酱草科	酢酱草属	酢酱草 *Oxalis corniculata*	H	A
锦葵科	梵天花属	地桃花 *Urena lobata*	W	P
壳斗科	栎　属	锥连栎 *Quercus franchetii*	W	P
兰　科	虾脊兰属	虾脊兰 *Calanthe tricarinata*	H	A
龙胆科	獐牙菜属	云南獐牙菜 *Swertia yunnanensis*	H	A
马鞭草科	莸属	小叶灰毛莸 *Caryopteris forrestii var. minor*	W	P
毛茛科	铁线莲属	云南铁线莲 *Clematis yunnanensis*	W	P
漆树科	黄连木属	清香木 *Pistacia weinmannifolia*	W	P
山矾科	山矾属	灰木 *Symplocos paniculata*	W	P
蔷薇科	小石积属	华西小石积 *Osteomeles schwerinae*	W	P
瑞香科	荛花属	长叶荛花 *Wikstroema canescens*	W	P
桑　科	榕　属	地石榴 *Ficus tikoua*	W	P

注：H 为草本植物 Herb；W 为木本植物 Wood；A 为一年生植物 Annual；P 为多年生植物 Perennial。

5. 2. 1. 2 干热河谷退化天然林群落内主要草本层植物重要值分布

重要值表示的是不同物种在各群落中的地位和作用。重要值越大，表明该种植物在群落中的地位越重要，对群落的影响越大。从图 5-1 可以看出，3 个天然林群落草本层中重要值最大的物种均为扭黄茅，表明扭黄茅在不同类型退化天然林群落林下植物中均具有极强的竞争力，即使立地环境发生较大变化，其优势地位仍然明显。但除了扭黄茅在各群落林下植物重要值中均处于第 1 位以外，不同群落中重要值处于前 10 位的植物种类均不相同或同一种类在不同群落中的重要值位置不相同。表明在人为活动的影响作用下，群落生境已经发生了改变，导致各植物种在群落中寻找了新的生态位。

从图 5-1 可以看出，虽然扭黄茅在各天然林群落草本层中均处于最为重要的地位，其在各天然林群落中的重要程度也存在着差异。群落Ⅰ中排在第 1 位的扭黄茅的重要值在 60. 0 以上，而排在第 2、3 位的三芒草和细柄草仅有其 1/3 左右，表明扭黄茅在群落Ⅰ中的优势地位极为明显。群落Ⅱ中扭黄茅的重要值为 55. 0 左右，而仅次于它的柳叶斑鸠菊和云南獐牙菜的重要值也达到了 45. 0 以上，表明扭黄茅在群落Ⅱ中的地位已不如群落Ⅰ。群落Ⅲ中，扭黄茅的重要值为 42. 0 左右，虽然在各物种重要值中排在第 1 位，但处于第 2 位的黄背草的重要值也在 42. 0 左右，而处于第 3 和第 4 位的薄皮木和山角旱蕨也达到了 35. 0 以上。因此可以说，在群落Ⅲ的草本层中，黄背草、薄皮木以及山角旱蕨与扭黄茅形

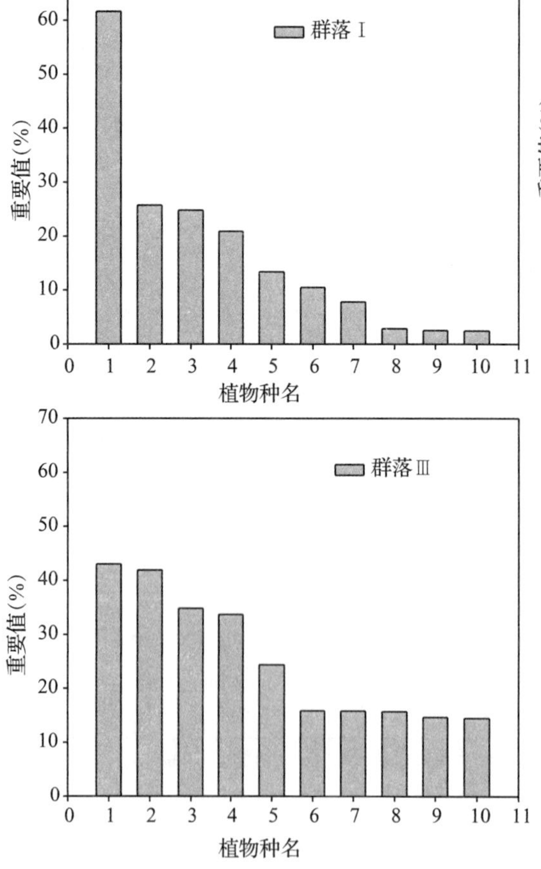

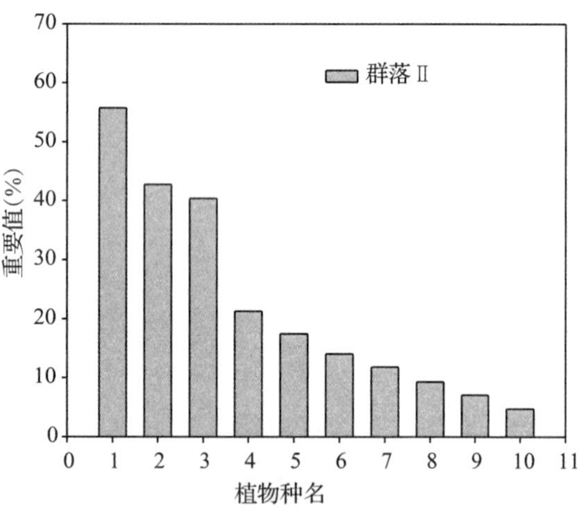

图 5-1 不同退化天然林群落中主要草本层植物重要值分布

注：群落Ⅰ中，1. 扭黄茅，2. 三芒草，3. 细柄草，4. 丛生羊胡子草，5. 茅叶荩草，6. 孔颖草，7. 香儒，8. 草本叶下珠，9. 黄花香茶菜，10. 卷柏；群落Ⅱ中，1. 扭黄茅，2. 柳叶斑鸠菊，3. 云南獐牙菜，4. 丛生羊胡子草，5. 卷柏，6. 草本叶下珠，7. 白花蛇舌草，8. 长叶荛花，9. 毛叶铁扫帚，10. 九死还魂草；群落Ⅲ中，1. 扭黄茅，2. 黄背草，3. 薄皮木，4. 山角旱蕨，5. 地皮消，6. 丛生羊胡子草，7. 石莲。8. 云南铁线莲，9. 草本叶下珠，10. 独脚金

成了共优种。

5.2.1.3　干热河谷退化天然林物种多样性特征

从图 5-2 可以看出，除优势度指数(Simpson 指数)外，其他多样性指数包括物种丰富度指数、Shannon-weiner 多样性指数以及 Pielou 均匀度指数均表现为：群落Ⅰ<群落Ⅱ<群落Ⅲ。且不同类型群落间各多样性指数均表现为差异显著(P<0.05)。其中，不同类型群落中物种丰富度相差较大，单位面积(1 m×1 m)的物种数最少的群落Ⅰ中平均约有 6 种，较物种数最多的群落Ⅲ中少约 5 种。表明两者之间的群落环境已经出现了很大的差异，由于人为活动干扰程度的加剧，干热河谷原生植被中的部分植物种已经不适应群落Ⅰ的环境，而逐渐退出群落。而群落Ⅱ和群落Ⅲ由于较群落Ⅰ远离人类聚居和活动区，物种丰富度相对较高。同时，人为活动的干扰不仅体现在物种减少上，在林地破碎化程度上也得到了较为明显的反映。其中，群落Ⅰ在均匀度指数上显著低于群落Ⅱ和群落Ⅲ，即是由于其林地破碎化程度高造成的。优势度指数(Simpson 指数)反映的是群落中物种的地位和作用，其值越大，优势种越不明显。3 种不同类型群落优势度的比较中，群落Ⅰ>群落Ⅱ>群落Ⅲ，且三者间差异显著。表明群落Ⅰ中虽然物种少，但是少量优势种在群落中的优势地位极为明显；而群落Ⅱ和群落Ⅲ中，虽然林下层物种数较群落Ⅰ丰富，但群落中存在一定数目的共优种，不存在个别物种占有绝对优势的情况。不同物种在群落中均有较为合适的生态位，不同群落环境有利于不同物种的发展。

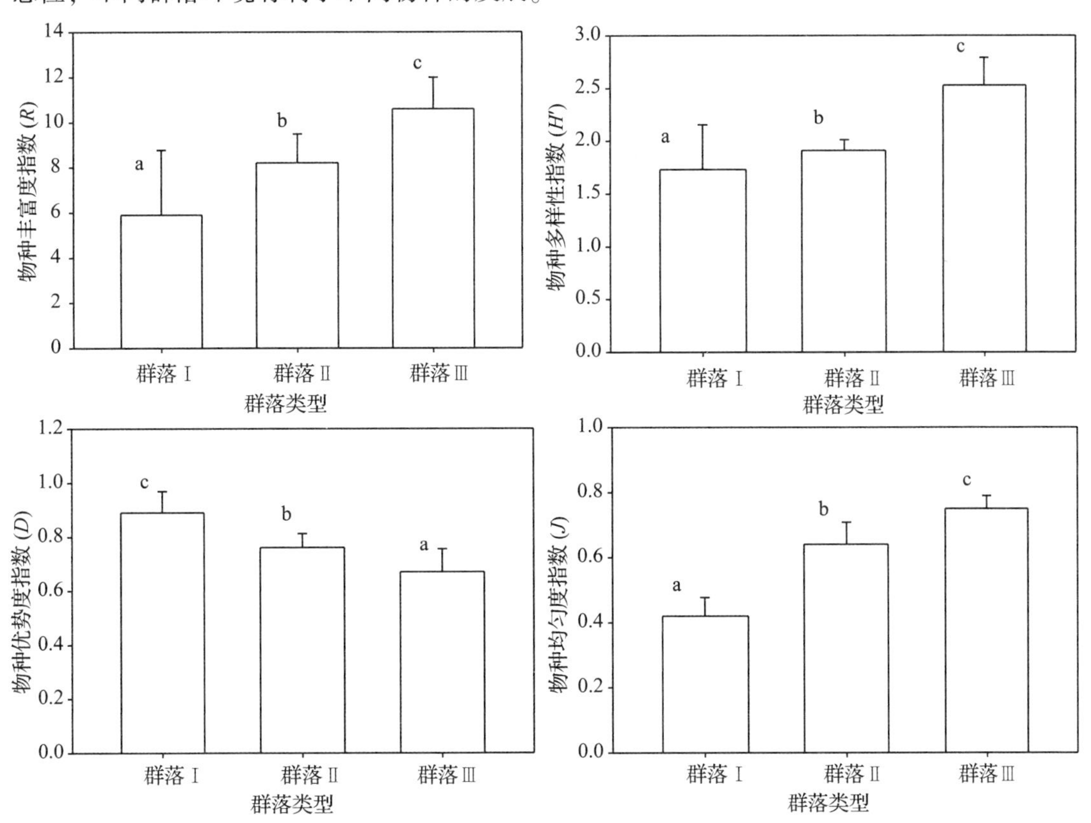

图 5-2　不同类型退化天然林群落林下物种多样性比较

注：不同字母表示差异显著(P<0.05)。

5.2.1.4 干热河谷退化天然林不同类型群落间相似性

物种相似性是指群落间或样地间植物组成的相似程度或相异程度，它是群落分析的重要基础(胡玉佳等，2000)，从表5-2中可以看出，不同类型群落之间物种组成上存在较大的差异，相似性程度也较低。具体来看，群落Ⅰ和群落Ⅲ之间的相似性指数最低，其次是群落Ⅰ和群落Ⅱ之间的相似性，群落Ⅱ和群落Ⅲ之间的相似性相对较高。

表5-2 不同退化天然林群落间Sorenson相似性指数

	群落Ⅰ	群落Ⅱ	群落Ⅲ
群落Ⅰ	1		
群落Ⅱ	0.5333	1	
群落Ⅲ	0.4924	0.8133	1

5.2.1.5 干热河谷退化天然林物种组成及多样性特征小结

元谋干热河谷区残存的退化天然林群落中，植物种类组成极为简单，共发现近70余种植物，隶属于35科60属，其中，禾本科、蝶形花科、菊科、唇形科等科植物占有较大优势；从植物生活型和功能型来看，群落内以草本植物和多年生植物数量居多，分别占所有植物种类的58.8%和63.2%。由于各群落受干扰程度不同，各群落物种相似性程度存在较大差异。同时，草本植物在群落中的作用和地位也存在较大差异，但扭黄茅始终为各群落中最为重要的优势种；干热河谷退化天然林物种多样性程度较低，Shannon-Weiner指数在1.7~2.6，其指数最小值已接近北方沙漠中的荒漠群落植物多样性(张林静等，2003)，表明干热河谷区天然林群落环境条件极为恶劣，林下物种多样性较低。仅从植物多样性方面来看，干热河谷人工林林下植被的生存、繁衍已受到较大的环境压力，已接近沙漠中的荒漠群落类型。但由于地形、地势、土壤条件及人为干扰强度的不同，群落之间相似性程度不同，各群落物种组成上又表现出了较大的差异，从而呈现不同的物种多样性格局。

5.2.2 干热河谷低效人工林物种组成、结构及多样性特点

以元谋干热河谷为调查区域，主要调查不同低效人工林林下草本层的植物多样性。在样地内分别按树种进行每木检尺，统计株数，测定树高、胸径、冠幅。每类人工林(表5-3)及对照(荒山荒地)内分别在四角和中心设置5个2 m×2 m样方进行物种调查，另根据典型随机的原则选取5个1 m×1 m小样方补充调查草本植物，对两类样方中的所有植物种类记录其株数、高度、盖度、频度等。

表5-3 元谋干热河谷不同低效人工林林下植物种类名录

名 称	学 名	频率(%)
扭黄茅	*Heteropogon contortus*	96
牛毛毡	*Eleocharis yokoscensis*	39
车桑子	*Dodonaca viscosa*	35
苏门答腊金合欢	*Acacia glauca*(人工种植后天然更新)	30
马 塘	*Digitaria cticiliaris*	30

续表

名　称	学　名	频率(%)
羽芒菊	*Tridax procumbens*	30
新银合欢	*Leucaena leucacephala*(人工种植后天然更新)	26
酢酱草	*Oxalis corniculata*	22
翼茎草	*Laggera pterodonta*	13
飞杨草	*Euphorbia hirta*	13
丁葵草	*Zornia gibbosa*	9
野青茅	*Deyeuxia aundinacea*	9
砖子苗	*Mariscus sumatrensis*	9
蚤　缀	*Arenaria serpyuifolia*	9
刺茅叶荩草	*Arthraxon lanceolatus var echinatus*	4
蔓草虫豆	*Atylosia scarabaeoides*	4
多花百日菊	*Zinnia peruviana*	9
短颖马塘	*Digitaria setigera*	4
红茎马塘	*Digitaria cruciata*	4
小叶三点金	*Desmodium triflorum*	4
多花抗子梢	*Campylotropis polyantha*	4
豨　莶	*Siegesbeckia orientalis*	4
菱叶黄花埝	*Sida cordifolia*	4
山黄菊	*Anisopappus chinensis*	4
黄山毛草	*Trisetum flavescens*	4
白背叶下花	*Ainslieae pertyoides* var *albo-tomentosa*	4
大叶千斤拔	*Flemingia macrophylla*	4

同时，记录各样地的各种地形因子，测定人工林分郁闭度。选择物种丰富度指数、Simpson 指数、Shannon-Wiener 指数、群落均匀度来度量不同人工林下的植物多样性程度(阎海平等，2001；马克平，1994)。

5.2.2.1　干热河谷不同人工林下的植物区系组成

研究样地的具体情况，本研究只涉及干热河谷人工林下自然生长的植物种类多样性(表 5-3)。本研究所调查的 22 块样地(包括 4 块对照荒地)中，共有植物 27 种，隶属 10 个科，禾本科、菊科、蝶形花科植物在各林地样方中出现最多，上述三个科的植物种类分别占林下植物种类的 25.9%、22.2%、18.5%，合计为 66.6%；莎草科、含羞草科植物分别占人工林林下植物种类的 7.4%，酢酱草科、石竹科、大戟科、锦葵科、无患子科则各有一个种出现，占总数的 18.5%。

各林地样方中出现最多的植物种类为扭黄茅、牛毛毡、车桑子，其频率分别为 96%、39%、35%。所有样方调查统计结果，元谋干热河谷人工林地物种数平均为 4 种，作为对照的荒山荒地物种数平均为 7 种，人工林林下植物种数低于对照；阳坡的赤桉纯林只有扭黄茅和车桑子 2 种植物，柠檬桉纯林只出现扭黄茅，10 年生大叶相思和马占相思纯林下也只有1种。但是，阴坡的赤桉纯林下植物种类可多达6种，种类数量甚至超过同龄的赤桉新银合欢及苏门答腊金合欢混交林。这一结果与广东省花都区4~5年桉树混交林、相思类纯林的林下植物种数高于桉树纯林的研究结论基本一致(陈秋波，2002)。阴坡赤桉纯林下植物种类较丰富，可能与林地的立地条件密切相关，而不受人工林类型的影响。在干热河谷地区，水分是制约植物成活与生长的关键因子，样地位于阴坡，水分条件相对较好，土壤较深厚疏松，为植物生长提供了相对较好的条件。当然，频繁的人为干扰破坏，林下土壤板结，对林下植物的繁殖生长影响也很大，这方面研究常有报道(阎海平等，2001；彭少麟，1996)。

5.2.2.2 干热河谷不同类型人工林草本层植物物种多样性指数

物种多样性指数是把物种数、个体数、分布特性等信息结合起来的一个统计量，能定量反映群落或生境中物种的丰富度、变化程度或均匀度。因此，可以用多样性指数来定量表征群落和生态系统特征(余树全等，2003)。从表5-4可以看出Shannon-Wiener指数的变化在0.0~2.1729，指数最大值出现于阴坡的赤桉纯林，最小值出现在阳坡的柠檬桉、大叶相思和马占相思纯林。另外，因为Shannon-Wiener指数是物种丰富度和均匀度的函数，只有物种越多且分布越均匀，该指数才越大，所以，并非物种数多该指数就一定大。对照地的Shannon-Wiener指数在2.0以上，都大于各类人工林，反映出干热河谷地区的灌木或草本植物绝大多数属强阳性物种，人工林的生长抑制了这些植物在其中繁殖与生长。与Shannon-Wiener指数相反，Simpson指数是反映群落优势度状况的指标。在所研究的不同人工林类型中，Simpson指数的变化在0.2447~1.0，Simpson指数最小值的样地也就是Shannon-Wiener指数最大值的阴坡赤桉纯林，最大值出现的样地又为Shannon-Wiener指数最小值的柠檬桉、大叶相思和马占相思纯林。Simpson指数的变化趋势与物种丰富度基本是负相关关系，这与阎海平(2001)等研究北京西山人工林群落物种多样性的结果一致。

表5-4 元谋干热河谷不同低效人工林林下物种多样性比较

样地号	*S*	SW	Sp	Jsw	Js
赤桉+新银合欢	5	1.3391	0.5246	0.5982	0.3639
赤桉+苏门答腊金合欢	4	0.8494	0.7130	0.3333	0.3376
赤桉+苏门答腊金合欢	3	0.9295	0.6230	0.5847	0.5143
苏门答腊金合欢	4	1.2248	0.5248	0.6130	0.4634
新银合欢	2	0.0727	0.9825	0.0718	0.5067
新银合欢	3	1.4008	0.4006	0.8847	0.5407
苏门答腊金合欢	2	0.9930	0.4950	0.9934	0.9920
赤　桉	2	0.5023	0.7778	0.5067	0.5692
柠檬桉	1	0.0	1.0	0.0	0.0
赤　桉	6	2.1729	0.2447	0.8407	0.6778
柠檬桉+新银合欢	1	0.0	1.0	0.0	0.0
印　楝	6	1.5852	0.4271	0.7729	0.3805
大叶相思	7	0.6295	0.4672	0.5798	0.2680
马占相思	1	0.0	1.0	0.0	0.0

续表

样地号	S	SW	Sp	Jsw	Js
纹荚相思	4	1.6400	0.3333	0.8233	0.5980
台湾相思	8	1.9503	0.3826	0.6508	0.2581
绢毛相思	5	1.4792	0.4852	0.6384	0.3550
念珠相思	5	1.7533	0.3542	0.7564	0.4955
CK_1	8	2.7685	0.1548	0.9230	0.7650
CK_2	7	2.5609	0.1640	0.9124	0.6774
CK_3	7	2.0058	0.3542	0.7149	0.3387
CK_4	6	2.0293	0.3141	0.8151	0.4874

注：S 为物种丰富度；SW 为 Shannon-Wiener 指数；Sp 为 Simpson 指数；Jsw、Js 为均匀度指数。CK_1 为小横山对照荒地；CK_2 为岭庄对照荒地；CK_3 为磨诃对照荒地；CK_4 为苴林对照荒地。

群落均匀度指数在反映群落稳定性方面具有较大价值，较稳定的群落一般具有较高的均匀度。两种均匀度指数的计算结果，其数值变化范围都在0.0~1.0，最小值出现的样地与Shannon-Wiener指数最小值出现的样地相同，都为柠檬桉、大叶相思和马占相思纯林。两种方法计算所得的最大值非常接近，而且同出现于苏门答腊金合欢纯林中。由于均匀度是指取样样地中各物种多度的均匀程度，因此，虽然不同样地中的物种丰富度相同，但由于各物种的多度不同而导致均匀度指数相差很大。

5.2.2.3　干热河谷低效人工林物种组成及多样性特征小结

通过不同人工林林下植物物种多样性的分析，得出干热河谷低效人工林尤其是纯林林下层次单一，且植物物种种类较少，主要集中在禾本科、菊科、蝶形花科。在样方中出现最多的前3种为扭黄茅、牛毛毡、车桑子。人工林林下植物种数低于荒草地，高于对照荒地。不同林分中，阳坡且人为活动较频繁的赤桉纯林、柠檬桉纯林林下植物多样性最低，部分纯林林下“光裸现象”非常严重，亟需进行改造和提质增效，以改善其环境生态。

5.2.3　退化天然林和低效人工林提质增效技术和具体配置

由于长期受到恶劣气候及严重的人为影响，干热河谷区域大多数的天然林和人工植被已难以实现退化植被的自我恢复，必须按照一整套技术措施加以管理。结合干热河谷高温、水分欠缺、土壤承载力低、适生树种少、人工造林和天然植被恢复困难等现状，针对干热河谷退化天然林和低效人工林林下植被稀疏所导致的地表水土流失严重现象，通过开挖水平沟影响地表微生境，改变坡面水分分配格局，增加坡地的截流作用；通过补植补造余甘子、大叶相思和车桑子等林下抗旱或固氮植物物种，减弱降雨对地表土壤和凋落物的冲刷作用，以增加林下植被的覆盖度和空间分布。在技术具体实施工程中综合采取补植补造、减少径流、增加入渗、以肥调水、密度控制、松土保墒等，结合封禁、封育综合措施，利用植被次生演替规律，促进退化天然林和人工植被尽快形成林地和逐步郁闭，使植被覆盖率和生态效益功能逐渐提高，从而有效抑制水土流失和促进退化林地的生态功能的提升增质，进而为干热河谷退化天然林和低效人工林的植被的恢复和生态治理提供技术支撑，实现干热河谷植被的可持续恢复和健康良性发展，为长江上游天然林和生态防护林的保护和后期建设积累经验与技术储备。

5.2.3.1 退化天然林和低效人工林提质增效的技术配置

干热河谷退化天然林和低效人工林改造和提质增效技术配置见表 5-5。

表 5-5 干热河谷退化天然林和低效人工林改造和提质增效技术配置

	模式适用对象	干热河谷区域的退化天然林和低效人工林
	立地条件特征	地形：海拔 1400 m 以下干热河谷区域；土壤：燥红土；岩石：紫色砂岩、砂页岩、冲积土
改造和提质增效措施	改造方法	封禁结合人工调控辅助，人工辅助方法包括补植补造、密度调控、施肥、水分管理等
	补增树种及方式	木豆、山毛豆、印楝、新银合欢、余甘子、车桑子、龙眼、芒果等，尽量形成混交林
	补植后密度、株行距调控	退化天然林实行块状整地或穴状整地，在退化林露出大片空地的天然林地块补植固氮和乡土灌木树种，行距 2.5 m，株距 1 m。低效人工林内乔木 100 株穴/hm^2(行距 12 m，株距 8 m)，灌木 1500 株穴/hm^2(行距 3 m，株距 2 m)，可根据地块形状、坡度、面积大小等作一定的调整
	配置方式	天然林内固氮和乡土灌木树种补植时尽量依地势而定；在人工林内呈长方形、品字形
	林地清理	尽量减少人工扰动措施，在抚育目标树种周围清理带状沟，去除杂草
	补植具体方式	尽量少扰动原地貌，实施块状整地，规格 40 cm×40 cm×40 cm
	补植苗木	印楝、龙眼、芒果等可营养袋百日苗，木豆、银合欢、余甘子、山毛豆、木豆、车桑子等灌木类可直播
	改造季节	天然林封禁全年进行。木豆、银合欢、山毛豆、木豆等雨季前或降雨后直播，印楝、龙眼、芒果等在 6~7 月雨季造林
	基肥	印楝施钙镁磷肥每株 0.5 kg/株；乔木每株施农家肥 2 kg、钙镁磷肥每株 0.5 kg
	管理措施	补植补造当年 9 月除草培土 1 次，雨季适量补置，次年 7 月和 10 月各除草培土 1 次，旱季防火，日常防止人畜进入破坏

5.2.3.2 干热河谷退化天然林和低效人工林提质增效技术的关键要点措施

(1)封山育林：在人口密度较小地段，林下存活有少量车桑子灌丛和扭黄茅草丛斑块状空间分布的退化林中，采取封山育林措施，禁止牛羊践踏啃食，使车桑子和扭黄茅等原生植物逐步占据斑块状裸地，提升林下植被覆盖，实现退化林地生态功能的自我提升。

(2)补植补造树种选择：干热河谷退化天然林和低效人工林下植被极度稀疏，或者地表大面积裸露板结地段，补植补造树种选择要紧密结合当地的天然林保护等需要。适宜树种选择的原则，一是适应干热河谷的气候土壤条件即具有良好的抗干热能力和抗土壤瘠薄能力；二是具有良好的经济性状并被当地退耕农户所接受；三是具有良好的生态功能即水土保持功能和土壤改良作用；四是具有较强的抗病虫害能力。适宜树种的筛选研究基本围绕这些标准和原则开展，工作中一般将后三个原则用于挑选参试树种，适地适树则是通过选树适地和实地试验与测定得出结果后，再进行选择而最终实现。根据以往在干热河谷区的引种栽培结果以及有关技术积累，宜选择乡土和固氮树种余甘子、山毛豆、木豆、车桑子及引进固氮树种大叶相思、台湾相思、印度黄檀等乔灌木树种，扭黄茅、猪屎豆、孔颖草等草本物种作为人工林和天然林补植补造物种进行功能提升和补植补造物种。

(3)补植补造树种的营养袋苗培育：由于干热河谷气候恶劣，立地条件差，大多退化天然林和低效人工林补植补造树种应采用袋苗造林。补植补造营养袋苗具有完整的根系和生长健壮的地上部分，对不良环境条件的抵抗力较强，适应性较强，生长稳定，能够比较稳定地达到较高的造林成活率和不间断的生长。营养袋苗培育根据干热河谷气候的特点，应抓好 3 个环节，一是配制好营养土，用当地较好的细土 70%，加晒干过筛的农家肥 25%，钙镁磷肥 5%，以及少量防病防虫的农药拌匀装袋；二是加强苗期管理，搭好遮阴棚，按时浇水除草，培育健壮苗木，自播种之日起每日早晚各浇水 1 次；三是充分炼苗，在苗木上山定植前 1~2 个月，逐渐减少遮阴，直至全光照炼苗，让苗木充分木质化，提高植株的抗逆能力。

(4)补植补造密度：确定补植补造密度需要考虑经营模式、经营目的、树种特性、立地条件和经营条件等方面。在干热河谷退化低效人工林和天然林林改造过程中，要适当增加种植密度，特别要缩短株距，效果较好。在退化天然林中适当增加固氮树种和乡土树种，增加乡土树种成分，退化天然林中，适宜采用块状整地，在退化露出大片空地的天然林地块补植固氮和乡土灌木树种，行距 2.5 m，株距 1 m，不宜在退化天然林中规模化整地造林；在低效人工林主要树种的定植行间，为辅助主要树种生长，增加一行豆科灌木如木豆、山毛豆等有较好效果。低效人工林的密度调控为乔木 100 株穴/hm^2(行距 12 m，株距 8 m)，灌木 1500 株穴/hm^2(行距 3 m，株距 2 m)，可根据地块形状、坡度、面积大小等作一定的调整。

(5)补植补造整地措施：适时、细致进行整地对提高补植补造树木的成活率，促进林分生长都有重要作用。因为干热河谷造林季节宜选在雨季即 5 月下旬以后，因此整地措施最好在造林前 11 月至次年 3 月，整地完至造林应相隔一段时间，使灌木、杂草等茎叶和根系有较充分腐烂分解时间，增加土壤中的有机质，土壤经风化作用可有效改善土壤理化状况。退化天然林内在林内裸地可采用穴状、鱼鳞状等整地方式；低效人工林内采取行状水平沟整地或块状混合补植，行间距视退化天然林和低效人工林内林间裸地的空间分布情况而定，都不适用大规模的工程整地，以免造成大量的水土流失。

(6)补植补造方法和季节：干热河谷的干旱属季节性干旱，每年长达 6~7 个月的干旱期，尤其是每年 3~5 月的最干旱炎热时期，是绝大多数树种很难度过的季节，也是严重制约造林成活率和保存率的关键时期；而 6~10 月是干热河谷的雨季，降雨量占全年总降雨量的 90%以上，气候潮湿闷热，是该地区植物的主要生长期。在干热河谷雨季进行营养袋苗补植补造，应结合雨季来临雨水将土壤湿透后及时定植，让补植补造的苗木有一个较长的生长和适应期，以抵抗恶劣的干旱季节。具体定植时，选择透雨天(即回填土壤湿润深度 30 cm 以上)，或下透雨后 1~3 天内，撕去全部塑料膜，注意不要使营养土碎散，定植在种植穴的中央，踏实，然后覆盖上一小层松土，以阻断土壤毛细管的运行，起到保持土壤水分的效果。

(7)其他管理措施：在退化人工林的行间开挖水平沟，改变地表情况，拦截地表径流，增加林地水分截流；补植补造时增加氮磷复合肥和有机肥施用，促进人工种植灌木生长。补植补造后要进行除草培土、补植、封禁保护等，创造优越的环境条件，满足人工林水、肥、气、光、热的要求，使其迅速成长达到较高的成活率和保存率并尽早郁闭。

5.2.3.3 干热河谷退化天然林和低效人工林提质增效技术植物配置

干热河谷退化天然林和低效人工林提质增效技术植物配置如图 5-3。

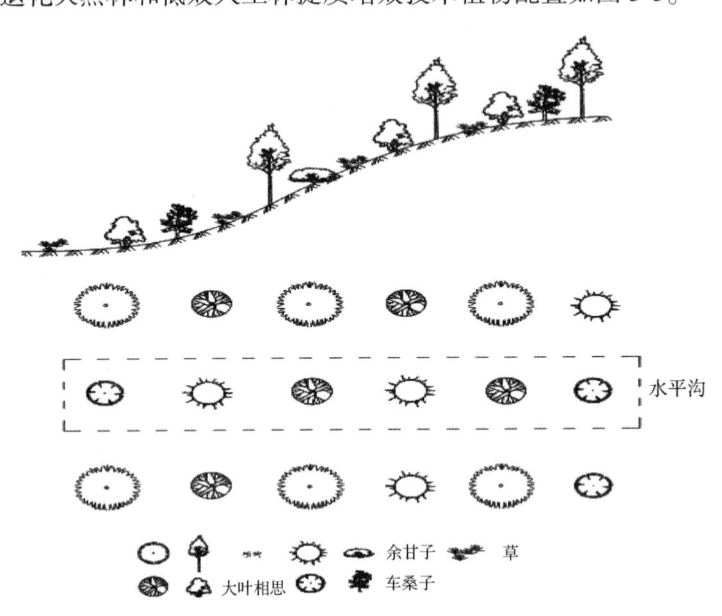

图 5-3 干热河谷退化天然林和低效人工林提质增效技术植物配置示意图

5.2.4 技术应用

5.2.4.1 干热河谷人工促进植被快速恢复技术模式

(1)应用对象：主要应用于干热河谷范围内坡度 15°~30°，地表裸露达 10%以上，水土流失严重的退化天然林和低效人工林。

(2)立地条件：干热河谷区域范围内燥红土、变性土或侵蚀泥岩坡地，土壤通透性能差，对降水的入渗能力弱，天然降水入渗浅，容易蒸发损失，干旱季节储水量低于无效储水量，天然植被为草原或草灌丛。

(3)技术途径和主要措施：

①在地形相对完整，坡度低于 30°，土层厚度大于 40 cm 的连片退化林地，采用带状整地或撩壕整地，规格 60 cm×60 cm。而对于地形破碎或坡度较大，土层瘠薄的退化林地，则采用大穴塘或鱼鳞坑整地(营造乔木)，规格 60 cm×60 cm×50 cm；要充分利用土层厚度较深的小地形、微地形进行造林，保存保持土壤水分，进而提高造林成活率和保存率；营造灌木树种采用小穴塘整地，规格采用 30 cm×30 cm×30 cm。通过采取撩壕深层整地造林以及减少径流、增加入渗、以肥调水、密度控制、松土保墒、修枝疏伐等抚育措施，打破铁锰质淀积层，使降水能渗入砾石层的方法，砾石层下伏的不透水或弱透水的泥岩和其他基岩有起到隔水作用，入渗径流蓄积于砾石层，非常有利于乔灌木树种的吸收利用；在天然林中要适度人工辅助整地，不能大片整地推地。

②补植补造，优先选择乡土树种，以 1~2 种乔木树种，加 2~4 种灌木树种。为了能够尽快覆盖裸露地表和恢复植被，形成良好的林地环境，在植被恢复早期，尽量采用成活率高、生长快的灌木树种；补植补造中以块状改造和群团状改造，以人工种植乔、灌树

种，补充草本植物种源为主，加快植被覆盖，在结构上形成完整的稀树灌木草丛的立体格局，大幅度减少地表裸露面积，使之小于5%。

③在具有一定数量乔、灌木树种，且分布较均匀的退化林地，可对裸露地和乔、灌木稀少的地块进行土壤管理，局地除草松土，促进种子落土生根，避免高温干旱对种子的影响；同时适当提高退化人工林的种植密度，促进人工植被初期尽快形成林地小环境。

④树种配置时，要乔灌木结合，增加木豆、山毛豆、相思等固氮树种比例，在低效人工林乔灌木树种可行间混交，乔木树种株行距一般采用2 m×3 m，灌木树种采用1~1.5 m×3 m，在地形较为破碎，立地条件差异较大，不便于大面积统一整地的地方，亦可进行不同树种间的小块状混交，面积不超过10 000 m^2。

(4)技术应用及使用效果：干热河谷人工促进植被快速恢复技术模式自21世纪初在金沙江、红河、怒江等干热河谷区域得到了广泛的应用。2016年，在干热河谷典型地区的云南楚雄州元谋县、大理市鹤庆县、四川攀枝花市、红河州红河县调查表明，应用干热河谷人工促进植被快速恢复技术模式所造示范林，人工促进恢复植被均积累了较大的生物量，土壤容重较对照荒地明显下降，各人工林植被盖度平均超过61%，土壤侵蚀模数减少66.7%，有效的改善了小区域生态环境。

5.2.4.2　干热河谷赤桉+新银合欢人工林结构调整技术模式

(1)应用对象：干热河谷区域内，10~15年生赤桉+新银合欢人工混交低效林或赤桉纯林。

(2)立地条件：干热河谷海拔900~1200 m，赤桉分布区域，土壤类型为燥红土。在林分尺度上，以赤桉+新银合欢混交林中各树种的生物量大小、分配特征及其空间分布格局为依据，分析干热河谷区赤桉+新银合欢配置模式下水土保持林的层次结构、配置方式、合理密度等关键因子和生态服务功能评价指标，进而根据林分和树种生物量变化特征，确定定向调控目标和水土保持林林分结构优化调控技术。

(3)技术途径和主要措施：

①混交林内，赤桉平均冠幅约4.0 m×2.5 m，较纯林大，新银合欢平均冠幅约4.0 m×4.0 m，较纯林小。当赤桉冠幅小于3.0 m×2.0 m，新银合欢冠幅大于6.0 m×5.0 m时，应对较大冠幅的植株进行合理修枝整形以调整林分地上部分垂直结构，提高水土保持林防护效益和稳定性。

②密度调控，干热河谷区10~15年生赤桉+新银合欢混交林保持2200~2300株/hm^2的生长密度，生物量的积累与空间分布结构较为合理，因此，应针对受干扰严重密度太低的林分进行补植改造，密度过高的合理择伐，提高林分对风害、病虫害等的抵抗力。

③针对干热河谷区燥红土容易板结，限制了植物根系伸展的特点，而且，水土保持林树种——赤桉和新银合欢的根系主要分布在0~60 cm土层中，加强针对林分内表土层的管理，对林下土壤进行深耕，熟化土壤，同时，林下进行科学施肥和种植柱花草等绿肥，增加表层土壤有机质，促进根系的结构改善和生物量的提高。

(4)技术应用及使用效果：金沙江元谋干热河谷地区现有人工林的90%以上都是赤桉林，赤桉耗水量大加之桉树特有的化感作用，造成林分生长逐渐放慢甚至长成小老树，林下植被光秃。干热河谷赤桉+新银合欢人工林结构调整技术模式自2010年在金沙江流域元谋盆地逐步应用后，赤桉+新银合欢混交人工低效林林分树冠部分逐步形成分层竞争状态，树冠发展为上、中、下三层，且不同树种树冠的空间分布位置不同，既能有效利用光照资源，也能最大限度减少雨水对地表的直接冲刷。同时，地表条件改善后，禾本科植物不断进入林分内，向四周扩张蔓延，树木根系在地下与禾草根系形成一张网，增加了土壤通透性，减少了水土流失量，昆虫和植物多样性增加，生物多样性逐步增加，具有良好的水土保持生态效益。

5.2.4.3 干热河谷小桐子退化天然林和低效人工林改造及集约经营技术

(1)应用对象。干热河谷区域内的小桐子退化天然林和低效人工林，是受自然因素和部分人为因素的直接作用影响，小桐子林分结构和稳定性失调，树体生长发育不正常(营养生长衰竭或过于旺盛)，开花结实功能退化或丧失，导致小桐子果实或种子产量显著低于同类立地条件下相同林分平均水平的林分，且林分内小桐子种子含油率显著低于平均含油率水平。

(2)立地条件。干热河谷区域小桐子退化天然林区大多缺水缺肥严重，小桐子植株生长的土壤主要有赤红壤、山地红壤、燥红土等。赤红壤是红壤向砖红壤过渡类型，为南亚热带地的代表性土壤；山地红壤剖面呈暗红或鲜红色，质地黏重，有机质含量低，成土母质主要为玄武岩、花岗岩、碳酸岩、变质岩、片麻岩等风化物；燥红土是发育于热带或南亚热带，热量高但水分不足地区的一种土壤类型，在我国西南地区主要分布于干热河谷。这些土壤相同而又显著特征是干、黏、板、瘦，土体紧实，雨季泥泞黏重，干季板结紧实；有机质和氮元素含量低，磷元素有效性低。由于土壤干旱、板结和贫瘠，杂冠草丛生，加上小桐子植株密度过大，土壤养分难以支撑其良好生长发育需求，植株普遍长势较差，老、弱、病、残植株和枝条很多，严重影响了小桐子的开花结果，使得单位面积种子产量非常低。

(3)技术途径和主要措施。

①土壤管理：每年雨季结束后(10~11月)结合清除杂灌草，疏松植株周围土壤，在有条件的情况下，用杂草、石块或大土块覆盖疏松的土壤，以蓄水保墒，促进小桐子根系生长，加速有机质的腐殖化过程，提高土壤肥力，满足小桐子的水、肥、气、热需求。

②水肥调控：每年雨季前(5月上、中旬)先追施尿素100 g/株，5月下旬至6月上旬追施1∶1的P、K肥各50 g/株；有条件的情况下于每年旱季的3~5月每半个月浇透水一次，若无条件，则于林内沿等高线每10~15 m坡斜距开挖一条反坡水平沟，植株周围松土并开挖浅坑蓄水塘，以截流集水经营。雨季末期修复水平沟，并松土覆盖保墒。

③修枝整形：每年11月至次年2月，进行修枝整形，开阔树冠，剪去老枝、突长枝、密集枝等。一般造林后一年即应截干促萌，培育尽可能多的一年生枝条。

④密度调控：在西南干热河谷地区，造林初植密度可以设计为100~120株/亩，开花结实后逐步将其控制到100株/亩以内，5年生进入盛果期后一般保持在70~80株/亩为好。对于天然林分，要根据其生长情况，植株稀疏的林分要补植补造，使其密度达到80~100株/亩。小桐子苗木培育要采用良种(也可以是采自优良植株或林分的种子)，于采种当年8~9月即播种育苗，次年雨季初期选取1、2级苗造林。最好是机械全面整地，尤其要求整地深度最好达到60 cm。密度过大的林分，根据近自然林经营的原则，应砍去老、弱、病、残、小、密和受压抑的植株，保留那些生长健壮、开花结果良好、株行距适中的植株。

⑤复壮更新：对于需要截干更新改造的小桐子林分，应于当年地至次年初实施，最好从树高0.50~0.60 m处截干，待新芽萌发后保留8~12枝健壮枝条，来年又对新萌发枝截

顶促萌，逐步培养其良好树形的更多的结果枝。对于主干健壮，枝条严重老化的植株，则在分枝以上约 30 cm 处进行截枝，以诱导萌发新的结果枝条。上述工作一旦完成，以后就转入正常的树形及枝条管理，即进行正常的修枝整形即可。

⑥高接换种：对于单花序雌花数量少，落花落果率高，每千克种子数量少于 1800 粒，种子含油率又低于 35%的小桐子生物柴油原料林，最好通过嫁接的方法对其进行全面改造，较适宜的嫁接时间是每年 2~4 月，接穗可现采现用，要及时抹去砧木上的萌芽，控制树高等。

⑦花期传粉：每年 4 月下旬至 6 月上旬，在小桐子盛花期，可引进养蜂群众到林地放养蜜蜂，通过人工放蜂等措施，辅助小桐子授粉，以促进小桐子雌花授粉率，提高其座果率和种子产量。

⑧病虫害控制：小桐子常见的病虫害有白粉病、叶斑病、根腐病、螨类、蚧壳虫、潜叶蛾、象甲、蝗虫、白蚁等，主要危害嫩芽、叶片、根和果实等。平常应加强栽培、抚育管理和病虫害的监测。病虫害发生后，喷波尔多液、百菌清、多菌灵和甲基托布津可防治病害；喷洒吡虫啉、菊酯、敌杀死等农药可防治虫害。

(4)技术应用及使用效果：在干热河谷小桐子分布区域的双柏、永胜、攀枝花、元谋等地应用后，使试验示范区小桐子低效林分的种子产量从应用前的平均 27~30 kg/亩，提高到 70~80 kg/亩，产量增长达到 133%~167%。试验林土壤养分指标明显提升，以土壤养分调查结果来看，样地 0~20 cm 土层土壤有机碳含量为 4. 32 g/kg，比荒地对照土壤高 28. 6%；速效氮、速效磷和速效钾含量是荒地的 1. 89 倍、1. 51 倍和 1. 24 倍；土壤微生物生物量碳、氮、磷是荒地的 3. 54 倍、2. 74 倍和 5. 71 倍，技术应用后，明显提高了干热河谷小桐子退化天然林和低效人工林改造及集约经营技术的土壤养分和水分含量。

5. 2. 4. 4　干热河谷低产低效林结构调控与资源培育技术模式

(1)应用对象：干热河谷范围内由于更新或林分形成过程中遭到人为破坏或自然灾害，而导致林木个体质量低劣及由于林分结构不合理而造成森林生态功能较差的林分，如优势层下缺乏下木或灌草层的结构单一等因素而影响树种发挥其正常的生态环境维护功能的低产低效人工林分和天然林分。

(2)立地条件：干热河谷相对坡度较缓的红壤和燥红壤区域。林分相对生长较整齐，树木长势普遍一般，林下自然植被发育较差或一般。

(3)技术途径和主要措施：主要选择紫苜蓿、木豆、山毛豆、柱花草、芦荟、剑麻等林下经济类物种，与原林内树种混交，使深根系树种与浅根系经济物种混交，混交方法主要采用带状混交、块状混交、株间混交，最好以林带间伐的方式对原林分进行抚育改造，使林内疏透度在 0. 6 以下，在间伐和结构调控方式补种林下经济作物，补种原则要适宜、适当、适度、适用、适量。

(4)技术应用及使用效果：自 2010 年始，此模式在金沙江河谷干热河谷区域内逐步开始推广应用，如林下套种柱花草、芦荟、剑麻、木豆等，可充分利用林地土地资源，发挥林荫功能，为生物生长创造良好的环境空间。如紫苜蓿、木豆、山毛豆、柱花草等即可作为牧草，具有营养价值高、产草量高、草质好、便于管理等特点，又可提高林地利用率，解决干热河谷畜牧业饲料短缺的矛盾，模式应用后林内树种生长快、植被覆盖率增加、水土流失减少，增加了养分还土和土壤培肥，该模式的推广和发展具有良好的生态效益，也具有一定的经济效益。

5.2.5 技术示范

5.2.5.1 干热河谷人工促进植被恢复技术示范

5.2.5.1.1 技术需求及应用分析

元谋干热河谷位于金沙江一级支流——龙川江河谷下段，旱湿季分明，干热少雨，土壤为燥红壤，水土流失严重，土林土柱大面积发育。随着社会的迅速发展，干热河谷地区人口剧增、资源匮乏、生态环境恶化，急需创造一个有益于人们生产、生活的良好环境。为了促进元谋干热河谷地区荒山植被恢复，从20世纪60年代起植树种草，恶劣条件极大地限制了适生树种的选择，早期营造的针叶林树种过于单一，未能充分适地适树，因而生态系统稳定性极低，至20世纪80年代已不复存在。因而随后建造的人工植被大量选用了赤桉(*Eucalyptus camaldulensis*)、新银合欢(*Leucaena leucocephala*)、印楝(*Azadirachta indica*)、相思类等根系分布深、抗旱强的外来树种。同时，在当前植被恢复和生态环境建设中，退化天然林和低效人工林植被改造和恢复是一个重要方面。在封山育林、人工促进恢复和人工重建等三个植被恢复和生态治理的主要途径中，退化天然林和低效人工林进行人工促进植被恢复技术是一条快速、经济且便捷的有效技术途径；自本世纪初，在元谋干热河谷区域采取人工促进干热河谷植被恢复技术，进行相关研究和技术示范，以评价不同的人工措施在促进植被恢复过程中的效果，探讨干热河谷植被恢复的机制，为干热河谷的生态环境治理提供科学依据。

5.2.5.1.2 试验示范区自然概况

云南元谋县位于东经101°35′~101°06′、北纬25°23′~26°06′，属于南亚热带季风干热气候区，是干热河谷的典型代表。该区域气候炎热干燥，光热资源充足，干湿季节分明，年均温21.9 ℃，年降水量630.7 mm，雨季(6~10月)降水量占全年的90%以上，年蒸发量约为3 426.3 mm，年干燥度高达4.4。地貌类型多样，中部为盆地，东、西、南、北部均为山地。元谋盆地1 350 m以下地区(干热河谷)土壤类型主要为燥红壤，有少量的水稻土和紫色土，其中燥红土呈现严重的变性化。干热河谷水土流失严重，土林林立，山崩、塌方、滑坡等自然灾害发生频繁，生态环境恶劣。

技术示范区域选取在云南元谋荒漠生态系统国家定位观测研究站大哨站区，该区域除了水土流失十分严重、寸草不生、土壤裸露的破箐烂沟外，还有植被严重退化以后形成的以天然次生植被。以扭黄茅、菅草(*Equisetum delile*)、芸香草(*Cymbopogon distans*)、龙须草(*Eulaliopsis binata*)等旱生禾草植物为优势种，在此背景下散生着硬叶、卷叶、厚叶、多刺、多毛等耐旱的小灌木树种，如车桑子(*Dodonaea viscosa*)、余甘子(*Phyllanthus emblica*)、华西小石积(*Osteomeles schwerinae*)、西南亢子梢(*Campylotropis delarayi*)、苦刺(*Sophora vioiifolia*)，另外有少量的黄荆(*Vitex negundo*)、锥连栎(*Quercus franchetii*)、清香木(*Pistacia ucinmannifolia*)、滇刺枣(*Zizyphus mauritiana*)等树种，并由上述物种组成稀树灌草丛植被。但是，分布其中的灌木或乔木树种大多数植株生长矮小，平均株高约2~3 m，树干多弯曲，分枝纤细，树冠紧凑呈园形或伞状，旱季完全落叶或绝大多数叶片掉落。

5.2.5.1.3 具体技术示范设置和效益

选取云南元谋荒漠生态系统国家定位观测研究站大哨站区纳入天然林保护区的植被退化严重的林地，进行人工直播山毛豆试验示范。在试验示范地内，实施小样块整地，每亩直播山毛豆种子3 kg，山毛豆平均株行距2 m×2 m。另外，选取周围的同样大小的样地作为对照样地。调查内容为土壤有机质含量、覆盖度、主要物种、林地生物量、植被的高度、乔木树种的地径、灌木丛数等。

在元谋老城乡和物茂乡选择余甘子集中分布、保存较完好的 3 片天然次生林进行人工改良林地地表促进余甘子的更新研究示范。在实验林内通过除草松土，同时增加林地的地表枯枝落叶来人工改良地表，以提高余甘子种子的萌发率和幼苗保存率。根据典型随机的原则，在每片余甘子林地的山坡中、下部开花结实植株多的地块，设置 20 m×20 m 样地 3 个，每个样地分上、中、下 3 带各均匀设置 2 m×2 m 的小样方 3 个。在小样方内进行落果数量和种子散布、发芽和保存情况调查。以三个引进的树种——赤桉、新银合欢、印楝以不同的配置方式人工恢复的植被及天然次生植被林（车桑子−扭黄茅灌草丛）相对照，来研究和示范人工促进恢复植被产生的变化及其特征。本研究示范点选取 14 年林龄的赤桉纯林、14 年林龄的新银合欢纯林、7 年林龄的印楝纯林、14 年林龄的赤桉与新银合欢混交林和封禁 14 年后的天然次生植被（车桑子−扭黄茅灌草丛）等 5 类群落类型为研究对象，调查每种群落类型的物种组成、平均树高、平均胸径，乔木层、灌木层、草本层和枯落物层的生物量。结果表明，人工直播山毛豆促进植被恢复的效果非常显著，植被平均高度年平均增长 32. 5 cm，生物量年平均增长 93. 1 kg/亩；人工改良林地地表的措施显著促进余甘子天然次生林更新，种子发芽数、幼苗形成数和幼苗保存数分别提高了 10. 6 倍、3 倍和 2 倍；混交林及人工促进的生物量结构是比较合理的；从物种组成及其生物多样性考虑，干热河谷低产低效林结构调控与资源培育技术模式应用后效果较好。在干热河谷区域得到了广泛推广应用。

5. 2. 5. 2　干热河谷小桐低产低效林分林分改造及集约经营技术示范

5. 2. 5. 2. 1　技术需求及应用分析

小桐子（*Jaropha curcas*）基本分布于金沙江、澜沧江、怒江、红河和南盘江流域的干热河谷或是低热河谷区，在南亚热带和北热带地区的金沙江、澜沧江、红河、怒江、珠江上游的南盘江、伊洛瓦底江上游的瑞丽江和大盈江等流域，海拔 100～1600 m 地带，尤其是干热河谷区域可见其自然分布。小桐子对热量的要求较高，具有非常明显的热带性分布特点，多生长于云南上述几大江河流流域，干湿季分明的热带和南亚热带河谷地区，沿干流和支流河谷两侧呈带状连续或间断分布。小桐子对土壤类型没有特别要求，适宜在中性偏酸土壤上生长，尤其喜欢生长于土层深厚肥沃，具有良好的通透性能的砖红壤、赤红壤和燥红土上，但在土壤黏重板结的地块生长不良。

干热河谷小桐子退化天然林和低效人工林，是受自然因素和部分人为因素的直接作用影响，小桐子林分结构和稳定性失调，树体生长发育不正常（营养生长衰竭或过于旺盛），但植株长势差，开花结实少，开花结实功能退化或丧失，导致小桐子果实或种子产量显著低于同类立地条件下相同林分平均水平的林分总称。干热河谷地区无论是人工营造或是自然分布的小桐子林，缺乏保证植株良好生长发育的经营管理活动，包括必要的补植补造以保证造林保存率；幼林期抚育不及时或没有进行过任何形式的抚育管理等，导致植株分化严重，林分参差不齐；由于天然更新或初植密度过大，尤其是天然更新或直播造林的林地，因没有进行过抚育间伐和疏伐管理，使林分密度过大，植株纤细，树冠窄小，很少开花结实；许多林地水土流失严重，土壤板结，肥力低下，林内杂灌草茂密，小桐子植株及枝条老化严重，枯枝、腐枝、纤弱枝、内生枝、徒长等不能结果的枝条杂乱密集，幼株丛生，林分结构严重阻碍了小桐子良好生长发育，使其缺乏种子丰产高效的基础与条件，仅只林分边缘植株开花结实。小桐子是干热河谷区域比较有特色的经济油料树种，通过小桐子生态经济低产低效林改造与集约经营技术研究及示范，可大幅度挖掘现有资源的开发利用潜力，为大规模发展小桐子人工原料林提供技术支撑与经验借鉴，保障小桐子生物柴油产业的快速健康发展，彻底改变西南山区“大资源、小产业、低效益”的现状。

5.2.5.2.2 试验示范区自然概况

云南省丽江市永胜县片角乡，东经100°33′34.1″、北纬26°6′3.6″，海拔1 237 m，坡度45°，土壤为燥红壤，土壤母质为砂岩，土层厚度中等。年均温18～22 ℃，极端最高气温38.2 ℃，极端最低气温1.5 ℃，≥10 ℃的年积温7000～8000 ℃，年平均降水量650 mm，7～10月的降水量占总降水量的80%～90%，年蒸发量为降水量的3～6倍，植被是以车桑子(*Dodonaea viscosa*)、扭黄茅(*Heteropogon contortus*)、蟋蟀草(*Eleusine indica*)、仙人掌类(*Cactaceae*)等为主的稀树灌草丛，是典型的干热谷地气候类型。云南省双柏县太和江林场为典型的云南干热河谷区，属红河流域，属于大陆性季风气候，干湿分明，雨热同期，全年基本无霜，年均气温22.9 ℃，年均降水量600～700 mm，气候炎热干燥、降雨量小、蒸发量大，热量丰富，但水热条件严重失调，而且土壤板结贫瘠。

5.2.5.2.3 具体技术示范设置和效益

选取云南省丽江市永胜县片角乡和云南省双柏县太和江林场小桐子天然林和人工林相对集中区域进行干热河谷小桐子低产低效林分林分改造及集约经营技术示范，其中永胜县片角乡试验示范面积为778亩，双柏太和江林场试验示范面积488亩，根据试验示范区域小桐子低产低效类型及成因，分别开展复壮更新、密度控制、林相改造、树体树枝管理、抚育及水肥调控、补植补造等技术研究与实验示范，集成组装并示范推广干热河谷小桐子低产低效林分林分改造及集约经营技术。通过该技术的应用，试验示范区小桐子天然林种子产量从改造前的平均27～30 kg/亩，提高到现在的70～80 kg/亩，产量增长达到133%～167%。该技术近年来在小桐子天然林和人工林分布广泛的丽江、红河、楚雄等地市推广应用近50万亩，取得了良好的生态、经济和社会效益。

5.2.6 技术评价

5.2.6.1 干热河谷人工促进植被恢复技术评价

5.2.6.1.1 人工直播山毛豆促进植被恢复的效果及其群落动态

人工直播山毛豆造林后的植被恢复结果，最显著的特点就是植被平均高和单位面积生物量增长较大。植被平均高度年平均增长32.5 cm，为原来的5.3倍；生物量年平均增长93.1 kg/亩，为原来的12.5倍；土壤有机质含量为造林前的2.2倍(表5-6)。人工直播山毛豆的投入成本也相对较低。直播山毛豆种子每亩3 kg，种子费折价每亩9元。松土整地及播种人工费每亩1个工人，折价30元/亩；护林费2元/亩·年，除了最初的种子费用外，合计每年合计投入41元/亩。资金投入较少，而经过8年恢复产生效果比较明显，可以逐步恢复起以山毛豆和坡柳等灌木层为主的灌木草丛植被。山毛豆在元谋干热河谷的弱点就是寿命比较短，一般都要通过人工直播或育苗造林才能取得成功，对其自然更新所需要的环境条件等有待进一步研究。另外，每年山毛豆林下枯枝落叶多，在冬春季节易引发火灾，从而危及山毛豆林地。

表 5-6　人工直播山毛豆促进植被恢复的效果及其群落动态

指标	土壤有机质(%)	覆盖度(%)	主要物种	生物量年平均增长(kg)	高度(m)	地径(m)	灌木株丛数	原平均生物量(kg)	现平均生物量(kg)
对照	1.09	80	扭黄毛+车桑子	14.4	0.6	/	20	417	532.2
人工促进	2.37	95	山毛豆，扭黄茅，车桑子	93.7	3.2	2.4	145	417	1166.6

注：样地面积 100m^2，共调查 3 块样地，以上数据为 3 块样地的平均值。

5.2.6.1.2　人工改良林地地表促进余甘子天然次生林更新的效果

在未处理的余甘子天然林中，每个样方平均有种子 17 粒/个，其中仅 5 粒萌发，到雨季结束时成苗 2 株，到次年旱季结束幼苗平均保存 1 株(表 5-7)。从 2 月初余甘子种子脱落到 4 月底，经过高温干旱的恶劣天气影响，种子的生活力降至 56%左右，进入雨季后(6 月份)种子萌芽率仅为 29%。因此，欲要提高余甘子林地的更新效果，必须防止种子裸露和暴晒，而最好的办法就是提高林地覆盖度和让种子落入疏松的土壤中。通过增加林地地表的枯枝落叶和进行林地除草松土，试验林内余甘子林地种子密度达 167 粒/m^2，到 6 月底共有 53 粒种子发芽，到 10 月底雨季结束时平均有幼苗 6 株，至次年 6 月幼苗平均保存 2 株，保存率为 3.8%。通过采取提高林地覆盖率、松土除草、集水保水等人工辅助措施，尤其是在 3 月中旬至 4 月上旬实施林地松土，使余甘子种子被弹出落地后能掉落到疏松的土壤中，防止种子直接暴露于高温干旱的环境下，有效保持了种子生活力和发芽力，并为种子发芽和幼苗生长提供良好的环境条件。

表 5-7　人工改良促进余甘子样地天然更新情况调查结果

样　地	林下落果数量(个)	地表种子数量(粒)	6~7 月种子发芽数(粒)	10 月形成幼苗数(株)	次年 4 月幼苗保存数(株)
未处理林地	37±11	17±5	5±2	2±1	1±1
松土除草等	67±17	167±25	53±12	6±2	2±1

注：表中数值为平均值±标准差。

5.2.6.1.3　人工恢复植被与天然林次生植被的物种组成比较

以项目示范区内 4 种类型的人工恢复植被与天然次生林为对象，比较它们与天然次生林之间的物种组成差异较大(表 5-8)。天然次生植被(元谋干热河谷典型车桑子-扭黄茅天然灌草丛)的物种组成丰富，有 14 个科共 28 种植物；试验示范区新银合欢纯林的物种组成最简单，只有 5 个科共 8 种植物；其他人工恢复植被林分的物种数在 16~22 种。对各类型植被的相似性分析表明，三类纯林(赤桉纯林、新银合欢纯林和印楝纯林)之间，以及新银合欢纯林与天然次生植被之间的相似性都小于 0.25，属极不相似；其他各类型植被之间的群落相似性系数均在 0.25~0.50，为中等不相似。赤桉与新银合欢混交林与新银合欢纯林，以及与赤桉纯林之间的相似性指数相对较高，而且数值比较接近，分别为 0.500 和 0.462，充分反映出两类纯林与混交林在树种方面的渊源关系。新银合欢纯林与天然次生植被之间毫无树种关系，并且林地环境也有极大差异，使得两类植被间的群落相似性最小，其相似系数只有 0.091。

表 5-8 各植被类型之间相似性系数的比较

群落类型	赤桉×新银合欢	赤桉纯林	新银合欢纯林	印楝纯林
赤桉纯林	0.462			
新银合欢纯林	0.500	0.200		
印楝纯林	0.267	0.257	0.111	
坡柳-扭黄茅	0.417	0.351	0.091	0.282

5.2.6.1.4 人工恢复植被与天然林次生植被的物种多样性比较

从人工恢复植被与天然次生植被样地的物种多样性比较可以看出，各类人工恢复植被的 Shannon-Wiener 多样性指数和 Margalef 丰富度指数存在较大差异(图 5-4A、图 5-4B)。各类植被的 Shannon-Wiener 多样性指数和 Margalef 丰富度指数，所反映出的它们之间的物种多样性和丰富程度是一致的，即均为印楝纯林>坡柳-扭黄茅灌草丛>赤桉纯林>赤桉与新银合欢混交林>新银合欢纯林。

从人工恢复植被与天然次生植被样地的物种多样性比较可以看出，各类人工植被的 Alatato 均匀度指数方面差异不明显(图 5-4C)。新银合欢纯林与天然次生植被比较相似，两者的 Alatato 均匀度指数为 70%左右，而赤桉纯林、赤桉与新银欢混交林和印楝纯林之间的 Alatato 均匀度指数大致相同(不到 60%)，其中，印楝纯林的均匀度指数稍低于前二者的均匀度指数。

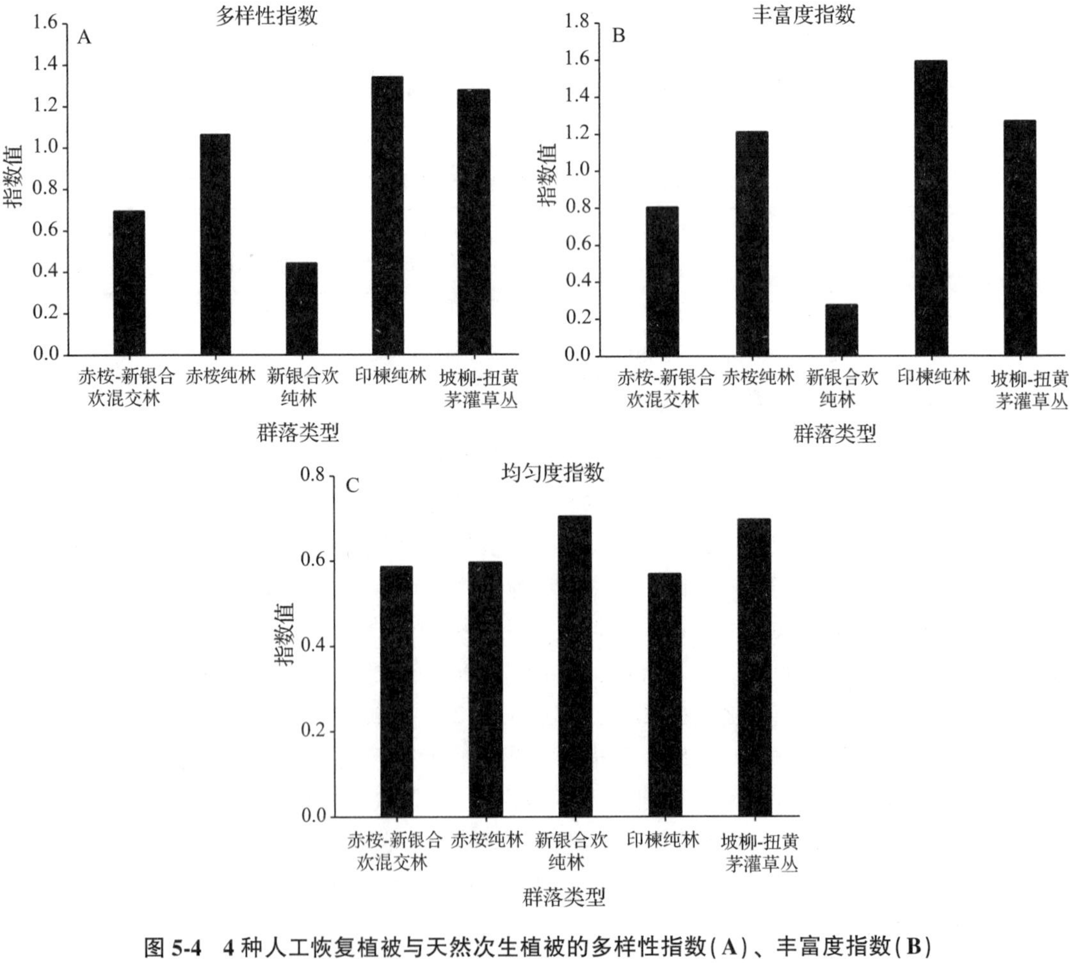

图 5-4 4 种人工恢复植被与天然次生植被的多样性指数(A)、丰富度指数(B)和均匀度指数(C)比较

5.2.6.1.5　人工恢复植被与天然林次生植被的林地生产力状况比较

人工恢复植被及天然次生植被(坡柳-扭黄茅灌草丛)，在地上部分总生物量以及各层生物量之间均存在较大差异(表 5-9)。从地上部分的生物质总量来看，各人工植被类型的生物量大小依次为赤桉与新银合欢混交林(44.91 t/hm^2)>新银合欢纯林(39.91 t/hm^2)>赤桉纯林(38.57 t/hm^2)>印楝纯林(13.06 t/hm^2)，分别是天然次生植被的总生物量的 4.8 倍、4.1 倍、4.3 倍和 1.4 倍。通过引进树种和人工恢复途径，极大提高了干热河谷退化土地生产力，使人工恢复植被具有比较高的生物产量。

表 5-9　四种人工恢复植被与天然次生植被生物量分配状况

植被类型	林龄(年)	平均树高(m)	平均胸径(cm)	乔木层生物量(t/hm^2)				灌木、草本及枯落物层生物量(t/hm^2)				生物量总计(t/hm^2)
				树干	树枝	树叶	总计	灌木	草本	枯落物	总计	
赤桉-新银合欢	14	9.8	8.7	22.90	3.09	1.64	44.02 (98.00)	0.03	0.22	0.64	0.89 (2.00)	44.91 (100)
赤桉	14	7.6	6.4	30.44	4.77	3.18	38.39 (99.53)	0.07	0.02	0.08	0.18 (0.47)	38.57 (100)
新银合欢	14	7.0	6.7	31.23	5.05	2.45	38.73 (97.41)	0.00	0.48	0.70	1.18 (2.59)	39.91 (100)
印楝	7	6.2	7.8	6.08	2.89	2.06	11.03 (84.46)	0.00	1.51	0.52	2.03 (15.54)	13.06 (100)
坡柳-扭黄茅	14	1.2	—	—	—	—	—	2.65	1.55	5.15	9.35	9.35 (100)

注：总计中括号内数值为各部分的百分比；坡柳-扭黄茅为造林试验区封禁 14 年后的天然次生灌草丛；平均树高为植被平均高度。

从各层植被生物量分配来看，四种人工植被类型的生物量主要集中在乔木层，分别占赤桉与新银合欢混交林、赤桉纯林、新银合欢纯林和印楝纯林生物总量的 98%、99.53%、97.41%和 84.46%。造林时间较短的印楝纯林内缺乏灌木树种；造林密度大或树冠郁闭度大的人工恢复植被内，灌木树种也比较少。乔木层生物量的差异是造成整个人工恢复植被生物量差异的关键因素。灌木层、草本层和枯落物层的总生物量很小(9.35 t/hm^2)，远远低于天然次生植被；其中，赤桉与新银合欢混交林、赤桉纯林、新银合欢纯林和印楝纯林内除乔木层以外的地上生物量分别仅有 0.89 t/hm^2、0.18 t/hm^2、1.18 t/hm^2 和 2.03 t/hm^2，仅占各自植被生物总量的 2.00%、0.47%、2.59%、15.54%。

5.2.6.1.6　技术评价小结与讨论

(1)在干热河谷退化天然林和低效人工林中，人工直播固氮树种山毛豆促进植被恢复的效果比较明显。调查显示，经过十余年的恢复，人工直播山毛豆的林地土壤有机质、林地覆盖度均明显增加，生物量的年平均增长量为对照林的 6.5 倍。人工直播山毛豆的方法对于改善扭黄茅与车桑子天然林灌草丛植被的环境条件具有较好的作用，在干热河谷退化天然林和低效人工林植被恢复的早期阶段，采用人工直播山毛豆等固氮树种的措施是比较经济而快捷的。

(2)余甘子种子萌发率和幼苗保存率在干热河谷生境中非常低，干热河谷人工促进植被恢复技术促进了余甘子种子萌发率和幼苗保存率。余甘子(*Phyllanthus emblica*)是大戟科叶下珠属木本植物，果实富含丰富的丙种维生素，供食用，可生津止渴，润肺化痰，治咳嗽、喉痛，解河豚鱼中毒等；树姿优美，可作庭园风景树，亦可栽培为果树；种子含油量16%，供制肥皂；树皮、叶、幼果可提制栲胶；木材棕红褐色，坚硬，结构细致，有弹性，耐水湿，供农具和家具用材，又为优良的薪炭柴。余甘子是干热河谷优良的乡土经济树种，但高温干旱是制约余甘子在干热河谷地区天然更新的关键因素，随着高温干旱处理时间的延长，余甘子种子的膜保护酶系统活力降低和保护性物质含量减少是造成种子活力下降的主要因素(李昆等，2009)。干热河谷的旱湿季节非常明显，旱季高温干旱，时间持续长达7个月之久。整个旱季期间，降水量仅占全年总降水量的10%左右。即使雨季来临，间歇性干旱也频繁发生，少则10天，多则30天。余甘子种子通常雨后立即吸涨萌发，如遇间歇性干旱，刚萌发的胚根会很快干枯。落在“光板地”上萌发的种子，成苗与存活几乎是不可能的。个别落在枯枝落叶或石缝中的种子，即便萌发后未立即遭受恶劣环境的影响，但由于土壤板结，幼根很难迅速扎入深层土壤，以吸收足够的水分和养分，幼苗难以正常生长发育，因而也很难保证其成活率和保存率。动物取食或病原菌侵害、人为干扰、种子休眠特特性和生境是影响植物种子天然更新的四大因素(赵总等，2018；Gorchov，1993；彭闪江等，2004)。在元谋干热河谷有仓鼠科、鹿科、兔科等一些动物会取食余甘子果实和种子，余甘子种子无明显的休眠特性。Prasad 等(Prasad et al.，2002)报道，在印度经常采摘余甘子果实的林地，平均有幼苗(20±2)株；过度利用林地则只有(2.2±1.5)株。因此，应该从避免人为干扰及改善生境条件两个方面来促进余甘子的天然更新。通过本研究示范的松土除草、增加林地地表的枯枝落叶等措施，使得余甘子的种子在落入地表以后可以避免高强度的高温，有更多的机会保存其活力，遇到合适的条件，更有利于其萌发和成活。余甘子作为干热河谷地区的乡土树种，其天然更新能力的提高，对于干热河谷植被恢复具有重要的促进作用。

(3)人工恢复植被之间及它们与天然次生林之间，在物种组成、多样性和林地生产力等方面存在差异，但通过不同人工林配置尤其是混交已显示对生态效果的改善效应。由于不同的立地条件、不同的树种和不同的恢复途径与技术措施等，都将影响林下植物种类及其数量分布。物种组成上的差异恰恰反映了不同树种及其植被的生物多样性，人工恢复植被相对于周围环境来讲已发生了较大改变，表现出不同类型的人工植被具有各自不同的林下物种组成。有研究表明，植被恢复20年以后，阳性树种的衰退逐渐表现出来；50~60年时，林下的阳性树种将基本消失，取而代之的是适应林下环境的阴性树种。目前元谋干热河谷选用的人工恢复植被物种，尚未表现出这种趋势，可能需要相对更长的恢复时间才可能发生这种转变趋势。

(4)生物多样性和群落生物量是衡量植物群落结构与功能的重要指标，干热河谷人工促进植被恢复技术尤其是人工林混交增加了生物量，改善了物种的多样性和丰富度。生物多样性是维持生态系统持续生产力的基础，生物多样性的提高有利于增强生态系统的稳定性(冯耀宗，2003)。植物群落生物量是研究森林物质生产和群落养分动态的基础，是反映群落结构与功能的主要标志之一(Dixon et al.，1994)。新银合欢纯林的物种多样性和丰富度最低，印楝纯林物种多样性和丰富度最高，但总的生物量在四种人工林中却最低；赤桉纯林的物种多样性及其丰富度在四种人工植被中处于中等水平，但其林下植被生物量却处于最低水平；赤桉与新银合欢混交林的生物量最高，物种多样性和丰富度介于两种纯林之间。赤桉植株比较高大，树冠稀疏，林地易被一年生的阳性草本植物入侵，但由于树冠稀疏，枝叶下垂，截留降雨的作用微弱，林地表土流失和干旱板结，又限制了这些入侵草本植物的大量繁殖生长，形成了林下物种多样性和丰富度较高，而林下植被生物量却很低的状况。与此相反，新银合欢纯林内天然更新起来了许多不同林龄的幼苗、幼树，形成了类似于天然林的茂密的异龄林，植被覆盖率高，雨季林地内较为阴暗潮湿，热带性(或热带起源)耐干旱的乡土灌草植物种类很难侵入，也很难与数量众多的新银合欢幼苗、幼树竞争比较阴湿的林地营养空间，这些原因造成了林下植被层生物量较高，但林地物种多样性和丰富度却又很低。金沙江干热河谷利用引进树种人工恢复的植被，就林下植被生物量及其在群落总生物量中的比例而言，赤桉与新银合欢混交林以及新银合欢纯林的生物量结构是比较合理的；从物种组成及多样性考虑，赤桉与新银合欢混交林以及印楝纯林的效果较好。

(5)干热河谷人工促进植被恢复技术尤其是退化天然林和低效人工林提质增效的实质和目的，就是启动干热河谷植被的自我更新和自我维护潜能。在干热河谷植被严重退化区，利用引进的乔灌木树种人工启动恢复植被，使曾经物种组成简单，植被稀少，土壤大面积裸露、水土流失严重的“光板地”，恢复成为植株生长良好，具有一定层次结构的人工植被。就目前的情况看，天然林和人工林植被通过人工促进也有明显的改善提质，人工植被的林下物种的多样性和丰富度虽然不如天然次生植被，但在短周期内具有更大的生物量及其由此产生的巨大环境改良作用。目前，干热河谷植被恢复的先锋树种主要是引进树种，它们在干热河谷植被恢复、水土保持、土壤改良、改善生态环境、生态防护及其提供丰富林产品资源等方面发挥了重要作用，今后需要进一步加强引进树种的生态适应性及不同造林方式的研究，注重提高乡土树种的比例尤其是优良乡土树种的挖掘使用，因地制宜地提出树种配置及经营措施，为进一步促进干热河谷地区的植被恢复提供科学的依据。

5.2.6.2　干热河谷小桐子生态经济低产低效林分林分改造及集约经营技术评价

5.2.6.2.1　小桐子低产低效林老树复壮更新效果

通过对云南永胜、双柏低产低效改造试验示范林内小桐子老树进行复壮更新，研究不同复壮更新方法对小桐子结实量的影响，从而为大面积的改造提供技术。复壮就是将老树干砍去，让其萌发新枝的处理过程(海龙等，2016；李根前等，2007)。试验设计分别为对照(不做处理)、离树根 20 cm 进行复壮、离树根 40 cm 进行复壮、离树根 60 cm 进行复壮。结果表明(表 5-10)，小桐子萌发力强，只要时间与方法得当，其植株极耐砍伐，冬春砍伐的植株，到夏季即会有相当数量的枝条萌发，而且生长健壮。永胜试验点老树复壮更新结果表明，其单株萌发枝条数量和种子产量分别为离树根 60 cm 处砍伐复壮的植株(22±4 枝，35.61 kg/亩)>离树根 40 cm 处砍伐复壮的植株(20±4 枝，34.98 kg/亩)>离树根 20 cm 处砍伐复壮的植株(17±3 枝，34.68 kg/亩)>未进行更新的对照植株(7±2 枝，22.48 kg/亩)，但砍伐高度之间在分枝数量和种子产量方面无显著差异，而与未更新植株之间差异显著。同样，双柏低产低效林试验点老树复壮更新试验结果表明，其单株萌发枝条数量和种子产量分别为离树根 40 cm 处砍伐复壮的植株(23±5 枝，35.82 kg/亩)>离树根 20 cm 处砍伐复壮的植株(18±3 枝，35.25 kg/亩)>离树根 60 cm 处砍伐复壮的植株(22±4 枝，34.93 kg/亩)>未进行更新的对照植株(7±1 枝，19.53 kg/亩)。与永胜试验点所不同的仅仅是砍伐高度和位置稍有变化，其实质仍然相同，即砍伐高度之间在分枝数量和种子产量方面无显著差异，而与未更新植株之间差异呈显著。

表 5-10 小桐子低产低效林老树复壮试验设计与结果

地 点	试验设计	枝条萌发数(枝)	单株产量(kg)	单位面积产量(kg/亩)
永 胜	老树复壮(20 cm)	17±3	0.231	34.680
	老树复壮(40 cm)	20±4	0.233	34.980
	老树复壮(60 cm)	22±4	0.237	35.610
	对 照	7±2	0.150	22.480
双 柏	老树复壮(20 cm)	18±3	0.235	35.250
	老树复壮(40 cm)	23±5	0.239	35.820
	老树复壮(60 cm)	22±4	0.233	34.930
	对 照	7±1	0.130	19.530

5.2.6.2.2 小桐子低产低效林密度调控研究

林分密度一直是研究的热点问题，是林木个体水分营养空间大小的决定因素，密度是否合理，直接影响到人工林生产力的提高和功能的最大发挥，这在干旱半干旱区尤为突出，通过密度调控解决缺水问题已成为主要途径之一(吴承祯等，2005；于世川等，2017)。密度过稀的问题通过补植补造进行解决，密度过大影响植株开花结实也是现有小桐子资源较为常见的问题。从试验示范区大量的本底调查结果分析，小桐子单位面积种子产量较高的林分其密度一般在65~85株/亩，围绕密度控制开展试验示范设计及其开展有关研究工作。小桐子主要是1年生枝条开花结果，密度太大引起受压抑枝太多，营养分散，不利于母树开花结实，试验设对照(不作任何处理，密度近333株/亩)、167株/亩(株行距2 m×2 m)、112株/亩(株行距2 m×3 m)、75株/亩(株行距3 m×3 m)，重复3次，试验结果见表5-11。通过对照(密度近333株/亩，株行距约1 m×2 m)、150~170株/亩(株行距约2 m×2 m)、100~120株/亩(株行距约2 m×3 m)、70~80株/亩(株行距约3 m×3 m)4种密度控制试验。结果表明双柏、永胜等试验示范区域不同密度调控对小桐子低产低效林结实量影响较大，每亩密度控制在75株/亩左右的试验林地，样地产量平均为71.54 kg/亩，比对照林地的产量翻了一番；密度为150~170株/亩和100~120株/亩试验林地，其种子的平均产量分别为对照的172.25%、184.70%，对密度调控试验进行单因素方差分析，结果表明各处理之间差异显著，密度调控试验效果较为显著。

表 5-11 小桐子低产低效林密度调控试验及结果

地 点	试验设计	面积(亩)	株数(株/亩)	总产量(kg)	单株产量(株/kg)	亩产量(kg/亩)
永 胜	密度 2 m×2 m	2	167	116.200	0.348	58.100
	密度 2 m×3 m	2	112	124.600	0.556	62.300
	密度 3 m×3 m	2	75	143.070	0.954	71.535
	对照(1 m×2 m)	2	334	67.462	0.025	33.731
双 柏	密度 2 m×2 m	6	167	325.560	0.325	54.260
	密度 2 m×3 m	6	112	342.900	0.510	57.150
	密度 3 m×3 m	6	75	356.160	0.791	59.360
	对照(1 m×2 m)	4	1334	102.560	0.019	25.640

5.2.6.2.3　小桐子低产低效林修枝整形技术研究

通过对林分内树木的合理整形修剪，能够给树木创造和培养出良好的生长环境(王玉光等，2015)，常用的修剪方法剪去树木的枯枝、伤枝、病枝、虫枝等，使树冠能够通风透光，光合作用得到加强，减少病虫害的发生，树冠内的枝条能够均衡生长。小桐子作为干热河谷经济林种，对其低产低效林修枝整形可达到提高产量、改善林分条件的目的。小桐子低产低效林修枝整形试验设计为对照(除去病枯枝，不作修枝)、轻度修枝整形(在对照的基础上修去 10%生长枝条)、中度修枝整形(在对照的基础上修去 20%生长枝条)、重度修枝整形(在对照的基础上修去 30%生长枝条)。

在没有考虑密度(平均 167 株/亩)单一进行修枝整形的情况下(表 5-12，图 5-5)，永胜试验点较对照林地平均单株产量为 0.147kg(24.52 kg/亩)；轻度修枝整形的单株产量为 0.229 kg(38.26 kg/亩)，较对照提高了 13.74 kg，为对照的 1.6 倍；中度修枝整形的单株产量为 0.29 kg(48.46 kg/亩)，亩产量较对照提高了 23.94 kg，提高了将近 2.0 倍；重度修枝整形的单株产量为 0.321 kg(53.56 kg/亩)，亩产量较对照提高了 29.04 kg，提高了 2.2 倍。双柏试验示范点的情况与上述结果类似。对修枝整形单株产量进行单因素方差分析，永胜、双柏试验点修枝整形各处理之间进行单因素差异检验，表明 2 个试验示范点修枝整形不同处理之间均存在极显著差异。

表 5-12　小桐子低产低效林修枝整形试验设计与结果

地　点	处　理	面积(亩)	平均亩产(kg)	单株产量(kg)
永　胜	轻度修枝整形	3	38.26	0.229
	中度修枝整形	3	48.46	0.290
	重度修枝整形	3	53.56	0.321
	对　照	3	24.52	0.147
双　柏	轻度修枝整形	2	31.48	0.189
	中度修枝整形	2	34.51	0.207
	重度修枝整形	2	46.38	0.278
	对　照	4	22.47	0.135

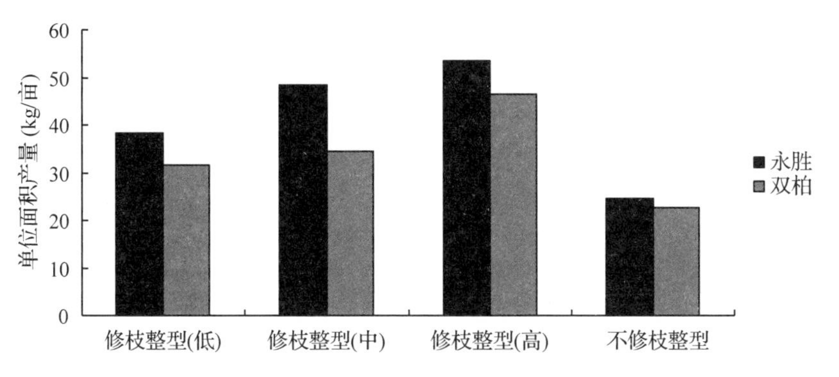

图 5-5　小桐子低产低效林修枝整形单位面积产量

5.2.6.2.4 小桐子低产低林水肥管理技术研究

干热河谷是小桐子的主要分布区与适生区，水土流失严重，土壤肥力不足；加之干热的气象条件决定了蒸发量远远大于降水量，尤其3、4月小桐子开花结果期，正是干热河谷的干旱季节，不利于树体的开花结实，水肥调控试验的目的就是要解决干热河谷低产低效林改造与土壤缺水少肥之间的矛盾。分别设置无水肥处理(对照)、不施肥旱季灌水(CL1，2~5月每15天灌溉一次)、不施肥每月浇水(CL2，从1~6月每10天灌溉一次)、施肥不灌水(CL3)、施肥旱季灌水(CL4)、施肥每月灌水(CL5，从1~6月每10天灌溉一次)6个处理。为了在统一的条件下取得比较可靠的试验结果，在进行相关试验前对拟参试林地实施了密度控制，基本统一至75株/亩左右，并除去病、枯枝。施肥种类：N：P：K=15：7：8的复合肥；施肥方法：以树体为中心，离其15 cm为半径的圆上进行，施入10 cm左右深的土壤层中，施肥量为300g/株；每次灌水用2.5匹出水口径为2寸的抽水机灌水30分钟/亩。

由于受处理面积不一的影响，总产量有所不一，但从单位面积产量、单株产量上看(表5-13)，2个试验点的单位面积面积产量的变化趋势与单株产量的变化一致，均呈现出施肥每月灌水>施肥旱季灌水>不施肥每月灌水>施肥不灌水>不施肥旱季灌水>不施肥不灌水。2个试验点不施肥旱季灌水的处理分别较对照提高了72.05%、25.25%；不施肥每月灌水分别较对照提高了86.59%、50.00%；施肥不灌水分别较对照提高了72.09%、40.35%；施肥旱季灌水分别较对照提高了93.43%、51.67%；施肥每月灌水分别较对照提高了142.42%、81.38%。分别来看，金沙江干热河谷流域永胜试验点产量由高至低的试验处理分别较对照提高了142.42%、93.43%、86.59%、72.09%、72.05%；红河干热河谷流域的双柏试验点产量由高至低的试验处理分别较对照提高了81.38%、51.67%、50.00%、40.35%、25.25%。其总体增产幅度是金沙江干热河谷永胜试验示范点大于红河干热河谷双柏试验点。试验中虽然进行了密度控制，受植株长势不太一致、没有很好地进行修枝整型等方面的影响，但水肥联合调控的试验效果还是得到了明显反映。而且两个点对小桐子产量影响的处理比较一致，特别在更为干燥的金沙江流域的干热河谷，其水肥调控的试验效果好于红河流域，比对照平均增产70%以上。

表5-13 小桐子低产低效林水肥调控试验结果

地 点	处 理	面积(亩)	密度(株/亩)	总产量(kg)	单产(kg/亩)	单株产量(kg)
永 胜	对 照	4	75	105.32	26.33	0.351
	CL1	4	75	181.20	45.30	0.604
	CL2	4	75	196.52	49.13	0.655
	CL3	4	75	181.24	45.31	0.604
	CL4	4	75	203.72	50.93	0.679
	CL5	4	75	255.32	63.83	0.851
双 柏	对 照	2.5	75	79.50	31.80	0.424
	CL1	2.5	75	99.58	39.83	0.531
	CL2	2.5	75	119.25	47.70	0.636
	CL3	2.5	75	111.58	44.63	0.595
	CL4	2	75	96.46	48.23	0.643
	CL5	2	75	115.36	57.68	0.769

对 2 个试验点水肥调控结果的单株产量进行单因素方差分析(表 5-14)，永胜试验点除施肥旱季灌水处理与不施肥每月灌水处理间存在差异但不显著，不施肥每月灌水处理与施肥不灌水处理间无差异外，其他各处理间均存在显著差异；双柏试验点除施肥旱季灌水处理与不施肥每月灌水处理间无差异外，其他各处理间均存在显著差异。

表 5-14　小桐子地产低效水分调控单株产量 LSD 比较结果

地　点	处　理	平均值	比较结果				
永　胜	对　照	0. 851	0. 172**	0. 196**	0. 209**	0. 247**	0. 301**
	CL1	0. 679	0. 024*	0. 037**	0. 075**	0. 129**	
	CL2	0. 655	0. 013	0. 051**	0. 105**		
	CL3	0. 642	0. 038**	0. 092**			
	CL4	0. 604	0. 301**				
	CL5	0. 551					
双　柏	对　照	0. 769	0. 126**	0. 133**	0. 174**	0. 238**	0. 285**
	CL1	0. 643	0. 007	0. 047**	0. 112**	0. 159**	
	CL2	0. 636	0. 041**	0. 105**	0. 152**		
	CL3	0. 595	0. 064**	0. 111**			
	CL4	0. 531	0. 047**				
	CL5	0. 484					

从试验调查结果来看，施肥结合灌溉(即水分管理)的增产效果最好，说明干热河谷区域的小桐子退化天然林分，不仅水分短缺抑制生长发育，养分不足也是植株生长特别是果实和种子生产的重要影响因素之一。养分在水分缺乏的情况下，严重影响了小桐子植株生长发育过程中的吸收，如不施肥但每月灌溉处理，其种子的增产效果就优于施肥但不灌溉处理，在旱季进行施肥管理时，一定要配合水分管理，小桐子作为经济林在试验示范区可以进行浇灌试验，在干热河谷大面积天然林和人工林水分管理中，应注重地面覆盖和土壤管理，进行适度人工干扰增加和保储土壤水分。

5. 2. 6. 2. 5　小桐子低产低效林改造后的土壤养分动态监测

经过林地抚育，清除杂灌草，剪除枯枝、病虫害枝，以及砍除老、弱、病、残、小、密集的植株，将密度控制到 100 株以内等技术改造以后，对永胜小桐子低产低效林改造试验林地及其附件荒山荒地的土壤进行了取样化验分析，以比较低产低效林改造后对土壤的正面或负面影响。

从经过改造后小桐子低产低效林的土壤养分指标看，试验示范样地 0~20 cm 土层的土壤有机碳含量为 4. 32 g/kg，比作为对照的荒山荒地的土壤高 28. 6%；速效氮、速效磷和速效钾含量分别是荒山荒地的 1. 89 倍、1. 51 倍和 1. 24 倍，含量达到 43. 78 mg/kg、1. 01 mg/kg 和 120. 02 mg/kg；土壤微生物生物量的碳、氮、磷含量是荒山荒地的 3. 54 倍、2. 74 倍和 5. 71 倍，达到 150. 07 mg/kg、15. 24 mg/kg 和 7. 54 mg/kg。

表 5-15 小桐子低产低效林改造对土壤养分指标参数的影响

养分指标	有机碳(g/kg)	全氮(g/kg)	全磷(g/kg)	全钾(g/kg)	可溶性碳(mg/kg)	可溶性氮(mg/kg)	可溶性磷(mg/kg)
小桐子低产低效林改造区	4.32	0.86	0.101	6.42	124.57	19.33	1.20
荒山荒地	3.36	0.91	0.111	6.40	177.70	22.55	1.87
养分指标	有效氮(mg/kg)	有效磷(mg/kg)	有效钾(mg/kg)	pH 值	微生物生物量碳(mg/kg)	微生物生物量氮(mg/kg)	微生物生物量磷(mg/kg)
小桐子低产低效林改造区	43.78	1.01	120.02	6.01	150.07	15.24	7.54
荒山荒地	23.16	0.67	96.79	5.94	42.39	5.56	1.32

从土壤养分潜在流失趋势看，小桐子低产低效林试验示范林地的土壤可溶性碳、氮和磷含量分别为荒山荒地的70.1%、85.7%和64.2%，即在同等降雨径流条件下，小桐子样地的碳、氮、磷等营养元素流失量，至少分别比荒山荒地少30%、14%和36%(表5-15)。从土壤水分动态看(图5-6)，在长达7个月的监测期内，小桐子子低产低效林试验示范林地0~20 cm和20~40 cm土层的土壤含水量均明显高于荒山荒地，尤其是在3~5月旱季期间。其中0~20 cm土层中的土壤含水量比荒山荒地高13%~133%，而20~40 cm土层中的土壤含水量则比荒山荒地高18%~124%。从目前的研究结果看，小桐子低产低效林改造提高了干热河谷土壤养分和水分含量。

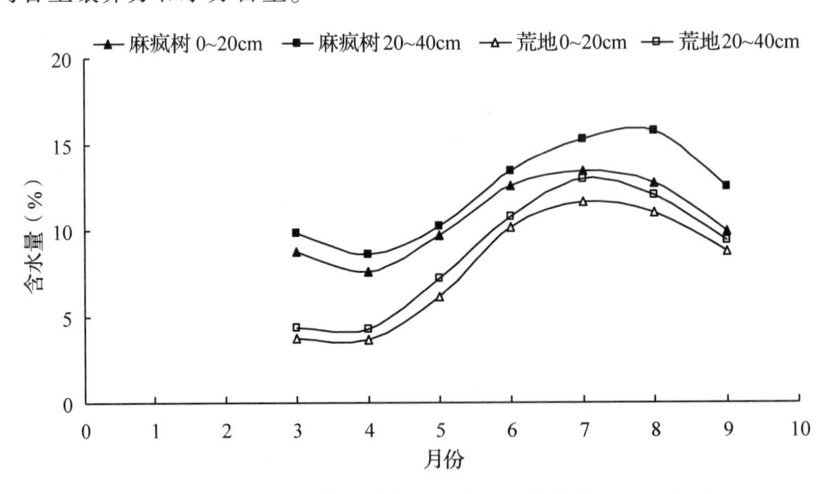

图 5-6 小桐子低产低效林改造区土壤含水量季节(3~9月)动态

5.2.6.2.6 技术评价小结与讨论

(1)老树砍伐更新复壮处理与不复壮处理之间在分枝数量和种子产量方面存在极显著差异，尽管老树植株的枝条众多，但多为纤细短小、无花芽分化的无效枝，所以影响的正常的开花结果。但是，在试验的砍伐高度内，不同离树根高度的复壮处理与种子产量之间似乎没有什么明显的相关关系。说明，小桐子老化植株一定要砍伐改造，经过更新复壮后才能获得种子丰产。

（2）密度过稀的问题通过补植补造进行解决，密度过大影响植株开花结实也是现有小桐子资源较为常见的问题。从试验示范区大量的本底调查结果分析，小桐子单位面积种子产量较高的林分，其密度一般在 65～85 株/亩。通过对照（密度近 333 株/亩，株行距约 1 m×2 m）、150～170 株/亩（株行距约 2 m×2 m）、100～120 株/亩（株行距约 2 m×3 m）、70～80 株/亩（株行距约 3 m×3 m）4 种密度控制试验。结果表明不同密度调控对小桐子低产低效林结实量影响较大，每亩密度控制在 75 株/亩左右的试验林地，产量平均为 71.54 kg/亩，较对照林地的产量翻了一番多；密度为 150～170 株/亩和 100～120 株/亩试验林地，其种子的平均产量分别为对照的 172.25%、184.70%。

（3）由于自然生长退化天然林或多年前营造的小桐子低效人工林，从未进行过有效的抚育管理，使其林内杂灌草丛生，与小桐子植株争夺地上、地下空间和水分、营养，造成其植株生长发育不良，抑制了开花结果。通过修枝整形和抚育除杂，改善了小桐子退化天然林和低效人工林内光照条件，提高叶片的有效光合面积，培育更多的健壮结果枝，较对照产量明显提高，树木长势也明显较好。

（4）无论是单位面积产量，还是单株产量，施肥并结合水分管理的低产低效林增产效果最好，但养分在水分缺乏的情况下，对小桐子生长发育的作用有限。

（5）改造后的小桐子低产低效林土壤生态效益明显改善，试验示范林地土层土壤有机碳含量、土壤微生物生物量碳、氮、磷，0～20 cm 和 20～40 cm 土层中的土壤含水量均明显高于荒地，小桐子低产低效林改造后，明显提高了试验示范林地的土壤养分和水分含量。

5.2.6.3　干热河谷赤桉人工林结构调整技术的昆虫群落多样性评价

5.2.6.3.1　赤桉纯林及混交林昆虫调查

赤桉（*Eucalyptus camaldulensis*）原产澳大利亚，耐高温干旱，是生长较为迅速的常绿高大乔木。自 20 世纪 70 年代后从澳大利亚引入金沙江元谋干热河谷地区种植，由于长势较好，成为人工造林的主要树种，以致该地区现有人工林的 90%以上都是赤桉纯林和少量混交林。但赤桉的耗水量较大，在少雨、蒸发量大的干热河谷大量营造赤桉人工林，也随之出现了一些问题及桉树特有的化感作用，造成林分生长逐渐放慢甚至长成小老树，林下植被光秃，进而影响到林木的生长（李昆等，2011）。研究表明，桉树混交林生长量和植物多样性差异极显著，桉树混交林内植物种类丰富，植物多样性指数高（周宗哲，2017）。但是否混交后昆虫多样性也得到了提高，混交对林分不同层次，包括整个林分，赤桉树冠及草丛的昆虫多样性的影响如何，探讨赤桉混交对昆虫多样性变化的响应，有利于科学指导生态恢复工作，合理安排人工植被结构，进一步做好低产低效林改造和试验示范工作。分别选取赤桉纯林，赤桉与豆科树种大叶相思（*Acacia auriculiformis*）、银合欢（*Leucaena leucocephala*）混交林进行昆虫多样性调查。当两树种混交时，必将发生相互作用而表现出正效应（positive effect）或负效应（negative effect）。由于大叶相思、银合欢的根瘤能固氮，同时产生大量的枯枝落叶，能明显提高桉树林分土壤肥力，有利于生产力的提高（杨曾奖等，1995）。以林冠振落法、草丛扫网等方法为主，对不同树种的树冠与草丛进行系统的标本采集，地面扫网与林冠振落采集方法：①乔本层，在每样地内以双对角线法取 1 m 地带调查；再十字形横穿样地，振落 50 次；②草本层，每样地以棋盘式取样法设置 2 m×2 m 小样方 5 个，调查统计样方内昆虫种类和数量。

5.2.6.3.2 干热河谷人工林昆虫群落的种类组成及物种数和丰盛度的变化

物种数目是物种多样性程度最直接、最基本的表达(周红章等，2000)。表5-16列出了不同生境昆虫群落物种及个体的数量组成。昆虫群落的组成具有以下特征：①通过野外调查结合室内饲养，在3种生境8类组分里共发现有节肢动物4264号，分属13个目，62种(包括昆虫与蜘蛛，均鉴定到科)；②标本中以同翅目和等翅目两个目的昆虫数目最多，主要是草丛的叶蝉、蚜虫及赤桉纯林的白蚁数量十分丰富。其次则为膜翅目、双翅目、半翅目、直翅目、鞘翅目昆虫也有相当数量的分布，脉翅目、螳螂目、缨翅目昆虫数量较少。

表5-16 干热河谷不同赤桉人工林昆虫群落的目数、科数及个体数的统计

昆虫序列	项目	赤桉纯林			赤桉大叶相思林				赤桉银合欢林			
		草丛	赤桉	整个林分	草丛	赤桉	大叶相思	整个林分	草丛	赤桉	银合欢	整个林分
直翅目 Orthoptera	NF	1	2	2	5	2	2	6	2	1	2	4
	NI	2	3	5	91	3	2	96	11	1	3	15
鞘翅目 Coleoptera	NF	1	2	3	4	2	3	5	3	1	3	5
	NI	4	9	13	6	9	17	32	4	2	9	15
半翅目 Hemiptera	NF	0	3	3	2	5	5	5	2	4	5	6
	NI	0	21	21	2	15	31	48	2	10	33	45
双翅目 Diptera	NF	3	5	6	1	1	2	3	2	4	4	8
	NI	20	61	81	1	1	8	10	6	5	5	16
膜翅目 Hymenoptera	NF	1	0	1	7	3	4	8	4	3	4	4
	NI	2	0	2	85	40	28	153	56	13	9	78
等翅目 Isoptera	NF	0	1	1	0	1	1	1	0	1	1	1
	NI	0	816	816	0	20	5	25	0	21	14	35
鳞翅目 Lepidoptera	NF	0	5	5	0	1	1	2	1	1	2	3
	NI	0	14	14	0	3	7	10	1	1	2	4
同翅目 Homoptera	NF	0	1	1	3	2	2	3	2	2	1	4
	NI	0	1	1	346	2	3	351	139	4	2	145
脉翅目 Neuroptera	NF	0	0	0	1	1	2	2	0	1	1	1
	NI	0	0	0	2	1	4	7	0	5	3	8
螳螂目 Mantodea	NF	0	0	0	1	0	1	1	0	0	1	1
	NI	0	0	0	1	0	3	4	0	0	4	4
蜉蝣目 Ephemerida	NF	0	0	0	0	0	0	0	0	0	0	1
	NI	0	0	0	0	0	0	0	0	0	0	1
缨翅目 Thysanoptera	NF	0	0	0	1	0	0	1	0	0	1	1
	NI	0	0	0	35	0	0	35	0	0	2	2
蜘蛛目 Araneida	NF	1	2	2	0	3	0	4	4	1	3	4
	NI	1	2	3	0	12	0	12	4	1	11	16

续表

昆虫序列	项目	赤桉纯林			赤桉大叶相思林				赤桉银合欢林			
		草丛	赤桉	整个林分	草丛	赤桉	大叶相思	整个林分	草丛	赤桉	银合欢	整个林分
合计	NO	5	8	9	9	10	10	12	8	10	12	13
	NF	7	21	24	25	21	23	40	20	19	28	43
	NI	29	927	956	569	106	108	783	223	64	97	384

注：NO 目的数量 Number of order，NF 科的数量 Number of family，NI 个体数 Number of indivedual。

昆虫的种类和数量反映了环境或地区对物种分布的空间影响，某些特殊物种的分布也可以体现对环境的依赖性。元谋干热河谷地区景观异质性很强，包括河流、农田、森林、草坡、荒漠等景观，但就整体而言，主要以荒漠为主，缺乏高大的森林生境，植被类型以耐旱生的灌丛、草丛类型以及裸岩为主，单一性很强，不利于支持多种昆虫物种生存，尤其不利于湿润环境活动的昆虫物种如蚁甲、步甲等昆虫的生存。在研究中，选择元谋干热河谷地区比较典型的生境，样地为人工植被区，因此整体来说昆虫物种种类和数量相对较少，远低于天然林生态系统。粪蝇在几种生境中频繁出现，说明该地区受人畜活动的干扰十分频繁，因此群落恢复能力低，昆虫组成种类少，群落物种多样性低。

从以上的数据可以看出，昆虫纲及其各目的总体丰富度不显示有环境差异，但是，昆虫各科的分布表现出环境影响。这一结果符合生态位占有规律：即更多的物种将会占有环境内更多的生态位，充分利用有限空间内的资源；当空间内容纳足够多的物种时，最终在有限环境内物种的总体丰富度就将趋于稳定。然而，由于相似的物种不能占有完全相同的生态位，在长期自然选择和进化中，必然会驱使物种间发生生态位上的分化，以适应不同的环境。昆虫纲及其各目包含了极其丰富的物种类型，可能已覆盖了所有环境下的生态位，在各种环境内的物种数量分布趋于平稳，所以在比较昆虫的总体丰富度及相对高的分类阶元(目)丰富度时，可能就不会表现出显著差异。相反，对于相对低的昆虫分类阶元(科、属或种)来说，由于生态位的竞争分化，就可能会体现出环境对分布的影响，如芫菁和潜蝇对赤桉银合欢林的偏好。

5.2.6.3.3　混交对赤桉林物种多样性恢复的影响

林分合理混交可为昆虫提供更多的小生境、避难所以及更长的取食时间，保护和提高了生物多样性，进而导致有益昆虫和有益生物的多样化，从而使系统中的生物链更趋合理，更加平衡稳定。从三种林型中昆虫多样性比较看(表 5-17)，昆虫物种多样性指数以赤桉+银合欢、赤桉+相思混交林高许多，分别为 2.4230、2.2589，赤桉纯林多样性明显降低，仅为 0.7849，丰富度指数的变化规律也与多样性指数相似。这表明，经过 10 年的恢复，与赤桉纯林相比，混交林的昆虫群落多样性与丰富度均有明显提高，特别是褐蛉、草蛉、螳螂及蜘蛛等天敌昆虫种类和数量的增加，有效地控制了害虫的危害，白蚁、盲蝽等优势性植食昆虫数量明显减少，其群落的物种不仅丰富度增加，分布也更均匀。多样性指数和均匀度是衡量群落稳定性的主要指标，既丰富又分布均匀的群落才是稳定的群落，因此，赤桉通过混交增加植物种类，提高覆盖度，改善林分生境，有效提高林分昆虫多样性指数和丰富度，群落的稳定性随着适宜树种的合理混交得到提高。

表 5-17 干热河谷不同赤桉人工林昆虫群落物种多样性指数、丰富度指数、优势度指数和均匀度指数

林分		物种多样性指数	丰富度指数	优势度指数	均匀度指数
赤桉纯林	草丛	1.7031	1.7818	0.2176	0.8752
	赤桉	0.6698	2.9274	0.7764	0.2200
	整个林分	0.7849	3.3479	0.7215	0.2470
赤桉+大叶相思林	草丛	1.6761	3.8822	0.4665	0.5207
	赤桉	2.2350	4.2887	0.1830	0.7341
	大叶相思	2.6564	4.6987	0.1005	0.8472
	整个林分	2.2589	5.8509	0.2065	0.6124
赤桉+银合欢林	草丛	1.3573	3.5052	0.4234	0.4531
	赤桉	2.2248	4.4918	0.0674	0.7559
	银合欢	2.8264	6.0152	0.0976	0.8482
	整个林分	2.4230	7.0581	0.1820	0.6442

不同树种对生态系统的恢复进程，特别是对昆虫群落恢复的促进作用是不一样的。从昆虫群落构成的复杂程度看，以银合欢树冠昆虫群落种类最多，构成最复杂；其次是大叶相思，然后是赤桉，银合欢的昆虫丰富度、多样性指数、均匀性为 6.0152、2.8264、0.8482，大叶相思的为 4.6987、2.6564、0.8472；赤桉的最低，纯林中赤桉的丰富度、多样性指数、均匀性仅 2.9274、0.6698、0.2200(表 5-17)，混交林中赤桉树冠昆虫多样性比纯林中稍高，但仍低于银合欢与大叶相思。各项树冠昆虫多样性指数大小均为银合欢>大叶相思>赤桉，且混交林中两个豆科树种的昆虫群落种类数远远高于混交林及纯林中的赤桉。这可能跟树种的营养成分含量有关，因为植物的营养物质能直接影响植食性昆虫的寄主适合性，从而调控植食性昆虫的种类和数量(娄永根等，1997)。银合欢枝叶营养成分含量高，相思其次，赤桉最低(李昆等，1998)。因此银合欢、大叶相思丰富的营养为昆虫群落的丰富提供了营养基础，其昆虫群落的物种也变丰富，而赤桉的纯林昆虫群落则因为其营养缺乏而导致昆虫群落物种的贫乏。

5.2.6.3.4 纯林与混交林昆虫群落特征值在草丛上的变化

赤桉与大叶相思、银合欢混交后，混交林草丛中的昆虫群落远比纯林草丛中的昆虫丰富(表 5-17)。纯林草丛昆虫丰富度为 1.7818，赤桉大叶相思、赤桉银合欢草丛昆虫丰富度分别为 3.8822、3.5052，远远高出纯林。纯林中赤桉干形直立，地面空旷，草丛稀少矮小，影响昆虫的定居、扩散和繁殖等行为，从而降低昆虫的丰富度。赤桉与银合欢、大叶相思混交后，草本盖度可达到 5%~10%，草本高度 5 cm 左右，增加植物种类和地面植被覆盖，给昆虫提供充足的蜜源植物及良好小生境，扩大了生态容量。尽管由于混交林演替时间较短，受人为干扰较大，草丛分布面积很小，生态容量扩大有限。

混交林草丛面积增大的原因之一是由于相思、银合欢为固氮树种，其枯枝落叶量和营养成分含量都比赤按高得多，对林地的改良作用大，因而草丛的面积增大。改良效果最好的是银合欢，叶小而薄、易于腐烂分解。相思虽枯落量大，营养元素含量也高，但其落叶不易分解，尤其在旱季易被风吹走，对林地的改良作用较前者稍差(李昆等，1998)。尽管银合欢枯枝落叶量大，营养元素含量也高，但银合欢草丛昆虫多样性却低于相思草丛，主要是银合欢落叶量大，叶片小而薄，落地后紧贴地表，虽然条件适宜时能很快分解，但大多枯落物仍保留在林地内，树冠下草丛很少萌生，从而使栖居于草丛的昆虫特别是植食性昆虫的丰富度降低。

5.2.6.3.5　纯林与混交林昆虫群落特征值在赤桉树冠上的变化

赤桉与大叶相思、银合欢混交后，不但草丛的昆虫得到了较大的丰富，赤桉树冠昆虫也得到了丰富(图 5-7)。赤桉纯林、赤桉大叶相思、赤桉银合欢林中赤桉树冠上的丰富度指数分别为 2.9274、4.2887、4.4918，多样性指数分别为 0.6698、2.2350、2.2248，多样性指数、丰富度显著增加(表 5-17)。可见，同一树种的树冠上的昆虫多样性与环境有一定的相关性，环境改善，昆虫多样性增加。环境改善可能是相思、银合欢等固氮树种对桉树某些重要元素吸收的促进作用。吴晓芙等发现在纯林和混交林中，桉树不同器官的养分含量和吸收量的基本趋势是混交提高了桉树 N 养分的水平(吴晓芙等，2004)。因此混交林中的赤桉比纯林中的赤桉其树冠昆虫多样性明显增加。

除了养分的增加，混交林还具有较复杂的异质性(或称多样性)，这些异质性为多种昆虫的生存提供了各种机会和条件(魏永平等，2004)。银合欢一年花期两次，花序较多，秋季花期银合欢有 15 种膜翅目、双翅目昆虫访花，春季花期也可为部分昆虫提供补充食源；大叶相思秋季开花，花序较少，访花昆虫少些，但仍比赤桉访花昆虫多。随着蚂蚁、褐蛉、草蛉、螳螂及蜘蛛等天敌昆虫种类和数量的增加，白蚁、盲蝽等优势性植食昆虫数量明显减少。因此混交后的赤桉昆虫群落的物种不仅丰富度增加，分布也更均匀。纯林中赤桉昆虫均匀度指数仅为 0.2200，赤桉银合欢林、赤桉大叶相思中赤桉昆虫均匀度指数分别为 0.7559、0.7341。丰富度和均匀度是衡量群落稳定性的主要指标，既丰富又分布均匀的群落才是稳定的群落(王震洪等，1998)。因此昆虫群落的稳定性随着赤桉与大叶相思与银合欢的混交得到了提高。

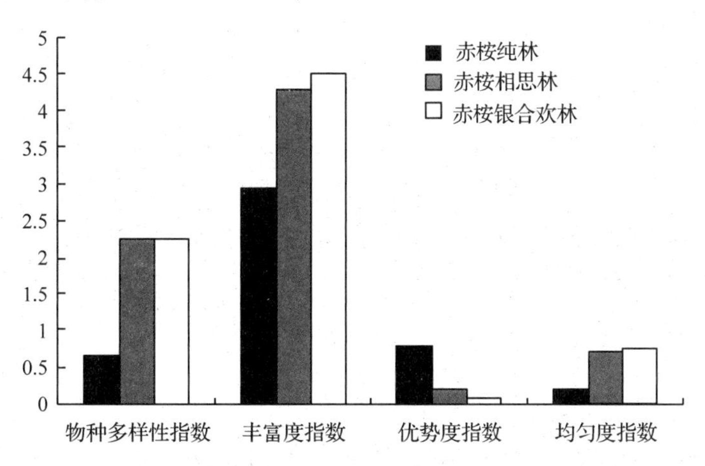

图 5-7　纯林与混交林昆虫群落特征值在赤桉树冠上的变化

5.2.6.3.6　技术评价小结与讨论

(1)干热河谷桉树尤其赤桉纯林出现了大面积的衰退现象(图 5-8、图 5-9)，防止生物多样性衰退的途径有多种，其中重要的一种措施就是营造混交林。生态系统中某些物种之间呈正相互作用关系，一些物种可能会受益于其他一些物种，诸如得益于后者提供的保护、构造的小生境等(Hooper，1997)，特别是豆科植物对群落内其他植物的帮助作用更大(图 5-10)。在由相思与合欢两种豆科植物组成的赤桉混交林内，高的物种多样性使得群落内各物种之间存在正相互作用的可能性增加，因而对该人工林系统功能具有积极的促进作用。在元谋干热河谷十分恶劣的环境中，营造混交林特别是赤桉+合欢、赤桉+相思的混交林(图 5-11、图 5-12)，对于保护和增加该地物种多样性，促进退化地植被的起始恢复具有十分重要的意义。

(2)调查发现，赤桉在与银合欢、大叶相思等固氮树种混交时从中获利，赤桉树冠及林下草丛中昆虫多样性得到提高。元谋地带性土壤为燥红土和褐红土，贫瘠，土壤养分及有机质含量相当低，土壤(1~50 cm)有机质含量为 0. 39%，全氮 0. 024%，全磷 0. 016%，赤桉与相思、合欢的混交林中，赤桉较长时间都能在氮素养分上受益，且高生长较快，不受相思、合欢的遮阴，因此在较长时间内这些混交林仍将趋于协调。赤桉为外来树种，在现存干热河谷区域人工林中占较大规模，建议在林分管理及结构调控中，对其林地长期监测其多样性变化，同时适时引入本地植物物种，改善外来树种人工林的群落结构和物种多样性，发展多样化的人工林既能改善生态环境保护和丰富生物多样性，又能增强群落与生态系统的稳定性。

(3)营造赤桉与大叶相思、银合欢的混交林，可以培肥地力及提高林分生产力，丰富草本植物物种，多样化的生境、丰富的食源等能容纳更多的植食性昆虫、天敌昆虫、捕食性节肢动物，形成了更复杂的食物网，增加昆虫多样性，保证人工林生态功能的正常发挥。

图 5-8　干热河谷桉树低效林下景观

图 5-9　干热河谷桉树低效人工林林内景观

图 5-10　干热河谷桉树人工林改造后林下植被景观

图 5-11　干热河谷桉树人工林添加新银合欢后生态治理植被景观

图 5-12　干热河谷桉树人工林添加大叶相思后生态治理植被景观

（主要撰写人：孙永玉）

Chapter 6
第6章 石漠化植被恢复技术集成与应用

6.1 背景介绍

6.1.1 石漠化概念及成因

石漠化(Rock Desertification)概念最早由袁道先(1998)提出，王世杰等(2002)对其作了进一步定义，即在热带、亚热带湿润-半湿润气候条件及岩溶发育的自然背景下，因人类活动干扰使得地表植被遭到破坏，造成土壤严重侵蚀，基岩大面积裸露的土地退化的表现形式(王世杰，2002；2003)。石漠化主要是在喀斯特碳酸盐岩背景下产生，碳酸盐岩成土速率慢、一旦流失极难恢复(袁道先，1988)。土壤剖面缺乏过渡层，岩土之间的黏着力大为降低，加剧了水土流失和石漠化发生(Sweeting，1993)。人口承载压力、土地的不合理利用以及大气污染等人类活动也是石漠化灾害发生的重要驱动因素。

6.1.1.1 我国石漠化现状

截至2016年年底，石漠化土地总面积为1007万 hm^2，重度和极重度石漠化土地占18.2%，其中贵州省石漠化土地面积最大，为247万 hm^2；潜在石漠化土地总面积为1466.9万 hm^2，其中贵州省潜在石漠化面积最大，为363.8万 hm^2。

6.1.1.2 石漠化危害

生态环境方面，石漠化可导致区域物种组成的显著变化和生物多样性的急剧下降(盛茂银，2015)。此外，石漠化引发的植被退化及土壤侵蚀造成沉积物产量增加以及水流速度降低，严重影响珠江和长江流域船只及发电站运行，对其生态安全构成重大威胁(Jiang，2014)。经济社会放面，退化的生态环境致使旅游资源丧失、经济作物减产，严重制约西南地区经济社会的健康持续发展。

6.1.2 石漠化植被恢复的重要性与紧迫性

近年来，得益于国家和地方采取的退耕还林、天然林资源保护和流域尺度防护林体系建设等重大生态环境修复工程，岩溶区石漠化的整体扩张得到初步遏制，已由去过的持续扩增转为净减少。但石漠化生态防治的形势仍然严峻，如已恢复系统抚育不当、自然灾害、人地矛盾、农业生产方式不佳等，都会导致局部地区再次恶化。

6.1.3 我国石漠化植被恢复现状与发展趋势

得益于近年来一系列生态修复措施的实施和区域人为干扰和人口压力的减轻，我国岩溶区林草覆盖率逐步增加，林草结构也得到一定改善，整体生态系统趋于稳定。截至2016年年底，我国岩溶区植被盖度高达61.4%，较2011年和2005年分别增加3.9%和7.9%。植被结构逐渐由灌木型向稳定的乔木型过渡，2016年，乔木型植被面积较2011年增加了145万hm^2，乔木型植被占岩溶区植被面积比例相应增加了3.5%。

6.1.3.1 石漠化生态治理政策和工程

2008年国务院批复了国家发展改革委员会、国家林业局、农业部、水利部共同编制的《岩溶地区石漠化综合治理规划大纲(2006—2015年)》，标志着石漠化综合治理一期工程建设全面启动实施。2016年制定并经论证印发了《岩溶地区石漠化综合治理工程“十三五”建设规划(2016—2020年)》，规划要求在项目工程实施建成后，实现新增林地面积大于59万hm^2，岩溶区植被覆盖度增加2%以上，实现林分结构优化，提高林分质量和稳定性；实现人工种草和改良草地面积16.7万hm^2，草地制备平均盖度增加3%；初步实现治理岩溶土地面积5万km^2以上，石漠化面积2万km^2以上。

6.1.3.2 石漠化植被恢复理论研究进展

自20世纪80年代，石漠化植被恢复理论研究逐渐受到了学者的广泛关注。据文献统计，1985—2017年，涉及石漠化植被恢复与高效特色林业发展的研究文献共有486篇(张俞等，2018)。其中，有关我国岩溶区石漠化植被恢复理论研究主要涉及以下几个方面内容。

气候、土壤与植被恢复关系：近年来西南部岩溶区气温波动升高、年降水量轻微减少(张勇荣等，2014；陆虹等，2015)，土壤温、湿度变化直接抑制土壤中温室气体(CO_2和CH_4)排放(蒲敏等，2019)；植被恢复工程的实施增加了土壤和植被碳储量，提高了岩溶区固碳增汇能力(陈伟杰等，2010；田大伦等，2011；张明阳等，2014)；岩溶区植被极易受到土壤理化因子的影响(李瑞等，2016)。

植被正向演替特征：喻理飞等(1998)将退化喀斯特植被的自然演替过程划分为6各阶段，依次为草本群落、灌草群落、灌木灌丛、灌乔过渡、乔林、顶级常绿落叶混交林。随正向演替进行，植物群落结构逐渐改善、多样性显著提高、生物量不断积累，构成以萌生为主的无性繁殖向实生为主的有性繁殖过渡的更新对策(喻理飞等，2002)。时间尺度上植物群落的正向演替速度呈现出慢—加速—慢的整体趋势，退化植被从草本演替群落至结构和功能基本恢复需要30~40年，完全恢复则需要100年(刘京涛等，2009)。

植被环境适应性：喀斯特优势植物通常具有较高的根冠比和发达的根系，其叶片具有发达的栅栏组织、较厚的角质层或蜡质层，这些形态结构特征大大降低了植物因蒸腾作用流失的水分，有利于促进植物体内的水分平衡(容丽等，2008；段爱国等，2009)。相对于非岩溶区，岩溶区优势植物在对干旱和高光胁迫的长期响应中，通过调节气孔导度或叶面积大小降低了叶片CO_2与大气CO_2浓度比值，从而提高了叶片δ^{13}值，使植物维持较高的水分利用效率(谭巍等，2010；黄甫昭等，2019)。有研究发现，岩溶区植物叶片和根系中碳酸酐酶的活性要高于非岩溶区被子植物，是植物为应对岩溶区干旱生境和维持高效光合作用的一种适应表现。此外，岩溶区石生苔藓和蕨类植物体内和岩面土壤中均具有较高的碳酸酐酶活性，这对于促进碳酸盐岩溶解，加速石灰土形成，提高岩溶区碳汇具有重要意义(李强等，2011；张楷燕等，2017)。

6.1.3.3 石漠化植被恢复模式现状与问题

国家林草局荒漠化防治司联合国家林草局中南调查规划设计院于2012年根据西南喀斯特石漠化区特点，将石漠化综合治理模式划分为八大类，依次为：①森林植被恢复模式；②草地植被恢复与合理利用模式；③经济利用类植被恢复模式；④工程防治模式；⑤森林生态旅游发展模式；⑥生态经济型治理模式；⑦生态移民治理模式；⑧综合治理模式。

目前，我国岩溶区石漠化植被恢复治理模式的研发正处于快速发展阶段，虽然在不同的石漠化区域已经取得了显著的治理效果，但在今后植被恢复治理模式研发、推广和应用中仍需注意以下问题：①单一治理模式中物种多样性配置不足，每个模式平均涉及2个乔木树种，极不利于维持稳定的植被群落结构和相关生态服务功能，应着重优化物种配置、丰富植被生活型、合理设计种植密度和空间位置，同时兼顾经济和社会效益；②在石漠化植被恢复过程中，物种选择不能局限于被子植物，要发掘和充分利用苔藓等石生先锋植物在促进碳酸盐岩溶解、改善微环境的作用，同时有效防治外来入侵植物对本土植物群落产生的不利影响；③要充分发掘和利用岩溶区各种异质化岩体小生境进行植被恢复，因为这些小生境往往具有相对优越的气候和土壤条件，更适宜地带性植物快速定植和更新。因此，石漠化植被恢复模式治理时总体上要因地制宜，从植物群落结构功能和生境多要素耦合的角度出发，筛选和培育先锋和特色资源植物，充分发掘和利用岩溶小生境类，构建林灌草空间立体配置结构，实现西南岩溶石漠化区自然生态环境和社会经济和人文的协调可持续发展。

6.2 石漠化植被恢复关键技术与应用

植被恢复是遏制生态环境恶化，改善脆弱生态系统和退化生态系统的有效措施。植被恢复的途径主要有两种：封山育林(育草)技术和人工造林技术。据此，我国已启动的“天然林保护工程”和“退耕还林还草工程”，均可在较大范围内进行植被的恢复与重建。

6.2.1 石漠化立地划分与植被恢复技术选择

6.2.1.1 中国南方石漠化区划

根据我国石漠化分布特点、地带性气候、大地貌特征及岩溶中地貌特点，将我国南方石漠化区域区划为4个一级区划单位和13个二级区划单位，详见表6-3(但新球，2002)。

表 6-3 中国南方石漠化区划体系

一级区划	二级区划
Ⅰ两广热带、南亚热带区	Ⅰ-1 粤西、北岩溶丘陵区
	Ⅰ-2 桂西岩溶丘陵区
	Ⅰ-3 桂中、桂东北岩溶低山区
Ⅱ云贵高原亚热带区	Ⅱ-1 长江水系乌江流域黔西区
	Ⅱ-2 长江水系黔东、黔中、黔东南区
	Ⅱ-3 长江水系黔西北、东北岩溶区
	Ⅱ-4 珠江水系南北盘江等黔南岩溶区
	Ⅱ-5 滇东、滇东南高原岩溶区
Ⅲ湘鄂中、低中丘陵中亚热带区	Ⅲ-1 湘西岩溶中、低山区
	Ⅲ-2 湘南、湘中岩溶丘陵区
	Ⅲ-3 鄂西岩溶中低山区
Ⅳ川渝鄂北亚热带区	Ⅳ-1 东南岩溶山地
	Ⅳ-2 渝东、鄂北山地丘陵区

6.2.1.2 土地分类

喀斯特地区土地分为石漠化土地和未石漠化土地两大类。未石漠化土地分为非石漠化土地和潜在石漠化土地。

(1)石漠化土地。岩石裸露度≥30%，且符合下列条件之一者为石漠化土地。

①植被综合盖度<50%的有林地、灌木林地；②植被综合盖度<70%的草地；③未成林造林地、疏林地、无立木林地、宜林地、未利用地；④非梯土化旱地。

(2)未石漠化土地。

①潜在石漠化土地。岩石裸露度≥30%，且符合下列条件之一者为潜在石漠化土地。

a)植被综合盖度≥50%的有林地、灌木林地；b)植被综合盖度≥70%的牧草地；c)梯土化旱地。

②非石漠化土地。符合下列条件之一者，为非石漠化土地。

a)岩石裸露度<30%的有林地、灌木林地、疏林地、未成林造林地、无立木林地、宜林旱地；草地；未利用地；b)苗圃地、林业辅助生产用地等林地；水田；建设用地；水域。

6.2.1.3 石漠化程度分级

石漠化的程度分为四级：轻度石漠化(Ⅰ)、中度石漠化(Ⅱ)、重度石漠化(Ⅲ)和极重度石漠化(Ⅳ)。

(1)石漠化程度评定因子及指标。石漠化程度评定因子有岩石裸露度、植被类型、植被综合盖度和土层厚度(王德炉等，2005)。石漠化各因子及评分标准见表 6-4。

(2)石漠化程度评定标准。

①轻度石漠化(Ⅰ)：各指标评分之和≤45；

②中度石漠化(Ⅱ)：各指标评分之和为 46~60；

③重度石漠化(Ⅲ)：各指标评分之和为 61~75；

④极重度石漠化(Ⅳ)：各指标评分之和>75。

表 6-4　石漠化评定因子与因子评分标准

岩石裸露度		植被类型		植被综合盖度*		土层厚度	
程度	评分	程度	评分	程度	评分	程度	评分
30~39%	20	乔木型	5	50~69%	5	Ⅰ级(40 cm 以上)	1
40~49%	26	灌木型	8	30~49%	8	Ⅱ级(20~39 cm)	3
50~59%	32	草丛型	12	20~29%	14	Ⅲ级(10~19 cm)	6
60~69%	38	旱地作物型	16	10~19%	20	Ⅳ级(10 cm 以下)	10
≥70%	44	无植被型	20	<10%	26		

*：旱地农作物植被综合盖度按 30%~49%计。

6.2.1.4　根据石漠化程度选择相应治理方式

石漠化地区植被恢复原则应坚持以生态效益优先的原则，兼顾经济效益与社会效益。根据石漠化不同程度选择不同植被恢复方式进行分级治理。本着因地制宜，适地适树的原则，开展多树种、常绿树种与落叶树种混交造林，以乡土树种为主，乔、灌、草相结合。

石漠化地区植被恢复方式为人工造林和封山育林。植被恢复方式应根据石漠化程度选择。

(a)轻度石漠化地段：以人工营造特色生态经济林为主。

(b)中度石漠化地段：在坡度小于 25°的适宜地区，以培育生态经济林为主；坡度大于 25°地区以营造水源涵养林、水土保持林等生态林。

(c)重度、极重度石漠化地段：以封山育林为主，建立水源涵养林、水土保持林等生态林。

6.2.2　封山育林、育草技术

封山育林(育草)是森林经营的一种重要方式，它以封禁为手段，利用树木天然更新能力和植物自然演替规律，使疏林地、灌木林、散生木林、宜林荒山等林业用地自然成林，效果使森林结构最好、森林生态功能最大、森林生态系统最稳定(姜娟，2011)。原有的疏林地、灌丛地、灌木林地、具备封育条件的荒山荒地在经过 5~10 年的封育之后，植被种类不断丰富，其涵养水源、改良土壤的功能也会极大增强。

6.2.2.1　封山育林的原则

为了使封山育林能取得不错的效果，在实际操作中要注意选择有一定数量种子、无性繁殖体或附近有种源的地段，同时进行封育类型的划分，针对不同类型在恢复中的物种组成、空间结构、发育状况等特点，要采取相应的措施提高植被恢复效果。同时，在更新造林的发展建设中，不仅要对封山育林进行良好的管理，更要熟悉当地的地貌特征和人文环境，充分发挥封山育林的最大效益(安楠，2015)。

(1)开设围栏：在牲畜活动较多的地方，用铁丝、挖沟或者种植一些有刺的灌木将其隔离开，进行围封。

(2)设立标识：在封禁区附近醒目的位置，如沟口、河口等地放置标识牌。

(3)专人巡护：在必要的情况下可根据封育的面积和人畜对于封育区破坏的可能性大

小进行巡护，同时，可在林区要道设卡。

(4)全面规划：封山育林是一项长期任务，应本着促进农业生产的角度出发，做到农、林、牧、副全面发展。

(5)加强领导：封山育林是一项社会性较强的系统工程，某些地区和领导对于这项工作缺乏足够的认识，导致这种低成本、高效益的育林方法得不到及时的推广，应强化政府行为，建立领导任期目标责任制保证工程的顺利实施。

6.2.2.2 封山育林的方式

根据不同的目的和条件封山育林可以划分为全封、半封和轮封三种。

(1)全封。在较长时间内将山林彻底封闭，绝对禁止上山砍树、修枝、放牧、挖树根、烧荒、产草皮、烧炭和挖药材等一切人为活动。自然保护区、边远山区、江河上游、石山陡坡地以及植被恢复较困难的封育区，宜实行全封(梁瑞龙等，2012)。

(2)半封。在每年3~9月林木生长季节实行封禁，定期开山时，有计划、有目的、有指导的在制定地点对允许割灌的品种进行割草、砍伐，并结合抚育措施，严禁砍伐目的树种，同时保护幼苗幼树。在有一定数量的目的树种、生长良好、林木郁闭度较大的封育区，宜实行半封。

(3)轮封。即轮流封禁，根据当地群众生产生活的需要，将具备封山育林的条件的地方分区划片进行轮流封育，达到封育成林的目的。在不影响育林要求和水土保持的前提下，划出一定范围的林地，有计划有指导的供群众樵采、放牧，其余一律禁封。

6.2.2.3 封山育林的类型

封山只是一种手段，而关键在于育林，封而不育会导致封山不成林，林分生产力和质量低下，封育的目的是要形成以乔木为主的林分。根据人为干扰方式、立地条件、繁殖体条件、树种组成等方面的差异及其演替动态等，可将封山育林分为裸岩、草丛、藤刺灌丛、低价值乔木林、弃耕地、采矿废弃地等类型。

(1)裸岩类型。裸岩类型属生态环境极严重脆弱型土地，基岩裸露面积在9%以上，土被覆盖度不足10%，需进行封育，恢复草本植被，降低地表温度、增加土壤湿度。草本植物改良环境后为喜光木本植物，如红背山麻杆、龙须藤、黄荆等入侵创造条件，进一步增加植被盖度，增加群落湿度，为植物的生长提供小环境条件。对沟槽积土厚度20 cm以上，可采用点播任豆、银合欢，或植苗任豆、金银花、吊丝竹、台湾相思等经济树种，不强调株行距一致，见缝插针，以尽快恢复森林植被。造林整地材用局部小块状整地，抚育仅去除严重影响苗木生长的草本与藤本。封山育林，严禁割草、砍柴、放牧。

(2)草丛类型。该类型地段石漠化特征极明显，土壤侵蚀强烈，基岩裸露面积在80%以上，土被覆盖度在20%以下，属生态环境严重脆弱型土地。由于该类型已具备一定的土壤及庇阴条件，为种子萌发和幼苗生长创造了必要物质基础，若进行封山，严格控制人为活动，并施以人工促进更新措施，增加种子或无性繁殖体来源，人工种植任豆、香椿、顶果木、降香黄檀、金银花、吊丝竹等种类，环境条件将很快得到改善，为进一步提高植被盖度、湿度创造条件。

(3)藤刺灌丛类型。草丛群落发展到一定时期，一些喜光的灌木藤本植物与一些高草植物混生形成灌草丛，以后灌木、藤本植物大量增加，占据优势成为灌丛群落。这个类型最明显的特征是刺生藤本大量出现，种子繁殖的仍然是草本植物为主，灌木种类极少，自然恢复仍需较长一段时间。在此类型适当栽培一些先锋喜光乔木树种，如任豆、香椿海南菜豆树、南酸枣、银合欢和台湾相思等。同时，任豆、香椿等又是速生树种，具有极强的萌芽力，对于短期内解决群众的生活能源起到很好的作用，香椿还可作为一种食用植物资源来开发。封山育林措施，宜选择半封方式，严禁放牧、烧荒，定期抚育林木，除去严重影响树木生长的藤蔓和草本。

(4)低价值乔木类型。低价值乔木林是原生植被受人为砍伐破坏后，以根或桩萌芽、萌蘖等无性更新为主而形成的萌生乔林，多分布于山坡中下部。管理措施以封山育林为主，在环境条件较好的地段，选择具有涵养水源、保持水土、改善环境等生态价值较好的常绿树种，如蚬木、金丝李、青冈栎、榅树、台湾相思、蝴蝶果、东京桐、苹婆、海南蒲桃、铁屎米、秋风、山胶木、狗骨木等树种进行栽植，诱导形成常绿落叶阔叶混交林，改善环境，通过人工构建起常绿落叶阔叶林的石山植被，培育成能够提供优良木材和其他林副产品以及充分发挥其较优的涵养水源、保持水土作用的优良林分。

(5)弃耕地类型。弃耕迹地多分布于山坡中部或上部，是不合理使用土地、毁林开荒、陡坡开垦而丢弃后形成，由于经过人为耕作(一般达两年以上)，地段上无原生植被痕迹，繁殖体缺乏，植被自然恢复所需繁殖体主要靠周围树种的天然下种侵入，封山后首先侵入的是一年生或多年生草本植物，其次是由迹地周围或地埂边缘的任豆、木棉、麻栎等耐旱、喜光乔、灌木树种侵入。弃耕地坡度相对较为平缓，交通较为方便，土壤肥力较高，适宜作为林牧、林果等高效复合经营。若采取封山育林措施，则宜以增加繁殖材料，人工植苗任豆、香椿、南酸枣、海南菜豆树等速生树种，待抚育至郁闭后可全封，保护山林植被，发挥其最大生态与经济效益。

(6)采矿废弃地类型。一般分布于白云岩山地坡上部和中上部，该地段是由于矿石(铁铝矿或铝土矿)夹杂于白云岩中，零星分布，经开采后于矿坑四周堆弃废矿石或矿石采完后矿坑废弃而成。该地段上土壤、植被破坏严重，土壤石砾含量高，且多为母质土，立地条件差，局部地段矿坑周围土壤塌陷，土层仍较深厚，繁殖体来源主要靠周围林木的天然下种。该类型初期侵入树种多为喜光耐干旱瘠薄，且天然下种能力强的树种，如任豆、木棉、榕树、白栎等。

裸岩、稀疏灌丛草坡、灌丛和采矿废弃，由于生境较严酷，生境异质性高乔木种类种源缺乏或分布不均，封育地段常出现空地，仅靠天然更新，植被恢复速度极慢。因此，需要进行人工补播、补植，增加种源，所选择的树种应具生活力、适应力及更新能力强的特点。例如任豆、南酸、海南菜豆树、苏木等，这些树种天然更新能力较强，是石山植被恢复的先锋树种。弃耕迹地，立地条件稍好，但缺乏乔木种源，宜人工造林，增加种源，可营造任豆与桂牧1号杂交象草、任豆与吊丝竹、任豆与金银花混交林，建立高效林牧、林竹、林药等复合经营系统。其他低价值乔林，补植时应选择经济价值较高阔叶树种，以形成阔叶混交林，增强林分的稳定性和抗逆性，增加经济收入。总之，采取人工补播、补植，增加种源，针对立地条件等特点，应尽量选择适应性强，更新能力强，生长速度快，并有一定经济价值的树种，还应有利于形成混交林，以更好地发挥森林生态、经济和社会效益。除乡土树种外，也可选择有成功栽植经验的外来速生树种，如银合欢、降香黄檀等等。针对不同封育类型的特征，应因地因时采取相应的人工促进措施(表6-5)。

表 6-5 不同封育类型植被自然恢复特征及人工促进措施

封育类型	植被自然恢复特征				人工促进措施
	障碍因子	可能性	潜力	速度	
裸岩类型	生境条件、繁殖体缺乏	中	中	慢	补播、补植，增加种源
草丛类型	生境条件、繁殖体缺乏	中	较大	较慢	补播、补植，增加种源
藤刺灌丛类型	生境条件、繁殖体缺乏	较大	大	较快	补播、补植，增加种源
低价值乔林型	人为干扰	大	大	快	组成调整、补植
弃耕迹地类型	繁殖体缺乏	较大	大	较快	补植、补播
采矿废弃类型	繁殖体缺乏、生境干旱	中	中	较慢	补植、补播

6.2.3 人工造林技术

6.2.3.1 树种、草种选择原则

石漠化地区环境十分复杂，自然环境呈现出环境因子利弊兼容、水分亏缺时空异质、水分亏缺程度派生、环境改造艰难的特点(朱守谦等，1998)。选择适合的造林树种对石漠化生态修复意义重大。树种的选择关系到造林的成败，尤其对于石漠化地区来说，树种的选择应更加严格，在人工造林过程中，应结合当地环境因素选择合适的树种，做到因地制宜，并注重树种之间的合理搭配，防止病虫害的发生(董孝平，2018)。

荒山造林和人工促进封山育林是石漠化地区植被恢复的有效手段，但对造林树种的选择十分重要，主要遵循以下原则：

(1)优先选择抗旱性强的乡土植物。西南喀斯特地区降雨充沛，但由于缺乏植被系统的调节，加上土层浅薄、土壤总量少、储水能力低以及岩石渗漏性强等原因，土壤水分的亏缺仍然是植被恢复的主要障碍因子(陈洪松等，2008)。在植被恢复树种的选择上，要以当地乡土植物为主，乡土植物经过长时间的生长、演变能够很好地适应当地的环境，同时要考虑植物的抗旱性。

(2)生态效益与经济效益兼顾。石漠化地区生态环境恶劣，人多地少，经济水平落后。抗旱性植物筛选不仅要考虑石漠化治理的效果同时也要兼顾当地经济的发展。只有抗旱性强、生态效益好、经济价值高的树种才能在政府积极引导，群众积极响应的良好氛围中实现生态与经济共赢。

要想在季节性干旱频发的喀斯特地区生存，植物必须满足以下要求：

(1)能忍耐土壤季节性干旱。在幼苗期间，既能适应降水集中期土壤潮湿的环境，也能抵抗季节性干旱的影响。既能在温差小的环境下生长，也能在夏季高温炎热昼夜温差较大的环境中生存而不会死亡。同时，在高温、干旱综合影响下，能够正常的生长。

(2)要有发达的根系，能够穿透岩石缝隙，趋水趋肥性强。喀斯特地区土壤水分来源主要是降水，在降水稀少甚至没有降水的时期，植物必须要具有能够找到一些可供自身生长利用的水分的能力，发达的根系有助于植物从地下吸收岩石裂隙间的水分。

(3)容易成活，具有较强的环境适应能力。林木的生长多为粗放的自然生长，这需要林木自身具有很强的协调环境和适应环境的能力。我们选择植物的主要是将其应用到石漠化生态修复中，因此，存活的同时，也要求植物能够短期郁闭成林，具有较大的盖度。

(4)萌芽更新能力强。在植物自身受到牲畜破坏或者人类砍伐的情况下，依然能够存活。

(5)适宜于中性偏碱性和喜钙质土壤生长。石漠化地区土壤呈中性偏碱性，且土壤中具有较高的钙含量，选择的植物要能够适应这样的高钙的土壤环境。

1985 年开始，石漠化的生态治理已经进行了大量的研究工作及示范。主要包括“乌江中游石灰岩山地低效林改造试验示范区研究”“贵州岩溶山区以牧为主的生态农业试点的研究”“乌江中下游小流域防护林营建技术及示范区的建立研究”等，在这一阶段提出了石漠化地区植被恢复技术和建立了生态综合治理的初步思想，初步掌握了石漠化生态治理的配套的技术与经验，并筛选出了一批耐干旱、根系发达、生长快、易成林、保水能力强、生态效益和经济效益明显，特别适宜于石漠化治理的优良树种。说明石山岩溶地区只要树种选择得当，技术措施到位，方法科学，石山岩溶地区造林绿化同样是具有潜力的。不同石漠化地区适宜植被恢复物种见表 6-6。

表 6-6 喀斯特石漠化地区人工造林参考物种

一级区划	二级区划	参考物种
Ⅰ两广热带、南亚热带区	Ⅰ-1 粤西、北岩溶丘陵区	杜鹃、八角、台湾相思
	Ⅰ-2 桂西岩溶丘陵区	任豆、吊丝竹、苏木、香椿、肥牛树、南酸枣、柚木、降香黄檀、苦楝、桤木、台湾相思、喜树、毛葡萄、山银花、木豆、象草等
	Ⅰ-3 桂中、桂东北岩溶低山区	竹子、任豆、香椿、喜树、毛葡萄、山银花、木豆、柏木、核桃等
Ⅱ云贵高原亚热带区	Ⅱ-1 长江水系乌江流域黔西区	滇柏、柏木、藏柏、泡桐、滇楸、麻栎、栓皮栎、女贞、臭椿、刺槐、苦楝、化香、喜树、猴樟、复羽叶栾树、桤木、杜仲、黄柏、花椒、核桃、乌柏、漆、桑、油桐、盐肤木、梨、桃、黔竹、刺梨、紫穗槐、金银花、火棘、龙须草等
	Ⅱ-2 长江水系黔东、黔中、黔东南区	滇柏、福建柏、柏木、滇楸、栲树、光皮桦、麻栎、栓皮栎、女贞、臭椿、刺槐、苦楝、喜树、猴樟、黔竹、桤木、杜仲、黄柏、花椒、核桃、乌柏、漆、桑、盐肤木、刺梨、紫穗槐、金银花、火棘、龙须草等
Ⅱ云贵高原亚热带区	Ⅱ-3 长江水系黔西北、东北岩溶区	滇柏、柏木、藏柏、滇楸、响叶杨、麻栎、白栎、栓皮栎、女贞、臭椿、刺槐、猴樟、复羽叶栾树、杜仲、黄柏、花椒、核桃、乌柏、川桂、漆、桑、盐肤木、黔竹、慈竹、刺梨、紫穗槐、金银花、火棘、龙须草、方竹等
	Ⅱ-4 珠江水系南北盘江等黔南岩溶区	云南松、滇柏、柏木、滇楸、光皮桦、麻栎、白栎、栓皮栎、女贞、臭椿、刺槐、苦楝、猴樟、复羽叶栾树、杜仲、黄柏、花椒、核桃、乌柏、漆、桑、油桐、盐肤木、梨、桃、黔竹、车桑子、刺梨、紫穗槐、金银花、火棘、龙须草等
	Ⅱ-5 滇东、滇东南高原岩溶区	滇柏、藏柏、墨西哥柏、柳杉、云南松、华山松、湿地松、马尾松、滇合欢、新银合欢、滇青冈、高山栎、桉树、滇楸、光皮桦、旱冬瓜、黑荆、女贞、臭椿、刺槐、苦楝、圣诞树、高山栲、黄连木、栾树、杜仲、黄柏、香椿、花椒、核桃、乌柏、漆、桑、盐肤木、石榴、小桐子、车桑子、刺梨、紫穗槐、金银花、木豆、马鹿花、紫花苜蓿、三叶草、百脉根、龙须草等

续表

一级区划	二级区划	参考物种
Ⅲ湘鄂中、低中丘陵中亚热带区	Ⅲ-1 湘西岩溶中、低山区	圆柏、火炬松、柳杉、麻栎、白栎、栓皮栎、女贞、臭椿、刺槐、桤木、杜仲、乌桕、漆、桑、盐肤木、刺梨、紫穗槐、金银花等
	Ⅲ-2 湘南、湘中岩溶丘陵区	圆柏、火炬松、柳杉、麻栎、白栎、栓皮栎、女贞、臭椿、刺槐、苦楝、桤木、杜仲、乌桕、漆、桑、盐肤木、梨、桃、刺梨、紫穗槐、金银花等
	Ⅲ-3 鄂西岩溶中低山区	柏木、侧柏、圆柏、泡桐、响叶杨、麻栎、白栎、栓皮栎、女贞、青冈、枫香、杜仲、香椿、乌桕、漆、桑、油桐、盐肤木、刺梨、火棘、紫穗槐、金银花、马桑等
Ⅳ川渝鄂北亚热带区	Ⅳ-1 东南岩溶山地	圆柏、火炬松、柳杉、响叶杨、麻栎、白栎、栓皮栎、杜仲、乌桕、漆树、盐肤木、梨、刺梨、紫穗槐、金银花等
	Ⅳ-2 渝东、鄂北山地丘陵区	柏木、泡桐、响叶杨、麻栎、白栎、栓皮栎、女贞、刺槐、桤木、杜仲、乌桕、漆、桑、油桐、刺梨、紫穗槐、金银花等

6.2.3.2 苗木培育技术

苗木培育是指从繁殖材料获取到成苗出圃全部培育过程中所涉及的各项技术措施。苗木培育技术要求精准化，即各项培育技术措施实施过程中要做到科学化、规范化、标准化，这是现代苗木培育技术的趋势，也是现代苗木培育的技术精髓。以下将从不同功能树种中分别选取一类典型树种进行详细介绍。

同时，在树草种选择、配置方面应避免单一物种的大规模种植，造林的季节也十分重要，夏季气温偏高，影响造林成活率；春、冬季气温适宜，但水分供给不足，需要解决造林时的土壤水分亏缺问题(郭红艳等，2016)。

撒施1000~1500 kg腐熟农家肥，然后深翻，耕细，作畦。畦长10 m左右，宽1 m，畦高20 cm；将畦面浅耕耙平。扦插时在畦内按照30 cm×12 cm的行株距，扦插条斜面向下插入土中，上端的芽眼距地面1~2 cm。

苗圃地管理技术：插条顶新梢高5 cm左右时，及时揭去盖层草被，抹除顶新梢以下侧芽。加强中耕除草、防治病虫害等管理，及时排水、抗旱和追肥。

【示例一】金银花的育苗技术

金银花(*Lonicera japonica*)是忍冬科多年生半常绿灌木，喜阳、耐阴，耐寒性强，也耐干旱和水湿，根系繁密发达，萌蘖性强，茎蔓着地即能生根。它性甘寒气芳香，甘寒清热而不伤胃，芳香透达又可祛邪。金银花既能宣散风热，还善清解血毒，用于各种热性病，如身热、发疹、发斑、热毒疮痈、咽喉肿痛等症，均效果显著。

采种与贮藏：选择8~15年生，生长健壮，无病虫害，结实多的中年树作为采种母树。在每年的7~9月，当外种皮呈兰紫色，内种皮为黑色时种子成熟即可采摘。种子采收后，将其集中堆放，每天翻动几次，约3~5天后，待外种皮全部变成黑色时，用力搓掉外种皮，用清水滤洗，沉底的黑色种子即为良种，凉干后，贮藏于通风阴凉处。

种子处理技术：播种时，先将种子进行温水浸种或弱酸弱碱浸种处理，保湿催芽。播种技术：播种可实行春播和秋播。春播每亩用种量约1~2 kg，采用条播；播后覆盖1 cm左右细土，以不见种子为宜；稍镇压，同时浇足水分，加盖草被或秸杆保湿遮阴。秋播每亩播种量为15~20 kg；开春后下雨即可移栽，移栽密度为每亩5万株左右。

苗圃地管理技术：出苗后，逐渐揭去盖草等；当苗高4~5 cm左右进行间苗，出圃密度为亩产4万~5万株。苗木生长期间，要及时施肥，并适时进行中耕除草。

【示例二】砂仁的育苗技术

砂仁(*Amomum villosum*)是姜科多年生草本植物，栽培或野生于山地荫湿之处。果实供药用，以广东阳春的品质最佳，主治脾胃气滞，宿食不消，腹痛痞胀，噎膈呕吐，寒泻冷痢。砂仁观赏价值较高，初夏可赏花，盛夏可观果。

采种与贮藏：砂仁育苗首先要选择良种，以生长健壮，无病虫害的6~12年生植株作为采种母株。种子成熟多在白露前后(7~10月)，当种皮由青转呈红色或淡红、红黄色时，选取植株生长健壮、果实较均匀的果序，用刀割下该枝果序，摘下球果，去壳，放入温水或清水中浸泡，用手搓洗，去杂，用筛子沥干，将种子放在阴凉处或混砂贮藏。

种子处理：播种前须用45~60 ℃的温水浸种，连续3次变温处理，待种皮软化后，再取出放在湿度为50%的新鲜锯末中催芽，待有部分种子露出芽点时即可播种。

播种技术：选择地势平缓、土质疏松、排水良好的土地作为苗圃，播种前30天用石灰进行土壤消毒，可减轻病虫害。最好用腐熟的有机肥或三元复合肥作为底肥。播种时要控制种量，春播每亩用种量约4~6 kg，秋播约30~45 kg；均匀撒播，或条沟播。

苗圃地管理技术：播种后要保持苗地湿润，加强中耕除草、追肥，防治病虫害等。

【示例三】香椿的育苗技术

香椿(*Toona sinensis*)是楝科落叶乔木，树体高大，除供椿芽食用外，也是园林绿化的优选树种。古代称香椿为椿，称臭椿为樗。中国人食用香椿久已成习，汉代就遍布大江南北。椿芽营养丰富，并具有食疗作用，主治外感风寒、风湿痹痛、胃痛。

采种与贮藏：采种时先在当地选择优良母树，一般应选择生长健壮的15~30年生的母树。种子成熟时，蒴果由绿色变为黄褐色，应及时采摘。果实采回后，应放于通风处晾干，不能暴晒。将种子放于布袋中，放在干燥通风、阴凉低温处贮藏。种子处理技术：播种前种子可用温水浸泡15~20小时，水温控制在40 ℃左右，再用清水浸泡10小时，捞出凉干，保湿保温催芽。种子裂嘴后，就可播种。

播种技术：播种可采取冬播、春播，圃地育苗或营养袋育苗。圃地育苗多采用条播，播时按行距25 cm开沟，沟深3~4 cm；播幅宽度6~10 cm，用锄整平沟底；播量为每亩5~10 kg。播种后上覆盖一层细土或火土灰，厚度以刚好遮盖种子为宜。营养袋育苗可采用8 cm×12 cm的小型袋进行，以腐殖质土、复合肥、堆肥、壤土的混合物填充作基质，每袋放种子1粒，最多不超过2粒，盖上基质，排列在苗圃地上或温室内。

苗圃地管理技术：播种后要保持苗地湿润，出芽时要加强遮阴，避免强光直射。加强中耕除草、防治病虫害等管理，及时排水、抗旱和追肥。每亩出苗3万~5万株。

【示例四】构树的育苗技术

构树(*Broussonetia papyrifera*)是桑科落叶乔木，具有速生、适应性强、分布广、易繁殖、热量高、轮伐期短的特点。其根系浅，侧根分布很广，生长快，萌芽力和分蘖力强，耐修剪。抗污染性强。在中国的温带、热带均有分布，不论平原、丘陵或山地都能生长，其叶是很好的猪饲料，其韧皮纤维是造纸的高级原料，材质洁白，其根和种子均可入药，树液可治皮肤病，经济价值很高。

采种：10月采集成熟的构树果实，装在桶内捣烂，漂洗去渣，稍晾干即可。

选地、整地：选择背风向阳、疏松肥沃、深厚的壤土地作为圃地。

施基肥：在播种前1个月，将粉碎的饼肥150 kg/亩，撒施于圃地耙入土壤中。

播种：采用窄幅条播，播幅宽6 cm，行间距25 cm，播前用播幅器镇压，种子与细土(或细沙)按1∶1的比例混匀后撒播，然后覆土1 cm，稍加镇压即可。干旱地区需盖草。

苗期管理：对于盖草育苗的，当出苗达1/3时开始第一次揭草，3天后第二次揭草。当苗出齐后1周内用细土培根护苗。进入速生期可追肥2~3次。

【示例五】火棘的育苗技术

火棘(*Pyracantha fortuneana*)又名火把果、救兵粮，蔷薇科火棘属常绿灌木，其树形优美，花、果、叶都有较高的观赏价值。火棘耐贫瘠、对土壤要求不高、生命力强，因此成为治理石漠化的一种重要植被。

整地作床：育苗地应选择在地势平缓、土壤水养条件较好且呈微酸性的区域作为苗圃地，在2月全面深翻25 cm左右之后平整，施足基肥。床宽1~1.2 m，床高20~25 cm，床长根据地形和播种量而定，床埂要经过多次培土踏实，然后将床面细致耧平，清除草根杂物等；步道宽约40 cm，整好排水沟。

种子处理：播种前将种子用0.5%的高锰酸钾溶液浸种2小时，捞出后用清水冲洗后在阴凉处风干，然后用干细沙与种子按3∶1的比例混沙湿藏，等到种子露白时取出即可播种(李志全等，2006)。

播种：在3月中旬进行播种，常用的播种方法是撒播和条播。撒播是将经沙藏的种子均匀撒在苗床中，用细土(过筛的黄心土)覆盖，厚度以看不见种子为宜，并适当的洒水，其上再覆盖毛草。条播是在苗床每隔20 cm开沟一条，沟宽6~8 cm，沟深2~3 cm，播完种子后，用细表土覆盖种子直到看不见种子，并洒水湿润苗床，然后再覆盖上一层草，以减少水分蒸发和防止雨滴冲击土面(林紫玉等，2005)。

除草：一般播种20天后开始出苗，当幼苗出土2/3后，在阴天选择逐渐揭去覆盖物，待幼苗出齐之后，应及时松土除草。苗圃的杂草要用手小心拔除，以免损伤苗木，要做到“除早、除小、除净”，全年进行3~4次(年晓利等，2005)。

施肥：施追肥要按照前期以氮肥为主，后期以磷、钾肥为主，先淡后浓、多次少量的原则。7月前追肥3次，施肥以沟施覆土为主，深度一般为7~10 cm左右，一亩地施5 kg尿素，每10天一次。7月中旬施硫酸钾1次，一亩地施15 kg，8月上旬喷施一次0.3%的磷酸二氢钾溶液，促进苗木提早木质化来增强越冬时的抗逆性。

间苗：间苗一般分3次进行，8月上旬以前做好定苗工作，保留苗木约50株/m^2，产苗量每亩可达2万~2.35万株。当年苗高25 cm，主根长而粗，侧根稀少，最好在苗芽萌动前进行分栽，一般在3月进行，必须带土以提高苗木的成活率。

【示例六】任豆的育苗技术

任豆(*Zenia insignis*)为苏木科落叶大乔木，高科达30 m，最大胸径达1 m以上，又称翅荚木、任木，具有适应性强、生长迅速、萌芽更新能力强等特点，是西南和华南地区生态公益林建设中的一个重要树种，且成为石质山地造林、植被恢复重建的首选乡土树种之一。

苗圃地选择：苗圃应选择在地势平坦、通风良好、光照充足、临近水源和造林地方便的地方，整理深犁25～30 cm，晒后应细致耙碎。培育一年生的大田裸根苗，可起畦，畦面宽1 m，畦高25～30 cm，现在多数苗场采用容器苗育苗，采用先育幼苗再移植成袋苗培养，容器以塑料薄膜袋（未打开时宽10～12 cm，高13～15 cm）为主（蔡乙东等，2006）。

种子处理：任豆种子坚硬，种皮有蜡质层，不易透水透气，播种前若不加处理，则发芽的时间较长，发芽率和出苗率低而不整齐，播种前需进行预处理。贮藏的种子播前可用60 ℃热水浸种，种子和热水的比例为1∶3，种子倒入热水适当搅动之后，让其自然冷却且浸泡24小时，当种子充分吸水膨胀，捞起滴干水分即可播种于圃地或催芽处理。未充分吸水膨胀的种子可再次用热水处理，采用容器育苗点播（每容器内点播种子2粒），或采用苗床撒播育苗，播种密度为160～250株/m^2。播后覆土，厚度为0.5 cm。一般播后4～5天开始发芽，经热水处理种子发芽迅速整齐，14～16天发芽结束（蔡乙东等，2006）。

播种：播种的时节应以秋季为宜，若有贮藏的种子可在8月中旬播种，一般9～10月种子成熟时随采随播。在培育裸根苗时，为防地下害虫，先用50倍呋喃丹水液，再用0.3%的马拉硫磷溶液或500倍的敌百虫溶液淋洒床基及其四周。培育容器苗，播种基质的配制可按30%火烧土、50%黄芯土和20%河沙，打碎经12目或14目筛子过筛，加0.1%过磷酸钙（体积比，经细筛筛过），用浓度0.5%～1.0%的高锰酸钾溶液消毒。在苗床上铺盖一层播种基质，厚度5 cm。

除草：清除杂草宜早宜小为好，杂草对幼苗危害性大，不仅争夺苗木水分、养分和阳光，且助长病虫害的传播。除草与松土可结合一起进行，具体时间、次数和松土深度，应根据任豆苗木的生长和根系发育情况来定，同时要结合土壤、天气和杂草蔓生等情况来决定，一般松土除草2～3次。

施肥：肥料以农家肥为主，每亩施4000～5000 kg，饼肥为100～150 kg，在起畦浅犁时施入，通过耙地使基肥与土壤充分混匀。

苗木移植与分床：移苗应按苗木从大到小分批移植，此时要把好质量关，选择健壮芽苗，淘汰劣势苗。移苗时间宜选阴雨天气或晴天傍晚进行。提前一天将土杯淋透，起苗时注意保持小苗根系完整，移入容器时防止弯根、浅植和"吊颈"等情况。做到即移即植、及时淋水，移完用遮光网覆盖苗床至分床苗木稳定后揭开。

抚育管理：速生喜光树种，抚育措施对其幼林生长影响大，抚育不及时或者不到位均可导致造林失败。抚育以铲草松土为主，铲除植株周围的杂草，并覆盖于穴地面。铲草松土宜在5～6月进行，造林开始前两年，每年一次。追肥能促进根系和植株地上部分生长，追肥以氮肥为主，每株20～30 g，沟施覆土。

【示例七】花椒的育苗技术

花椒（*Zanthoxylum bungeanum*）是芸香科落叶小乔木，见于平原至海拔较高的山地，在青海，见于海拔2500 m的坡地，也有栽种。耐旱，喜阳光，各地多栽种。

育苗地的选择：花椒育苗地的选择应该在一个排水性能好向阳区，在山顶或地势低的地方选择土层较深厚的肥沃土壤。造林前要仔细整地，通常在3～4月进行播种，根据行距和株距的不同，可将播种方法分为撒播和条播两种（曹萍，2019）。

种子处理：花椒种子外壳比较坚硬，油脂含量高，具有良好的防水性能。一般选择生长健壮、稳定性好、产量高及品质优良、无公害且低温耐旱的品种。采回的种子要注意放置在通风的地方阴干，不能暴晒，避免水分流失，导致种子的生命力下降。一般采用干藏法、牛粪泥饼存储法和湿沙层积法来储存种子。

播种：花椒育苗在春、秋、冬季均可进行，但以秋播较好。秋播时间一般在10月中、下旬到11月上旬进行，随采随播，秋播种子经冬季低温催芽后萌发更好，并减少了种子的冬储环节，翌春种子发芽早、扎根深，苗木的生长期长，成苗率高。春播在3月中、下旬进行，即在雨水至惊蛰期间。播种时可采用撒播法和条播法。撒播即将种子均匀撒入苗圃地后用耙搂平，用种量每亩为30~35 kg；条播即按一定的行距，开沟播种，行距20~25 cm，播幅10~15 cm，南北向开沟，沟深3~5 cm，用种量每亩为20~30 kg，下种后覆土1~2 cm，稍加压实，以便种子与土壤紧密接触，有利于种子充分吸水萌发。播种后淋1次透水。可用农膜覆盖以增温保湿。

施肥：施基肥所用肥料应是肥效长的各种农家肥和不易被土壤固定的化肥，如硫酸铵、氯化钠、速效氨、磷酸二铵等，也可以用过磷酸钙，但应与农家肥沤制后再施，以增强其有效性。农家肥必须充分腐熟。采用分层施肥将肥料均匀撒在地面，通过翻耕，把肥料埋入耕作层中；而施用饼肥和草木灰作基肥时可在做床前将肥料撒在地面，通过浅耕，埋入耕作层的中上部，以达到分层施肥的目的(李泽珠等，2012)。

苗期管理：当有60%的花椒苗出土后要及时撤掉地膜，改搭拱棚，以免灼伤幼苗，并注意通风保湿遮阴。花椒苗期需水量相对较少，若土壤干旱则洒水即可湿润土壤。春播种一般不需松土，但洒水使土表板结时应及时松土。秋播种在翌春松土，苗木出土前要浅锄土，以免翻动种子或碰伤幼苗。苗木生长期进行松土有利于促进生长，可结合锄草等田间管理进行。秋播种苗，可在次年2~3月，苗木长出2~4对真叶后出圃植入大田，大田整地与苗圃整地相同。选择阴、雨天傍晚将小苗按间距10 cm×10 cm移入大田，植后视土壤干湿情况确定浇水量，对成活的幼苗适时施提苗肥，当幼苗长到5~10 cm时，及时查苗补苗，并进行中耕除草等管理，每隔20天左右追施清淡农家肥1次。追肥分别于苗木速生期的4月下旬和5月中旬进行，以尿素、硫酸铵、硝酸铵等速效肥为主，施用量每亩为5~7 kg，施后即浇水(张亦诚，2010)。

【示例八】喜树的育苗技术

喜树(*Camptotheca acuminate*)是梓树科落叶大乔木，是我国特有的树种，为落叶乔木、深根性树种，是石漠化地区的适生树种，其适应能力强，生长迅速，树形美观，能加速石漠化的土地恢复，是集生态、经济效益于一体的生态经济型模式，常呈纯林造林。

种子采收与贮藏：喜树果实成熟期为11~12月，当果实外皮由青绿变为淡黄褐色时，表明种子已成熟，是采收的最佳时间。由于喜树的树体较高，果实采集时，可在地表铺上塑料布，用竹竿等击打或上树摇动枝条方式进行收集，去掉断枝、树叶、果梗等杂质。采收的种子在自然通风室内阴干7天，用湿沙贮藏保存，贮藏期间经常检查翻动，湿度不够时及时洒水补充(张少强，2014)。

播种：喜树播种时间一般为3~4月，既可保证喜树苗有足够的生长期，又可以避免倒春寒的影响。播种方式为撒播或条播，苗床结合用多菌灵或0.3%的硫酸亚铁溶液进行床面消毒。撒播的将种子均匀撒在床面上，尽可能均匀；条播采用阔幅条播，既利于幼苗通风透光，又便于管理。播后苗床上覆盖一层红土，厚度以面上不见种子为宜，并用木板镇压。容器育苗直接将种子点播在容器袋中，全面浇水1次，然后搭塑料薄膜拱棚遮阴，以提高地温，保持土壤水分，防止杂草滋长和土壤板结。并根据天气状况揭开遮阳网透气和适时喷水，以保持土壤湿润。

苗木管理：喜树自播种到苗木出土需要30天左右时间，苗木出土后，应在初生叶形成后再撤去遮阳棚，幼苗高度达5~10 cm时根据苗床上苗木密度进行适当间苗或移植。间苗掌握“间小留大、去劣留优、间密留稀”的原则，以保证苗木充分的生长空间和肥料供应。在间苗和移植苗完成后，应立即浇1次透水，使根与土密结。苗木在生长过程中经常松土、除草、浇水，保持床面湿润，同时，适当追肥，以达到培育壮苗的目的。喜树主根发达，萌芽力强，幼林期间应萌芽修枝，为培养优良干材，最好用春季抹芽代替修枝，10月过后因苗高生长进入衰退期，应停止浇水，使苗木充分木质化，直至造林。

【示例九】冰脆李的育苗技术

冰脆李为蔷薇科李竖落叶小乔木，根系分布较浅，主要吸收根分布在距地表20~40 cm处，平根的分布范围为树冠直径的1~2倍。当土温达到6 ℃以上，就可以发生新根，根系生长的适宜温度为15~22 ℃，只要温度适宜，其根系可以全年生长，无自然休眠期。冰脆李属李类树的一种，李类果树是传统的经济造林绿化树种之一，适应性强，对土壤要求不严，易于种植管理。其繁殖方法较多，但生产上主要应用的是嫁接繁殖法。

苗圃地的建立与准备：尽量建立在需用苗木地区的额中心，选择背风向阳、光照充足的地块，土壤最好以沙质壤土和轻黏壤土较适宜，还要保证有良好的灌溉条件。为了给苗木根系提供良好的生长环境，苗圃地必须进行深耕，并增施有机肥，同时混入尿素、过磷酸钙等提高肥效，耕后耙平，做到肥土混合均匀，上虚下实便于保水增温。深耕宜及早进行，利于土壤熟化。

砧木的准备：不同地区可根据当地的气候、土壤条件，选用适合当地生长的砧木繁殖苗木。采集砧木种子时要对采种母树加以选择，这是获得良种壮苗的基础，要采集形态成熟期的种子，适当晒干精选后进行干燥贮藏。在进行层积处理时要注意温度和湿度的控制，开春时当种子有1/3露白时即可播种。

播种：播种时期大致分为春播和秋播，春播在2月下旬3月初进行，秋播在采种的当年11月进行。播种前要顺畦灌水，待土面发白时，再浅耕一次进行开沟播种。

嫁接：早嫁接是当年出圃的中心环节，待砧苗粗度达到0.5 cm时即可嫁接。时间一般在6月中旬至7月上旬，若晚于该时间，苗木生长期变短，生长不良，不易达到当年出圃的标准。嫁接完成后，要对嫁接苗进行管理，包括检查成活与否、松开绑绳、合理剪砧等。

苗木出圃：李苗落叶后即可出圃。如土壤干旱在起苗前5天左右浇水，减少起苗时损伤根系，要保持主根有一定长度，侧根有一定数量，对于受伤的根部要剪平伤口以便愈合。出圃的苗木要尽早栽植，若不能及时外运时，要选择背风、排水良好的地方进行假植。

6.2.3.3　造林方法的选择

造林方法有播种造林、植苗造林和分殖造林。人工播种造林采用穴播的方法，在经过局部整地的造林地上开穴，均匀地播下种子，然后覆土镇压。覆土厚度为种子的3~5倍，此方法简单易行、省工节资、选点灵活，也是我国目前播种造林应用最多的方法。在石漠化地区人工播种造林的树种主要有任豆、木豆、香椿等。均在雨季前一个月进行点播。植苗造林是以苗木为造林材料，将苗木直接栽到造林地的造林方法。与播种造林相比，植苗造林的苗木带有根系，在正常情况下栽后能较快的恢复吸水能力，适应造林地的环境，顺利成活。植苗造林主要采用穴植法，穴的大小要比苗根大，一般穴深应大于苗根长度，穴宽应大雨苗木根幅，以使苗根舒展。挖穴时尽量将表土和穴土分别堆放穴旁，栽苗时先填表土，分层踏实。石漠化地区植苗造林的树种主要有花椒、石榴、砂仁、金银花。分殖造林是以树木的营养器官作为造林材料直接栽植的造林方法，又称分生造林。该法无须育苗过程，具有省工和成本低的特点。但受无性繁殖材料愈合生根快慢的影响，应用条件有限，不可能用于大面积造林，石漠化地区由于环境因素一般不采用该方法造林。

6.2.3.4 造林地的整地技术

喀斯特石漠化地区特有的岩溶地质结构和脆弱的土地生态系统，使地表呈现出明显的空间异质性特性，因此，在该地区展开土地整理需遵循地域分异原理，各工程技术要符合石漠化地表形态和生态系统演化的要求(鲍海君等，2009)。根据石灰岩山地石多土少、土层浅薄的特点，整地的方式、方法要以保土蓄水，增加土壤厚度为目的，并采取防止水土流失的工程措施。为改变过去造林砍灌炼山全垦这项用工多、投资大、成本高且容易造成水土流失的整地方式，尽可能保留石山上的原生植被来提高造林成活率及水土保持。在植物进行种植前，需先对土地进行整理，即对种植区内有毒有害物质以及杂物、杂草的清除，具体做法为对地面有毒有害物质用灭生性的除草剂、草甘膦等进行处理(叶瑞卿，2002)，杂物一般采用人工挖除，杂草可用除草剂或人工将其除去。一方面增加土壤通气透水性，起到抗旱保湿作用；另一方面减少杂草对石漠化地区有限土壤水分的吸收，增加种植植物生长所需水分，增加有机质的分解。整地技术另一个关键步骤为深松土壤。对土壤的深松深度一般为 30 cm 左右。深松土壤一方面提高土壤含水量，另一方可以彻底打破犁底层，降低土壤容重，提高土壤容气空间(冉生福，2013)。深松土壤后，要进行耙地，为了能够使种子萌发出苗后幼苗顺利出土，不被土块压住，要对已经深松后的土地耙平耙细。值得注意的是选择适宜的整地季节，是充分利用外界有利条件，回避不良因素的一项措施。如果整地季节选择合理，可以较好的改善立体条件，提高植被成活率，节省整地用工，降低植被恢复成本。如今应在示范区内主要推广鱼鳞坑整地、穴状块状整地和小梯田整地的方式，并根据条件修建一些蓄水池，具体方法如下：

(1)反坡梯田整地(图 6-1)：又称为三角形水平沟，坡面整齐和坡度 10°~35°的坡面上可采用这种整地方法。反坡梯田田面宽度因坡度和树种的不同而异。反坡梯田蓄水保土，抗旱保墒能力强，改善立体条件的作用大，植被成活率较高，生长良好。

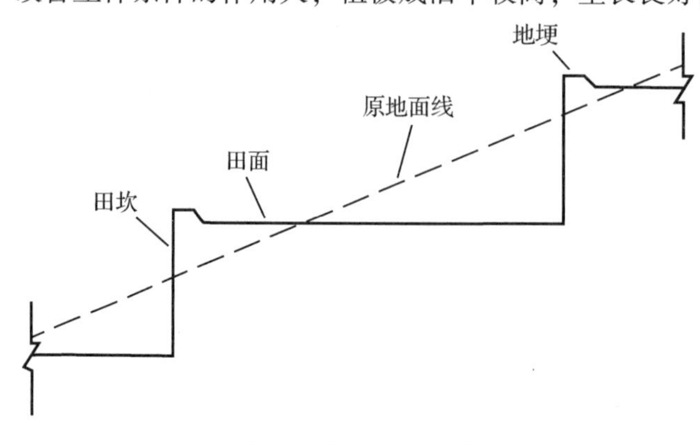

图 6-1　反坡梯田整地

(2)块状(方形)或者穴状(圆形)整地(图 6-2)：方形或圆形的一种块状整地方法，一般沿着等高线自上而下，按“品”字形翻挖深 0.3~0.4 m 或直径 0.3~0.5 m 的块状或穴状坑。其间距按照树种的株距而定。穴面在山地与坡面平行；在平地与地面平行。整地时做到穴内土碎，窝面平整，无杂草、树根、石块。如构树、核桃的整地规格为 60 cm×60 cm×60 cm，花椒的整地规格为 60 cm×60 cm×30 cm。

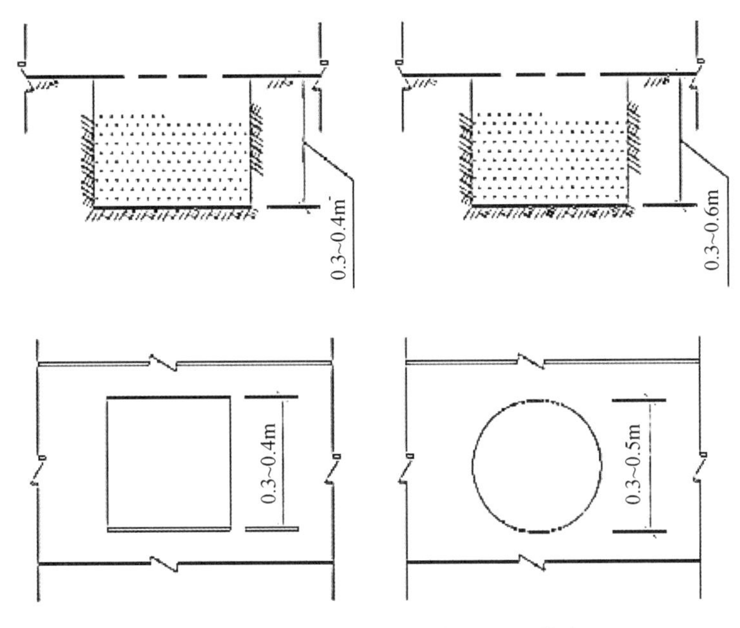

图 6-2　块状(方形)或者穴状(圆形)整地

(3)鱼鳞坑整地(图 6-3)：形似半月形的坑穴，规格有大小两种，整地时沿等高线自上而下的开挖，大鱼鳞坑长 0.8~1.5 m、宽 0.6~1.0 m，小鱼鳞坑长 0.7 m、宽 0.8 m。坑面水平或向内倾斜，挖出的弃渣刨向下方，成户型埂，并可以用碎石码起来形成围埂，埂高 0.2~0.3 m，坑内客土；坑与坑呈“品”字形配置，以利保土蓄水。

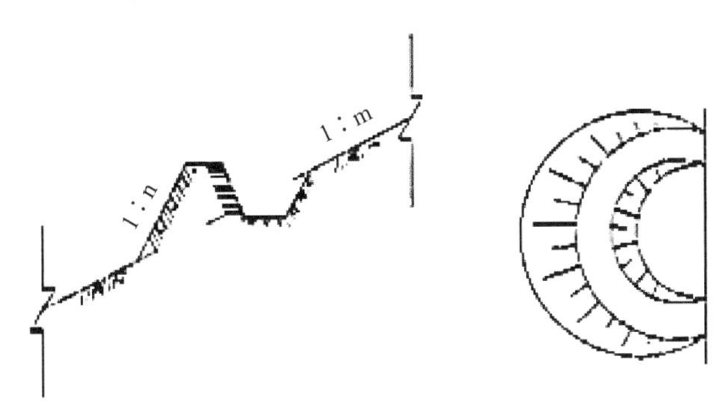

图 6-3　鱼鳞坑整地

6.2.4　模式配置技术

营造复层结构混交林利于发挥森林生态、经济功能和增强其稳定性，改善石漠化地区环境条件。混交林营造和培育关键在于处理好种间关系，营造时宜选用常绿和落叶树种、针叶和阔叶树种、深根和浅根树种，阳性和耐阴树种进行混交，混交模式可选用乔木、乔灌、乔灌草、林农、林果、林药的模式，采用行间混交、带状混交或块状混交的方法。除此之外，造林地区内在立地条件好、地势较缓、土层深厚的部分农耕地，配制经济树种和果木进行混农作业，混农结构能以短养长，有利于水土保持，提高土壤肥力和满足人民群众的经济要求，提高造林的积极性和经营水平。

目前，比较成熟的模式配置技术主要包括增强水土保持的植被恢复模式、生态工程技术治理模式、小流域综合治理模式等；以经济效益为主的农村循环经济生态产业发展模式、三位一体(养殖-沼气-种植)模式；以生态效益为主的植树造林和封山育林模式、人工促进天然植被恢复模式、生态工程技术治理模式等；兼顾生态功能和产品供给功能的综合治理模式，如耦合表层岩溶水开发利用技术+竖井提水技术+牧草和金银花植物篱技术+整地种植火龙果技术等多种技术的复合型立体生态农业模式，集成了封山育林技术+坡改梯技术+核桃特色经济林培育技术+生态移民技术等的云南六子登科模式、以封山育林+人工造林技术+名特优中草药培育技术为主的弄拉模式、以生物篱技术+先锋群落配置技术+粮经作物套种技术。

6. 2. 4. 1 石漠化林草植被恢复技术

石漠化现象是喀斯特地区最为严重的生态环境问题之一，林草植被恢复具有投资少、效果好、操作容易等优点，成为石漠化治理的主要模式和技术措施。植被恢复对石漠化地区生态环境改善至头重要，但大面积营造单一树种及连作的造林方式，有其明显的弊端，如病虫害严重、地力衰退严重、生态环境恶化、生物多样性下降等。因此，在石漠化植被恢复过程中，应注重树种的多样性，这样才有利于植物多种功能的发挥，提高植物维护地力的能力和稳定性。在植被配置时应该针对不同等级石漠化强度区域，采取了不同的技术措施和植物配置，强度石漠化治理采取的主要技术措施是封山育林、退耕还林还草，主要配置植物有香椿、花椒、任豆、金银花等。中度石漠化治理采取的主要技术措施为退耕还林还草、改造补植，主要配置植物有任豆、花椒、香椿、金银花等，轻度石漠化治理采取的主要技术措施是生物梯化、退耕还林还草，主要配置植物有任豆、木豆、花椒、金银花、砂仁等。潜在石漠化治理采取的主要技术措施是退耕还林还草，主要培植植物有石榴、花椒、砂仁、木豆等。

【示例一】广西凤山县石漠化植被恢复

该地区主要造林树种选择为任豆、构树、香椿、金银花等。

主要造林模式有任豆纯林造林模式(图 6-4)、任豆+山葡萄(乔藤型)造林模式(图 6-5)、任豆+构树混交造林模式(图 6-6)、香椿+金银花(林-药型)造林模式(图 6-7)(崔蕾，2016)。

除上述 4 种典型的植被恢复模式外，凤山县的石漠化治理过程中曾进行过以下实践：①对岩石裸露度 50%以上的半石山区，采用人工促进天然更新的封山育林措施，辅以人工造林，即以“见缝插针”、留灌、补阔等方式，使得整个造林成为乔灌混交林，促进植被的快速恢复。②对岩石裸露度在 50%以下，对于石窝面积较小，适宜耕种的石山区要发展“林-农”模式。从此理念出发，该地区应当选择板栗+八角、核桃+板栗等种植。所谓“农”表示要种植经济效益高的农作物。立足于实际情况，要选择香椿、车桑子等乡土树种，在绿化石漠化地区的同时，又增加当地农民的经济收益。③对于水土流失严重，沙漠化严重的地区，在地势相对平缓的地区要进行复合经营，即张持乔、灌、草多层次经营，注重畜牧业的发展，建立健全完善食物链，使得土地资源得到科学、合理的利用。当然，根据该地区的实际情况，可以发展板栗+牧草+山羊、任豆+香椿+牧草等“林-草-牧”模式，改善当地生态环境，推动经济发展。

图 6-4　任豆纯林造林模式图

图 6-5　任豆+山葡萄造林模式图

图 6-6　任豆+构树造林模式图

图 6-7　香椿+金银花造林模式图

【示例二】贵州花江植被恢复示例

该地区主要造林树种选择为任豆、花椒、石榴、砂仁、构树、香椿、金银花

主要造林模式有强度和中度石漠化：任豆、香椿+花椒、构树和其他野生种+金银花（图 6-8、图 6-9）；轻度石漠化：任豆+花椒、石榴+砂仁+金银花（图 6-10）；潜在石漠化：石榴、花椒+木豆+砂仁（图 6-11）（王代懿，2005）。

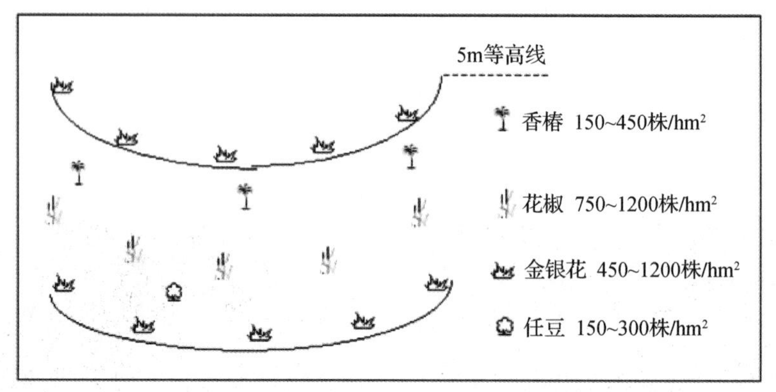

图 6-8 强度石漠化示范区植物配置

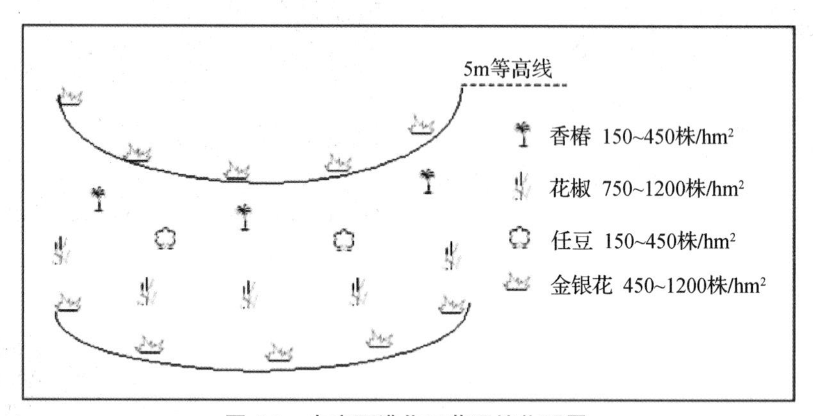

图 6-9 中度石漠化示范区植物配置

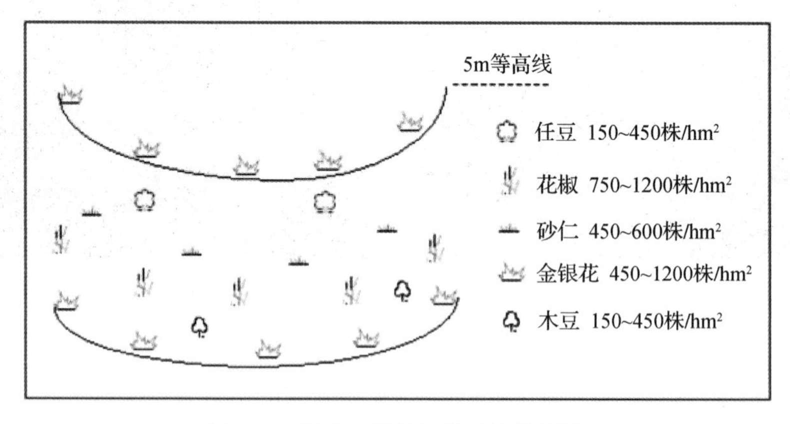

图 6-10 轻度石漠化示范区植物配置

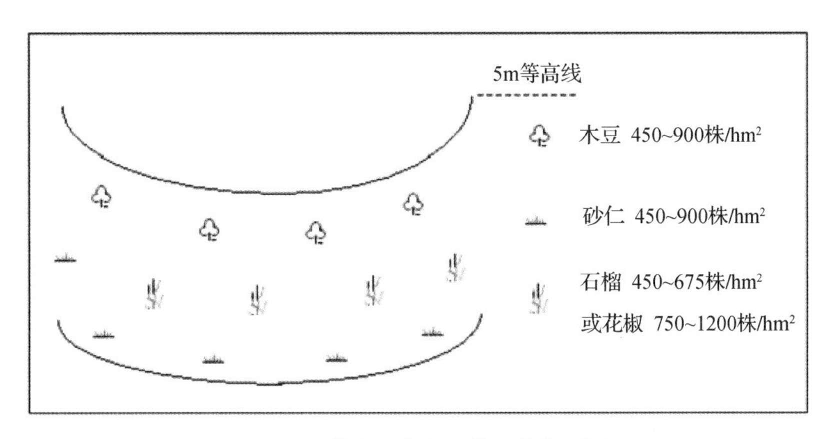

图 6-11　潜在石漠化示范区植物配置

6.2.4.2　石漠化种养结合植被恢复技术

贵州草地资源丰富，自 1983 年，实施南方种草养畜综合开发“引智成果推广示范基地”项目以来，形成了一套中国南方种草养畜综合开发的“贵州模式”。草地既可以保持水土，带动林、粮发展，同时，又是发展畜牧业的经济原料，要在治理的基础上加以利用。选苗时尽量选用喀斯特地区的速生木草苗，栽种高产豆科饲料来养兔等食豆草动物。依据不同草地类型，组装配套草地畜牧业和农林牧业综合技术，开展多种经营，实现优质、高产、高效的草地畜牧业和可持续发展农业，采用广大农户易于接受的示范方式，促农林牧业全面发展。

6.2.4.3　石漠化生态农业技术

石漠化地区人口增长相对较快，对于一个以坡地为主的山区来说，仅仅重视农业而忽略了林业、牧业的发展，导致农、林、牧业比例的失调，广种薄收，陡坡开荒、过度开垦使土地退化，导致的必然后果就是水土流失加剧、石漠化程度加深和生态环境恶化。因此，在石漠化的治理中，应结合生态农业，发展特色农业生态经济，促进生态经济的有序发展和动态平衡，建立结构合理、功能齐全的农村生态经济系统。

6.2.4.4　石漠化水土保持技术

喀斯特山区土层普遍较薄，岩石的裂隙发育，在降水的作用下容易发生土壤侵蚀，降水下渗，导致土地资源退化，地表严重干旱，所以必须强化水土保持。熊康宁等(2002)提出喀斯特地区水土保持应以小流域为单元进行综合治理，科学统一规划，实施生物措施、工程措施、耕作措施和管理措施。

6.2.4.5　石漠化综合治理技术

喀斯特山地的流域是一个最基本的地域单元或地域系统。流域作为一个整体，系统内包括有森林、草地、农田等子系统，这些系统是相互联系、相互制约的。仅从某个个体、种群或群落的角度去进行恢复和重建，而不考虑山地各子系统之间的联系，难以从根本上达到恢复和重建的目的。

小流域综合治理模式要全面规划、合理布局，综合防护林体系和复合农业生产体系建设，结合小流域内的农业经济发展特点，因地制宜设计山地经济生态景观，采取以坡改梯为重点的工程措施、生物措施、农艺措施，对全流域山、水、林、田进行综合治理。建设综合防护体系和复合农业生态体系，逐步实现生态、社会、经济三大效益协调发展，为可持续性发展奠定基础(高贵龙，2003)。

6.2.4.6 生态移民模式

环境移民是指由于资源匮乏、生存环境恶劣、生活贫困，不具备现有生产力诸要素合理结合的强度石漠化地区，无法吸收大量剩余劳动力而引发的人口迁移，以实现迁出区与迁入区社会、经济、环境协调持续发展的目标。环境移民的实质是人口分布结构的调整和环境资源的再分配，所以合理利用土地资源是喀斯特移民地区改善生态和解决贫苦问题的关键(肖华等，2014)

6.2.4.7 石漠化微环境调控技术

大量岩石出露地表是石漠化地区显著的景观特征之一，由于喀斯特地表与地下的“二元空间结构”，土壤和岩石交错镶嵌，使得在小尺度范围内的水文循环和土壤侵蚀过程显著的改变，促进了土壤资源的再分配，造成土壤斑块和土壤性质异质性高。在持续干旱的条件下，裸露岩石的物理遮阴作用对岩石周围土壤含水量产生影响，在岩石北方土壤水分优于其他方向，可以选择为植被恢复的有利位点(Li et al.，2014)，通过植被的恢复来减小裸岩出露率来达到对微环境土壤理化性质的影响(李生等，2013)。

6.2.5 抚育管理技术

造林初期，幼树根系较浅，对不良环境的抵抗力差，必须加强抚育管理，促进生长，方能顺利度过炎热的“三伏天”。成片幼林的抚育管理主要是中耕除草、抹芽修枝、追肥等工作。铲除植株周围的杂草，覆盖于穴面，松土可切断土壤的毛细管，减少水分蒸发，防止土壤板结。中耕除草一般是在造林后2~3年内、幼苗没有郁闭时进行，每年2~3次。第一次在4~5月进行，第二次在8~9月进行。树木种植完成以后，可能会出现土壤水肥不够、苗木倾斜等不适合苗木生长的情况，需要有专门的技术人员进行抚育管理，以提高苗木的成活率进而提高造林质量。追肥能促进根系和植株地上部分生长。追肥时间宜在栽植后第一次新梢老熟时，选择阴雨天进行，次年再进行1次。追肥以氮肥为主，每株20~30 g为宜，在植株立地上方25 cm左右，开小沟撒施，及时覆土。

(1)松土除草。松土除草是幼龄林抚育措施中最主要的一项技术措施。适时松土有利于土壤保墒，在雨季时尤为关键，可同时配合追肥以提高土壤肥力促进苗木的生长。除草可以清除与幼林竞争的各种植物，减少其对幼树根系自由伸展的阻碍作用。松土除草一般从造林后同时开始，连续进行数年，直到幼林郁闭为止。

(2)穴面覆盖。为了减少土壤水分蒸发，可在造林后穴面覆一层虚土，其上盖上碎草或树枝。不仅可以保湿还可以保墒，对苗木生长有明显的促进作用。

(3)浇水整穴。苗木栽植后要尽可能在2~3天浇水一次，以提升苗木的成活率。雨季造林要及时查苗看穴，若苗木被冲压，则应及时扒出并扶正，对于被大雨冲毁的穴面，要及时修筑好。

(4)扒土扶苗。冬季造林时，对经过培土的苗木，在第二年确定没有寒流入侵时，一定要把土堆扒开，扶正苗木，整好穴面(李爱玲，2018)。

(5)保水技术。由于石漠化地区水土流失严重，水资源匮乏，在这种环境下种植植物宜采用保水剂技术，进行保水抗旱。保水剂是一种高吸水性树脂，使用方法有泥团裹根、土施等。保湿剂的最大吸水力高达 13～14 kg/cm^2，可吸收自身重量的数百倍至上千倍的纯水，并且这种被吸收的水分不一般的物理方法排挤出去，所以它又具有很强的保水性。树木根系的吸水力大多为 17～18 kg/cm^2，一般情况下不会出现根系水分的倒流，而树木根系却能直接吸收贮存在保水剂中的水分，这一特性决定了保水剂在石漠化农林业抗旱节水植物栽培技术中的广泛应用。

6.3 技术评价

石漠化治理的首要任务是恢复岩溶地区的林草植被，实现岩溶生态系统的恢复与重建是石漠化防治的基础和关键。因地适宜地配置乔-灌-草复合森林生态系统是石漠化植被恢复生态治理的终极目标。在石漠化治理初期，自然生态环境恶劣，人多地少，由于受自然地理和历史条件的限制，信息闭塞，人们的思想仍处于封闭和半封闭的状态，加上农村经济文化落后，衣食住行都主要依靠有限的土地来解决。随着人口的不断增长，对物质文化生活的需求，必然会进一步加剧对自然的索取强度，在这样的地方单纯依赖植树造林，简单实施退耕还林，由于植树周期长，见效慢，极可能出现一方治理，多方破坏，年年种植树苗，年年不见树的现象。此外，还由于这些地方山高坡陡，土少石多，修建水平梯田难度大又未能很好地与培肥地力相结合，致使坡改梯工程多流于形式；未能将水土流失治理与产业开发、农民脱贫致富、发展经济很好结合，致使效果不尽如人意。

近年来，以封山育林为主的传统石漠化植被恢复技术在岩溶区已经取得了一定成效。以广西为例，截至 2007 年年底，全区各级累计投入石漠化治理资金 5 亿多元，年均完成封山育林 20 万 hm^2 以上，累计完成石山封山 247. 67 万 hm^2 多。其中，1333 万 hm^2 多灌木覆盖率已达 30%以上，过去许多光秃秃的石山如今已披上了绿装(经济日报，2007-7-22)。大新县恩城乡护国村从 1982 年开始封山育林，成效十分明显。全村森林覆盖率达到 67. 3%高于全区 14 个百分点。恩城乡的森林覆盖率也由 1990 年的 3. 6%提高到 206 年的 64. 3%，高于全区 11 个百分点(广西日报，2007-6-25)。同时，封山育林能够促进生物多样性保护，增加生物产量和生产力，改良土壤维护地力，提高森林的水土保持能力，增加经济效益和社会效益。据苏宗明等(1990)对广西那坡县龙合乡智合村和果桃村历年人均产粮的波动情况调查，智合村和果桃村自然条件情况大体相同，但智合村封山育林好，从 1958 年就坚持封山，到 1986 年封山面积已达 893. 33 m^2，占该村总面积的 53. 5%，封山育林 18 年生长的蚬木林部分胸径约 20 cm，粗的约 40 cm，森林覆盖率 22%。这种高覆盖度的森林可抵抗一定的自然灾害，保证粮产稳定。智合村粮产的变异系数只有 5. 8%，而封山育林较晚的果桃村的粮产变异系数高达 24. 4%。

随着国家大力投入和科学研究地不断深入，在石漠化区域还推广应用了大量的植被恢复树种配置模式，如喜树生态经济型、柏木类防护型、高海拔岩溶区华山松、冰脆李生态经济型、金银花人工造林模式、柏木+白花刺混交型、旱冬瓜+车桑子混交林、车桑子+金银花林药型等都取得不错的效果。在配置之前，各个地区林种、树种单一，土地利用率低，而配置后初步形成了乔、灌、草的立体结构，提高了土地资源的利用效益和林地蓄水保土、净化空气等生态功能。在诸多物种配置模式中，选择的物种往往也具有重要的药用、观赏、经济、生态经济价值。然而，由于与此相关的产业链建立不够完善、开发力度不够、市场需求和与生产农户间没有形成有效的沟通平台，却影响着相应模式的生态经济效益产出。例如，喜树应具有属于国家保护树种(野生种)，曾因可以提取喜树碱治疗癌症等重大疾病而受到广泛关注，在一段时间内上了许多荒山造林的任务，盲目性的配置种植规模，衔接市场力度不够，导致现有的许多喜树林脱离市场，除发挥了他的生态价值外，经济效益严重偏离先前预期。此外，由于喜树病虫害严重，导致现存的许多喜树林残次不缺。贵州普定的冰脆李石漠化区生态型经济树种因具有口感好、品质优，前期市场价格偏高而受到当地林农的大力推广种植，经过近十几年的发展，以冰脆李为主要经济树种的有规模扩大，市场价格下降，加之经营成本逐渐升高，极大挫伤了农户种植的积极性，甚至到果实上市季节出现严重滞销、农户上山采摘的劳动成本都未能保住的现象。

模式的配置要遵循生态演替规律，切莫违反客观自然规律。如以贵州贞丰县的顶坛模式为例，花椒为小灌木至小乔木，处于石漠化区自然生态演替“灌丛阶段”，需要适度人为干扰经营、经济效益才会显著，如果放任不管、管护不到、创新配置其他物种反而有可能适得其反。又如配置花椒+金银花种植模式，由于树种间相互化感作用，互相影响生长，导致金银花大量死亡，模式未达到预期效果，适得其反。由此可见，坚持采用林-牧复合经营模式，农-林牧结合，大力实施草业开发，以草促农、促牧、促林，种养结合，才能较好地实现长短结合，以短养长，用地与养地结合，生态建设与开发、农民脱贫致富与发展经济相结合，才能最终实现可持续发展目标。此外，要重视植物自然生长规律，做到兼顾市场因素的同时既要保持一定的规模化，亦要适度规模化；既要生态的青山绿水，又要市场的有机结合。

（主要撰写人：李生）

Chapter 7
第7章 兼顾景观功能的湿地公园水质净化功能提升与水鸟栖息地维持功能提升技术集成与应用

7.1 湿地公园水质净化功能提升技术集成

7.1.1 背景介绍

20世纪70年代，西溪地区的水环境优良，达到地表水质量Ⅱ类标准，可供生活饮用。但是近30年来，湿地水质恶化比较严重。2003年，西溪湿地及其周边河流的水环境质量基本为劣Ⅴ类，超标项目以氨氮、总氮为主。产业结构改变是西溪湿地水质恶化的主要原因，从传统的养鱼和蚕桑转化为养猪业，再加上周边人口增加，生活污水的直接排放，生产生活污染十分严重。

2003—2006年，西溪湿地实施了两期综合保护工程，建成了地表水环境自动监测站，在整个区域内还开展了畜禽养殖业污染综合整治项目，有效地减少了杭州湿地水环境污染的外源输入。据2006年《杭州市环境状况公报》，西溪湿地景观水体的水质劣于Ⅳ类标准，尚不能完全满足湿地建设目标和游人的视觉要求。

根据李玉凤等(2009年)对西溪湿地水质监测表明，西溪湿地水体的COD_{Mn}和NH_3-N等指标处于水环境质量Ⅱ~Ⅲ，西溪湿地水质总体处于中度富营养化状态，春季富营养化程度小于夏季。

杭州市环境监测中心站在西溪湿地分别设置沿山河、蒋村港、深潭口、秋雪庵、百家楼和水贸市场等6个监测点位(表7-1)，2015年汇总的监测数据表明：西溪湿地内河道水环境质量除了总氮(TN)超标外(Ⅴ类或劣Ⅴ类)，其他的指标地表水环境质量均为Ⅰ~Ⅱ；2016年和2017年的监测数据表明除了水贸市场监测点位的氨氮(NH_3-N)含量在8月地表水环境质量介于Ⅱ~Ⅲ、总氮(TN)全年介于Ⅳ~Ⅴ。

表 7-1 2009—2015 年西溪湿地水环境质量状况

年份	监测断面	DO	COD_{Mn}	BOD_5	NH_3-N	TN	TP	叶绿素 a
2009 年	自然水塘	5.47	8.15	—	0.270	0.78	0.070	11.38
	观赏水塘	4.71	12.34	—	0.780	1.37	0.170	26.88
	自然河流	8.85	8.37	—	1.380	2.91	0.180	45.67
	游览河溪	4.84	7.46	—	0.980	1.91	0.090	19.17
2011 年	沿山河	4.15	2.96	3.48	0.666	2.69	0.113	—
	蒋村港	4.84	2.74	2.78	0.601	2.45	0.091	—
	深潭口	5.03	2.58	2.28	0.386	2.55	0.052	—
	秋雪庵	4.98	2.55	2.35	0.446	2.72	0.060	—
	百家楼	4.66	2.64	2.25	0.517	2.32	0.082	—
	水贸市场	4.93	2.71	2.65	0.522	2.22	0.064	—
2012 年	沿山河	6.39	3.16	3.45	0.581	2.99	0.120	—
	蒋村港	5.37	2.81	2.10	0.329	1.84	0.073	—
	深潭口	4.93	2.39	1.58	0.318	1.74	0.058	—
	秋雪庵	5.49	2.50	2.15	0.333	1.97	0.076	—
	百家楼	6.01	2.27	2.50	0.460	2.56	0.092	—
	水贸市场	5.20	2.25	1.95	0.451	1.81	0.065	—
2013 年	沿山河	6.00	2.25	2.20	0.471	2.30	0.140	—
	蒋村港	5.01	2.51	1.40	0.381	2.00	0.080	—
	深潭口	5.47	2.15	1.50	0.354	2.23	0.089	—
	秋雪庵	5.57	2.21	1.20	0.288	1.97	0.078	—
	百家楼	5.96	2.17	1.73	0.445	1.92	0.123	—
	水贸市场	5.35	2.39	1.68	0.491	1.81	0.095	—
2014 年	沿山河	6.34	3.00	2.08	0.664	3.06	0.111	—
	蒋村港	5.89	2.55	2.33	0.513	2.34	0.077	—
	深潭口	5.62	2.25	1.73	0.325	2.01	0.075	—
	秋雪庵	5.69	2.56	1.98	0.318	1.93	0.071	—
	百家楼	5.65	2.60	1.78	0.537	2.30	0.100	—
	水贸市场	6.00	2.47	1.78	0.424	1.99	0.064	—
2015 年	沿山河	5.48	2.59	2.40	0.334	2.21	0.088	—
	蒋村港	5.17	2.72	2.40	0.334	3.51	0.085	—
	深潭口	5.56	2.63	1.93	0.275	1.97	0.077	—
	秋雪庵	5.56	3.26	2.05	0.253	2.09	0.076	—
	百家楼	5.66	2.61	1.98	0.354	2.29	0.084	—
	水贸市场	5.36	2.72	1.90	0.406	2.03	0.083	—

数据来源：2016—2017 年数据来自西溪国家湿地公园管理办公室；李波，王蕴，施丽莉，等．杭州西溪湿地水质评价及变化趋势分析[J]．浙江化工，2016，47(8)：51-54；陈鸣渊，陈芳．浅析西溪湿地五年水质状况[J]．广东化工，2016，43(3)：172-174；李玉凤，刘红玉，曹晓，等．西溪国家湿地公园水质时空分异特征研究[J]．环境科学．2010，31(9)2036-2041。

2017 年，对库塘水质监测表明：西溪湿地的总磷超标相对比较严重，生态站北、对照 2、王家蝌监测点位的数据为地表水环境质量Ⅴ类；福堤和北门处为劣Ⅴ类。王家蝌处监测点位的化学需氧量(COD)为Ⅴ类，而生态站北和北门处为劣Ⅴ类。

西溪湿地的生态系统主要包括河道和池塘两大类，2009 年 9 月，钱塘江引水进入西溪湿地后，湿地的水环境发生了明显变化，监测数据表明西溪湿地河道总体水质较好，但局部池塘的水质还需要进一步提升。河道和库塘主要污染物为总氮和总磷。

7.1.2 湿地公园兼顾景观的水质净化功能提升技术集成

水文联通设计应尊重原有的地形，根据用地本身的地形特点因地制宜的进行水体的高差处理，借助地形的高差变化结合水系平面形态变化实现对水体流速的控制。尽可能的利用场地内高差的变化，使水体实现自我循环流通而无需借助其他动力，节约资源。水体的形态也要遵循形式美的法则，在原有地形的基础上，根据用地和审美需要，创造高低起伏的水体形态，从而发展出多样的水体形式，动静结合，增添水景的情趣，使水体的立面形态富于变化。

在严格控制污染物进入公园水体的前提下保证水体的循环流动，可以最大限度的发挥水生植物和微生物的净化作用。循环水量可根据不同的水质情况进行调整。景观水体的布局规划结合入水口和出水口位置的设计，确保每段水系的循环性，避免污染物在某一区域的积累。沟通现有鱼塘，建立多循环水系。

(1)功能型湿地植物配置技术。湿地植物恢复应针对不同目标，选择适宜的乡土植物。用于净化水体污染时，湿地植物应选择生长迅速，对污染物富集能力强，且不会快速腐烂的物种，包括芦苇、香蒲、水葱、黄花鸢尾、慈姑等。

(2)复合人工湿地构建技术。复合人工处理湿地是天然湿地系统的模拟与强化，一般由土壤或人工填料和生长在其上的水生植物等组成，是一个独特的土壤——植物——微生物生态系统，利用物理、化学、生物三重协同作用使污水得到净化。按照水流动方式分为表面流人工湿地、水平潜流人工湿地和垂直潜流人工湿地。

①潜流湿地。污水在湿地床的内部流动，一方面可以充分利用填料表面生长的生物膜、丰富的根系及表层土和填料截留等的作用，以提高其处理效果和处理能力；另一方面由于水流在地表以下流动，具有保温性能好、处理效果受气候影响小、卫生条件较好的特点。这种工艺利用了植物根系的输氧作用，对去除有机物和重金属等起到很好的效果(图 7-1)。

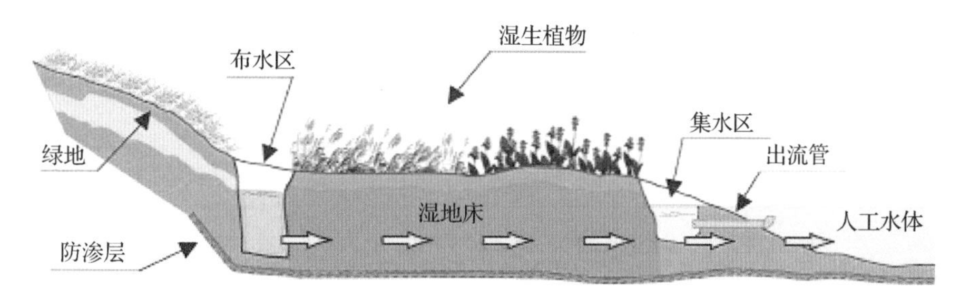

图 7-1　潜流湿地示意图

②表流湿地。表流湿地利用自然生态系统中的物理、化学和生物多重作用来实现对水体的净化，还可以有效涵养水分、蓄积洪水、调节气候、逐步恢复湿地生物多样性(图 7-2)。

图 7-2　表流湿地示意图

(3)生态浮岛构建技术。生态浮岛利用挺水、浮水、浮叶植物进行有机组合的生物浮床，以组合式生物浮床作为载体，种植到富营养化水体的水面，通过植物根部的吸收和吸附作用，削减富集水体中的氮磷及有机物质，从而达到净化水质的效果(图 7-3)。

图 7-3　生态浮岛示意图

人工湿地内设置多处生态浮岛，构建生态岛绿色基底，改变湿地生境类型单一问题，促进湿地生态系统稳定性和生态多样性，将单一物种拓展为丰富的动植物栖息地生境带，从而持续性净水水质。

7.1.3　西溪湿地水质净化功能提升技术示范区域

7.1.3.1　示范区选址

示范区选址位于西溪国家湿地公园河南埭生态站周围，该区域有多处观测设备，便于观察水质变化，且健康步道从中穿过，在此做示范区可更好地发挥科普宣教作用(图 7-4、图 7-5)。

图7-4　示范区在西溪湿地位置

图7-5　红线在河南埭的位置

7.1.3.2　设计原则

(1)因地制宜原则。湿地具有净化水资源的作用，其中植物就是主要的净化体，应保持植物种类的多样性，尽量选用适宜当地生存条件的植被，以提高植物的存活率，从而提高净化污水的能力。

(2)科学性原则。植物配置要具有科学性，在不同区域应选用具有明显特征的植物，例如在靠近水源的岸边区域，应选用耐水性强的植物种植，做到植物分配层次分明，搭配协调，错落有致。

(3)协调性原则。设计要做到与环境相协调，避免所设计的形态影响动植物的生存环境，尽可能多地保留原有的自然形态。同时景观还需要满足人们的审美需求，可以适当将美学与自然景观设计结合，实现美学与自然环境的和谐统一。

7.1.3.3 设计思路和愿景

一是植物补种。应选取植物长势不佳、景观效果差、水质较差的区域进行，适当清理场地原有植物，种植时考虑补种后形成的水体形态，使水体既能满足形式美法则，也能实现自然流通循环。植物选取时湿地内水深较浅处种植挺水植物和浮水植物，水深较深处配置沉水植物。通过物理沉淀作用去除水系中的悬浮物，并通过塘内的藻类、微生物、挺水植物、沉水植物等的生物作用去除部分有机污染物、氮和磷。沉水植物覆盖度宜在10%~30%，挺水植物和湿生植物植被覆盖度宜不小于60%，从而实现水质净化的目的(图7-6)。

二是生态岛构建。在水域面宽阔区域处构建多单元生态浮岛，浮岛底部采用生态袋交错方式堆叠，整体形状呈椭圆形，一方面可避免冲刷对浮岛本体引起的位移和破损，另一方面能形成纯生态水环境氛围，与河岸周围的环境相协调；顶层生态袋内种植植物，植物选择生命力顽强、易成活的当地品种，例如狐尾藻、香蒲、水葱等，植物通过根系部位对水体污染物吸收、吸附，减少水体中的氨、磷及其他有机物，从而达到改善水质的效果(图7-7)。

图7-6 植物种植愿景图

图7-7 生态岛意向图

7.1.3.4 设计内容

示范区总面积为7 930 m^2，采用植物补种和生态岛营建，实现水质净化和景观提升功能。其中植物补种区域位于C塘西北角，占地面积86 m^2；生态岛营建在C塘，设计5个单元，总占地面积300 m^2(图7-8)。

(1)植被恢复。植物布置及品种选择，按照水位深浅布置，大体分为以下几种。

挺水植物区：香蒲(23 m^2)、黄花鸢尾(6 m^2)；

浮叶植物区：荷花(18 m^2)、荇菜(27 m^2)；

沉水植物区：狐尾藻(12 m^2)。

图 7-8　总平面布置

平面布置如图 7-9 所示，剖面图如图 7-10 所示。

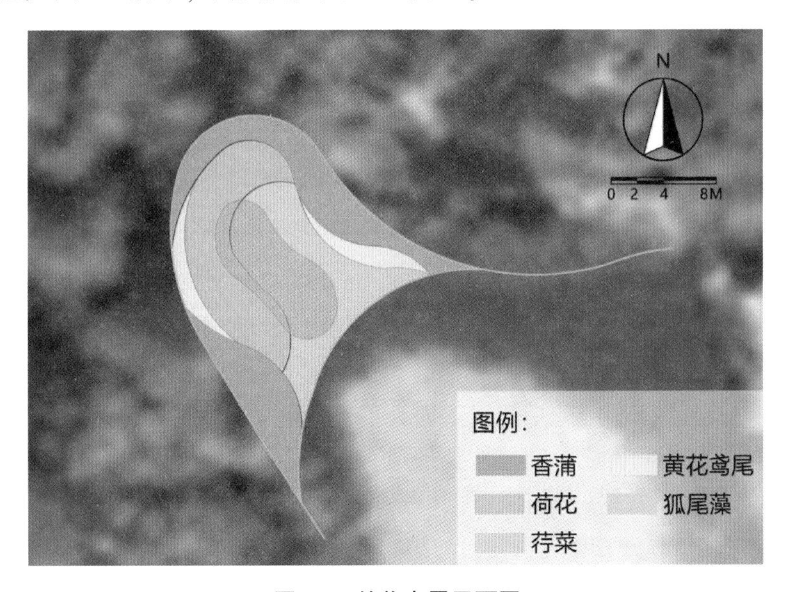

图 7-9　植物布置平面图

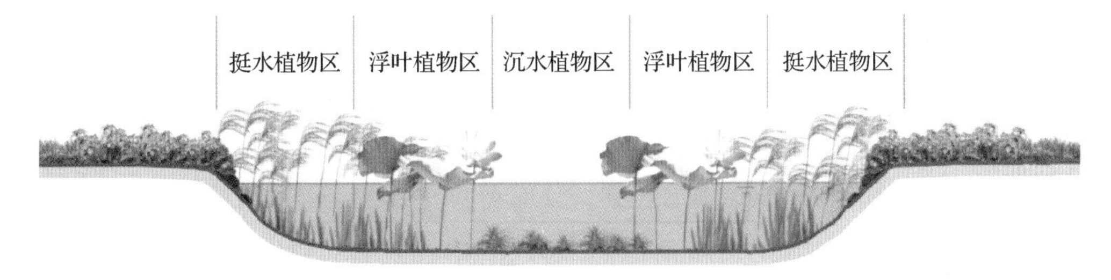

图 7-10　植物布置剖面图

植物特征见表 7-2。

表 7-2 植物名录表

种植分区	植物名称	生态习性	株 高	花果期	颜 色
挺水植物区	香 蒲	多年生	1.3~2 m	5~8 月	棕色肉穗状花序
	黄花鸢尾	多年生	0.5~0.6 m	4~8 月	全年常绿，花黄色
浮叶植物区	荷花	多年生	1~2 m	6~9 月	花红、粉红、白、紫
	荇菜	多年生	漂浮于水面	5~8 月	花黄色
沉水植物区	狐尾藻	多年生	0.3~0.4 m	8~9 月	全年嫩绿，花淡黄或白色

(1) 人工湿地构建。

浮岛布置：如图 7-8 所示，在 C 塘布置，共 6 个单元，总面积共 300 m^2。

材料选择：800 mm×400 mm 生态袋、种植基质、狐尾藻。

具体做法：采用交错堆叠方式，下部铺设生态袋，顶部铺设基质，并种植植物，剖面如图 7-11 所示。将浮岛外轮廓形状铺设成自然椭圆形，从而达到减少水流冲击，改善景观，净化水质的目的。

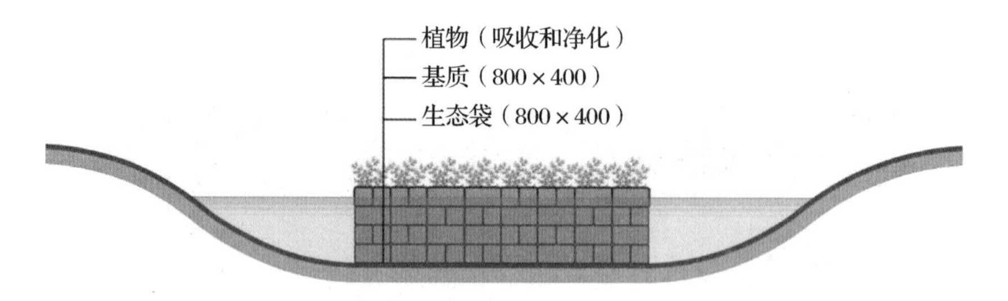

图 7-11 示范区复合人工湿地单元设计

7.2 湿地公园水鸟栖息地维持功能技术集成

在鸟瞰大尺度上，西溪湿地呈现以鱼塘为主、并由大面积的河港湖漾水网及狭窄的塘基和面积较大的洲渚相间构成的湿地地貌景观。在生境小尺度上，西溪湿地是由不同的栖息地类型组成的，包括常绿阔叶林、落叶阔叶林、竹林、零散树木、灌丛、芦苇丛、草丛、荷田、水塘、河道、河港湖漾等。西溪湿地鸟类的种类、组成和分布与这些栖息地类型的种类、数量和分布状况密切相关的。鱼塘是西溪湿地最常见最普遍的景观，占据了西溪湿地绝大多数区域，由于鱼塘的大小，外观，包括塘基的植被都大同小异，从而使得西溪湿地的景观和鸟类栖息地显得十分单一。

7.2.1 西溪湿地鸟类资源现状

西溪湿地约有鸟类 126 种，其中留鸟 57 种，夏候鸟 29 种，冬候鸟 29 种，过境鸟 11 种，根据这些鸟类的习性和栖息地的差异，分成不同的类群，包括鸊鷉、鹭、鳽类、鸭、鹰隼、雉、秧鸡、水雉、鹬、杜鹃、鸮、夜鹰、翠鸟、三宝鸟、戴胜、啄木鸟、燕子、云雀、鹡鸰、鹎类、伯劳、卷尾、椋鸟、鹊、鸦、鸫、鹟、鸦雀、莺、山雀、绣眼、文鸟、雀、鸦等类群。

在西溪湿地有分布的鸟类，多数种类个体数量不多，许多个体仅把西溪湿地作为临时的栖息地，因而西溪湿地鸟类的种类和数量具有一定的流动性。许多种类往往只分布在某些特定的栖息地类型中，由于西溪湿地栖息地比较单一，多数栖息地类型在西溪湿地中分布狭小，从而导致多数鸟类的数量稀少。只有部分优势种类，如喜鹊、夜鹭等在西溪湿地种群数量较大，分布也比较广。也就是说，在西溪湿地的绝大部分区域，鸟类的种类单调，数量稀少。

在西溪湿地观察到的27种水鸟中，鸊鷉科1种，鹭科10种，鸭科3种，秧鸡科5种，雉鸻科1种，鹬科3种，翠鸟科4种。杭州市区水鸟71种，西溪湿地鸟类中水鸟的比例占杭州市区鸟类总数量的35.5%。目前尚未达到杭州市区的平均水平。通过与杭州市水鸟类别的比较，可以发现，两者的差距主要在游禽类鸟类，以及涉禽类中鸻科和鹬科鸟类的种类数。杭州市区有游禽类24种，而西溪湿地只有4种，尤其是鸭类和鸥类，杭州市区有鸭类11种，而西溪湿地只有3种，杭州市区有鸥类9种，而西溪湿地没有鸥类；涉禽类中，杭州市区有鸻科鸟类5种，西溪湿地一种都没有，杭州市区有鹬科鸟类16种，而西溪湿地只有3种。

在西溪湿地中，夜鹭的数量最多，分布最广，其次是白鹭和绿鹭，其他种类绝大多数分布狭窄，数量稀少。也就是说，在西溪湿地的绝大多数区域，一般只能见到夜鹭，偶尔可以见到白鹭、绿鹭、翠鸟、红脚苦恶鸟和白胸苦恶鸟等。而其他的水鸟只出现在西溪湿地的部分区域，而且数量稀少。

7.2.2 西溪湿地作为水鸟栖息地存在的问题

根据西溪湿地水鸟的丰富度、资源和分布现状，目前的西溪湿地公园中虽然鸟类种类比较丰富，但作为国家湿地公园和水鸟栖息地，还存在诸多问题。

7.2.2.1 生境类型单一

缺少适于水鸟栖息的典型湿地生境。整个园区绝大多数区域由植物郁闭的鱼塘组成，生境类型不够丰富。园区内主要的湿地类型——水塘和河道，均属于人工湿地，缺乏相对自然的、适于水鸟栖息的典型湿地生境，如开阔的水面和大面积的浅滩等。园区内高大的树木也太少，高大树木是许多鸟类栖息和繁殖的理想场所；园区内食源植物种类还不够丰富，为食果实类鸟类提供的食物还不够丰富。

7.2.2.2 生境破碎严重

西溪湿地虽然水面占总面积的50%，但这些水面基本上为相互分隔的水塘，这些水塘不仅有塘基分隔，还有塘基上的植被或树木分隔，从而使得西溪湿地50%的水面呈现极端支离破碎的状态。这样小面积的呈郁闭状态的小水塘是不适合绝大多数水鸟栖息生存的。园区内的林地同样呈破碎化状态，虽然西溪湿地总体上绿化率和林木覆盖率较高，但极少有成片的林地。

7.2.2.3 局部区域干扰频繁

由于部分区域游人密度较高，船只过往频繁，所以鸟类相对比较稀少，尤其是水鸟的数量更少。由于塘基互相连通，四通八达，对于鸟类来说，依然缺乏相对安全的栖息区域。

7.2.3 水鸟栖息地维持功能提升技术集成

7.2.3.1 西溪湿地水鸟栖息地维持功能提升改造方案

选择总面积为 10~50 hm^2 范围的鱼塘，进行开阔水面的改造和营建。开阔水面区域，含浅水区域(平均 0.5 m)和深水区(平均 2 m)，主要供涉禽和游禽类栖息。浅水区域应建设浅滩，深水区应进行岸带地形的改造，并进行护坡工程，防止侵蚀。

在西溪湿地内营造景观的多样性和鸟类栖息地的异质性。多样的景观和异质的生境才能吸引多样的鸟类。对于所选的树木郁闭的鱼塘，应去除塘基，连通水体，扩大开阔水面的面积，将基塘上的树木移栽，集中成林。在水面上设置一定数量突出水面 30~50 cm 的木桩，以供水鸟停息。

在植物恢复中，应考虑水鸟栖息地的隐蔽物情况，尽可能选用本地植物种植芦苇等水生植物，提高湿地的生态功能，同时芦苇丛和其他水生植物可以为水鸟提供良好的庇护所，也有利于其他鸟类的栖息繁衍。考虑水鸟食物来源情况，尽可能选用带果实的适合鸟类食用的植物；适当放养本地小型鱼类，以为水鸟提供足够的食物；清除控制园区内的有害生物，如外来入侵植物、鼠害等。

通过道路规划、地形改造和植物隔离带的建设，减少人为干扰对水鸟栖息地的干扰。

7.2.3.2 集成的关键技术

(1)整体地形改造技术。整体地形可营建形状自然的开阔水体或满足沼泽湿地形成条件的季节性淹水低洼地，平面与竖向做法见图 7-12、图 7-13。整体地形改造可沿现状水体边界的垂直方向机械深挖，使水体向外部扩展。整体地形改造可在现状非湿地的区域进行土方开挖作业。整体地形改造不宜对现状湿地开展填土方作业。

(2)岸带地形改造技术。岸带坡度小于 15°时，可沿岸带水平方向平整地形，水陆交界面宜具有一定弯曲度和高低起伏，在垂直水体方向上，可形成浅滩、浅水区、深水区、急流带和滞水带等不同类型的地形；岸带坡度大于 15°时，可沿岸带垂直方向进行岸带地

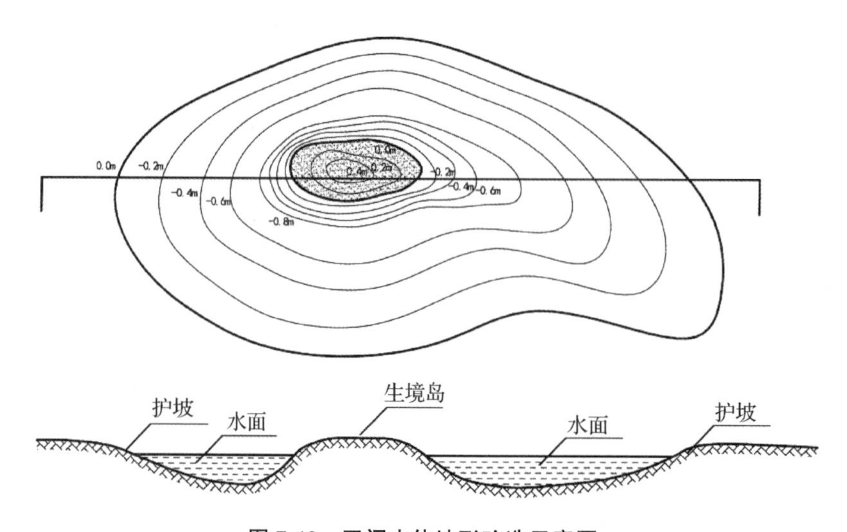

图 7-12 开阔水体地形改造示意图

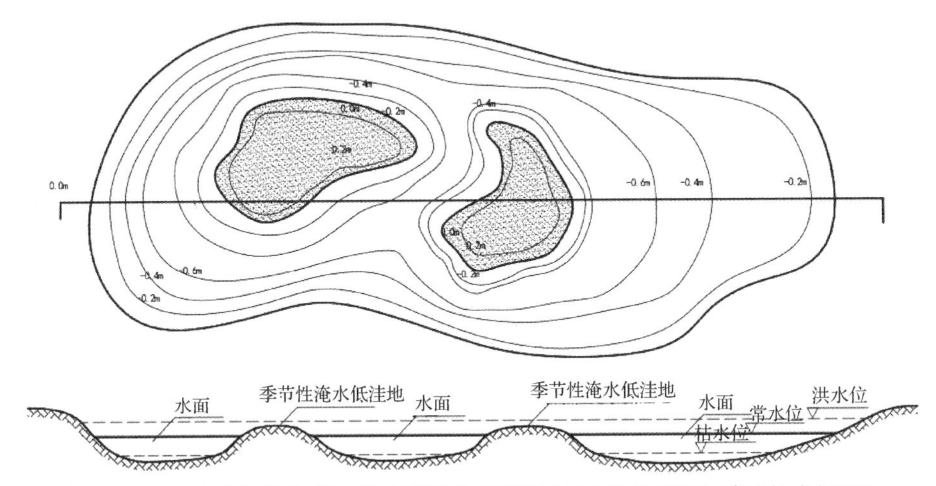

图 7-13　多水位运行条件下的地形改造示意图(引自湿地恢复与建设技术规程)

形改造，对较陡的岸坡进行削平处理，削低高地、平整岸坡，营造多样、渐变的湿地生境类型。

(3)浅滩营建技术。具有面积 1 hm^2 以上开阔水体的湿地，应营造浅滩，满足水鸟栖息需求。浅滩宜在临近水面起伏不平的开阔地段营造，通过机械推土减小坡度，减缓水流的冲击和侵蚀。浅滩坡度宜在 1‰~4‰，宽度不宜小于 5 m，常水位下淹水深度不宜超过 50 cm。浅滩地表可种植低矮植被，也可为裸露的泥滩或沙石滩。

(4)深水区营建技术。具有面积 8 hm^2 以上开阔水体的湿地，应营造深水区。深水区地形以凹形为主，可为鱼类提供休息、成长、隐匿和越冬的场所，为游禽提供活动和取食的场所。深水区深度应满足最冷月份底层水体不结冰并维持 0. 5 m 深流动水体的要求，一般水深宜大于 2 m。

(5)生境岛营建技术。具有面积 8 hm^2 以上开阔水体的湿地，应在开阔水体中营造生境岛。生境岛在常水位下应出露水面，并与岸上区域隔离。生境岛出露水面高度宜为 0. 5~1. 5 m，岸带坡度宜小于 15°，针对水鸟栖息的生境岛地形宜平坦、低矮，也可建成浅滩。生境岛总面积占开阔水体面积不宜超过 10%。

(6)湿地植被恢复技术。现状湿地存在植被覆盖率和物种丰富度下降、对现状硬质化岸带改造后、现状非湿地区域通过地形改造新建湿地的，均应进行湿地植被恢复。

在物种选择方面，湿地植物恢复应针对不同目标，选择适宜的乡土植物。用于营建野生动物栖息环境时，湿地植物应满足野生动物繁育、停歇和觅食等活动需要。针对不同需要宜分别选择植株密集，能满足隐蔽性的物种，包括芦苇、香蒲等；选择低矮，耐水淹的物种，包括薹草类、莎草类、灯心草等；选择果实饱满，可提供食物的物种，包括忍冬、桑等；选择树形高大，可用于筑巢的物种，包括垂柳、旱柳等。用于营造湿地景观时，湿地植物应具有观赏效果且与周边环境融洽，选择观赏特征突出、株型美观、景观效果明显的物种，包括黄花鸢尾、千屈菜、红蓼、石菖蒲、荷花、睡莲、荇菜等。用于水土保持、固岸护坡时，湿地植物应选择根系深、生长快，接触土壤面广的物种，包括杞柳、紫穗槐、沙棘等。

在植物种植方面，湿地植物应采用与植物生活型相适应的分带种植，依水分梯度可分为沉水植物、浮叶植物、漂浮植物、挺水植物和湿生植物。分带种植时，宜各带均混合种植多种湿地植物。沉水植物、浮叶植物和漂浮植物植被覆盖度宜在10%~30%，挺水植物和湿生植物植被覆盖度宜不小于60%。不同的水深应种植不同的湿地植物。

7.2.4 水鸟栖息地维持功能提升技术集成示范

7.2.4.1 示范区选址

为了给游禽和涉禽等水鸟种群提供适宜栖息生境，在西溪莲花滩观鸟区内进行水鸟栖息地维持功能提升技术的示范建设。该处地理面貌为浅水区域，既是涉禽鸟类的主要栖息地，也是涉禽等水鸟的主要观赏区。内设置有观鸟亭2座，观鸟楼1座，观鸟游步道1000 m，是人们观赏水鸟的一处景点(图7-14)。选址具体原因如下。

图7-14 示范区在西溪湿地位置

(1)莲花滩为观鸟区，但并不是水鸟最适宜的栖息场所。莲花滩观鸟区内的观鸟设备(观鸟楼、观鸟亭)提供了人与水鸟接触的机会，是供人们观鸟、与鸟产生互动的最佳场所。但场地内以灌草丛(图7-15)和水面(图7-16)为主，并不是游禽和涉禽最适宜的栖息、越冬和觅食场所。

图7-15 现状灌草丛

图7-16 现状水面

(2)在莲花滩内选择适宜的位置建设水鸟生境。根据莲花滩内现状地貌、水位、水流速度、植被生长状况，选出以下几处区域，进行示范区生境营造(图 7-17)。

图 7-17　生境红线范围图

A 区域现状水位浅，且有泥土露出，为滩地的营建提供了良好的基础，可营造浅滩，为水鸟营造更适宜的栖息空间；

B 区域现状地形略高，土地高出水面，利于滩地营建，可在靠近水面的区域营造浅滩；靠近植被区域，结合现状挺水生植物，营造隐蔽环境，为水鸟提供良好的庇护所，也有利于其他鸟类的栖息繁衍。

C 区域位于滩地“凹”处，适宜种植水生植物。一方面水流速度较慢，植物不受冲刷作用影响可更好生长；另一方面距滩地较近，方便涉禽用长嘴插入水底、淤泥中取食。

7.2.4.2　设计原则

遵照杭州市和西溪湿地主要水鸟种类及其种群特征、生态恢复目标等，尽量做到生态与景观特征相协调。具体设计原则：

(1)基于自然原则。模拟自然地形、物种配置，综合考虑鸟类的食性特点、活动空间特点。通过营造自然景观，为鸟类创造宜居环境。

(2)因地制宜原则。滩地建设综合考虑现状地势及水位，尽量使用当地材料，减少工程量；植物配置以当地植物为主，适当增加食源植物，为水鸟提供更适宜的生境条件。

(3)少人为干扰原则。尽量减少人为干扰对水鸟生境带来不利的干扰，强调人类活动场所与水鸟栖息场所分离；浅滩建设外轮廓自然，尽量减少人为痕迹。

7.2.4.3　设计思路和愿景

考虑雁鸭类、鸻鹬类、鹭类等不同水鸟对水位、植被等要求的差异，设计了以下几个方面。

一是营建浅滩。选取不同区域，在原有基础上，通过砾石、河卵石混合或单独铺设，营建混合型石块浅滩和砾石浅滩，为水鸟提供大小不一、丰富多趣的栖息空间。

二是植物种植。在浅滩附近种植水生植物，一方面考虑水鸟食物来源情况，为水鸟提

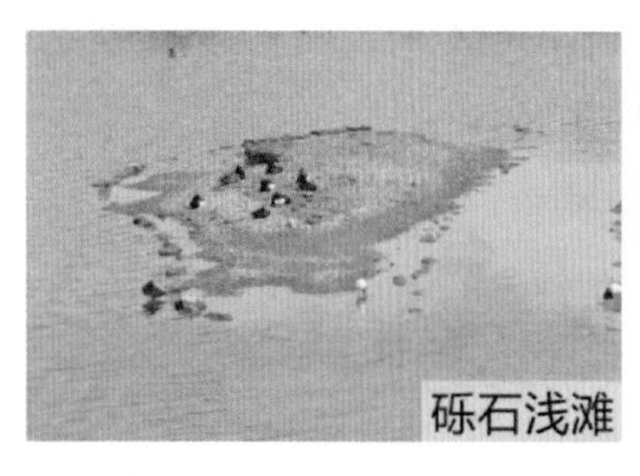

图 7-18　栖息地营造愿景

供食源；另一方面通过为鱼、虾等水生动物提供生存环境来间接为鸟类提供食物的种类，增加其湿地生境多样性。

7.2.4.4　设计对象

游禽：小鸊鷉(留鸟)、普通鸬鹚(冬候鸟)、小天鹅(冬候鸟)、赤麻鸭(冬候鸟)、针尾鸭(冬候鸟)、绿翅鸭(冬候鸟)、斑嘴鸭(冬候鸟)、骨顶鸡(冬候鸟)、黑水鸡(留鸟)、水雉(夏候鸟)等。

涉禽：苍鹭(留鸟)、池鹭(夏候鸟)、牛背鹭(夏候鸟)、白鹭(留鸟)、大麻鳽(夏候鸟)、金眶鸻(冬候鸟)、泽鹬(冬候鸟)、鹤鹬(冬候鸟)、黑翅长脚鹬(冬候鸟)、普通燕鸻(夏候鸟)等。

7.2.4.5　设计内容

示范区共营建三种生境，A 区域为砾石浅滩生境，B 区域为灌丛浅滩生境，C 处为食源植被区生境，总占地总面积 5470 m^2，为水鸟提供更适宜的栖息条件。

7.2.4.5.1　浅滩设计

浅滩布置：浅滩生境总面积为 3352 m^2(图 7-19)。其中，砾石浅滩为 A 区域，混合型石块浅滩为 B 区域(图 7-20)。

图 7-19　总平面布置

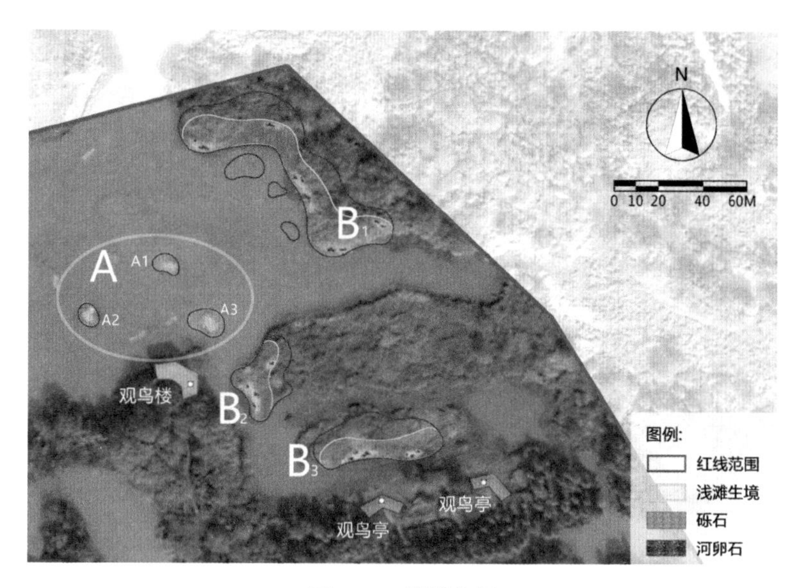

图 7-20　浅滩布置

材料选择：粒径 2~4 cm 的白色砾石、粒径 15~20 cm 的河卵石。

具体做法：对场地内原有植物清除。在场地地形基础上，运用原有泥沙量，对外轮廓形状进行适当调整。砾石浅滩(A 区域)只铺设白色砾石，占地总面积约为 66 m^2，平均厚度约为 6 cm，共需砾石 3 t；混合型石块浅滩(B 区域)，将河卵石与砾石按照 1∶5 的比例混合，铺设石块占地总面积约为 330 m^2，平均厚度约为 7 cm，共需砾石 15 t、河卵石 3 t。具体工程量见表 7-3。

表 7-3　浅滩建设工程

生境序号	石块总面积(m^2)	平均厚度(cm)	砾石(t)	河卵石(t)
A1	21	6.0	1.0	——
A2	20	6.0	0.8	——
A3	25	6.0	1.2	——
B1	220	7.0	10.0	2.0
B2	50	7.0	2.3	0.4
B3	60	7.0	2.7	0.6
总计	200	——	18.0	3.0

7.2.4.5.2　植物种植

植物布置：挺水植物区、浮叶植物区、沉水植物区(图 7-21)。

植物选择：挺水生植物(芦苇、香蒲等)、浮水生植物(睡莲、菱等)、沉水生植物(苦草、黑藻等)。

具体做法：分析目标物种的食物来源结构等，对照生境(本地湿地植物群落)中植物群落种类组成及结构；植物搭配时考虑目标物种对隐蔽物、觅食地和食物等的需求，增加食源植物种类(表 7-4)。将莲花滩内植被种植分 3 个区域，挺水植物区、浮水植物区、沉水植物区。

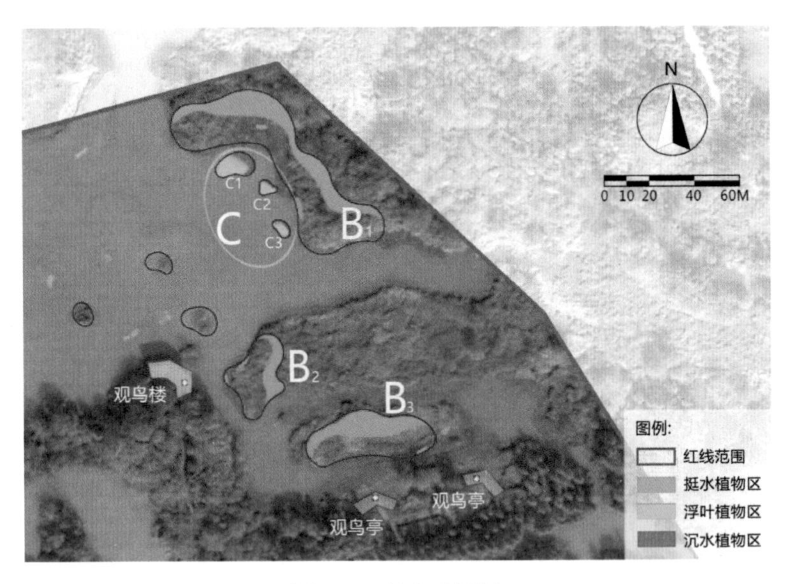

图 7-21 植物布置图

挺水植物区：利用浅滩周围密集、能满足隐蔽性的现状植物(B 区域)，为涉禽和游禽提供繁殖生境，总面积为 1899 m^2，其中，B1 有 1084 m^2、B2 有 260 m^2、B3 有 550 m^2。

浮叶植物区：主要为游禽提供可食用的叶和芽，植物种植总面积为 235 m^2，其中，C1 有 160 m^2 种植睡莲、C2 有 35 m^2 种植菱、C3 有 40 m^2 种植芡实。

沉水植物区：主要在冬季为涉禽提供可食用块茎，植物种植总面积为 282 m^2，其中，C1 有 181 m^2 种植苦草、C2 有 47 m^2 和 C3 有 54 m^2 种植黑藻。

表 7-4 植物种植工程表

区 域	占地面积(m^2)	植物名称	规 格	种植面积(m^2)
C1	180	睡莲	白睡莲，叶径 40~42 cm，花径 20~25 cm	160
		苦草	普通苦草，叶长 20~50 cm，宽 0.5~1 cm	181
C2	50	菱	高 50~100 cm，叶片长 3.5~4 cm，宽 4.2~5 cm	35
		黑藻	轮叶黑藻，茎长 50~80 cm，4~8 片轮生	47
C3	60	芡实	水叶直径直径 60~80 cm，沉水叶直径 4~10 cm	40
		黑藻	轮叶黑藻，茎长 50~80 cm，4~8 片轮生	54

（主要撰写人：张曼胤）

Chapter 8

第8章 自然保护区管理关键技术集成与应用

我国自1956年建立第一处自然保护区以来，保护区类型从单一到全面，数量从无到有，面积从小到大，已基本形成类型比较齐全、布局基本合理、功能相对完善的自然保护区体系。建立以国家公园为主体的自然保护地体系，是贯彻习近平生态文明思想的重大举措，是党的十九大提出的重大改革任务。自然保护地是生态建设的核心载体、中华民族的宝贵财富、美丽中国的重要象征，在维护国家生态安全中居于首要地位。我国经过60多年的努力，已建立数量众多、类型丰富、功能多样的各级各类自然保护地，在保护生物多样性、保存自然遗产、改善生态环境质量和维护国家生态安全方面发挥了重要作用，但仍然存在管理效率低下，管理技术落后，缺少保护区建设和管理标准化、保护与发展矛盾突出等问题。长江经济带区域保护区管理技术的提高是最急需的工作。

8.1 背景介绍

长江经济带横跨我国东、中、西三大区域，覆盖上海、江苏、浙江、安徽、江西、湖北、湖南、重庆、四川、贵州、云南等11个省份，面积约205万km^2，长江经济带且作为生态文明建设的先行示范带，具有独特优势和巨大发展潜力，改革开放以来，长江经济带已发展成为我国综合实力最强、战略支撑作用最大的区域之一。2014年年底人口达5.84亿人，地区生产总值高达28.47万亿元；人口和生产总值均超过全国的40%，是我国经济重心所在、活力所在，也是中华民族永续发展的重要支撑。

地跨热带、亚热带和暖温带，地貌类型复杂，生态系统类型多样，川西河谷森林生态系统、南方亚热带常绿阔叶林森林生态系统、长江中下游湿地生态系统等是具有全球重大意义的生物多样性优先保护区域。长江流域森林覆盖率达41.3%，河湖、水库、湿地面积约占全国的20%，物种资源丰富，珍稀濒危植物占全国总数的39.7%，淡水鱼类占全国总数的33%，不仅有中华鲟、江豚、扬子鳄和大熊猫、金丝猴等珍稀动物，还有银杉、水杉、珙桐等珍稀植物，是我国珍稀濒危野生动植物集中分布区域。

截至2019年年底，长江经济带11省份共建有自然保护区1066个，总面积达1855.47万hm^2，其中，国家级115个，省级260个，市级147个，县级544个。

按照经济区划概念标准，将长江经济带11省份划分为东部地区(上海，江苏，浙江)、中部地区(湖北，湖南，安徽，江西)和西部地区(四川，重庆，云南，贵州)。长江经济带一半以上的自然保护区集中分布在西部地区，共有516个，面积达1377.34万hm^2，占长江经济带西部地区面积的12.14%；中部地区次之，共484个，面积为392.53万hm^2，占长江经济带中部地区面积的3.90%；东部地区分布最少，仅有66个，面积为85.60万hm^2，占长江经济带东部地区面积的9.44%(林森孝等，2018)。除县级自然保护区在中部地区分布数量最多外，国家级、省级、市级自然保护区均集中分布在西部地区，数量分别为54个、131个、105个，面积分别为471.81万hm^2、432.58万hm^2、198.93万hm^2；各个级别自然保护区在西部地区的分布面积都最广，在东部地区分布面积最小。东、中、西部地区都主要以森林生态系统、野生动物生态系统和内陆湿地生态系统为主。其中森林生态系统在中部地区分布最广，数量为338个，占整个中部地区的69.83%，面积为199.86万hm^2；西部地区次之，共有281个，面积599.47万hm^2。野生动物自然保护区在西部地区分布最多，共有120个，数量比为23.26%，面积比为34.5%。内陆湿地自然保护区也主要分布在西部地区，共有47个，面积达229.94万hm^2。

目前，我国自然保护区的发展速度虽然很快，在“数量”上得到了迅速扩大，但“质量”提升相对滞后。长江经济带120处国家级自然保护区管理评估结果看，长江经济带国家级自然保护区管理工作取得积极进展，绝大部分保护区设置了独立管理机构，所有的保护区都建立了管理制度并开展了日常巡护工作，自然保护区主要保护对象状况基本稳定，部分重点保护野生动植物数量稳中有升，保护区与社区协同发展取得一定成效。评估结果中也反映出保护区管理问题。部分地方政府仍然存在重视程度不高、落实保护区管理责任不到位等问题；保护区管理机构的人员配置与勘界立标等基础工作薄弱，科研监测、专业技术能力等方面存在明显短板；人类活动负面影响仍然不同程度存在。

自然保护区管理技术方面存在的突出问题如下：

(1)不少自然保护区的管理机构不够健全，管理人员不足，业务素质不高，管护手段和基础设施普遍薄弱。管理能力缺乏，与此相适应的保护、科研、宣传力度有限。自然保护区疲于应付日常事务，寻求正常支出资金。因此，自然保护区职责难以履行，社会效益与经济效益难以统一。应该对保护区巡护和监测由统一的投入和建立相关的监测巡护的技术体系。

(2)自然保护区与社区经济发展的矛盾。建立自然保护区的地区大多数居民具有刀耕火种的习惯，耕作方式落后，依赖自然资源的程度很大，“靠山吃山”是他们的主要经济来源。国家把社区居民的具保护价值的森林等自然资源划入保护区后，按照有关法律法规，居民的生产生活来源被“切断”。保护区居民误认为是自然保护区所为，自然保护区与社区的矛盾愈演愈烈。人为干扰是保护区巡护的主要内容，需要有标准化的巡护和监测管理规范。

(3)由于自然保护区经济来源不稳、地域偏僻、工作生活条件差、科技人员因科研经费紧缺而无法开展工作，基层的工作人员工作条件差、待遇低、缺乏工作积极性。主要保护对象的保护技术和保护成效评估没有开展。把保护、科研、监测、教育和旅游结合起来，统一规划与布局，正确处理保护与开发、旅游与教育、资源保护区与社区发展等关系，致力于保护区和社区经济的同步发展。

8.2 保护区管理技术

8.2.1 网格化的保护区调查与监测技术

8.2.1.1 调查取样设计

网格化调查取样：将保护区划分为 2 km×2 km 的网格，高等植物(植物物种、植物群落)、鸟类和兽类调查样线和鸟兽调查取样均基于网格进行，调查时每个专题组织人到达每个网格内，开展实地调查。保证取样空间代表性。

季节性重复调查：在时间上，要求在植物物种在生长季节有 2 个季节的重复调查，野生动物样线有冬春季和夏季调查，鸟类在春秋迁徙季节和繁殖季节的调查。红外相机调查持续 3 个月以上。

8.2.1.2 维管束植物区系调查

以样线法调查为主，原则上每一个 4 km 网格设计一条样线(26 个网格)，根据不同母岩、地形地貌、海拔设置 3~4 条调查样线，每条样线每个季度调查一次，沿途记录植物种类，对有花、有果的种子植物、有孢子囊群的蕨类植物采集标本并对每种植物拍照 6 张以上(包括植物叶、花、果、树干、整体及生境照片)，记录该植物的名称、GPS 位点、植被类型、小生境等信息；结合植被样方调查，记录样方内的所有植物，并采集标本；同时查阅以往采集资料，编制植物名录，进行植物区系统计分析。

8.2.1.3 植被调查

根据已掌握和积累的资料以及由保护区专业人员提供的信息确定调查线路，进行穿越式踏查，在调查线路沿线辨认森林植物群落类型，进行初步的记录，经比较分析后确定标准地调查。按照主要保护对象、特有群落类型和地带性群落原则，在每一个网格小区管护中心按照植物群系划分(见综合考察报告植物群落部分，全区划分为 71 个植物群系)，选择 3~5 个 20 m×20 m 群落，作为植物群落辅助监测样方，由管护中心负责。

群落特征监测指标见表 8-1。

表 8-1　群落特征监测指标

指标类别		监测指标	单　位	监测频度
群落结构	乔木层	树种及个体数量	种、株	
		郁闭度	%	
		密　度	株/hm^2	
		平均树高	m	
		平均胸径	cm	
		基盖度	%	
	灌木层	种类	种	
		株数或灌丛数	株/hm^2 或丛/hm^2	
		高　度	株(丛)、m	
		盖　度	%	

续表

指标类别		监测指标	单位	监测频度
群落结构	层间植物	种　类	株(丛)、种	5年1次
		株数或株丛数	株/hm^2 或丛/hm^2	
		攀援、缠绕、附生、腐生或寄生的对象名称	—	
		附生高度(顶叶高度)	m	
	草本层	种　类	—	
		株丛数	株/m^2 或丛/m^2	
		平均高	cm	
		盖　度	%	
林木生长量		胸径年生长量	cm	
		高度年生长量	m	
天然更新		种　类	—	
		数　量	株/hm^2	
		高　度	cm	

样地应按以下原则设置：

(1)应分别在不同海拔、不同地形地貌区设置；

(2)能够反映当地的主要生物多样性特征；

(3)监测样地不易被自然灾害或人为破坏；

(4)尽可能与巡护线路和动物监测样带(线、点)结合。

样地应按以下方法标记：

(1)在样地四角埋设水泥桩(10 cm×10 cm×40 cm)或钢钎来标记样地，并在水泥桩或钢钎上做上标记，表明该样地的编号及界桩的位置情况；

(2)在1∶50000地形图上标记样地的位置；

(3)用卫星定位仪确定样地一角的地理坐标，再用罗盘仪或激光测量设备测定样地边线。

样地划分：样地应划分为多个5 m×5 m的小样方，按一定顺序编号、分块标记及调查其中的植物。

生境概况：调查监测样地的小地名、地形、地貌、坡度、坡向、坡位、海拔、土壤、人为干扰情况等。按要求记录在表8-2中。

表8-2　植物群落野外样地调查监测记录总表编号

调查日期：____年____月____日　　　调查人员：________

<table>
<tr><td>群落名称</td><td colspan="2"></td><td>样地面积</td><td></td><td>样地号</td><td></td></tr>
<tr><td>地点</td><td></td><td>调查人员</td><td colspan="4"></td></tr>
<tr><td>地理坐标</td><td colspan="6">海拔：　m</td></tr>
<tr><td colspan="2">坡向 a：</td><td colspan="2">坡度 b：</td><td colspan="3">坡位 c：</td></tr>
<tr><td colspan="2">总盖度</td><td></td><td colspan="2">群落高</td><td colspan="2"></td></tr>
<tr><td colspan="7">主要层优势种：</td></tr>
</table>

续表

外貌特点：				
地形地貌 d：				
母质、土壤及其他：				
分层及各层特点				
层	优势种	高度(m)	平均胸径(cm)	层盖度(%)
突出的生态现象(层间植物名称及丰富度，寄生、附生、枯倒木等)：				
地被物(枯枝落叶、苔藓等)：				
干扰方式 e：				
干扰程度 f：				
系统动态(评论重要物种、生态过程、生境特点)：				

a 坡向：1-无坡向，2-全坡向，3-北，4-南，5-西，6-东，7-东北，8-西北，9-西南，10-东南；

b 坡度：1-平坡(0~5°)，2-缓坡(6~15°)，3-斜坡(16~25°)，4-陡坡(26~35°)，5-急坡(36~45°)，6-险坡(≥46°)；

c 坡位：1-脊，2-上部，3-中部，4-下部，5-谷地，6-平地；

d 地形地貌：分为高山、丘陵、平原、台地、盆地、沟谷、冲积扇、洪积扇、岩溶；

e 干扰方式：1-林火，2-放牧，3-盗伐，4-狩猎，5-采集，6-采矿，7-开地，8-基本建设，9-旅游，10-林下种植，11-其他；

f 干扰程度：1-高，2-中，3-低，4-无。

在不同海拔段(保护区海拔范围 400~2252 m，主要植被类型需要有代表性样地)、坡度(0°~60°)、坡向(东、东南、东北、西、西北、西南、南、北)、坡位(上、中、下)、母岩、土壤、地形地貌(山谷、山坡、山脊、山顶)设立标准地，进行测定，调查记录乔木种名、胸径、树高、枝下高、冠幅，灌木种名、地径、高、数量，草本种名、数量等。

8.2.1.4　脊椎动物调查

鸟类及兽类调查以实地调查为主，访问、查阅资料为辅，重点采集鸟兽活动实体或痕迹照片、声音，采集部分啮齿类标本。每一个网格设置调查样带 3~4 条，调查样带至少覆盖80%的 2 km×2 km 网格，记录样带上动物活体、痕迹及生境。在每个 1 km×1 km 网格内放置 1 台红外相机，每台相机每个位点上放置 6 个月，6 个月以后转移相机至网格内的其他地方，网格内每两个相机位点之间至少相距 300 m 或以上；每一个网格点内至少保持 1 年。访问保护区内及周边的老猎户、护林员、农户，辩认农户保存的动物毛皮；查看保护区野生动物保护记录档案，了解野生动物分布的历史及变化。

鱼类资源调查主要采用对保护区内的河流溪水进行实地考察与走访当地农贸集市的方式。采用三层流刺网、定置刺网和地笼对保护区内河流的鱼类进行全面的采样调查(刺网网目 2~8 cm，高 1.2 m，长 20 m；地笼开口 40 cm×40 cm，长 5 m)，同时走访当地部分渔民和农贸集市，了解当地常见鱼类种类。渔获物测量体长(精确到 0.1 mm)和体重(精确到 0.1 g)，然后用 8%的福尔马林溶液保存。对鱼类标本进行物种鉴定。

对两栖动物主要采用样带法，样带长度为 2 km，宽度为 10 m。根据保护区地形、海拔、植被、气候特征以及两栖动物的生境特点选择调查路线，从保护区众多溪流和农田生境中选取不同海拔高度的 5 个典型的调查区域进行样带调查：800～1500 m，1500～2000 m，2000～2500 m，2500～3000 m，及 3000 m 以上海拔段，每个样带每年详细调查 1 次。调查过程中适当采集部分标本，并编号、拍照，记录采集时间、地点、海拔、地理坐标和生活环境。

主要采用样线法和访问调查法对爬行动物资源开展调查。根据保护区自然资源现状、不同海拔和不同生境，确定 10 条有代表性的两栖爬行动物调查样线，每条样线长 2 km，每条样线每年详细调查 1 次。调查过程中适当采集部分标本，并编号、拍照，记录采集时间、地点、海拔、地理坐标和生活环境。

8.2.1.5 昆虫(节肢动物)调查

根据保护区自然资源基本信息确定调查线路，进行穿越式踏查，在调查线路沿线采集昆虫等节肢动物标本，进行初步的记录；同时在不同植被类型、土地利用方式、海拔、坡向(东、东南、东北、西、西北、西南、南、北)、地形地貌(山谷、山坡、山脊、山顶)设立标准地 40 个左右，进行无脊椎标本的采集和制作，聘请相关分类专家对标本进行鉴定。在保护站设置 3～5 个点设立黑光灯，进行昆虫标本收集。

8.2.1.6 标本鉴定、整理与数字化

所有植物(高等植物、大型真菌)和小型兽类、两栖爬行类和昆虫等节肢动物标本采集后，记录标本采集人、记录人、地理坐标和相关的二维码等信息，作为打印标签，制作标本后，找相关专家进行鉴定。标本制作后，按照国家标本平台要求，进行标本照相、标本身份证信息的录入，进入国家标本平台-自然保护区标本平台。除珍稀濒危植物外，自然保护区内有分布的野生植物应采集一份腊叶标本作为凭证标本，同时拍摄数码照片，归档保存。区内有分布的珍稀濒危野生植物(含国家重点保护和数量极其稀少的小种群野生植物)原则上不得采集标本，仅拍摄数码照片作为凭证标本，并用 GPS 定位，归档保存。

综合科学考察中采集的动植物的标本至少应有一份保存在自然保护区管理机构。

8.2.1.7 科学考察数字化平台建设

建立后河保护区科学考察数字化平台，使综合考察中采集的标本、图片和多媒体信息按照技术规范，建立基于生物环境及标本地点、标本信息系统，植物群落-采集植株(或采集活体枝条)-标本的图片采集系统和为每一个动物多媒体信息建立包含地理坐标的身份证信息。作为自然保护区数字化管理的基础信息图层。能被每一个保护区工作人员查阅和对保护区标本资源感兴趣的人员查阅，与保护区网站结合，成为保护区网站的基本信息。

8.2.2 红外相机调查技术

8.2.2.1 相机放置设计

监测方案以保护地全境为工作区域，去除农业用地和建设用地。标准公里网格参照系中所有可达到的方格，都作为红外相机监测的调查单元。

首先将整个保护地划分成 2 km×2 km 的网格，然后将每个 2 km×2 km 的网格又划分为 4 个 1 km×1 km 网格。每个 2 km×2 km 的网格内布设 1～2 台红外相机，每台相机在每个地点放置 6 个月，6 个月之后移动到下一个地点，每两个地点间至少相隔 300 m。在 2 km×2 km 网格内移动相机要参考 1 km×1 km 网格的界限，每个 1 km×1 km 网格至少放置 1 台

次相机。对每个 2 km 网格内的 1 km 网格，按照顺时针的方向，从左侧上角的 1 km 网格起，至左下角的 1 km 网格止，编号 A、B、C、D。初次筛选调查网格时，各个保护站应结合地形，调查路线的经济性及以下所涉及的功能区划数量，均衡第二次布设网格位置的便利性和代表性。

(1)野外工作开始前，使用地理信息系统软件求算出各方格中心点的经纬度坐标或 UTM 坐标，并按照方格编号方法对中心点进行编号。在野外工作时，利用手持 GPS 的导航功能，以计划调查方格的中心点为导航目标点。当 GPS 显示离此中心距离小于 500 m 时，说明已经进入此方格。

(2)相邻方格中的监测位点之间的距离不小于 300 m，应尽量降低或避免不同位点红外相机数据之间的空间自相关。

(3)设备与参数。使用被动式数码红外相机作为野外监测设备。设备的性能参数应符合以下的要求。

以 Ltl 6210MC 型红外相机为例，相机参数设置如下。

模式：拍照+录像；

图像尺寸：12MP；

录像尺寸：1080P；

设置时钟：必须确认日期和时间的设置是正确的；

拍照张数：02 张(此为触发后连拍张数，为了不影响视频的拍摄，设为 2 张)；

录像长度：10 s(录像文件比较大，动物经常一闪而过，因此不宜设置时间过长)；

时间间隔：1 分钟；

灵敏度：中(不宜设置为高，否则误触发率很高)；

时间戳：开；

定时设置：关；

密码设置：关；

编号设置：开，设为与生境表一致，如 2016030102，表示 2016 年 3 月 1 日放置的 2 号相机所拍摄；

定时拍照：关；

两侧 PIR：开；

声音设置：开；

循环存储：关。

注意：设置参数时做好选择以后必须按 OK 键才可以保存设置。相机设置好后，需要重新检查。

8.2.2.2　野外红外相机野外设置

相机数量：单个监测位点上应设置红外相机 1 台。

选址与固定方式：应选择在有动物经过的兽径上，或其他的监测目标预期出现的地点设置红外相机。红外相机固定在兽径一侧的树干或其他牢固的固着物上，平地环境下，相机底部距离地面 40~80 cm，镜头面向下倾斜 5°~10°，以保证拍摄区域的中心正对监测目标出现位置的中央。红外相机的朝向与兽径走向呈小于 45°的夹角，以延长动物经过时在红外传感器监视区域和相机拍摄区域内停留的时间，降低红外相机漏拍率。

工作状态确认：工作人员设置好红外相机后，在离开之前，把监测位点编号以大写字体写在记录表背面，然后手持记录表在相机前面 1～2 m 处触发红外相机，确认相机工作正常，并拍摄下写有位点编号的照片。

野外记录：每放置一台相机，需要当场填写一张生境表，生境表的编号规则为放置日期-相机编号，如 2017 年 3 月 1 日放置的 002 号网格，生境表编号为 20170301-002；相机移动到新位置必须重新填写一张生境表，如 20170901-002。如果能够确定相机所在位置的 1 km 网格编号(ABCD)，则填写为 20170301-002A。

《野生动物红外相机监测野外记录表》是针对红外相机监测所设计的野外记录表格。记录表包括相机布设记录、地形信息、植被信息、动物痕迹、干扰信息(表 8-3)。

表 8-3 野生动物红外相机监测野外记录表

布设位点编号： 相机编号：

相机型号(直接打勾)：5310 旧 5310 新 6210 6310 L710

放置日期： 天气： 放置时间： 回收日期：

小地名： 参加人员： 填表人：

北纬： 东经： 海拔： m

生境类型(直接打勾)：A. 落叶阔叶林 B. 常绿阔叶林 C. 落叶/常绿阔叶林 D. 针叶林 E. 针阔混交林 F. 灌丛 G. 草地/草甸 H. 农田 I. 裸岩 J. 其他，请注明

森林起源(直接打勾)：A. 原始林 B. 次生林 C. 人工针叶林

小生境：A. 林下 B. 灌丛 C. 草地 D. 裸岩 E. 河边 F. 洞穴 G. 其他，请注明

乔木层：乔木平均高度：A. 5～10 m B. 11～20 m C. >20 m

乔木平均胸径：A. <10 cm B. 10～30 cm C. >30 cm

乔木郁闭度：A. 0～25% B. 26%～50% C. 51%～75% D. 76%～100%

优势树种

灌木层：灌木平均高度 m 优势种

灌木盖度 A. 0～25% B. 26%～50% C. 51%～75% D. 76%～100%

干扰类型：A. 采集 B. 放牧 C. 猎套 D. 公路 E. 游客 F. 盗伐 G. 其他

干扰强度：A. 强 B. 中 C. 弱

干扰频率(直接打钩)：A. 经常 B. 一般 C. 很少

布设位点 10 m 内动物痕迹

动物名称	痕迹类型(填代码)	备 注

注：动物名称详细到物种；

痕迹类型：A. 粪便 B. 脚印 C. 取食痕迹 D. 挖掘痕迹 E. 动物身体遗落物(羽毛、毛发、刺等) F. 尸体 G. 其他，请在上表中注明具体类型

备注(说明其他重要情况)：

相机安装自检表：

相机是否正确安装了 12 节南孚电池以及 16gSD 卡？SD 卡上是否贴上了编号标签？

相机放置的位置是否足够隐蔽？

相机安装的高度是否距离兽径平面在 80～100 cm 范围内？

相机镜头方向是否与兽径走向呈45°左右的夹角

相机镜头的朝向是否避开的阳光直射、光斑反射、密闭的植被?

相机镜头前方是否有植物遮挡，是否会干扰拍摄，是否清除干净?

相机的参数设置是否与要求的完全一致?

相机的led灯在检测(test)状态下是否闪红光?

是否进行了相机探测范围的测试?

是否在A4纸上使用黑色油性笔，写上了相机及网格编号，在相机前触发拍照，并检查照片?

一切设定都完，闭合盖子之前，是否将开关推到“开”(ON)上?推上后是否看到Led灯闪烁?

是否填写了相机生境表?

8.2.2.3 相机维护及数据管理

计划每6个月更换一次电池和存储卡，取回存储卡，将卡内照片拷出，新建文件夹，命名与该相机的生境表相一致，如20170301-002，将照片和视频拷入文件夹。数据预处理，一定要保留第一张和最后一张照片(因为含有相机开始工作和结束工作的时间信息)，删掉其他的空白照片，如阳光触发的照片等；利用批处理工具对照片重命名，命名规则：生境表编号-照片编号后四位，如20170301-002-0004；将生境表录入到数据库中，对照片进行鉴定。

8.2.2.4 数据处理

野外记录核对与校正：野外记录表中收集到的各项数据，应进行仔细的核对与校正。内业人员应根据每个实际位点的GPS坐标，在地理信息系统中核对其实际所处的方格编号。在野外记录出现差错时，应对表格中的布设位点编号和方格编号进行校正。核对完毕的野外记录表，应由专职人员录入红外相机数据库。

连续空拍照片删除：对出现连续空拍的位点，应删除空拍照片。

连续空拍照片删除的规则：

(1)照片删除以组为单位。红外相机每单次触发连拍的多张照片(含视频)作为1组。示例，相机设置为每次触发连拍“3张照片+1段视频”，则这4个文件合起来为1组。删除时不删除单张照片或单个视频；

(2)在计算机“资源管理器”下以“详细信息”模式浏览文件夹中文件，根据文件日期和时间，找出同一天时间上连续拍照的多组照片(通常为白天)；

(3)浏览连续拍摄照片，判断为阳光触发或相机进水受潮后误触发导致的连续空拍3组(含)以上的照片组需进行删除处理；

(4)对每次连续空拍的照片组，保留第一组，其余删除；

(5)相机连续触发空拍时，中间也有可能拍摄到经过的动物。因此，在删除前，需要浏览一遍连续拍摄的所有照片。如果中间拍摄有动物，则保留中间相应的照片组；

(6)相机工作期间零星空拍的照片组，包括动物经过速度较快漏拍，或动物在相机拍摄区域外活动，或动物较小、照片处理人员没有发现的，全部予以保留。

照片判读与物种鉴定。红外相机监测获得的照片应由专业人员进行判读，以确定照片拍摄的内容，并鉴定其中的动物物种。在判读时，把照片内容归为以下 8 类：兽类、鸟类、家畜、家禽、其他动物、工作人员、其他人员、空。对于拍摄到野生动物的照片或视频，如果可以鉴定出具体物种，应以其正式的中文名录入。如拍摄到的动物不能鉴定到具体物种，则录入大类名称，如鼠、鼩鼱、蝙蝠。照片模糊或仅拍摄到动物部分身体而无法判定具体物种的照片，则记为“未知”。照片或视频拍摄到动物可供鉴定的识别特征，但照片处理人员自身无法识别的，则记为“待鉴定”，由动物分类专业人员进行后期识别。

8.2.2.5 监测组织与实施

自然资源管理实行网格化管理模式。保护地实行管理局、管理区、网格管护小区（哨卡）管理体系。红外相机监测工作的组织主体为每个管理区，负责技术指导和资料汇总，信息中心负责数据展示。

保护站主要职责：

（1）制定监测区总体监测方案。

（2）编制年度监测计划，明确组织领导责任和后勤保障措施，划分工作区域与任务、落实经费预算、培训监测人员、准备监测设备与物资等。

（3）负责制定监测工作检查验收考核办法，对监测实施主体和野外监测人员进行考核检查。

（4）编制监测应急预案，主要包括野外监测路线调整、自然灾害等意外事件处理、重大行政和刑事案件处理等。

（5）负责监测报告的撰写，并上报上级主管部门。

监测工作实施主体：网格小区管护中心是红外相机调查的基层实施单位。

监测工作实施主体的主要职责：

（1）根据野生动物年度监测计划，制定每月监测工作实施方案，开展红外相机布设、检查与回收工作。

（2）做好监测表格、监测报告、监测航迹航点的整理工作。

（3）负责红外相机监测的内业工作，汇总、处理下载数据，完成照片物种鉴定与数据库录入，撰写监测总结。

（4）做好资料存档和成果使用等工作。

8.2.2.6 监测指标与成果管理

野生动物红外相机监测中记录到的野生动物，使用物种丰度（Species Richness）和相对多度指数（Relative Abundance Index，RAI）作为通用监测指标。此外，还可以根据自身管理的需求，基于红外相机监测数据，通过模型构建、统计分析等方法，计算、评估特定物种的空间占域率、探测概率、活动强度指数和动物群落的野生动物图片指数（Wildlife Picture Index，WPI）等其他专用指标。

（1）物种丰度：指监测区内特定动物类群中的物种总数，可以用来衡量一个地区此类群中物种多样性水平的高低。

（2）相对多度指数 RAI：基于红外相机拍摄率计算得到的监测指标，用以代表动物种群的相对数量，指数越高，表明此物种的种群数量越大。

相对多度指数 RAI 的计算方法：

RAI=(有效探测数/总有效相机工作日)×1000

其中，对于1次有效探测定义：①单个位点上红外相机拍摄到某物种就记为对此物种的1次有效探测；②从拍摄到此物种的第一张照片开始，之后30分钟内这个位点上连续拍摄到的相同物种(不管是否相同个体)的照片都算作同一次探测；③探测数与单张照片或单次探测中拍摄到的动物个体数量无关。

(3)其他指标：基于红外相机监测数据，应通过模型构建、统计分析等方法，计算、评估特定物种的空间占域率、探测概率、活动强度指数和动物群落的野生动物图片指数(Wildlife Picture Index，WPI)等其他专用指标。对于红外相机记录到的家养动物，应使用相对多度指数RAI作为监测指标。家养动物相对多度指数RAI的计算方法与野生动物相同。

人为活动：对于红外相机记录到的入区人员，应使用相对多度指数RAI作为监测指标。入区人员的相对多度指数RAI的计算方法与野生动物相同。

资料存档：①纸质资料管理：红外相机野外记录表等原始材料，应专柜保存。②电子资料档案管理：应建立监测区红外相机监测数据库，录入野外记录表格与照片/视频鉴定记录。应建立监测区红外相机监测图片/视频库，整理存储红外相机监测所拍摄的影像资料。应由专人负责上述数据库与图片/视频库的存储与保管，定期进行更新、维护与备份。应建立监测区野生动物物种名录，根据红外相机监测阶段性成果，定期进行更新与完善。

监测信息系统建设：具备条件的监测区，应依据本标准建设红外相机监测网络与体系，集成纳入一体化信息管理系统。

8.2.3　数字化调查监测巡护执法系统

保护区管理科学化、标准化、数字化是自然保护区管理发展的必然趋势，本项目研发保护区调查监测与巡护执法系统，制定自然保护区调查监测与巡护执法标准，规范调查监测与巡护执法内容与步骤，建立标准化的自然保护区调查监测与巡护执法信息收集和更新体系，发展保护区数字化管理模式。

保护区管理科学化、标准化、数字化是自然保护区管理发展的必然趋势，两办意见指出，建立国家公园等自然保护地生态环境监测制度，制定相关技术标准，建设各类各级自然保护地“天空地一体化”监测网络体系，充分发挥地面生态系统、环境、气象、水文水资源、水土保持、海洋等监测站点和卫星遥感的作用，开展生态环境监测。依托生态环境监管平台和大数据，运用云计算、物联网等信息化手段，加强自然保护地监测数据集成分析和综合应用，全面掌握自然保护地生态系统构成、分布与动态变化，及时评估和预警生态风险，并定期统一发布生态环境状况监测评估报告。对自然保护地内基础设施建设、矿产资源开发等人类活动实施全面监控。因此，研发保护区调查监测与巡护执法系统，制定自然保护区调查监测与巡护执法标准，规范调查监测与巡护执法内容与步骤，建立标准化的自然保护区调查监测与巡护执法信息收集和更新体系，发展保护区数字化管理模式，是最迫切的工作。

保护区调查监测与巡护执法工作是保护区日常工作的一部分，也是保护区的主业。现阶段的调查监测与巡护执法手段主要为工作人员利用GPS、照相机、纸和笔来记录和采集信息，由于操作繁琐导致巡护记录相对较少；有时照片和巡护信息并不符合；而采集到的数据保存为纸档，这就使得巡护数据并没有被很好的利用起来。并且，对于巡护人员的监管和工作内容考核也一直是保护区面临的难题。

为了解决以上问题，保护区调查监测与巡护执法系统利用 Android 语言并结合 JAVA 后台及 Websocket 技术，为保护区提供一个实时、能有效监管并能可靠分析的平台。

移动端系统将快速采集巡护人员巡护轨迹信息，沿途发现动物、植物、人为干扰、设备设施的照片、音频和视频信息，执法信息及监测信息，利用 GPRS 网络和 Websocket 技术，将这些数据即时发送至服务器端。在网络缺失的情况下，可在巡护完成后将数据上传至服务器。

在总体设计上，保护区调查监测与巡护执法系统由移动调查系统、移动监测系统、移动巡护系统、移动执法系统、综合管理平台五部分组成。

8.2.3.1 移动调查系统

保护区工作中调查是很重要的一部分，有本底资源调查和专项调查等。在以往的调查工作中，调查人员采集方式并不规范，导致采集到的数据质量不高，并需要大量内业工作才能确保数据准确度。

移动调查系统将依照各项调查规范，制定相关调查表格，规范数据采集内容和采集方式，并自动绑定 GPS 信息以提高数据健壮性。利用 GPRS 网络和 Websocket 技术，将这些数据即时发送至服务器端。在网络缺失的情况下，可在调查工作完成后将数据上传至服务器。

8.2.3.2 移动监测系统

保护区进行各项科研监测、红外相机专项监测工作时，本系统将在移动端提供规范化的监测记录表格，统一数据采集内容。

并利用 GPRS 网络和 Websocket 技术，将这些数据即时发送至服务器端。在网络缺失的情况下，可在监测工作完成后将数据上传至服务器。为保护区科研监测工作数据质量提供坚实基础。

8.2.3.3 移动巡护系统

保护区日常巡护工作中需要对沿途动物、植物、人为干扰、设备设施等相关对象状态进行数据采集，本系统将规范数据采集内容，自动采集巡护路线，并丰富数据采集内容(照片、音频、视频等)。

利用 GPRS 网络和 Websocket 技术，将这些数据即时发送至服务器端。在网络缺失的情况下，可在巡护工作完成后将数据上传至服务器。

8.2.3.4 移动执法系统

保护区内出现的盗伐、盗猎、挖矿、采药等不法活动，需要工作人员及时制止并上报上级部门。现阶段保护区执法手段较为落后并缺乏时效性，移动执法系统将为工作人员提供录音、录像功能，并自动记录 GPS 位点，采集违法证据，提高工作人员威慑力，提升执法效率。并利用 GPRS 网络和 Websocket 技术，将这些数据即时发送至服务器端，确保执法过程及时上报至主管单位。在网络缺失的情况下，可在执法工作完成后将数据上传至服务器。

8.2.3.5　综合管理系统

综合管理系统功能如下：

实时监控功能。接收 Android 设备实时推送的信息后，在三维地球上跟踪展示工作人员移动轨迹，并将其采集到的数据展现出来。

历史数据查询功能。可回溯历次调查监测与巡护执法轨迹和调查监测与巡护执法记录。

调查监测与巡护执法数据分析功能。在数据支持前提下，可分析保护区动植物分布状态；保护区人为干扰分布状态；保护区设备设施完好状态；专项调查工作完成状态；科研监测工作完成状态；保护区执法工作情况分析；工作人员年巡护公路数；工作人员年巡护小时数。

针对移动终端(手机，PDA 或者专用设备)研发基于安卓系统的收集进入保护区开展科学研究和调查、监测与巡护数据，包括实时地图模块底图采用天地图卫星影像数据，支持切换为 OpenStreetMap 地形图。保护区可任意叠加功能区划、河流、边界、道路交通等自定义图层。实时绘制工作人员行走轨迹，以及当前位置，展示工作任务开始时间、参与人员等信息。实时展示工作人员采集到的照片和文本数据，并在地图上绘制采集点所在位置。通过云存储平台，结合分析模块，建立保护区调查监测与巡护系统。主要工作包括标准制定，设备购置和培训。

(1)统一数据规范，极大的保证数据和系统的健壮性；

(2)利用 PDA，简化巡护人员采集数据方式；

(3)丰富数据采集内容(照片、音频、视频+记录)；

(4)数据关联性强，极大的提高数据的可用性，为后期利用数据进行分析决策提供坚实的基础；

(5)能够实时的监测巡护人员巡护状态，可靠保证巡护人员安全，巡护工作完整；

(6)分布式部署，为各级使用人员按照业务的不同提供不同的使用界面；

(7)预留接口，并可扩展为云服务；

(8)有强大的专家团队，为保护区管理决策提供专家服务。

8.2.4　金丝猴保护技术

8.2.4.1　川金丝猴生境监测技术

野生动物的生境选择和活动区域是生物因素如食物、天敌和干扰以及非生物因素如气候、地理特点共同作用的结果。生境的破碎和隔离导致遗传多样性的变化，影响种群遗传交流。生境恢复和保护是濒危野生动物保护行动的关键，对于濒危动物的保护，充分了解它们在典型栖息地中的食性和生境偏好等生态适应特点是制定其栖息地保护与恢复措施的基础。一般来说，要保护好典型生境的濒危动物，首先都要进行充分的行为生态学和生境选择和评价研究。生境选择指动物对生境要素与生境结构作出的反应。决定动物生境选择的因素包括生境本身的特性、动物的特性、食物的可利用性、捕食和竞争等因素，任何引起动物各种活动、行为、生理和心理等改变的因素以及引起生境变化的因素均影响野生动物的生境选择，而且各种因素对于不同种动物或同种动物的不同生长发育阶段或生理时期均具有不同的影响。具有生存价值或适宜意义的因素称为为基本因子，包括食物、隐蔽物、营巢或做洞场所和种间竞争等。引起生境选择的直接原因或刺激物，称之为主因子，包括地形、地貌、竞争者等。根据目前对生境的研究结果，主要影响生境选择的因素包括食物丰盛度，隐蔽条件或隐蔽物，水源，竞争等。生境选择的研究是近 50 年野生动物研究的热点问题，对国内外的主要濒危物种都进行了大量的研究。

生境分析是在研究动物的生境要素与生境结构的基础上，抓住几个关键的因子，找出各因子之间的关系，建立动物与生境之间关系的数学模型。在提出动物生境适宜度标准的基础上，对不同地点的生境进行综合评判。生境分析是为了寻找出影响目标动物分布与数量的主导环境因素，建立野生动物与生境关系的数量模型，了解是什么环境因子影响一个物种的分布与丰度，预测生境变化对物种的分布和丰度的影响。

野生动物的生境评价是生境分析的目的之一，在进行生境评价时，生境要素的选择最为重要。可以对定性标准因子分级，给各个因子赋值，最后以模型方式进行分析或是进行模糊综合评判，得出生境适宜度。常用的方法有以下两种：其一是生境适宜度模型，将所确定的生境要素的取值范围为 0~1，生境适合度指数是各个环境变量的几何平均。HSI 特别适合于表达简单而又易于理解的主要环境因素对物种分布与丰度的影响。其价值在于给出了可重复进行的评价程序，为各种管理计划的评价，提供一个特定环境的特征指数。生境承载力(Habitat capability)模型与 HSI 结构相似，可以通过 HIS 来预测生境承载力。其二生境评价程序，这是基于生境质量和生境数量而定义的生境单元，在物种水平对野生动物的生境进行评价。HEP 模型可能要求很多特定环境属性与田间数据，如食物的质量和数量。该程序提供了可重复评价的环境条件的一个结构化方法。HEP 模型可用来评价环境条件对研究物种的影响与该物种对生境变化的反馈。

生境监测是生境选择研究的一种途径，通常有直接法、痕迹以及访谈法、无线电追踪系统、自动感应照相系统以及 3S 技术，各种方法与手段都有优缺点。直接研究法、遥测定位法和自动感应照相监测法在理想状态都能获得准确可靠的生境利用数据，但是有很多前提条件，比如仅适用于某些动物类群，受到地形和天气等环境因素的影响大，适应的研究尺度有限。痕迹法和访谈法虽不受上述因素的限制，但数据量和数据的准确可靠性都存在问题。

物联网是新一代信息技术的重要组成部分。通过射频识别(RFID)、红外感应器、全球定位系统、激光扫描器等信息传感设备，按约定的协议，把任何物体与互联网相连接，进行信息交换和通信，以实现对物体的智能化识别、定位、跟踪、监控和管理的一种网络。从技术架构上来看，物联网可分为三层：感知层、网络层和应用层。感知层由各种传感器以及传感器网关构成，包括二氧化碳浓度传感器、温度传感器、湿度传感器、二维码标签、RFID 标签和读写器、摄像头、GPS 等感知终端。物联网作为信息技术的深度拓展应用，是新一代信息技术孕育突破的重要方向，是我国战略性新兴产业发展的重要组成部分。随着通信技术、嵌入式计算技术和传感器技术的飞速发展和日益成熟，具有感知能力、计算能力和通信能力的微型传感器开始在世界范围内出现，由这些微型传感器构成的传感器网络引起了人们的极大关注。这种传感器网络综合了传感器技术、嵌入式计算技术、分布式信息处理技术和通信技术，能够协作地实时监测、感知、采集网络分布区域内的各种环境或监测对象的信息，并对这些信息进行处理，获得详尽、准确的信息，传送到需要这些信息的用户。

由于种群数量稀少、栖息地地形复杂等原因，通过传统的调查方法，人们实际上很难跟踪和直接观察到金丝猴，无法确定生境选择的相关参数。现代新技术的不断发展和创新应用，特别是物联网技术的出现，为金丝猴生境选择研究提供了手段。物联网是新一代信息技术的重要组成部分。通过射频识别(RFID)、红外感应器、全球定位系统、激光扫描器等信息传感设备，按约定的协议，把任何物体与互联网相连接，进行信息交换和通信，以实现对物体的智能化识别、定位、跟踪、监控和管理的一种网络。从技术架构上来看，物联网可分为三层：感知层、网络层和应用层。感知层由各种传感器以及传感器网关构成，包括二氧化碳浓度传感器、温度传感器、湿度传感器、二维码标签、RFID标签和读写器、摄像头、GPS等感知终端。物联网作为信息技术的深度拓展应用，是新一代信息技术孕育突破的重要方向，是我国战略性新兴产业发展的重要组成部分。随着通信技术、嵌入式计算技术和传感器技术的飞速发展和日益成熟，具有感知能力、计算能力和通信能力的微型传感器开始在世界范围内出现，由这些微型传感器构成的传感器网络引起了人们的极大关注。这种传感器网络综合了传感器技术、嵌入式计算技术、分布式信息处理技术和通信技术，能够协作地实时监测、感知、采集网络分布区域内的各种环境或监测对象的信息，并对这些信息进行处理，获得详尽、准确的信息，传送到需要这些信息的用户。

基于国内外先进的集群通讯技术、传感器网络、视频监控、计算机信息技术，遵循全面保护自然环境，促进人与自然和谐的方针，以保护自然资源、珍贵野生动物和实现以人为本的监管服务为主要目的，针对神农架国家级自然保护区的特点和实际需要围绕保护区监测与管理的核心业务需求，建立保护区综合监测与管理系统试点，形成“两网两平台四系统”的自然保护区监管实时业务系统的软硬件应用解决方案，初步建成完备的保护区数字化管理体系，提升保护区数字化管理水平，带动全国自然保护区的信息化建设。

【两网】

保护区无线宽带多媒体网络——实现保护区内各类信息的高速传输，是保护区信息传输的高速公路，监管系统的“中枢神经”。

保护区监测物联网——实现保护区保护对象及其生境信息、人为活动、灾害监测等信息的自动感知与获取，是保护区监管系统的“末梢神经”。

【两平台】

保护区位置服务平台——实时反映保护区监管服务目标的位置、轨迹信息，如金丝猴位置、活动路线、巡护管理人员动态、路线轨迹等。该平台是实现保护区动植物监管、人员巡护管理、指挥调度、游客服务管理、灾害预警与应急指挥等各类信息实时展示的基础。

传感器数据云服务平台——接收和处理来自各类传感器的视频影像、监测管理数据，实现数据的自动汇集、分类、统计与分析，该平台是实现自然保护区资源监管服务的数据处理中心。

两平台是保护区监管系统的“大脑”。

【四系统】

四系统指针对神农架国家级自然保护区的特点和实际需要，从资源监管、业务管理、游客服务等方面入手，实现神农架保护区各类核心业务管理与服务信息化，满足对资源和环境进行全方位的实时监测的需求，提高自然保护区的管理及服务水平，是保护区监管系统的“四肢”(执行系统)，四个系统包括：

(1)林区无线宽带多媒体通讯管理调度系统。实现对讲、2G/3G、固话等各种通讯方式的互联互通、实现对信道资源的分配和调度，实现上下行高带宽的语音、数据影像等通讯需求智能化调度。

(2)珍稀动物行为监测系统建设。实现基于物联网的野生动物实时监控，包括野生动物活动实时视频影像、活动位置、轨迹等。

(3)珍稀动植物生境与气候环境数据采集系统建设。用于实现对于不同的地貌、自然条件、林分、及珍惜动植物生活、生态环境因子的实时监测；提供林区空气负离子及氧气含量监控，提供空气质量和灾害天气预警、气象因子数据服务。

(4)多媒体展示系统建设。建设多媒体展示系统，提供基于电子沙盘的保护区实时情况展示，包括监测信息、业务信息、游客信息等展示，实现灾害与应急救援指挥决策等。

8.2.4.2 川金丝猴气候庇护所划分技术

持续的气候变化对许多物种的保护和生存形成了挑战，特别是具有高灭绝风险的珍稀濒危物种(Gouveia et al.，2016)。气候变化会引起物种移动特征及分布范围的改变，后者包括范围的转移、生境的退缩或扩张及破碎化(Parmesan，2006；Lister et al.，2015；Struebig et al.，2015)。因此，预测物种分布范围的空间变化，识别在气候变化时期可维持物种生存的区域及后续可扩张分布的区域对于制定针对性的保护计划十分关键(Lambers，2015；Struebig et al.，2015)。

气候庇护所是具有相对稳定气候条件的区域，有利于许多类群在气候变化背景下的生存。气候庇护所的确定依赖于物种当前和未来可能分布区域的识别(Keppel et al.，2015)。基于物种分布模型的生境适宜性评估已被广泛用于了解物种对环境变化的分布范围响应，及识别气候庇护所(Keppel et al.，2012；Gouveia et al.，2016)。此外，气候变化的速率也可用于气候庇护所的识别，在此情况下庇护所是具有低气候变化速率的区域(Keppel et al.，2015；Sandel et al.，2011)。潜在的气候庇护所也可通过调查与当前气候条件和干扰分布类似的区域来获得(Keppel et al.，2015)。然而，由于气候类似生境的可达性受到物种扩散能力及景观渗透性的限制，物种是否能跟踪变化的气候条件从当前的分布区域到达气候庇护所或未来适宜生境是极具挑战的(Lambers，2015；Littlefield et al.，2017)。因此，在气候变化背景下，保持景观连接度或连通性是最常提及的物种多样性保护策略。

湖北省是川金丝猴分布的最东缘，仅拥有约1200只个体。相对较低的遗传多样性、孤立的遗传状态和较小的种群数量，使得该种群较其他种群面对环境变化具有更高的脆弱性。该树栖物种偏好温带针叶落叶阔叶混交林，气候变化对植被的主要影响预计会降低川金丝猴适宜生境的可获得性(Luo et al.，2015；Xiang et al.，2011)。Luo等(2015)预测气候变化将会减少神农架林区川金丝猴的生境面积，迫使该种群向高海拔转移，但该研究缺少川金丝猴主要分布的巴东保护区，未能全面了解在气候变化下整个湖北种群生境的变化，此外，鲜有研究识别川金丝猴气候庇护所。因此，本章基于川金丝猴的分布点、生物气候变量及环境变量，对湖北川金丝猴分布区域建立物种分布模型，旨在评估气候变化对川金丝猴未来(2050s)生境的影响及识别气候庇护所，为该川金丝猴种群面对气候变化提供适应性保护建议。

多数气候变化对灵长类动物影响的研究表明，未来某些物种的栖息地适宜性将在空间上发生改变，这将会导致物种分布范围的变化(Schloss et al., 2012; Brown and Yoder, 2015)。然而，栖息地退化不是灵长类动物扩散的唯一阻力，地理阻碍、气候变化的速度和内在因素(如扩散限制)都可能降低其移动能力。在一项比较分析中，Schloss 等(2012)认为许多新世界猴可能无法跟上未来的气候变化，因为气候变化的速度将超过物种移动和追踪生态位的能力。这些结果强调了扩散受限物种的脆弱性，以及物种恢复力与气候变化幅度密切相关。

利用红外相机继续收集金丝猴分布信息，将金丝猴分布位点和当前及未来的气候数据(IPCC 5，2050s，2070s)、环境变量一起置入 Maxent 模型中，预测不同气候变化情景模式下金丝猴生境适宜性的变化，在此基础上确认气候变化情景下金丝猴的避难所、迁移廊道、潜在新的适宜生境。

基于当前和未来适宜生境的变化，评估气候变化对川金丝猴适宜生境范围的影响并识别气候庇护所。脆弱生境是指将在 2050s 丧失的当前生境，使用三个指数用以评估生境脆弱性，包括适宜生境变化百分比(AC)、当前适宜生境丧失百分比(SH_L)、未来适宜生境增加百分比(SH_I)(Irina et al., 2007; Li et al., 2017)，计算公式如下：

$$AC=\frac{A_F-A_C}{A_C}\times 100\% \tag{1}$$

$$SH_L=\frac{A_C-A_{FC}}{A_C}\times 100\% \tag{2}$$

$$SH_I=\frac{A_F-A_{FC}}{A_C}\times 100\% \tag{3}$$

其中，A_F 为在 2050 s 气候情景下的适宜生境面积，单位 km^2；Ac 是当前的适宜生境面积，单位 km^2；A_{FC} 是当前和 2050 s 气候情景下都适宜的生境面积，单位 km^2。

将气候庇护所定义为具有稳定适宜生境并满足物种特定的生态位需要的区域，即在当前和未来气候情景下一直适宜的栖息地。川金丝猴的家域面积为 18.3 km^2，其中核心家域面积为 7.4 km^2。川金丝猴日移动距离在 0.75~5 km，平均 2.1 km。将满足以下条件的适宜生境作为气候庇护所：①当前和未来气候情景都适宜的生境斑块；②斑块面积大于川金丝猴核心家域面积 7.4 km^2(斑块间 8 邻相连为同一斑块)，距最近斑块距离小于川金丝猴日平均移动距离 2.1 km(Tan et al., 2007)；③为能有效保护与管理，斑块位于保护地内。

8.2.4.3　种群生存力分析

栖息地丧失是生物多样性下降的最主要驱动因素，其与气候变化的协同效应是一个重要的保护问题(Brook et al., 2008)。种群生存力分析(PVA)可看成是一种风险评估，是通过数据分析或模型模拟确定物种在未来某一人为限定时间段内灭绝的可能性，可用于预测灭绝概率。PVA 通过评估物种需求与环境变量的关系来确定物种在自然历史中的脆弱程度，有利于判断栖息地丧失、栖息地破碎化等对濒危物种影响。PVA 一个重要部分是评估管理措施，例如增加或减少保护区面积如何影响物种灭绝概率、又如引入别处捕获或圈养个体以扩大种群所产生的影响。因此，种群生存力分析可用于找到物种的致濒原因，探讨恢复对策，为制定有效的保护管理措施提供科学的建议和支持(Boyce, 1992; 田瑜等,

2011）。

漩涡模型(Vortex)广泛应用于种群生存力分析，该模型根据种群的出生率、死亡率、环境容纳量等变量来模拟种群数量变化。该模型中，通过改变自然灾害、环境变化等随机因素改变种群的出生率和死亡率，从而影响该种群未来生存力。模型可预测在未来一定时间范围内种群数量、灭绝概率、遗传多样性、近交系数等的变化，从而判断对种群未来生存影响最大的因素，因此该模型已成为评价濒危动物管理方式的有效工具，并已应用在许多濒危物种的研究中，如长臂猿(范朋飞等，2007)、白暨豚(张先锋等，1994)、朱鹮(李欣海等，1996)、大熊猫(王昊等，2002)和滇金丝猴(肖文等，2005)等。

旋涡模型需收集一系列的种群参数，包括初始种群数量、不同年龄组的出生率和死亡率、物种交配制度、参加繁殖的雌雄性比例、种群繁殖率、雌性、雄性个体首次生育年龄和终止繁殖年龄；新出生个体的性别比例、环境容纳量变化、自然灾害的发生强度、频率及与死亡率的关系等随机因素。模型中种群参数可以通过有效估计产生，但估计的参数主观性较强，可能会与实际情况存在差距，难以用于物种保护的实践。因此，在利用 Vortex 模型模拟时，要使用长期监测获得的数据进行模拟，其结果对物种的保护与管理具有实际的指导价值。

8.2.4.4 廊道确定技术

地形因素、道路等基础设施建设、早期森林采伐等造成适宜生境间无法联系，是导致神农架川金丝猴栖息地破碎化的主要原因。生态廊道在野生动物移动、生物信息传递起着决定性的作用。大量关于生态廊道宽度与生物多样性保护的关系方面研究表明，廊道有利于物种的空间运动和本来孤立的斑块内物种的生存和延续，同时廊道本身又是招引天敌进入安全庇护所的通道，这又会给某些残遗留物种带来灭顶之灾。不同功能的生态廊道所需要的宽度不同，根据保护的目标种的不同，廊道需要的宽度不同。廊道密度指数可以客观反映破碎化程度，单位面积中廊道越长，景观破碎化程度会越高。金丝猴所需的最小生态廊道宽度是多少？金丝猴栖息地分离的斑块远近，生境破碎化程度都是生态廊道建设的难点？金丝猴生境廊道的建设对金丝猴起到保护的作用，对金丝猴种群连接度都具有重要意义。

研究使用软件 Circuitscape v4.0(McRae et al.，2013)量化物种在当前和未来适宜生境间的潜在移动。Circuitscape 基于电路理论模拟连通性，斑块间的高电流密度表明斑块间重要的移动。Circuitscape 软件使用成对模式运行，各时期的适宜生境斑块作为节点(即源斑块和汇斑块)。采用 MaxEnt 生境适宜性指数取倒作为川金丝猴移动的阻力图层(Wang et al.，2014)。绘制各时期斑块间累计电流图可视化当前和未来气候情景下的生境连通性状况。

通过连接未来气候情景下的适宜生境斑块，模拟从当前至未来生境的潜在扩散路径。绘制适宜生境斑块间的最小费用路径和最小费用廊道，适宜生境斑块距最近斑块距离小于川金丝猴日平均移动距离 2.1 km。阻力图层与输入 Circuitscape 软件的一致，最小费用路径和廊道在 LinkageMapper(McRae &Kavanagh，2011)软件中完成，以 200000 费用单位的费用距离截断(truncate)进行可视化。

将栖息地廊道建设类型分为森林采伐迹地廊道建设、基础设施建设后廊道建设、地形导致生境隔离的廊道建设等三种类型。

(1)森林采伐迹地廊道建设。森林采伐迹地现状主要为草地和灌丛，川金丝猴迁徙过程中因惧怕捕食者不敢通过。这类地段的廊道建设主要是恢复与本地段适宜、川金丝猴偏好、并与目前隔离的两个斑块类型相同或相似的森林植被，廊道宽度最好不低于 60 m。

(2)基础设施建设后廊道建设。神农架川金丝猴适宜生境斑块间的道路建设也是造成栖息地破碎化的重要原因，道路上的人流和车辆影响金丝猴穿行。这种破碎化生境的廊道建设可以通过两种方式进行。一是在人流和车流量较小、道路等级低且宽度较小的地段，可以在道路两侧移植树冠高大的树木，使道路两侧的树冠相连，保证川金丝猴的穿行；二是在人流和车流量较大的道路，在适宜地段架设桥梁用于川金丝猴穿行。

(3)地形导致生境隔离的廊道建设。海拔低于 1600 m 的沟谷通常也是导致栖息地破碎化的重要原因。这种类型也可以选择在沟谷宽度较小、两侧生境利用频率较高的地段架设桥梁，构建栖息地廊道。

8.3　示范与评估

8.3.1　后河保护区调查监测示范

湖北五峰后河国家级自然保护区位于湖北省西南部五峰土家族自治县，地处湖北、湖南两省交界的武陵山脉东段，经纬度范围东经 110°30′1.26″~110°43′11.838″，北纬 30°2′55.246″~30°8′55.007″，总面积 10340 hm^2。保护区于 1988 年 2 月批建省级自然保护区，2000 年 4 月批建国家级自然保护区。

保护区地处我国地理几何中心区域(中国地图，保护区以红星显示)，在湘鄂两省的天然分界线上，北纬 30°、长江中游、三峡南岸、武陵山北、人迹罕至……是它特有的地理标签。保护区山高谷深，区内最高峰独岭海拔 2252.2 m，为武陵山脉东北支脉的最高峰，最低点百溪河谷海拔 398.5 m，垂直高差较大。保护区位于云贵地洼所属的湘西-黔东地穹的北缘和苏鄂地洼区的过渡地带，处于我国第二级阶梯向第三级阶梯过渡地带，是秦巴山脉和武陵山脉向江汉平原过渡区，也是云贵高原向江汉平原过渡区，地貌类型完整，立体地貌突出(图 8-1)。复杂多样的生境孕育并保留住了生态系统的原真性和完整性。截至 2018 年年底，保护区内已查明保存有 11 个植被型 70 余群丛；有野生维管束植物 3312 种；有陆生野生脊椎动物 402 种，估计有昆虫资源 4000 种以上，现已鉴定到种的有 2514 种。

8.3.1.1　后河保护区野生动物监测

保护区围绕回答“有什么，在哪里，怎么样”的问题展开动物监测，了解保护区动物种类及数量，了解动物种群的分布范围、大小、分布格局及变化情况，了解种群的波动规律，探明栖息地的变化情况，并根据栖息地及动植物变化情况来决策巡护监测样线的设计、布样和采集数据的方法，为达到最佳管护效果奠定基础。

建立监测体系：近年来，后河保护区制定并沿用固定监测模式，运用数字化管理技术，汇聚保护合力，形成“多重覆盖，横向到边，纵向到底”的管护模式。

监测手段：以红外相机监测为主，以“智慧保护区”APP 等为辅。野生动物活动范围广，且部分动物具有夜行性，白天难以发现其踪迹，因此红外相机监测是最好的选择。

监测方法：以网格调查法为主，以样线、走访等调查法为辅。为摸清保护区动物资源

图 8-1　地理保护区示意图

本底，采取划分公里网格均匀布设相机的方式，并利用往年相机布设经验，在野生动物分布密集区设置样线进行调查。

监测对象：以动物监测为主，以植物、植被、生境等监测为辅。在确保自身安全的前提下，动物往往更乐意待在食物和水源丰富的地区，所以辅助展开生境和植物植被调查，可分析得出动物栖息地选择主因。

监测内容：以动物实体监测为主，以动物足迹、卧迹、取食痕迹、食源等监测为辅。动物的脚印、粪便、取食痕迹等也可以反应它的活动规律，进一步明确其分布范围。

监测实施主体：以保护区科研工作人员为主，以与相关科研院所合作为辅。保护区科研监测是一项需长期坚持的工作，培养出保护区自己的科研工作者，提升保护区整体科研水平，是保护区得到更好保护的重要基石。

保护区自 2010 年下半年开始利用红外相机展开动物监测，2011 年 4 月回收第一批数据，一直到 2016 年年底，共收集有效视频、图片数据约 138GB。但由于历年来相机都布设在野生动物可能会出没的重点地区，故一直未能掌握保护区野生动物总体分布情况。所以 2017 年第二轮本底资源调查开始，我们在中国林业科学研究院、北京林业大学等科研院校的帮助下，采用网格调查法对保护区动物资源分布状况进行了一次全面普查。

后河保护区总面积 10340 hm^2，按 1 km×1 km 网格将保护区划分成 104 个公里网格(图 8-2)，在每个 1 km×1 km 网格内放置 2 台红外相机(部分地势陡峭无法进入的网格内至少放置 1 台)，每台相机每个位点上放置 6 个月，6 个月以后转移相机至网格内的其他地方，网格内每两个相机位点之间至少相距 300 m 以上，每一个网格点内至少保持 1 年。

自 2017 年 4 月开始，保护区利用网格调查法共放置 5 批红外相机(表 8-4、图 8-3)，现已回收 4 批，2019 年 3 月，放置的第五批相机正在回收当中。截至目前，前 4 批红外相机共获得视频、照片数据 348. 5GB。作为动物监测辅助手段的植物、植被调查等，其中植被调查 2017 年、2018 年两年共调查样地 143 个、样点 8 个，调查记录 3715 条乔木数据、

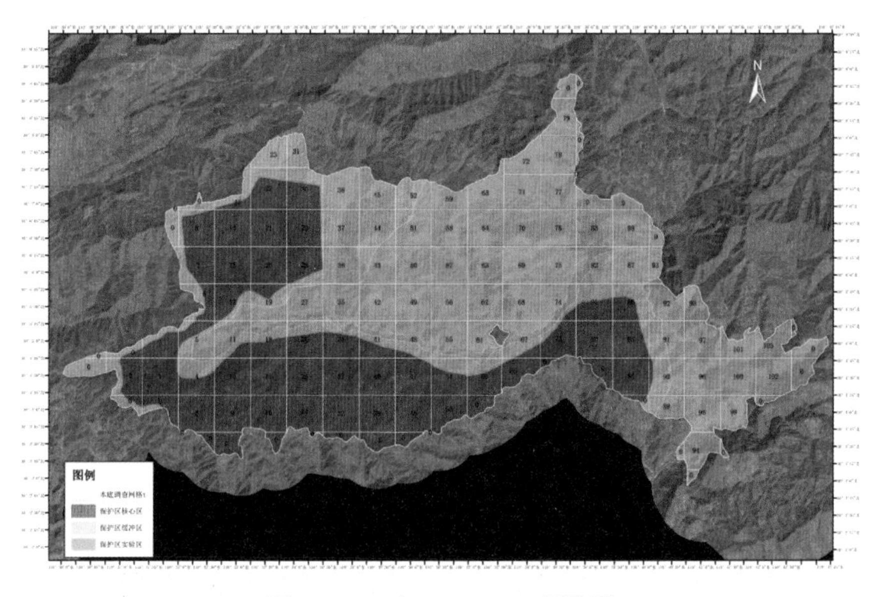

图 8-2　104 个 1 km×1 km 网格图

表 8-4　第二轮本底资源调查红外相机收放时间

批　次	放置时间	回收时间	回收数据
第一批	2017 年 4 月	2017 年 12 月	78. 1GB
第二批	2017 年 8 月	2018 年 3 月	62. 3GB
第三批	2017 年 12 月	2018 年 11 月	128GB
第四批	2018 年 3 月	2018 年 11 月	80. 1GB
第五批	2019 年 3 月	正在回收中	

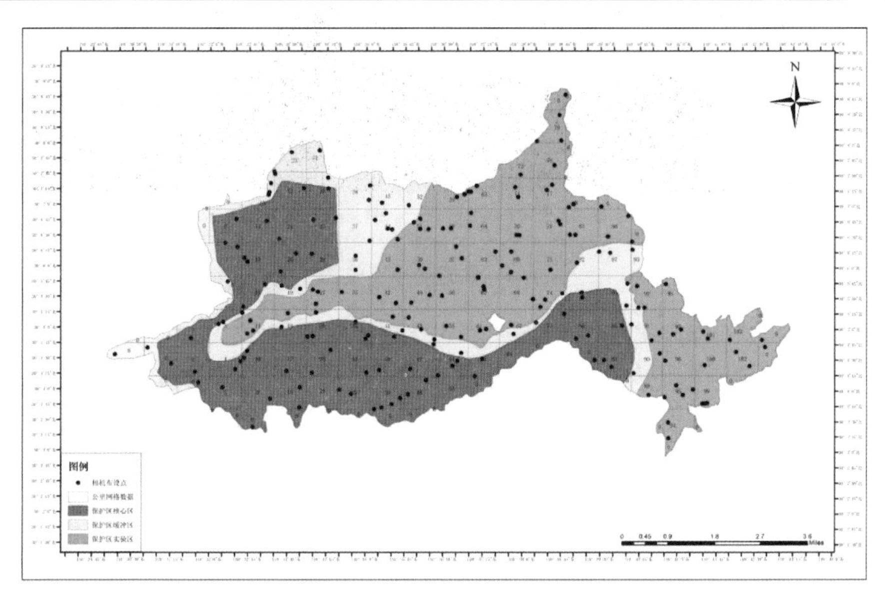

图 8-3　相机布设位点示意图

4296 条灌木数据、3631 条草本数据，涉及 70 余群丛；植物调查收集照片约 370GB，记录植物物种数据 5000 余条；利用“智慧保护区”APP 上传数据 2 万余条。

8.3.1.2 数据的初步分析

数据回收之后，我们对所有照片、视频进行了批量重命名和初步筛选处理，发现共拍摄到 19 种野生兽类，隶属 3 目 11 科，林麝、黑熊、鬣羚、斑羚、黄喉貂、豹猫、毛冠鹿、小麂、猪獾等动物的身影频频出现，值得一提的是，这是后河保护区利用红外相机展开动物监测以来，首次拍到国家 I 级重点保护动物林麝。

2017—2018 年，共在保护区 21 个公里网格内布设的红外相机里发现了林麝，涉及 34 个点位，其中，2017 年 22 个点位(红色点位)，2018 年 18 个点位(黄色点位)。从林麝现有点位分布图(图 8-4)上看，它主要分布在保护区核心区和缓冲区，少量分布在实验区。通过这张图，我们思考了两个问题，第一，林麝为什么分布在这些地方？第二，它的这些分布地是否存在威胁它生存的因素？

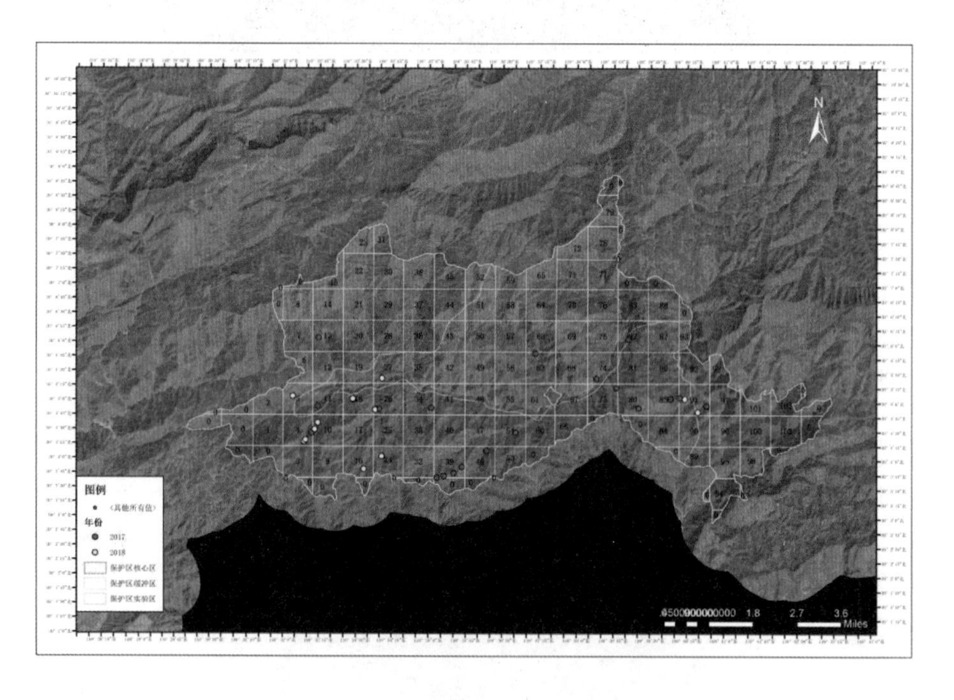

图 8-4 林麝分布点位图

针对第一个问题，我们启动了后河保护区林麝生境调查专项，在发现有林麝分布的网格设计样方、样线展开生境和食源植物调查，因林麝生性胆小易受惊，所以我们尽量减少进入林麝分布区的次数，避免造成过多人为干扰，只在收放红外相机时展开专项调查。在样线调查中，我们引入了 PDA 技术，使用智慧保护区 APP 的“样线调查”模块，记录了沿途足迹、卧迹、食痕、粪便等情况，数据上传至后台，便于整个调查完成后作为辅助数据下载使用。同时，调取了老屋场、北溪河和小山 3 个气象站的温度、湿度、降水量等气象数据，以期进一步摸清保护区林麝分布现状和适宜生境。

针对第二个问题，我们在林麝集中分布区展开了猫科动物调查专项和与林麝有争夺食物可能性的有蹄类动物调查专项，两项调查与林麝生境调查专项同时进行，以红外相机陷阱监测技术为主，以期摸清其潜在威胁因素。

截至目前，我们已在林麝现有分布区域内设置了 5 个标准样方，后续还会继续展开样方调查。现对 5 个样方数据进行初步分析(表 8-5)，得出林麝主要活动在保护区海拔 1200～1750 m 范围内，乔木盖度都在 70%及以上，灌木盖度 10%～40%，草本盖度 40%及以下，乔木以樟科三桠乌药，壳斗科青冈属、柯属，桦木科鹅耳枥属，蔷薇科石灰花楸出现频次较高，灌木以木姜子属和荚蒾属植物为主。说明林麝主要在有石砬子分布的山坡或悬崖附近、相对海拔较高、食物比较丰富、隐蔽性较好、植被郁闭度较高的落叶阔叶林和针阔混交林内分布。

表 8-5　植被调查样方设置情况表

编　号	海拔(m)	盖度		
		乔木盖度	灌木盖度	草本盖度
1	1237	85%	10%	1%
2	1724	85%	40%	5%
3	1379	70%	10%	40%
4	1481	80%	3%	40%
5	1536	80%	40%	1%

从猫科动物和有蹄类动物专项监测结果看，暂时没有大型猫科动物对其造成威胁，因相机放置时间较短，对于是否有大型猫科动物威胁其生存尚不做定论，其他有蹄类动物如小麂、野猪等对林麝的食物资源有一定的争夺。

通过动物监测，回答了“有什么，在哪里，怎么样”问题。“有什么”问题里，首次发现并拍摄到了林麝，说明保护区生态环境可能较以前更适宜于林麝生存了；“在哪里”初步摸清了林麝分布点位，现有观测数据显示主要分布在保护区核心区和缓冲区，少量分布在实验区，人为干扰较少，说明保护区三区划分较为科学合理；“怎么样”问题，通过调查发现林麝分布区内生境普遍比较良好，食物丰富，虽有食物竞争者，但对其生存暂不构成威胁。

为保护寻找遵循。根据林麝相关专项调查结果，我们适时调整了保护策略，在香党坪、核桃垭设立管护站点，将核心区常规巡护路线换为季度巡护，尽量减少人为干扰。

保护区科研水平上新台阶。在以中国林业科学研究院为首的本底调查专家团队的指导下，保护区工作人员学会动物监测公里网格调查法、红外相机安装技巧、使用电子设备采集调查信息方法、数据初步批量处理分析方法等，科研监测技术水平整体得到提高，一线巡护监测人员正逐步成长为保护区动植物监测保护的中坚力量。

8.3.2　神农架金丝猴保护技术应用

2005—2006 年，杨敬元等(2008)在神农架地区开展的种群数量调查显示该区域有 3 个亚群，种群数量共约 1200 只(包括金猴岭亚群约 370 只、大龙潭亚群 390 只和千家坪亚群 430 只)。巴东自然保护区毗邻神农架，交界区域为小神农架、千家坪一带，苏化龙等(2004)认为巴东区域活动的川金丝猴可达到 600～800 只，但活动于这一区域的猴群是否属于千家坪亚群尚有争议，因此假设活动于千家坪和巴东区域的猴群数量共 800 只。大龙潭亚群的活动范围为大龙潭、观音洞以北区域，千家坪亚群活动区域为小神农架、小千家坪一带，依此划分大龙潭、观音洞以北为大龙潭亚群活动区域，太子岩、关门山以南为千家坪亚群活动区域，大龙潭亚群和千家坪亚群之间区域为金猴岭亚群活动区域。

8.3.2.1 金丝猴生境和行为监测平台

在大龙潭背后核心区共设立 5 个野外物联网观测场(4 个位于林中采用无线宽带传输，1 个位于监测塔上)用于珍稀动植物如金丝猴行为习性、活动规律等监测，根据监测需要和实际情况部署各类摄像机、红外传感热点、红外相机等各类传感器设备等(图 8-5)，实现当有动物出没时对动物的自动追踪拍摄珍稀野生动物的活动和分布情况。也可通过中心机房的遥控实现人为控制；同时，记录各生物群落的变化情况和野生动物的生活习性，防止人为的破坏、捕杀和骚扰，监测数据可通过通讯基站实时回传至资源监管服务中心珍稀动植物监管服务系统，为保护和研究提供有效的手段。

为了使保护区内森林、草甸生态系统和珍稀动植物资源得到有效监测和保护，提高管理服务水平，在本项目的建设过程中，结合保护区的实际情况，保护区资源监管服务系统试点工程包括：资源监管服务中心建设、通讯基础设施试点建设、珍稀动植物监管系统建设、气象环境数据采集系统建设、保护区位置服务系统建设等五个方面的内容。资源监管

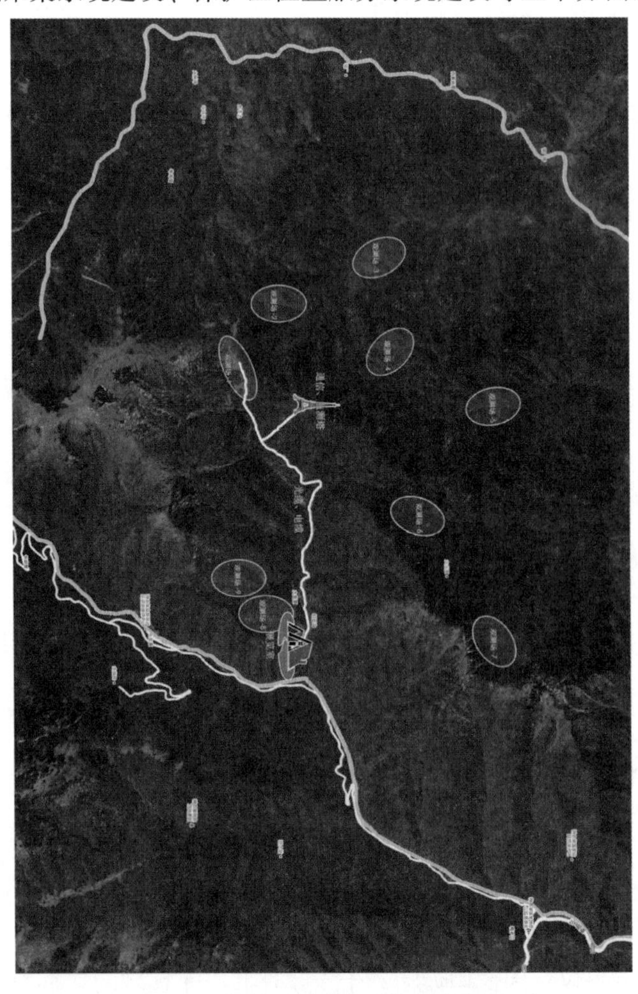

图 8-5 保护区综合监测位置分布图

服务系统结构图 8-6 所示。

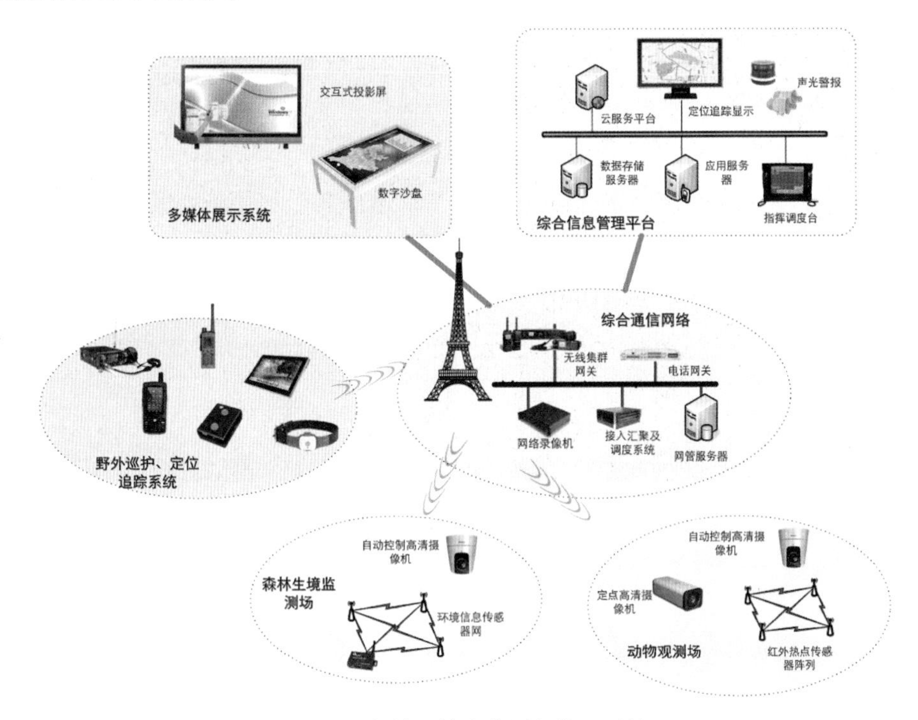

图 8-6　保护区综合监测与管理系统

8.3.2.2　气候庇护所确定

当前的适宜生境面积为 1119 km^2(表 8-6，图 8-7a)，主要集中于神农架国家公园(722 km^2)、林区西南部分(247 km^2)、巴东自然保护区北部(61 km^2)。到 2050 年，适宜生境面积减少至 406 km^2($AC=-63.7\%$)，适宜生境退缩至神农架国家公园(293 km^2，$AC=-59.4\%$)和巴东自然保护区内(60 km^2，$AC=-1.6\%$)，如图 8-7b。

至 2050 年，未来适宜生境增加百分比(SH_I)为 3.5%(表 8-6)，新增适宜生境极少。而当前适宜生境丧失百分比(SH_L)为 67.2%，大部分研究区域在气候变化下将变得脆弱。在所有的保护地中，神农架林区(不含国家公园)内适宜生境在气候变化下最为脆弱($SH_L=96.0\%$)，其次是神农架国家公园($SH_L=62.2\%$)和巴东保护区($SH_L=9.8\%$)。

气候变化将造成适宜生境向高海拔转移。未来气候变化情景下适宜生境的平均海拔(2183.66±325.35 m)显著高于($Z=-3.554$，$P=0.000$)当前适宜生境的平均海拔(2118.90±315.94 m)(图 8-8)。

表 8-6　当前和 2050 年情境下川金丝猴适宜生境面积和变化百分比

保护地名称	A_C(km^2)	A_F(km^2)	A_{FC}(km^2)	AC(%)	SH_L(%)	SH_I(%)
研究区	1119	406	367	−63.7%	67.2%	3.5%
神农架林区	247	11	10	−95.5%	96.0%	0.4%
神农架国家公园	722	293	273	−59.4%	62.2%	2.8%
巴东自然保护区	61	60	54	−1.6%	11.5%	9.8%

注：神农架林区特指不包含国家公园的区域。

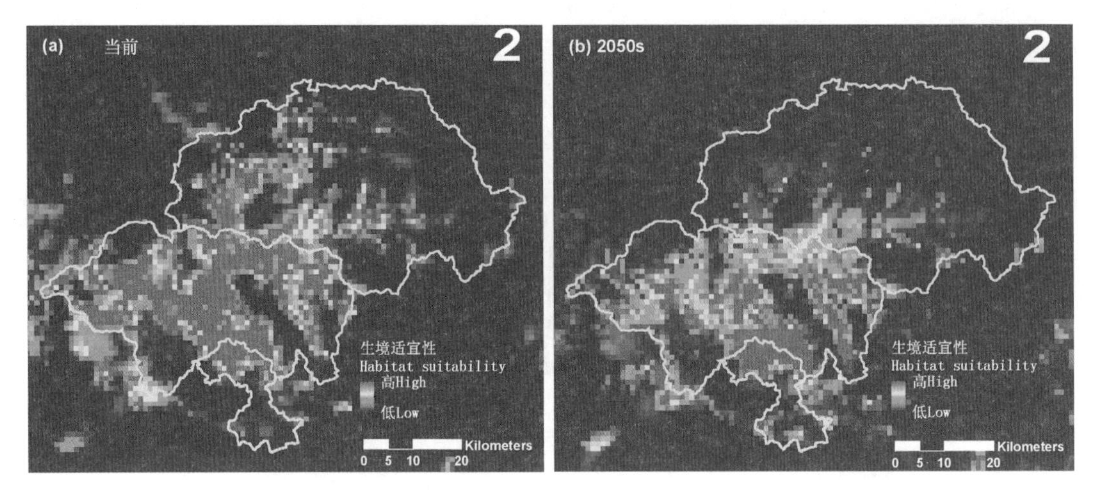

图 8-7 川金丝猴生境适宜性气候情景

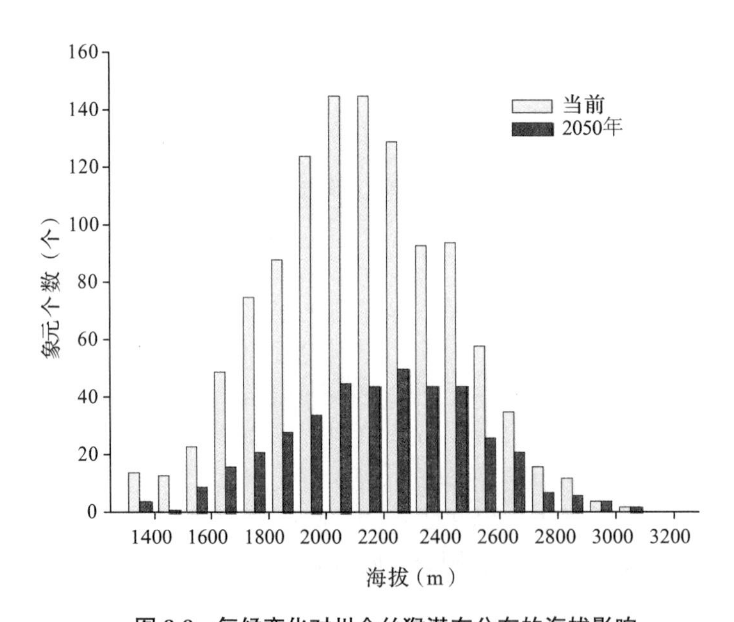

图 8-8 气候变化对川金丝猴潜在分布的海拔影响

通过叠加当前和未来气候情景下的适宜生境，并根据物种特定的参数进行过滤，共识别出 286 km^2 区域可作为气候庇护所(图 8-9)，分别位于神农架国家公园和巴东自然保护区内。气候庇护所可分为东西两个片区，西片为川金丝猴当前的分布区域，东片区目前虽无猴群分布，但同样具有潜在的保护价值。

8.3.2.3 气候变化下的种群生存力分析

8.3.2.3.1 种群生存力分析模型参数

种群生存力分析采用 Vortex10(Lacy and Pollak，2017)进行分析，在输入 Vortex 模型时，各亚群的初始种群设置为大龙潭 390 只、金猴岭 370 只、千家坪(含巴东)800 只。由

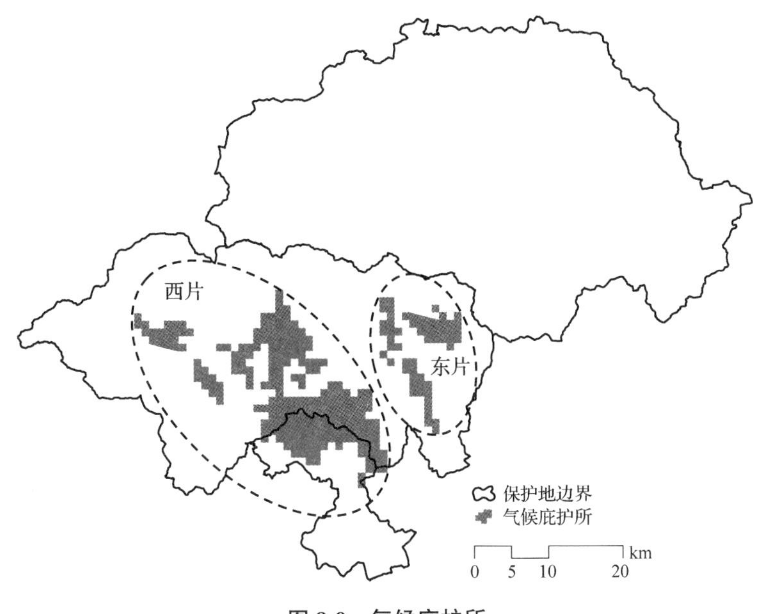

图 8-9　气候庇护所

于野外调查难以获得每个个体的准确年龄分布，因此选择稳定的年龄分布(Stable age distribution)自动生成种群的年龄-性别组成。

迁移扩散：模拟假设相邻亚群以 5%迁移率迁移扩散，扩散成功率为 50%，即在大龙潭亚群与金猴岭亚群间、金猴岭亚群与千家坪亚群间假设存在迁移扩散(王程亮等，2016)。

种群繁殖参数：种群繁殖参数设置如下：①野生川金丝猴的婚配制度为一夫多妻制，即一只雄性金丝猴可以与一只以上的雌性个体成功交配；②野生川金丝猴雌性成熟年龄为 5 岁，雄性为 7 岁，最大繁殖年龄为 20 岁；③虽然北京野生动物园川金丝猴曾成功产下一对双胞胎，但无产双胞胎的野外记录，因此在模拟中设定每胎只产 1 仔，猴群新生幼仔出生时性比不显著偏离 1∶1；④川金丝猴种群增长为密度制约型种群，即参加繁殖的雌性数占全部成年雌性数的比例[$P(N)$]随种群大小(N)的变化而发生变化。在描述雌性交配率降低的参数 a 取值为 2，假设 N 接近环境容纳量 K 时，繁殖雌性的比例 $P(K)$ 为 20%；而当 N 接近 0 时，$P(0)$ 为 80%(肖文等，2005)。

繁殖率：根据对秦岭一群川金丝猴的研究结果(Qi et al.，2008)，如果幼年个体能够正常成活，雌性个体的生育间隔为 1.94 年；如果婴幼个体在 6 个月内死亡，雌性个体的生育间隔仅为 0.97 年。本文假定所有成年雌性川金丝猴都具有繁殖能力，那么校正的出生间隔为(0.97×0.55+1.94×0.45)/1=1.41 年，每年生育的雌性比例为(1.41)−1=0.71，每胎一仔的比例为 100%。

对一群滇金丝猴的研究认为婴猴的死亡率为 60%(Kirkpatrick et al.，1998)，川金丝猴的生存环境的恶劣程度不及滇金丝猴，故婴猴的平均死亡率设置为 55%。参考滇金丝猴的死亡率研究成果，设定输入模型的各年龄段的死亡率和标准差(表 8-7；肖文等，2005)。

2008 年，曾发生过去 50 年来最严重的大雪灾害，此次灾害造成千家坪一群约 270 只的金丝猴群体死亡约 73 只，成年雄性、成年雌性、幼猴及婴猴的死亡率分别为 15.7%、30.2%、38.1%、55.4%(Li et al.，2009)，为模拟极端天气灾害的影响，因此设置灾害发生的频率为 2%，以死亡率均值为存活率下降率(35%)，成年雌性死亡率表示繁殖率下降率(30%)。

交配垄断：Vortex 模型中交配垄断涉及 3 个互相关联的参数，平均每个繁殖周期中能够生育后代的雄性比例、繁殖系统中的雄性比例、以及每年繁殖雄性的平均子女数。只需计算出其中一个参数，就能够自动计算出其他 2 个参数。本文根据一群秦岭金丝猴的研究得出的每年繁殖雄性的平均子女数为 1.53(王程亮等，2016)，输入 Vortex 软件，生成其他参数。

表 8-7 川金丝猴各年龄段死亡率

年龄段	雌性± SD	雄性± SD
0~1	55.0±10.0	55.0±10.0
1~2	15.0±5.0	15.0±5.0
2~3	10.0±4.0	10.0±4.0
3~4	5.0±2.0	5.0±2.0
4~5	5.0±2.0	5.0±2.0
5~6	3.0±1.0	5.0±2.0
6~7	3.0±1.0	5.0±2.0
成年	3.0±1.0	3.0±1.0

环境容纳量：首先，通过物种分布模型结果得到当前和 2050 s 的适宜生境面积(第三章)，因未观察到猴群在 G209 国道东侧活动，因此计算环境容纳量时假设猴群仅在 G209 国道西侧生境生存。2005—2006 年对神农架地区的川金丝猴种群调查认为该地区的种群密度为 6.8 只/km^2(杨敬元等，2008)，环境容纳量的估算采用种群密度乘以相应的生境面积最终获得两个时期各亚群的环境容纳量。

通过比较有无环境容纳量的改变来模拟气候变化对川金丝猴种群生存力的影响，本文对环境容纳量的变化进行了简化假设：环境容纳量以 $K_{current}$ 为初始值，前 50 年气候变化造成环境容纳量以 10 年为单位减少，每次减少量为$(K_{current}-K_{2050s})/5$，即 1~10 年环境容纳量以 $K_{current}$ 模拟，第 10~20 年环境容纳量为 $K_{current}-(K_{current}-K_{2050s})/5$，第 20~30 年环境容纳量为 $K_{current}-2\times(K_{current}-K_{2050s})/5$，以此类推；模拟从第 50 年开始，环境容纳量以 K_{2050s} 保持不变直至第 100 年。

近亲繁殖：对于小种群而言，近交繁殖是威胁种群长期生存的一个关键性因素。本文选择 Vortex10 软件默认的 6.29 作为致死等价系数，模拟有无近亲繁殖时的种群动态来说明其对种群的影响。

通过 G209 国道为界限，当前川金丝猴用于计算环境容纳量的适宜生境面积为 682.44 km^2，2050s 适宜生境总面积为 242 km^2(图 8-10)，各亚群的适宜生境在气候变化下的表现为大龙潭亚群生境的大面积丧失、金猴岭亚群生境的减少与破碎化、千家坪亚群生境相对稳定。各亚群环境容纳量见表 8-8，大龙潭亚群由于生境的大面积丧失，到 2050 年的环境容纳量相比当前下降93.48%，金猴岭亚群、千家坪亚群环境容纳量相比当前分别下降72.86%和13.96%。川金丝猴种群生存力模拟中环境容纳量的设置见表8-9。

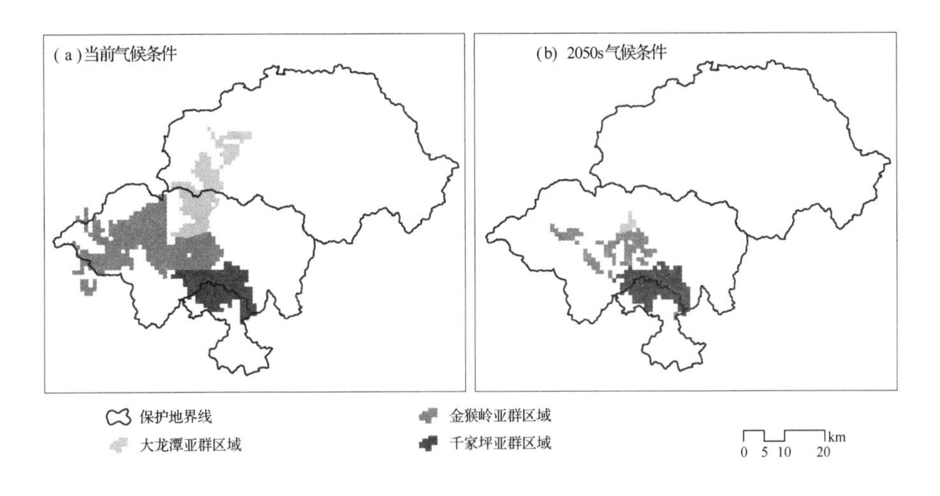

图8-10　川金丝猴各亚群适宜生境分布

表8-8　川金丝猴各亚群适宜生境面积与环境容纳量

亚　群	当前环境容纳量	2050s环境容纳量
大龙潭	1181	77
金猴岭	2391	649
千家坪	1067	918

表8-9　环境容纳量设置

模拟时间(年)	大龙潭亚群	金猴岭亚群	千家坪亚群
1~10	1181	2391	1067
10~20	960	2043	1037
20~30	739	1695	1007
30~40	518	1347	977
40~50	297	999	947
50~100	297	999	947

8.3.2.3.2　气候变化对金丝猴种群生存力影响

理想条件下湖北川金丝猴的内禀增长率r=0.030，周限增长率l=1.03，净生殖率R_0=1.42，雌性的平均世代时间T=11.54年，雄性的平均世代时间T=12.76年。在不考虑气候变化的条件下(即环境容纳量保持不变)，湖北川金丝猴在100年内种群数量逐渐增加，灭绝概率为0。其中，大龙潭亚群种群数量逐年增加，金猴岭亚群种群数量略呈增加趋势，千家坪亚群种群数量基本稳定(图8-11)。

仅存在极端天气灾害下，湖北川金丝猴在100年内种群数量逐渐降低，灭绝概率为0。大龙潭亚群种群数量较平稳，金猴岭亚群种群数量略呈减少趋势，千家坪亚群种群数量逐

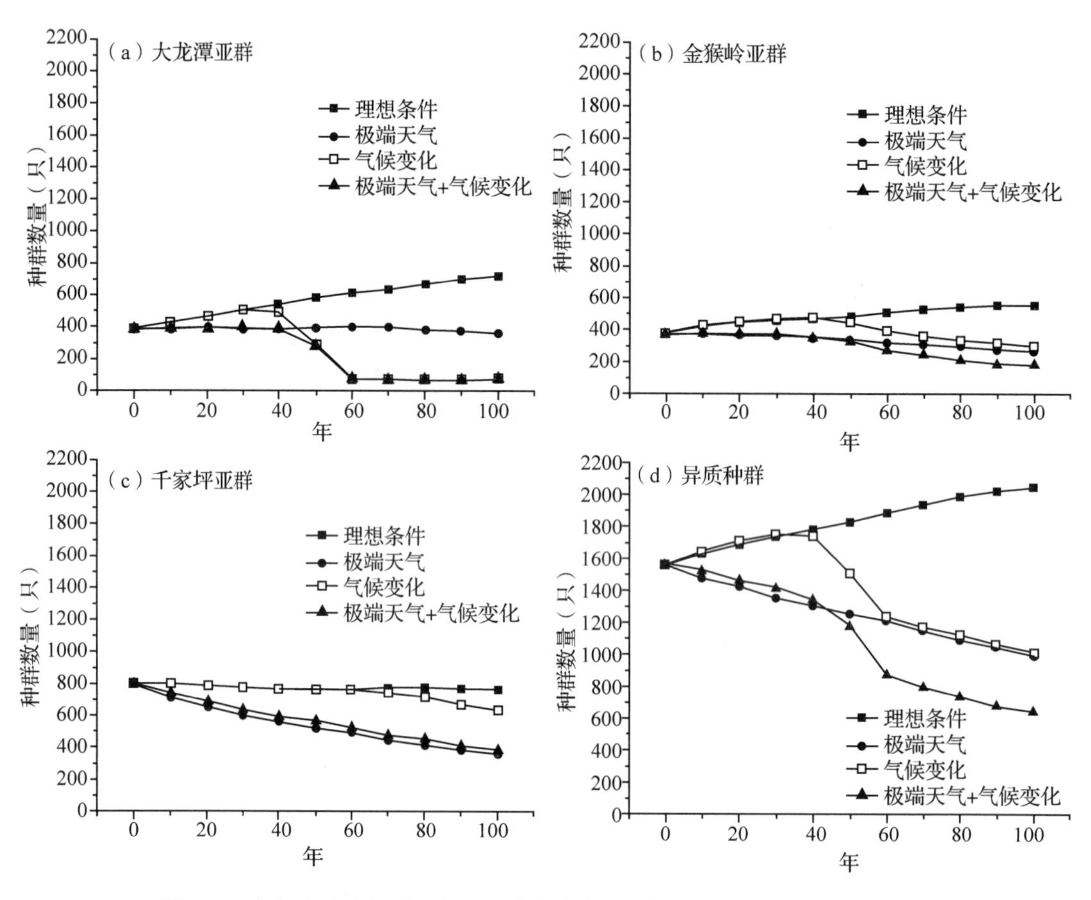

图 8-11 气候变化和极端天气下川金丝猴各亚群与异质种群的种群数量动态

年降低(图 8-11)。在气候变化条件下，湖北川金丝猴种群数量呈先缓慢增加后下降的趋势，在第 40~60 年下降最为迅速，60 年之后下降趋势变缓。其中，大龙潭亚群种群数量在第 40~60 年迅速减少到环境容纳量，之后保持在环境容纳量。金猴岭亚群种群数量在 40 年之后缓慢减少，千家坪亚群种群数量基本稳定，在第 60 年后略呈下降趋势(图 8-11)。在极端天气灾害和气候变化共同作用下，湖北川金丝猴种群数量较气候变化下将减少 37%。总体而言，100 年内，气候变化将造成大龙潭亚群种群数量的大幅下降，并限制金猴岭亚群和千家坪亚群的种群数量增长，千家坪亚群对极端天气灾害更为敏感。

评估了气候变化对湖北川金丝猴环境容纳量的影响，模拟了该种群 100 年内的种群动态，探讨了极端天气和气候变化背景下，濒危物种种群数量预测的方法。在当前情景下，环境容纳量保持不变，湖北川金丝猴种群数量能够保持逐渐增长，说明该种群是一个具有一定繁殖力的种群(图 8-11)。在气候变化的影响下，各亚群的环境容纳量呈不同程度的减少，100 年内虽未给该种群带来灭绝的风险，但造成种群数量下降。不同亚群对极端天气灾害和气候变化表现出不同的敏感性，千家坪亚群面对气候变化最为稳定，但极端天气灾害是造成种群数量大幅下降的主要原因。对于生境预计丧失最为严重的大龙潭亚群，虽然环境容纳量在前 40 年逐渐降低，但种群数量依旧逐渐增长，直至 40~60 年大龙潭亚群种群数量迅速减少至环境容纳量，气候变化对于种群数量的影响可能具有滞后效应。对于金猴岭种群而言，极端天气或气候变化单方面对种群数量的影响相当，而共同作用的负面影响最甚。此外，由于气候变化引起的生境丧失，大龙潭亚群和金猴岭亚群可能会被迫向千家坪亚群区域迁移，导致食物和空间资源的竞争，或进一步加剧种群数量的减小。

在种群生存力分析中，环境容纳量的计算主要是通过物种栖息的植被类型面积或家域面积与物种分布的种群密度获得，或是从食物的生物量进行推断。本章通过物种分布模型与种群密度计算的环境容纳量，不仅同时考虑了人为干扰、环境变量，并且可以模拟未来环境变化下的环境容纳量，有利于将快速变化的环境因子结合到种群生存力分析中。由于缺乏充分的数据及模型的简化，输出结果不可避免地具有一定的误差。但是，通过结果仍然能够得到湖北川金丝猴种群在气候变化作用下的基本变化趋势，该方法对于气候变化对濒危物种的影响分析具有参考价值。

为了降低气候变化对该种群的影响，提出以下应对建议：①保护好现有栖息地，川金丝猴分布的保护地应建立跨界保护体系，保证栖息地的连通和完整；②保持扩散路径的畅通，确保大龙潭亚群能向南部栖息地扩散；③对每个亚群移动趋势和栖息地质量进行长期监测，包括其物候特征、植被群落动态等；④针对极端天气灾害建立人工干预保护机制，如提供食物补给。

8.3.2.4　气候变化下的廊道设计与示范

当前情景下，多个区域显示出潜在的高电流，意味着这些区域是川金丝猴在适宜生境间移动的潜在关键路径(图 8-12a)。在 2050s 气候情景下，由于适宜生境的大面积减小且部分区域变得窄长，大部分潜在扩散路径也变得狭窄，未来川金丝猴在狭长生境中的移动将会增加且在生境间的潜在扩散将会严重受限(图 8-12b)。从最小费用路径和最小费用廊道中可看出当前和未来适宜生境间的路径(图 8-13a)，这些路径强调的是川金丝猴如何从当前适宜生境移动至未来适宜生境。

党的十九大提出：“实施重要生态系统保护和修复重大工程，优化生态安全屏障体系，构建生态廊道和生物多样性保护网络，提升生态系统质量和稳定性。”借此契机，本文可为川金丝猴湖北种群生态廊道建设选址规划提供依据，建议将气候变化纳入保护规划的制定，将气候庇护所及未来气候变化下及当前的生境走廊带划定为优先保护区域(图 8-14)。设立廊道 2 处(廊道 1 和 2)连接道路两侧的适宜生境。当前走廊带 3～6 为保持川金丝猴在分布区连通性的重要区域；气候走廊带 7～10 为未来气候情景下对于生境连通的重要区域。

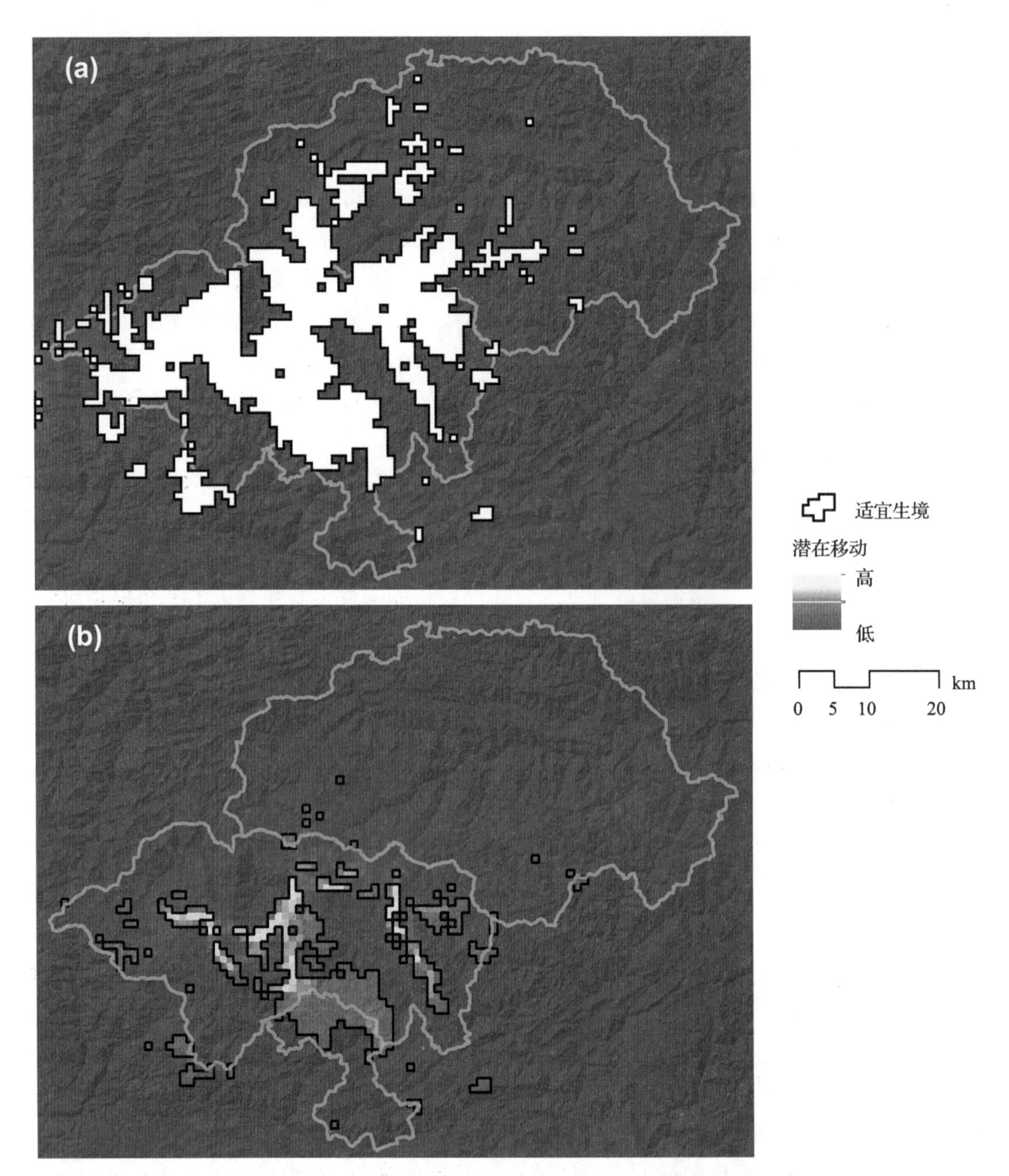

图 8-12 基于电路理论的川金丝猴适宜生境间的潜在移动(a)当前气候情景(b)2050s 气候情景

注：颜色条带反映的是每种情景下的绝对潜在移动值。因此，颜色不能用于图之间的直接比较，而应根据潜在移动区域的相对重要性来解释。

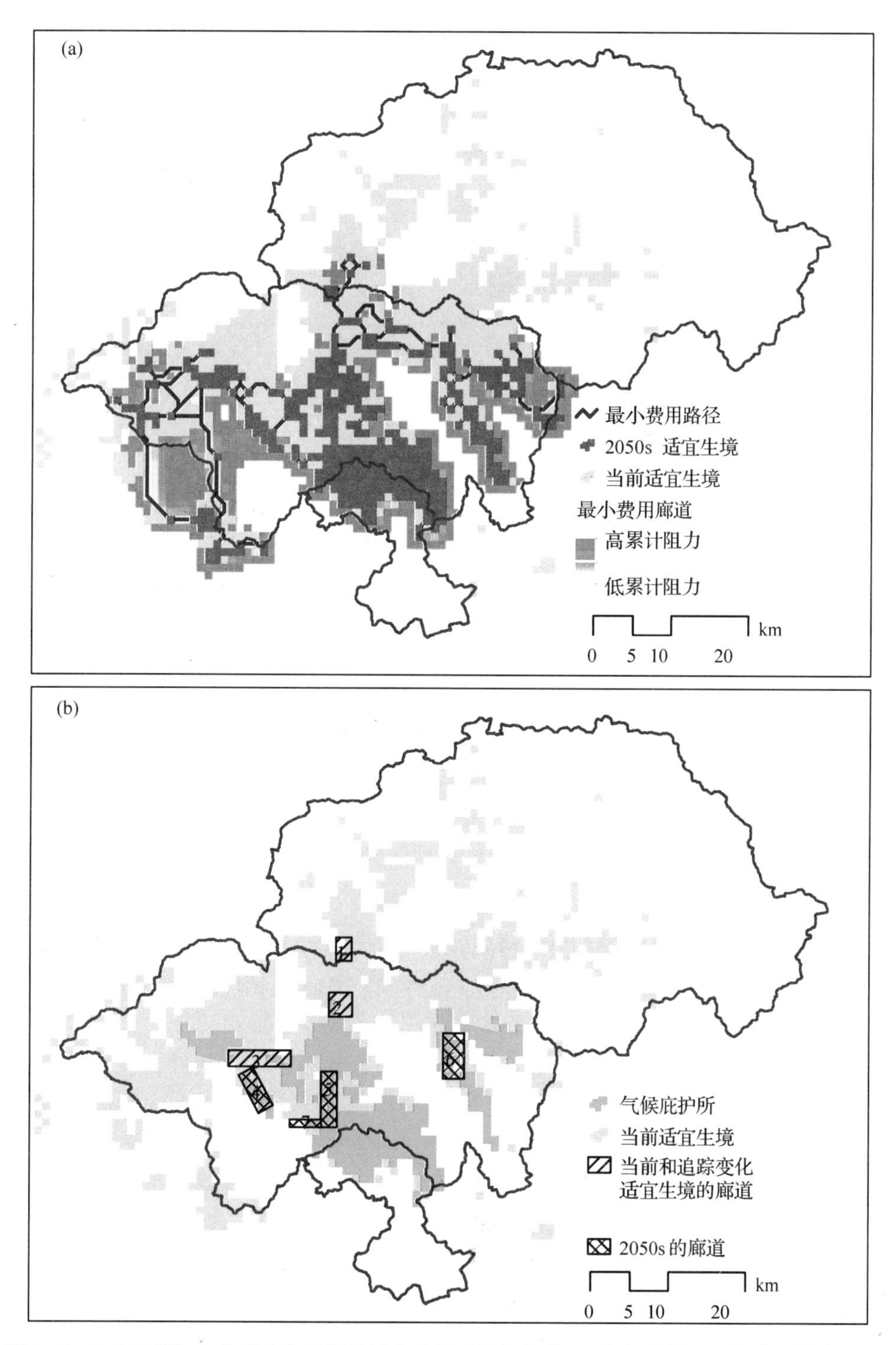

图 8-13　(a)当前和未来适宜生境间的最小费用路径和廊道(b)气候庇护所和优先保护廊道区域

注：廊道区域 1～3 对于当前移动和跟踪气候变化更关键，廊道区域 4～7 在未来气候情景下更关键。

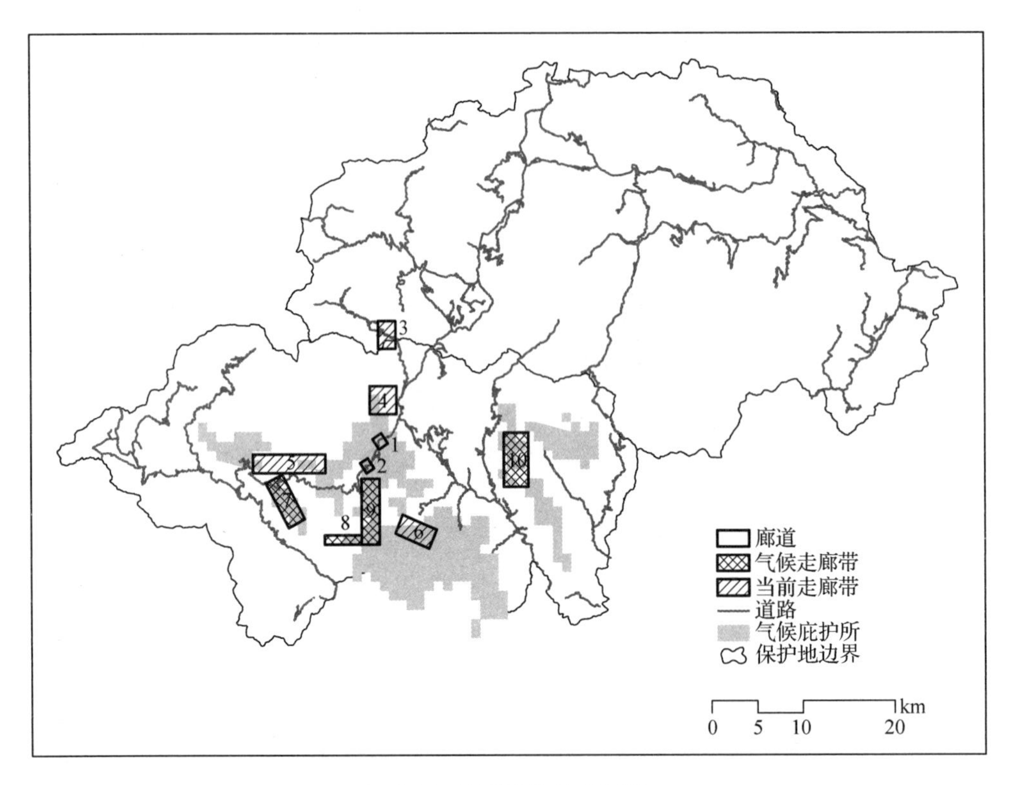

图 8-14 廊道和优先保护区

8.4 技术评价

任何进入保护区开展研究的人员，都可以自己设计专门针对自己需要的记录表格，系统进行数据收集，但是必须采用专门调查研究数据收集 app，将进入保护区的科研人员活动轨迹，关注数据收集，标本采集等信息进入云平台，建立保护区科研调查跟踪系统，科研收据共享系统和调查数据分析平台。

以保护区日常野生动植物监测业务为目标，开发全面收集监测数据和进行监测数据分析的监测管理系统，根据不同目的的监测，提出专门的记录表格和基于这些记录表格的分析系统。监测模块主要功能包括，展示监测工作的行走轨迹、展示监测采集到的数据、配置保护区内监测样线供移动端同步。自然保护区调查监测巡护执法系统可对保护区内重点保护物种进行指定线路定期监测，有助于保证监测数据的有效性、可靠性。通过本系统制定的监测样线，可同步到移动巡护设备中，为巡护员在执行监测任务过程中提供导向。

巡护人员针对专门巡护线路，记录植物信息、野生动物信息，人为干扰和保护设施。移动端巡护系统，开发了重要信息上报功能，巡护过程中如遇重点保护动物死亡或其他紧急事件，巡护员可通过 APP 上报给保护区管理局。服务端和移动巡护系统管理员版都将会收到此类信息。

神农架金丝猴生境及行为监测平台的建成并示范运行 3 年多，为金丝猴适宜生境诊断、退化生境评估与恢复、生境廊道建设、补食群生境管理等工作提供了基础数据支持。

其先进的综合监测与管理系统、实时监管业务，更全面地建成完备了保护地的数字化管理体系，提升保护地数字化管理水平，为全国自然保护地的信息化建设起到示范作用。

评估气候变化对川金丝猴生境范围的影响，识别气候庇护所及廊道。预测湖北川金丝猴种群在气候变化下将面临栖息地丧失的威胁，识别的气候庇护所和廊道可作为优先保护区域。该技术提供了一个视角来评估气候变化对保护物种生境连通性的影响，并提出考虑物种特性的针对性建议。本技术预测到 2050s 湖北川金丝猴种群的适宜生境面积将比当前减少 67. 2%且仅形成 3. 5%的新适宜生境，在三个亚群中，大龙潭和金猴岭亚群随着分布范围内适宜生境的减少或需要向南部迁移，可能会造成种内资源竞争，最终导致川金丝猴种群数量下降。

种群生存力分析对濒危物种的保护与管理提供了理论指导作用，但物种存活的时间和生存状态还受到许多其他不确定因素的影响，只能预测在某种保护措施或威胁因素下，濒危物种生存前景的大致趋势，而不能提供较为确定的结果。因此，在对物种进行种群生存力分析时，因通过长期对物种种群动态研究与监测为基础，才能更真实的反应物种的实际状况。在自然条件下，物种多以异质种群的形式存在，不能仅仅根据生存于某一特定生境或地区的单一种群的生存力判定该物种的生存状态。

在气候变化影响分析中做了几个简化的假设，首先，使用了分辨率相对粗糙的气候数据，没有考虑一些对猴群长期生存有影响的细微尺度特征；其次，因为植被对气候变化的响应具有滞后性及川金丝猴的主要分布区位于保护地内，假设该区域受到相对较好的保护，因此采用静态的植被图和人为干扰；本研究是针对特定物种的研究，不能直接外推到其他物种。尽管如此，该地区川金丝猴的保护仍然有利于同域其他物种的生存。湖北川金丝猴种群作为独立的管理单元，虽然研究分析的空间范围较小，但这对比较气候变化的影响仍具有价值。根据物种的特性，进一步明确了可维持种群的气候庇护所区域和优先保护的廊道区域。气候庇护所主要为神农架国家公园和巴东自然保护区内。

（主要撰写人：李迪强）

Chapter 9
第9章 长江流域天然林区主要森林火灾动态预警平台技术集成与应用

9.1 背景介绍

自人类有历史以来，森林火灾就成为危害人类最持久、最剧烈的灾害之一。森林火灾的有效扑救是社会安全保障的重要组成部分，扑救、延缓和阻止森林火灾的发生与蔓延是一种有效的灭火技术手段。森林防火灭火研究涉及数学、物理、化学、生命科学、工程热物理、材料科学等技术科学。森林火灾扑救技术与方法的选择，受森林可燃物类型、可燃物分布状况、地形条件、气象条件等多种因素控制，从而表现出复杂的燃烧蔓延特征。由于科学理论和技术手段等方面的限制，人们对森林火灾的蔓延机理、扑救技术方法和森林火灾应急指挥技术等的认识一直停留在初级阶段，急需开展研究。

森林火灾不仅烧毁林木和森林资源，还破坏森林环境，严重威胁着森林生态系统的稳定性。全世界每年发生森林火灾22余万次，受灾面积达640万hm^2。我国是一个多森林火灾国家，火灾对森林资源和生态环境的破坏十分严重。1950—2012年，全国共发生森林火灾73.1万次，平均每年发生森林火灾1.16万次，平均受害森林面积67.7万hm^2。扑火费用年均在10亿元以上。1987年，黑龙江省大兴安岭5·6特大森林火灾震惊世界，火灾过火面积133万hm^2，死亡213人，直接损失30余亿元，成为历史惨痛教训。

近年来，随着全球气候变暖，火灾有上升的趋势，我国特大和重大森林火灾发生呈上升趋势。我国是一个森林资源十分贫乏的国家，与世界其他有林国家相比，我国的森林火灾危害和人员伤亡十分严重的。森林火灾不仅烧死林木，降低林分密度，还破坏森林结构，降低森林的利用价值。随着全国绿化灭荒，造林面积的迅速扩大，尤其消灭宜林荒山的省份林火威胁正在逐年增加，森林扑火的任务越来越重，急需提高森林火灾扑救的科技水平，尤其森林火灾扑救方法和扑救技术亟待研究。

森林火行为是表示火发生或潜在发生、蔓延和产生破坏作用的一个定量指标。它是基于对火发生危险、火环境和受威胁的价值的单个或多个因子的系统评估，表示火发生、蔓延、控制的难易程度和火影响（王明玉等，2004）。森林火行为从广义上表示一个火从着火、发展、传播、直至减弱和熄灭一系列连锁过程的总体，狭义上，火行为表示经过一定时间后，火的强度、蔓延速度、火焰长度和深度等方面。早期的林火行为研究侧重于林火的分类；森林火行为分级或分类标准的研究。这是对火行为进行定性的描述。1954 年美国物理学家 Byram 提出火强度公式之后，对火行为的研究便由定性研究朝着定量方向发展，开始研究火蔓延、火焰高度和火强度之间的关系。

林火行为的研究对预测、预报林火，正确开展火灾扑救，减少人员伤亡有重要意义。在世界各国，森林火行为都是林火预报系统的重要组成部分，也是林火扑救指挥决策系统和扑火指挥模拟培训系统的核心内容（Salazar 等，1986）。一旦森林发生火灾，及时地预测火行为的状况趋势，对于有效地组织扑救以及减少火灾的损失具有重要的意义。但由于还未掌握复杂条件下林火行为准确预报技术，只能用潜在火行为作为粗略估计（舒立福，2004）。

林火扩展具有时间和空间双重特征。1979 年，Kessel 首次考虑空间因素，将空间的复杂性应用于林火扩展模拟当中。林火蔓延模拟与可视化的研究、开发除向高精度与实用化等方向发展外，将更注重真实感环境下的多维虚拟森林景观构建、多用户参与的快速决策能力以及网络信息服务等方面。

影响林火行为的因素比较多且相互作用，火行为对土地增长的变化，可燃物危险性，天气和风状况以及地形很敏感，但随着对林火机理认识的加深，其内容逐渐集中到可燃物、地形、气象 3 个方面。森林可燃物的性质、空气因子、地形和温度因子等直接影响到森林火烧时的火行为。火是北方林形成的最主要因子，北方林的火行为主要取决于植被结构，地形，短期和长期的天气以及火周界（火头，侧翼和火尾）的位置。风对火场形状有很大影响，可燃物种类、空气供应量大小、可燃气体与空气间的混合情况、燃烧温度和压力等因子影响到火焰的发光性。森林可燃物的可燃性和起火点的数量也受火环境影响。

经过长期的研究和实践，加拿大、美国和澳大利亚等国分别在 20 世纪 80 年代建立了比较成熟的火行为系统（Deeming 等，1977；Luke 等，1978；Stocks 等，1989）。美国的火行为系统是基于燃烧原理和实验室试验发展的物理模型，该模型采用大量的常数和参数来反应各种可燃物、天气、地形和危险条件之间的关系。加拿大的火行为系统是基于 1000 余次实地野外火烧试验测定的结果发展而来。

火行为研究一般需要室内实验与野外火烧相结合，目前主要集中于对地表火的研究。对地表火的模拟实验主要包括对主要燃烧参数的模拟计算，不同坡度、不同风速以及两者耦合条件下的火行为模拟。建立模型主要有数学方法、热力学方法、动力学方法、野外调查与火烧试验和实验室模拟等方法。美国的罗森迈尔（Rothermel）把数学方法和物理学方法结合起来应用在林火试脸上，研究出一系列燃烧蔓延的热力和动力模型。燃烧风洞作为提供流场模拟出自然界风效应的一种特殊实验装置，可在一定程度上合理再现和深人揭示森林火灾中的许多林火行为及其内在演变规律。在燃烧风洞中模拟研究林火行为中的一些基本现象，有助于森林火灾过程的理论分析和模化。

王贤祥等（1995）根据 1989—1993 年大兴安岭林区野外实验火场数据资料，分析了中、低强度火的一般蔓延参数，整个数据分析还是以地表火为主。朱霁平等（1999）利用室内装置模拟森林地表火的蔓延过程随坡度的变化。王海晖等(1994)将风速和坡度对火蔓延的速度的影响，采用了矢量叠加的方法进行修正，研究了不同强度的林火在自然风场作和影响下的连续蔓延和不连续蔓延(王贤祥等，1996)。朱启疆等以大兴安岭林区五岔沟林火作为试验区，在NOAA-AVHRR图像上发现火场，在相应高分辨率的TM图像上进行火场扩展模拟，采用描述生长现象的有限扩展集聚(DLA)方法模拟林火动态扩展过程，用标度对森林火场的模拟结果进行形态控制，模拟火场与实际火场在形态上体现了自相似，火场面积在数量上也十分接近(朱启疆等，2000)。林其钊等(2000)分析了均匀水平燃料床从一个点火源的着火过程，建立了林火蔓延初期的增长模型。钟茂华等(2000)通过燃料床模拟林火蔓延过程的实验，观测不同坡度时的林火动态特征，实验结果显示——林地坡度的变化使林火蔓延过程呈现出现变形。

路长等(2003)在峡谷形的受限结构实验台上进行森林火灾实验，燃料采用与林间可燃物相似的混合物，观测火蔓延过程在这种地型结构中的特点。杜飞等(2001)对传统的经验公式和模型进行改进，在风力不是特别大，地形变化不是特别剧烈时，模型精度有所提高。邵占杰等(2003)在传热分析的基础上，建立了一个物理和数学模型，导出了描绘坡度火蔓延过程的微分方程及其初始边界条件。

袁宏永等(1996)提出了面向目标的2维森林地表火蔓延思想。近年来基于元胞自动机的林火蔓延模型引起了广泛的关注(Clark et al.，1994；王长缨等，2006)。钟占荣等(2001)建立了有风速有坡度条件下的林火蔓延模型，并进行了模拟山丘条件下的数值计算和实验模拟。数值模拟是研究火蔓延的重要手段。黄作维(2004，2006)基于GIS平台，对火行为进行模拟研究。秦向东等(2006)利用计算机图形技术，以波动传播模型为基础，吸收了邻接单元模型的优点，设计基于计算机图形技术的林火模拟蔓延模型。刘军万等(2006)通过在直坡表面上对同种条件的林火蔓延的分析，提出各种坡度表面上不同条件下林火蔓延的数学模型。并对偏微分方程进行数字化求解，最后对各种复杂表面条件的林火蔓延模型进行了合理的实验仿真。陈磊等(2006)以林火蔓延的模型为基础，运用OpenGL图形渲染的技术，考虑实时的地形坡度和风向，动态的显示实时火场边界，三维模拟重现了由单个火源引发的林火蔓延过程。郭国忠等(2003)采用了一种适合林火的火焰和烟雾模拟生成方法，创建了三维林火蔓延模型，利用VEGA三维实时仿真平台，实现了火灾蔓延三维动态仿真。李建微等(2005)采用Rothermel模型，利用Huygen原理，并以改进的粒子系统方法三维模拟在不同的风速、坡度下林火在火场不同位置的扩散行为。

火行为模型是基于热物理、燃烧学和试验理论为一体的火物理模型，能解决不同可燃物状况、天气条件、地型特征等情况下，火的蔓延速度、火强度和蔓延方式等问题，是预测、预报林火发生、发展的有效工具。消防队员可以用来辨别细微的线索以帮助预测火行为，在大火来临前计算适度的警戒程度。林火蔓延模型是指在各种简化条件下进行数学上的处理，导出林火行为与各种参数间的定量关系式。世界上许多国家都提出了林火蔓延模型，主要有美国的Rothermel模型；澳大利亚的McArthur模型；加拿大的国家林火蔓延模型；以及中国的王正非和毛贤敏的组合模型等。但每个数学模型的应用都有一定的局限性，特别是用于模型所基于的假定之外的场合时，会带来很大的误差。林火蔓延预报最突出的问题是预报结果与实际情况的误差在许多情况下仍然很大，究其原因是目前的简单化模型不能刻画现实林火的复杂性。

国内外林火研究人员利用室内实验及野外火烧实验，总结推导出许多地表火蔓延的经验模型及半经验模型。目前，林火蔓延模型从大的方面可以分成：以美国的 Rothermel 模型为代表的物理机理模型，以加拿大的国家林火蔓延模型为代表的半机理半统计模型，以澳大利亚的 McArthur 模型为代表的统计模型，中国的王正非林火蔓延模型等，以及在这些模型基础上的修正模型(唐晓燕等，2002)。林火扩展具有时间和空间双重特征。1979 年 Kessel 首次考虑空间因素，将空间的复杂性应用于林火扩展模拟当中(Weise 等，1997)。进入 20 世纪 80 年代，随着地理信息系统技术的发展，对林火行为模拟研究逐渐转向空间范围的定量模拟(Streeks 等，2005；Engle 等，1995；Catchpole 等，1993；Luis 等，2004；Cheney 等，1993)。最初的林火研究多采用简单的椭圆模型，能近似地估计火灾后的火场面积(Smith 等，1993)。现在已发展到以地形的栅格化数据为背景计算林火火场，将蔓延计算结果和地形背景叠加，得到林火发生发展的直观显示(Wallace，1993)，但目前都只停留在可视化阶段，缺乏对模型应用的具体分析(陈崇成等，2005)。火行为实验研究一般需要室内实验与野外火烧实验相结合，目前主要集中在对地表火的研究。

BehavePlus 模型是基于 1984 年 Rothermel 模型的改进，用该模型来预测 7 个可燃物模型的潜在火行为，并进行比较，用此模型评估巴西中部的巴西萨瓦纳生态保护区潜在的火灾，能够很好的预测南卡罗林那一个国有林的火行为，并能够预测并比较受甲虫侵染的黑松 3 种方式的林火行为，研究结果对可燃物管理有重要的作用。

LANDIS 模型是一个由美国威斯康星大学麦迪逊分校开发的空间直观模型，设计用于模拟森林景观在大的空间和时间尺度上的变化，主要模块包括森林演替、种子扩散、风和火的干扰，以及采伐。LANDIS 目前已被广泛应用于森林景观的长期预测、森林景观对全球气候变暖的反应、不同火干扰模式下森林景观的演替等。应用空间直观景观模型(LANDIS)，火的传播方向与当地的盛行风向有关。以美国为代表的科技发达国家已基本上解决了气象遥测、图像信息传输和计算机处理等关键技术，使林火预测预报实时、快速、准确。RS、GIS 与空间直观模型模拟共同形成了对大尺度林火生态格局进行研究的独具特色的研究模式。

FARSITE 是最重要的一个火行为模型，是二维火增长模型。实际火与模拟火之间的空间变化可能与如风，地形和可燃物生物量等参数的变化有关联。FARSITE 可以从景观角度预测火蔓延。一旦可燃物载量变得更加空间异质的，那么景观空间格局对火蔓延的影响会降低。在地中海植被的火管理时使用 FARSITE，建立二维火增长和火行为模型来模拟火蔓延。

9.2 技术详细内容

9.2.1 森林防火地理信息系统技术要求

9.2.1.1 森林火灾预警功能

(1)森林火险天气等级计算。系统应通过自动气象站或网络实时气象数据获取实时和未来的气象数据，依据 LY/T 1172—1995 标准计算森林火险天气等级，也可根据适合于所在区域的森林火险天气等级模型，进行森林火险天气等级计算、预报和发布。

(2) 森林火险等级计算。系统应通过自动气象站或网络实时气象数据获取实时和未来的气象数据，依据所在区域森林火险等级预报模型、森林可燃物数据、气象数据等，进行森林火险等级计算、预报和发布。

(3) 林火发生预报计算。系统应通过自动气象站或网络实时气象数据获取实时和未来时的气象数据和雷电监测数据，基于火险、可燃物、人口、交通、雷电数据等进行人为火发生预报和雷击火发生预报。

9.2.1.2 林火行为模拟计算

系统可根据地形、森林资源、可燃物分类、可燃物载量、天气等信息进行森林可燃物评估，能通过自动气象站或网络获取实时和未来的气象数据，依据火线、地形、可燃物、林火阻隔网络等信息，动态模拟火灾的发展、蔓延过程，实现火焰高度、蔓延速度、火强度、燃烧效率等的计算，能进行森林火灾安全评估，并能对林火蔓延发展过程进行动画记录。

9.2.1.3 森林火灾监测功能

(1) 森林火灾卫星监测。系统可定时自动通过网络获取林火卫星热点数据，火灾信息可通过声、光或短信等及时通知林火管理部门，并可实现卫星热点的快速查询与定位。基于火点进行火场面积、火线的提取、火烧程度的分级和计算，并能动态显示。

(2) 森林火灾视频监测管理。系统应与林火视频监测系统连接，获得地面、飞机、视频监测等监测到的火灾发生信息数据，依据视频摄像机的位置和观测方位、俯仰角求取观测点的坐标，并实现地理信息随视频观测图像移动的同步飞行漫游，实现火点、烟雾的监测提取和定位，火场面积的求取等功能。

9.2.1.4 森林火灾扑救辅助指挥功能

9.2.1.4.1 火场态势图的制作与管理

系统应具备火场态势图标绘、演播、传输和管理功能。标绘符号应符合 GB/T 24354—2009、GB/T 28443—2012 标准，具备统一明确的态势标绘符号库。

态势图演播能浏览与编辑各标绘对象时序间的相对关系，形成演播文件并进行动态展示。态势图标绘要求标绘明晰、简单易用，并能以独立文件的形式进行存储、管理、打印输出。

各级用户能对同一态势图文件中的各标绘对象进行编辑与更新，保证扑火指挥的明确性。

系统应能提供数据转换接口，支持态势图文件在网络地图等通用地理信息系统平台上的展示。

9.2.1.4.2 火场三维场景模拟

系统应具有依据数字高程模型数据、矢量地形数据、遥感正射影像数据等，计算生成有光影效果的正射或透视效果的三维电子沙盘，并实现三维电子沙盘旋转、低空持续移动、改变视点、改变比高等功能。在此基础上还应具备各类基础数据和林火专题数据的编辑、查询、定位、调用与叠加、路径分析、距离与面积量算、态势图标绘等功能。

系统应具有三维符号显示功能，具有一定的虚拟现实模拟功能，模拟三维火环境、森林火灾发展过程、扑救指挥过程等。

9.2.1.4.3 火场扑救队伍定位跟踪

系统能通过导航定位设备、超短波、移动通信等网络，实时获取导航定位设备、对讲机、智能手机等终端的位置坐标，叠加到二、三维地图中，实现对人员、车辆、飞机等扑救队伍的实时监控和指挥。

9.2.1.4.4 森林火灾预防扑救辅助决策

系统应具有地理信息和属性信息的查询功能，能对各类可查询的信息进行统计、分析，进行图上距离、路程求取和各类图形面积的分类求解。实现雷电定位、视频监测、瞭望塔等与地理信息系统的显示、迭加、定位、量算、可视观测范围计算、通视计算等。

系统应对森林火灾预警、监测、扑救等各功能进行集成，形成完整的森林火灾预防扑救辅助决策系统。系统能依据当地的天气、火险、可燃物等，给出各地应采取的火灾预报措施、火源管理措施、扑火队伍战备措施等。

依据火行为模式和预报的结果，自动和机助的进行火灾阻隔、火灾扑救方案的设计，并搜索附近的扑火力量和扑火资源，参照 LY/T 1679—2006 规范，制定林火阻隔方案、人员撤离方案、扑火力量调度方案、指出扑火队伍的最佳行径线路，提出最佳的扑救方案。指挥员可根据系统提供的信息，提供火场安全实时监控及紧急避险指导。

9.2.1.5 森林火灾损失评估功能

系统能采用遥感手段或导航跟踪终端，求取火场范围，根据森林火灾发生的范围和程度、森林资源分布等，依据 LY/T 2085—2013 标准进行森林火灾损失评估。

9.2.1.6 森林火灾数据综合管理

9.2.1.6.1 森林火灾数据数据采集与编辑

系统应具有手持、车载、机载导航定位系统接口，具有位置定位、路程计算、轨迹记录、面积计算等功能，具有短信功能，实现火场位置信息实时传回系统，具有跟踪目标实时优化的显示功能。

系统应实现与自动气象站、网络实时气象数据、雷电监测数据等实时获取、更新的功能，用于火险、火行为、火发生等计算，同时也应具有手工输入的功能。

系统应具有与视频监控的通信接口，对视频位置、范围等实时显示。

系统应具有火点、道路、行进位置、火线、过火区域、防扑火资源等不同类型地理要素和非空间表数据的建立、编辑、修改、更新的功能。

9.2.1.6.2 森林火灾数据档案库管理与数据分发

系统应能管理多种数据格式矢量图、栅格图、图表、文字、注记等，实现按图上信息检索调图功能。系统应能进行森林火灾档案库的建立和管理，建立系统覆盖区域的火灾基本信息、火场视频、火场图像、语音等的档案库，能够进行森林火灾档案空间和属性的检索、查询，应能进行火灾档案数据的分类、统计和分析。

基于网络的森林防火地理信息系统应具有 WEBGIS 功能，远程用户可以使用网络浏览器按其权限访问地理信息库，进行地理信息的检索查询、统计分析、标图制图等工作。远程用户可以在浏览器上进行林火信息的标注和其他相关信息的修改，修改结果提交到网络GIS服务器，由系统管理员进行管理。

系统应具有数据分发的功能，数据分发由林火管理部门实施，可以定期对下级林火管理部门分发符合相关标准和内容的数据和数据产品，数据的分发要符合LY/T 2176—2013标准。

9.2.1.7 林火专题数据管理与显示

系统应实现专题数据的更新管理，如防火机构、扑火队伍、瞭望塔、防火物资库等，各级防火机构可以通过WEBGIS添加、更新本辖区范围内的专题数据。

系统应具有二维、三维漫游功能，具有放大缩小、漫游、旋转、翻滚，具有变速飞行俯视功能，文字标注信息自动优化显示。能进行光照角度、亮度、对比度、透明度、高程夸大比例的调整，可进行观测高度、视场范围等要素的设置。

系统应具有森林防火符号库，按地图显示信息动态生成图例，制作各类专题图和统计图表，对地图要素经纬网、文字、比例尺、指北针等进行管理，能够将地图文档以不同分辨率进行输出。

9.2.1.8 森林防火设施和装备综合管理

系统应实现对防火瞭望塔、防火隔离带、防火林带、灭火飞机、扑火装备等设施和装备的管理，系统提供统一界面，实现设施和装备的查询、修改、统计等，并能进行相应的辅助分析，基于物联网实现对扑火装备的实时监控。

9.2.1.9 森林防火工程辅助设计功能

系统应具有森林防火工程辅助设计功能，包括防火公路设计、防火林带设计、防火隔离带设计、瞭望台设计、计划烧除设计、无人机线路设计、灭火线路制定等功能。

9.2.1.10 森林防火培训演练功能

系统应具有按森林火灾管理流程建立的工作模拟培训功能，应具有典型和重大森林火灾的扑救过程战例的分析和演示功能。

9.2.1.11 森林火灾案件辅助查处功能

系统应具有森林火灾案件查处流程管理、现场构成要素管理，以及森林火灾案件基本分析等功能。

9.2.2 森林防火指挥调度系统建设技术要求

9.2.2.1 值班调度子系统

(1)日常值班模块应具备值班表查询、值班记录管理、值班接警、防火值班计划、值班系统参数设置等功能；

(2)具有防火通信录管理功能，可直接由通信录拨叫指定接听人；

(3)能调用日常办公软件和常用值班公文的格式模板，可按要求自动生成常用公文格式文件；

(4)语音和视频通信系统应具有实时录音和录像功能，并可进行检索、查询和按权限回放，录音录像数据至少保存1个月。

9.2.2.2 火险预警子系统

(1)能采集和管理森林火险监测站、森林火险因子采集站、手持火险仪的观测数据；

(2)可与当地气象部门联网，获取天气实况信息和未来6 h、12 h和1~3天数值天气预报；

(3)能制作和发布辖区未来1~3森林火险等级预报、高森林火险警报和森林火险预警信号；

·能制作和发布未来周、月和季度的森林火险天气与火险趋势预报。

9.2.2.3 火情监测子系统

(1)能接收处理卫星遥感、航空护林、舆情监测到的火情信息，能接收处理视频监控系统、瞭望巡护报告的火情信息，其中视频监控图像的接入按LY/T 2582—2016的规定执行；

(2)接收的火情信息自动与平台地理信息系统复合，可实现火点定位；

(3)能进行火势发展蔓延过程的回放和推演。

9.2.2.4 信息管理子系统

(1)能录入、编辑、更新森林火灾信息；

(2)能提取和记录森林火灾指挥调度的相关信息，包括语音、视频和图像信息；

(3)实现各类信息的分类汇总、归档存储、检索查询、统计分析，并能以图表方式展现；

(4)实现不同数据库管理系统之间的数据移植、转换、关联、整合；

(5)具有用户管理、权限管理功能；

(6)实现上下级森林防火指挥中心、政府相关部门等相关业务信息交互、共享。

9.2.2.5 辅助决策指挥子系统

(1)能采集和录入森林火灾信息和现场环境信息、气候气象信息；

(2)能检索查询重要设施、行政区划、居民点、森林资源、地形条件、交通情况、通信情况、水源条件、阻隔情况、扑火队伍、森林火险预警信息、火情监测信息、扑火资源信息；

(3)能对火灾的火行为、发展趋势及后果进行预估；

(4)能标绘森林火灾范围及蔓延趋势、扑救态势、扑救方案、扑火力量部署等，制作火灾态势图，编制辅助决策方案；

(5)能进行火灾扑救的模拟演练。

9.2.2.6 视频会议子系统

(1)执行GB/T 15381—1994、GB/T 15839—1995和YD 5032—2018的规定；

(2)能接入森林防火音视频会议，参加林业和其他相关政府部门召开的音视频会议；

(3)组织召开辖区下属单位的音视频会议。

9.2.2.7 通信子系统

(1)音频应采用 WAVE、MP3、MIDI、WMA 和 RealAudio 等主流格式；

(2)视频应采用 WMV、RMVB、DivX 和 AVI 等格式；

(3)视频通信协议应符合 LY/T 2581—2016 要求；

(4)网络传输协议应采用 TCP/IP(传输控制协议/网间协议)；

(5)局域网带宽不低于 1000M，外部网络接入带宽不低于 30M；

(6)支持不同速率、不同终端的同时接入。

9.2.2.8 基础信息库子系统

(1)主要包括基础地理数据、森林资源数据、气象观测数据、森林防火专题数据等；

(2)数据类型主要包括栅格、矢量、元数据和多媒体数据；

(3)地理空间数据格式符合 GB/T 17798—2007 的要求；

(4)森林防火地理信息系统执行 LY/T 2663—2016 的规定。

9.2.2.9 信息输出展示子系统

(1)支持 4K 以上的分辨率；

(2)屏幕亮度能适应高照度环境；

(3)能接入移动指挥调度子系统采集、传输的火场实况图像信息；

(4)能对多个视频信号、计算机信号、网络高分辨率信号进行显示与控制；

(5)具有多种组合显示模式，能实现不同模式的切换；

(6)具有多个视频图像和计算机画面的单屏、跨屏以及整屏显示功能；

(7)支持图像窗口的缩放、叠加、漫游等功能；

(8)能通过网络进行远程切换控制；

(9)具有交互式电子白板和触摸屏功能。

9.2.2.10 运行保障子系统

(1)计算机场地符合 GB/T 2887—2011 的要求；

(2)机房环境符合 GB 50174—2017 的要求。

9.2.2.11 移动指挥调度子系统

(1)采集森林火灾现场火情视频信息和火场的森林资源信息、地形地貌信息、气象信息、火场扑救力量与装备等信息；

(2)能以语音、数据及视频形式进行扑火调度指令的上传、下达，实现火灾扑救的指挥调度通信；

(3)能与防火指挥中心进行高清视频、IP 语音、高速网络通信和交互式多媒体会议操作，实现前后方指挥系统一体化；

(4)能用 GIS 和跨平台集成地图，实现火险等级预报、火势蔓延分析和指挥辅助决策；

(5)能根据记录生成相关统计报表。

9.2.3　安全要求

9.2.3.1　物理安全要求

(1)系统设备运行环境具有机房专用空调、防雷、消防、防盗、防静电、防尘、防腐蚀等设施;

(2)稳定的供电环境;

(3)符合国家现行有关电磁兼容技术标准。

9.2.3.2　信息安全要求

(1)分级设置操作权限;

(2)设置防火墙等安全隔离系统;

(3)安装防病毒软件,并能定期升级;

(4)系统的容灾、备份与恢复;

(5)信息安全符合 YD/T 2694—2014 和 YD/T 2696—2014 要求;

(6)无线局域网和移动互联网设备及软件系统安全应符合 YD/T 2698—2014 要求;

(7)信息安全与保密符合国家现行有关标准的规定,信息网络要达到安全等级保护三级。

9.2.3.3　运行安全应符合下列要求:

(1)重要设备或重要设备的核心部件应有备份;

(2)指挥调度通信网络应相对独立、常年畅通;

(3)能实时监控系统运行情况,并能故障告警。

9.2.4　系统软硬件和基础数据库要求

9.2.4.1　通用设备

(1)硬件设备包括计算机、输入设备、输出设备、数据存储与数据备份设备、不间断电源、电信终端设备、无线通信设备、卫星通信设备和涉及网间互联的网络设备等。

(2)硬件产品应采用通过国家强制性产品质量认证的产品,其中通信设备应具有国家主管部门颁发的进网许可证;

(3)卫星与数字超短波通信设备应符合 LY/T 2584—2016 和 LY/T 2664—2016 要求。

(4)系统软件和应用软件

(5)操作系统软件、平台软件应具有软件使用(授权)许可证;

(6)应用软件应提供安装程序和程序结构说明、使用维护手册等技术文件。

9.2.4.2　子系统硬件设备

(1)值班调度子系统设备包括综合调度台、视频会议设备、视频监控系统装备和常规办公设备;

(2)通信子系统设备主要包括交换机、路由器、防火墙、网闸(网守)、融合通信平台、语音调度平台、多媒体控制台、流媒体服务器(视频的相关设备)、IP 电话、卫星通信设备等。

(3)信息输出展示子系统硬件设备主要包括大屏幕拼接墙、多屏拼接处理器、媒体矩阵、分配器及线缆、激光打印机、照片打印机、绘图仪等；

(4)移动指挥调度子系统主要设备包括通讯指挥车、移动工作站、网络路由交换机、数码相机、摄像机、机载图像采集设备、微波传输设备、VSAT卫星通信系统、卫星电话、卫星定位终端、传真机、打印机、复印机、投影仪和电源系统等。

9.2.4.3 基础信息数据库

(1)数据库建库应符合LY/T 1662.7—2008要求；

(2)基础地理信息数据库应符合GB/T 30319—2013要求；

(3)基础地理信息要素分类与代码应符合GB/T 13923—2016要求；

(4)专题地图信息分类与代码应符合GB/T 18317—2009要求；

(5)数据库软件设计应符合LY/T 1662.8—2008要求；

(6)数据库管理应符合LY/T 1662.9—2008要求。

9.2.4.4 火行为计算

9.2.4.4.1 蔓延速度

蔓延速度是指火头在单位时间内前进的距离，本文采用修正后王正非(1992)的计算公式：

$$R = R_0 K_s K_w K_\varphi \tag{1}$$

其中，R_0是初始蔓延速度，取决于可燃物种类及可燃物湿度；K_s是可燃物配置格局更正系数；K_w是风力更正系数；K_φ是地形坡度更正系数。

K_s用来表征可燃物的易燃程度(化学特性)及是否有利于燃烧的配置格局(物理特性)的一个订正系数，它随地点和时间而变。对于某时、某地来说，整个燃烧范围和燃烧过程中，K_s可以假定为常数，对于连续的林地类型，K_s取值1。

风速更正系数为：

$$K_w = e^{0.1783V} \tag{2}$$

地形更正系数为：

$$K_\varphi = e^{3.533(\mathrm{tg}\varphi)1.2} \tag{3}$$

其中，R_0取决于细小可燃物的含水率，而细小可燃物的含水率又受气温、风速和空气湿度和影响。王正非(1992a)通过100余次野外试验，通过回归计算得出细小可燃物初始蔓延速度与日最高气温，中午平均风级，日最小湿度的回归方程。

$$R_0 = aT + bV + cH - D \tag{4}$$

其中，T：日最高气温；V：中午平均风级；H：日最小湿度，%。a，b，c，D为常数，分别为0.03，0.05，0.01，0.3。

9.2.4.4.2 火线强度

火线强度是指在单位时间内单位火线长度上向前推进发出的热量。一般火线强度的计算式采用白兰姆公式

$$I_l = mcv \tag{5}$$

其中，I_l：kJ/(ms)；m：单位面积内的可燃物重量(kg/m^2)；c：可燃物的平均发热量(kJ/kg)；v：火线前进速度(m/s)。

9.2.4.4.3　火焰高度计算

火焰高度指垂直于地面连续的火焰高度，可用下式表示：

$$h = \sqrt{a\left(\frac{I_l}{250}\right)} \tag{6}$$

其中，h：火焰高度(m)；I_l：火线强度(kw/m)；a 可燃物类型常数，草原或连续型植被的$a=1$。

9.3　技术应用和示范

9.3.1　概　述

目前，大部分的系统都进行了 web 化，基于谷歌地图的林火蔓延模拟和损失评估系统 V1.0 以 B/S 三层体系结构构建，服务于区县、林场等基层林业防火单位，系统基础地图来源于 Google 免费地图资源，方便叠加上各区县林业部门专题森林资源数据，可以为森林防火、森林资源数据采集等应用提供服务。

系统使用免费的地图资源，在 Google 地图数据标准 kmz、kml 格式基础上，扩展支持 ArcGIS Shape 格式，通过上传森林资源专题地图数据，将这些数据叠加到 Google 地图上，使数据到达无缝融合集成。实现地图的基本操作，添加点、线、面数据到地图上，能够获取到地图任意位置的高程信息，测量距离、面积等操作。针对森林防火行业应用，通过系统查询定位功能，定位到指定位置。通过手动添加火点或后台接口接收到火点信息后，添加到地图上，应用路径查询功能，快速找到到达该火点的最短路径。系统根据林区的气象因子、火点所在地地形地貌及森林资源信息，实现火场模拟蔓延，以便指挥扑救人员预先了解火场的蔓延趋势，在第一时间内做出正确的决策，制定出最佳森林火灾扑救方案。在森林火灾后期损失评估阶段，现场调查人员可以通过智能手机、iPad 设备采集火场边界数据，将这些数据提交到服务器后，系统能自动计算出火灾的损失面积、蓄积及林分等信息，快速生成森林火灾档案。

系统易于扩展，可以各类有线、无线网络融合起来，并将用户拓展到各类智能终端设备上，系统在建设过程中充分考虑用户的类型、使用的设备、应用范围等特点。

9.3.2　系统特点

系统采用 Google Map Api 提供的 javascript 接口，系统采用 B/S 结构，应用程序都在服务器端运行，使用 WebService 提供接口供前台调用，系统的访问通过安全密码和证书的方式，保证服务器运行安全，具有众多的优点。

地图资源数据使用 Goolge 提供的免费数据，基础数据综合全面，数据更新速度快，开发、运行成本低，无需维护各类基础数据。

空间数据的分发、获取、浏览更加方便、快捷，数据格式开放，可以支持各类数据格式。

便于维护，对运行平台依赖程度低，用户无需安装任何客户端软件，直接使用 IE 浏览器，就可以使用系统。

操作上大众化，使用简单，界面友好，用户无需 GIS 专业知识就可以快速使用系统，减少对用户的培训。

系统灵活、模块化，具有良好的扩展性，提供了预留的接口服务，为后期视频监控、人员定位、智能手机(iPad)设备等功能提供预留接口，以便快速接入。

为达到更好的显示效果，推荐使用 IE8 浏览器，并将屏幕分辨率设置成 1024×768。

本系统基础地图数据均来源于 Google 地图官方网站，研制者不对信息的有效性、真实性及合法性承担责任。

9.3.3 系统网络结构和体系结构

系统采用 B/S 的胖服务器、瘦客户机的模式，数据转化、处理都在服务器上完成，web 用户只需使用 IE 浏览器登陆到服务器上进行操作，无需安装任何专业软件，也可使用智能手机、PDA 等设备使用本系统(图 9-1、图 9-2)。

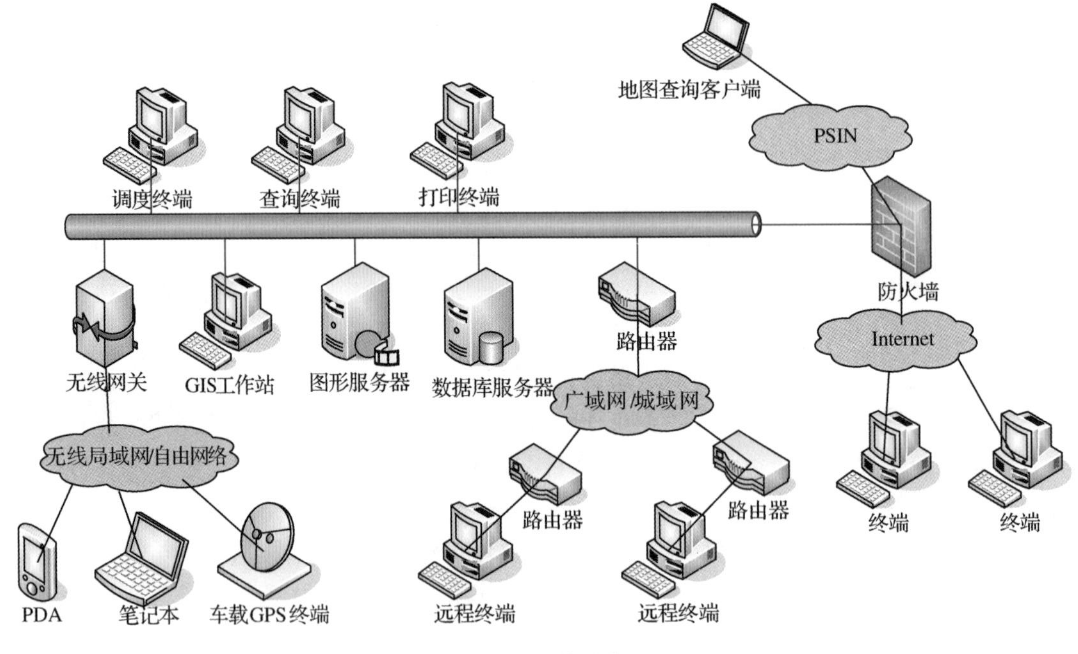

图 9-1 网络结构

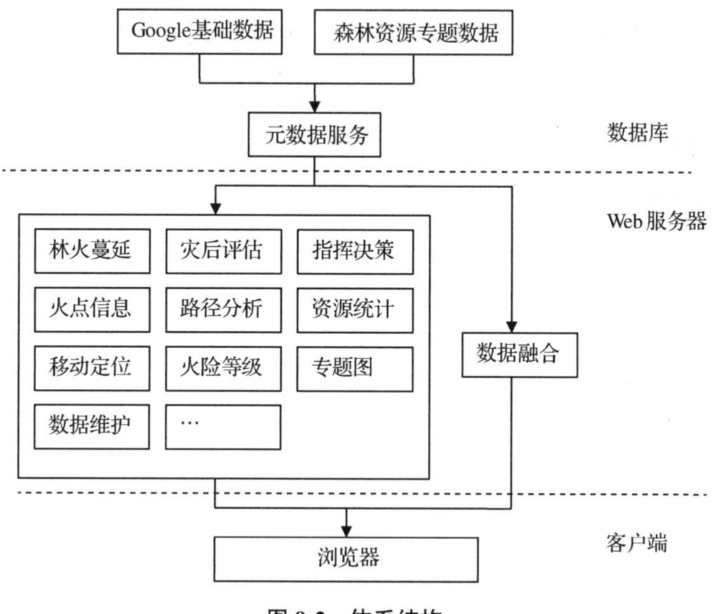

图 9-2　体系结构

9.3.4　系统功能

9.3.4.1　查询定位

查询定位通过两种方式进行定位，查询返回可能有多种结果，在返回栏中显示，同时在地图上有对应的标示。

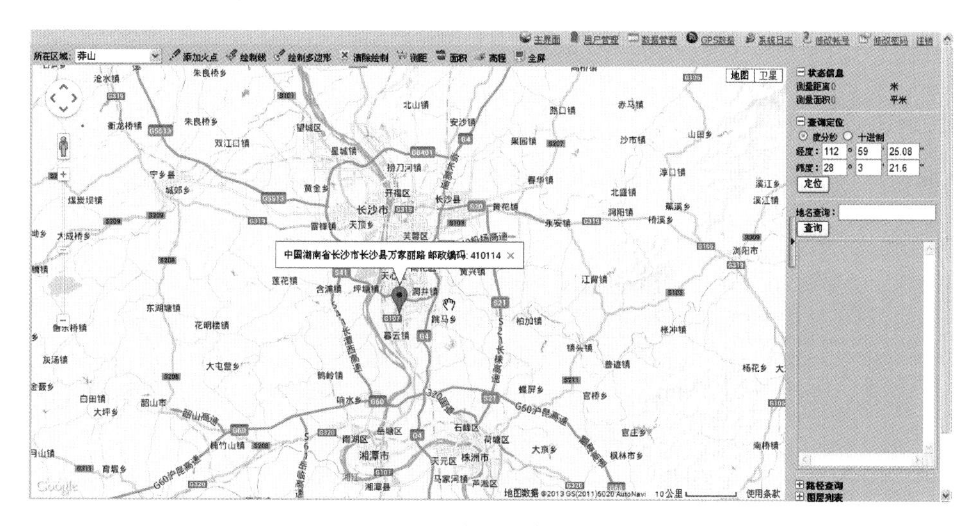

图 9-3　输入经纬度定位

(1)用经纬度的方式查询(图 9-3)，可采用度分秒格式或十进制的两种格式，系统自动进行转化，输入完成后按“定位”按钮(图 9-4)。

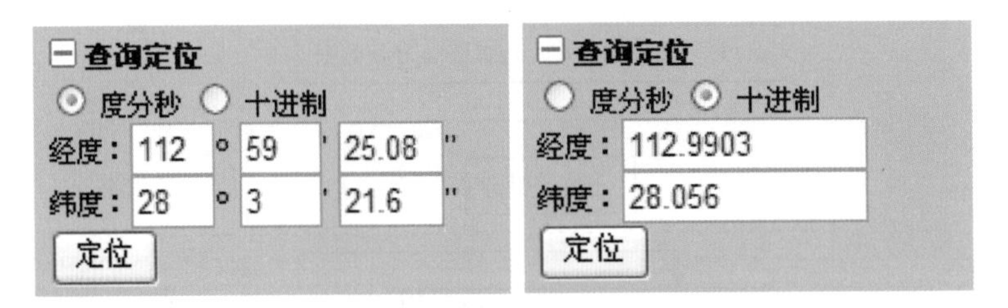

图 9-4 两者输入经纬度格式

(2)直接输入地址名称进行查询，输入地址查询的时候为了精确查询，按省、市、区(县)格式输入，查询的结果就只限定在该区域内。

9.3.4.2 路径分析

在两点之间找到最短的一条路径，提供了四种道路查询方式(图 9-5)：

· 标准行车路线——使用道路网络，即机动车道；

· 骑行车道——使用道路网络，普通的人行道，街道；

· 公交路线——按照公交车所走的线路进行查询；

· 步行线路——人行道和步行街。

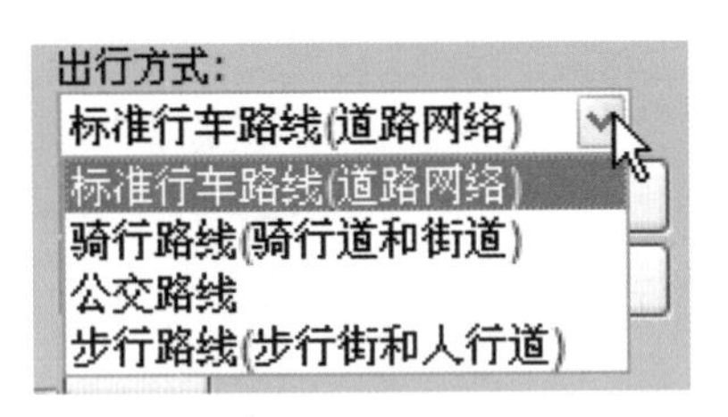

图 9-5 路径查询的道路类型

分别选择“起点”和“终点”按钮，在地图上点击，自动获取到该点经纬度坐标，点击“计算”按钮(图 9-6)，系统会找到该两点最短路径，并在地图上表示，A 点代表起点，B 点代表终点，返回结果栏内详细列出该两点行进线路，并列出两点距离长度、耗时等(图 9-7)。

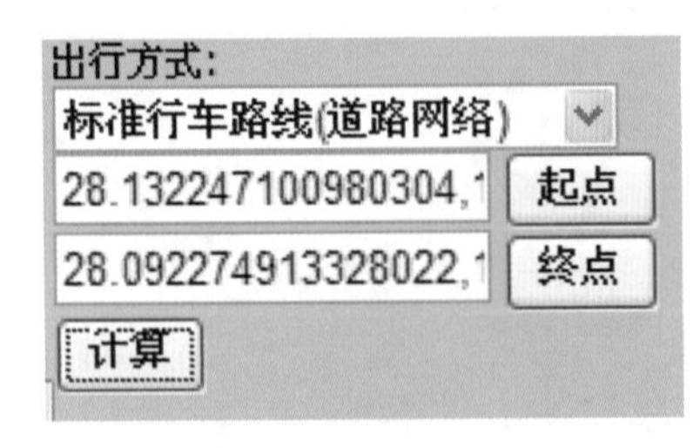

图 9-6 路径查询时在地图上获取起点、终点坐标

图 9-7　路径分析结果

在结果栏内双击某一行进线路，地图会自动定位到该位置，并弹出对话框进行详细说明行驶到该线路时应如何行进(图 9-8)。

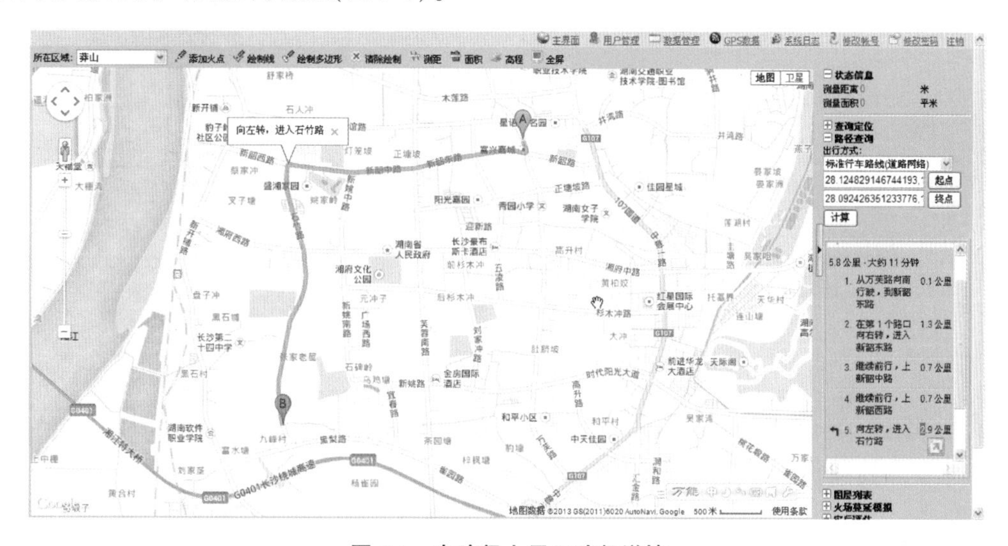

图 9-8　在路径上显示路径详情

9.3.4.3　图层列表

图层列表列出在系统中所能加载的图层，图层列表有两种，系统图层和用户图层(图 9-9)。

系统图层是通用的，任何用户都能使用的图层，有“路况图层、公交图层、骑行图层、天气图层、云况图层、Panoramio 照片库、48 小时卫星热点分布图”。

用户图层是特定用户在指的区域上能显示的图层，有用户权限的限制。

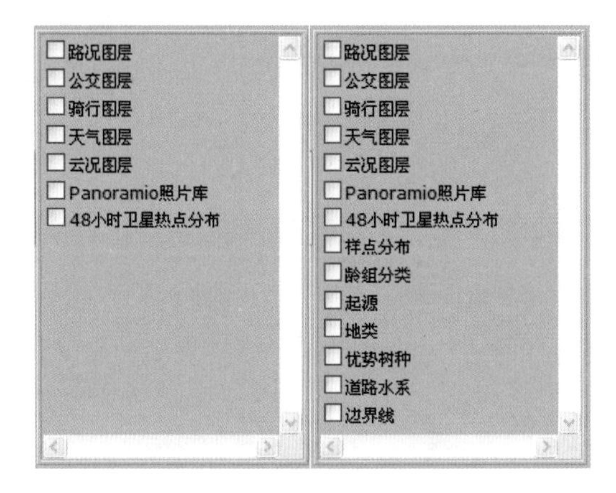

图 9-9　路径查询的道路类型

图 9-10 是选择“莽山”地图后所显示的图层列表。

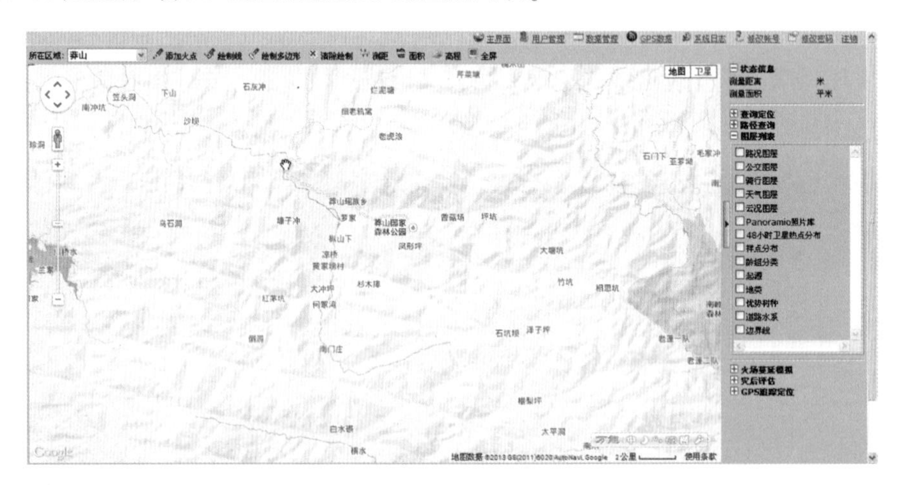

图 9-10　用户专题图层列表

(1)“路况图层”加载后显示效果(图 9-11)。由 3 种颜色表示，绿色表示该路段畅通，黄色表示该路段通行缓慢，红色表示该路段堵车。

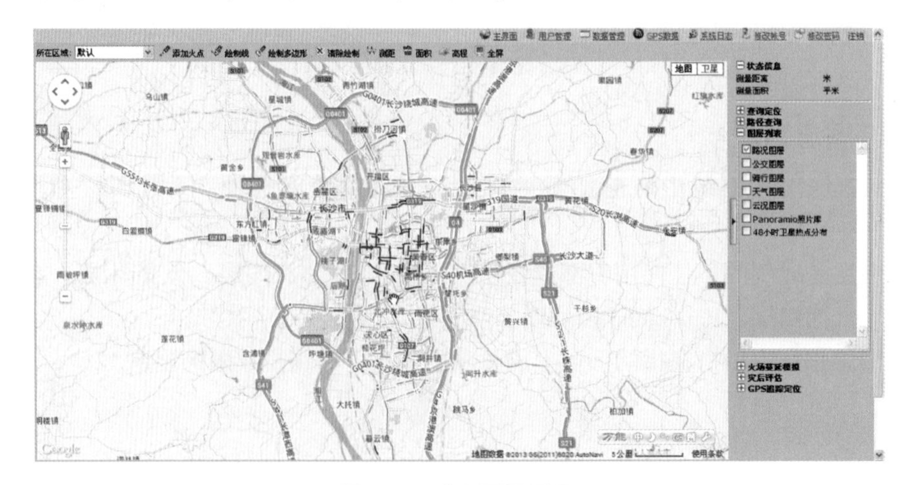

图 9-11　路况图层显示

(2)“公交图层”加载后显示效果(图 9-12)。白色代表公交线路。

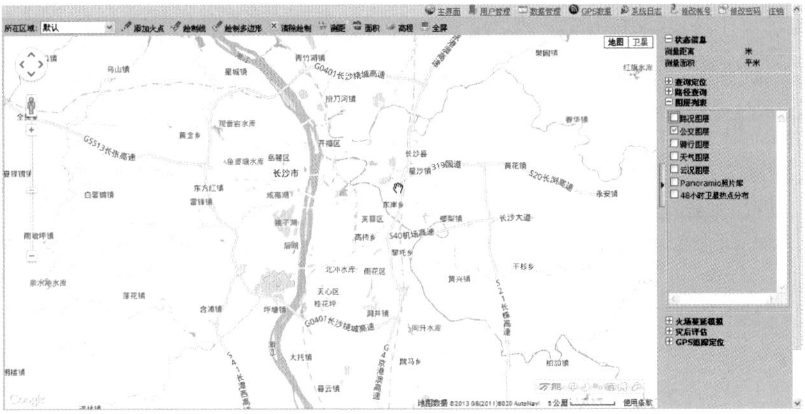

图 9-12　公交图层显示

(3)“骑行图层”加载后显示效果(图 9-13)。白色代表骑行线路。

图 9-13　骑行图层显示

(4)“天气图层”加载后显示效果(图 9-14)。在各城市上方显示该城市的天气状况。

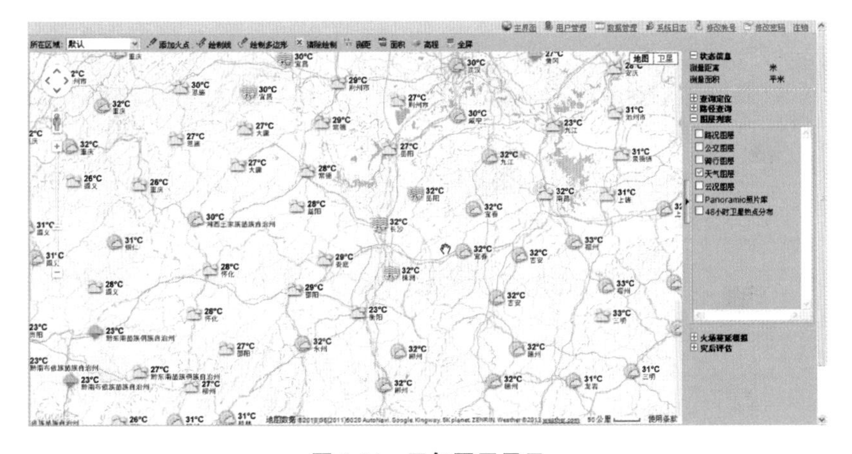

图 9-14　天气图层显示

点击某一城市后会弹出对话框显示该城市天气详情和未来几日天气情况(图 9-15)。

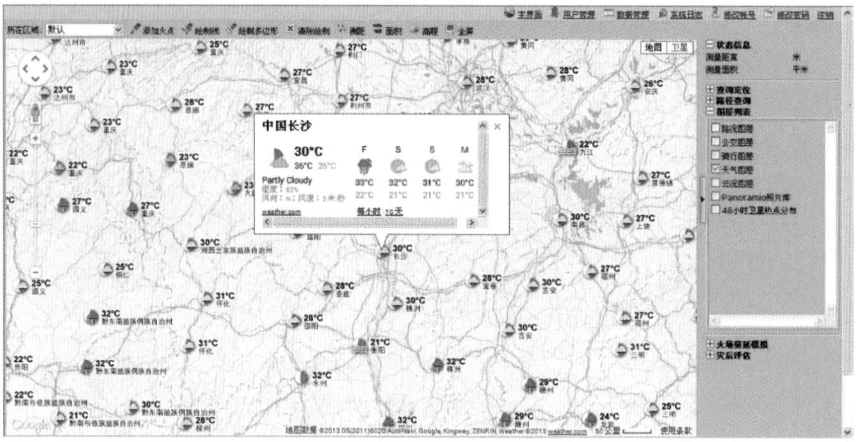

图 9-15　天气详情显示

(5)“云况图层”加载后显示效果(图 9-16)。地图上的白色斑块代表云层。

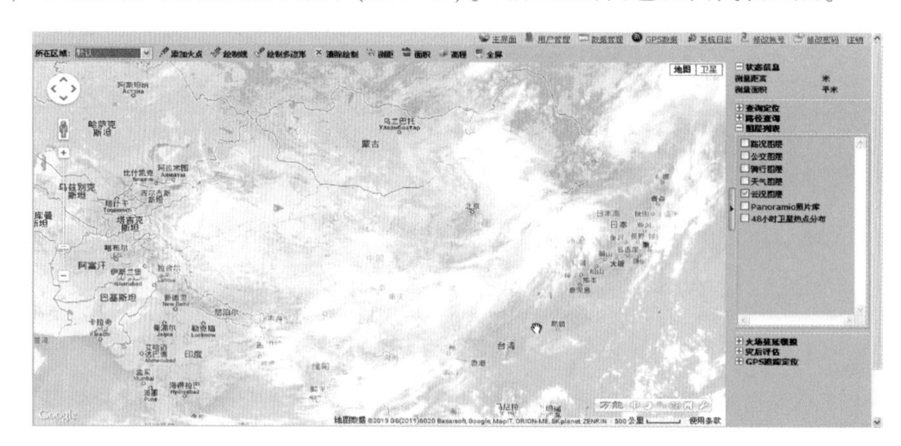

图 9-16　云况图层显示

(6)“Panoramio 照片库”加载后显示效果(图 9-17)。显示该区域照片资料(图 9-18)。

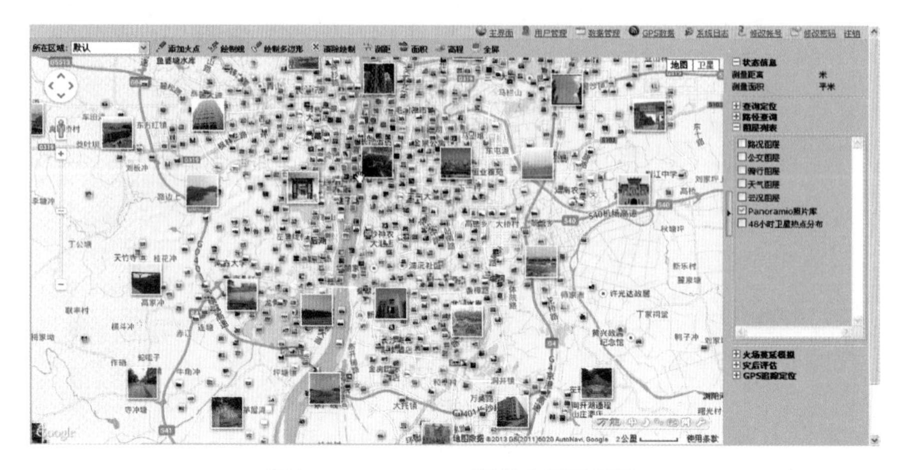

图 9-17　Panoramio 照片库图层显示

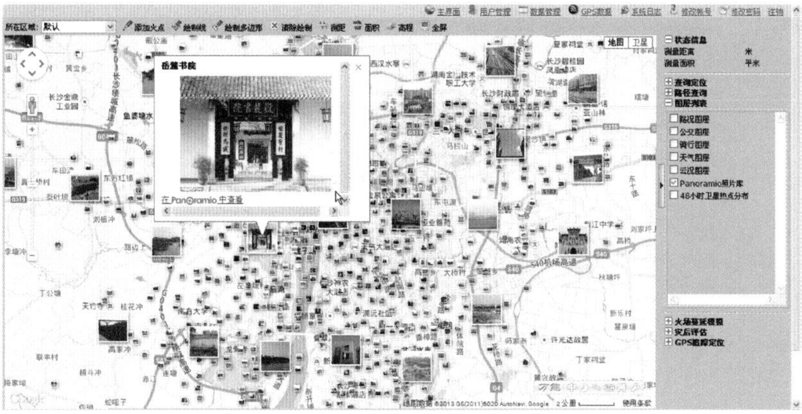

图 9-18　Panoramio 照片显示

(7)“48 小时卫星热点分布图”加载后显示效果(图 9-19)。显示从卫星上探测到的热点信息。

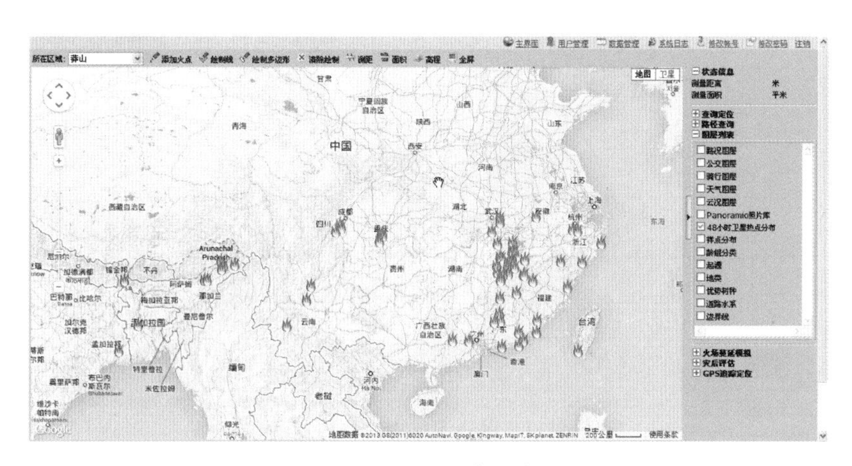

图 9-19　48 小时卫星热点分布图层显示

(8)加载用户图层数据(图 9-20)，这些数据以 Kml，或 Kmz 格式上传到服务器上。在地图上点击这些图标可以显示属性数据或图片资料(图 9-21 至图 9-23)。

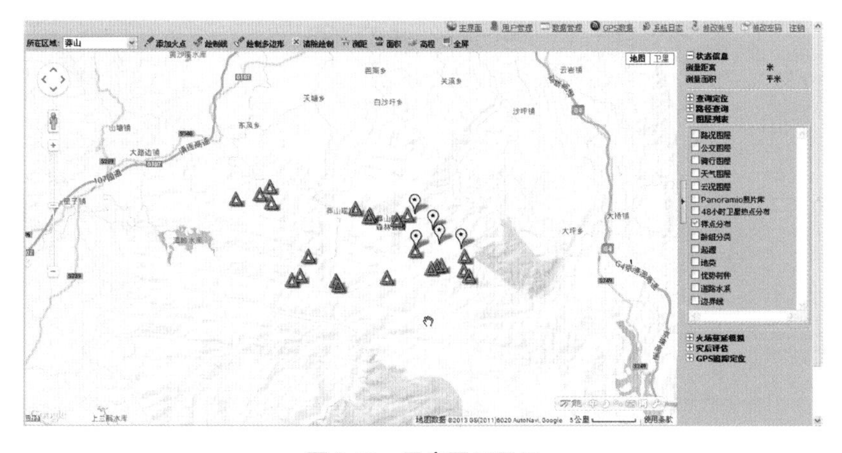

图 9-20　用户图层显示

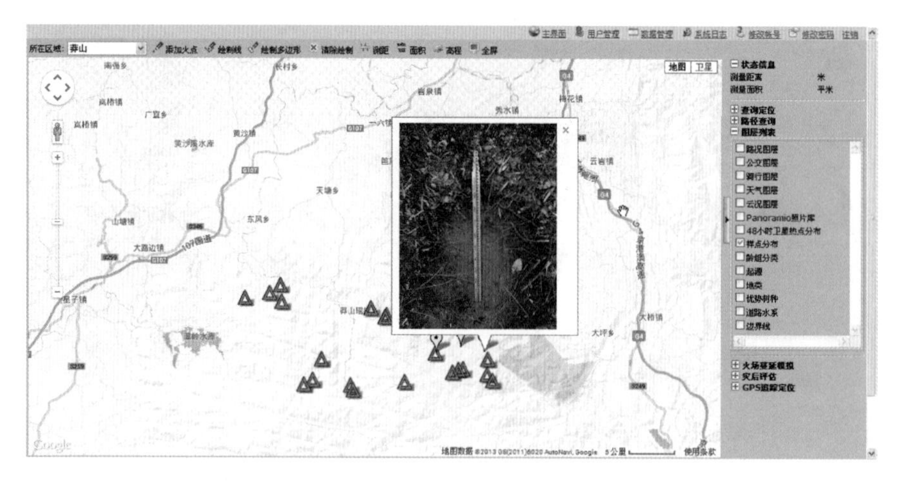

图 9-21 用户图层照片显示

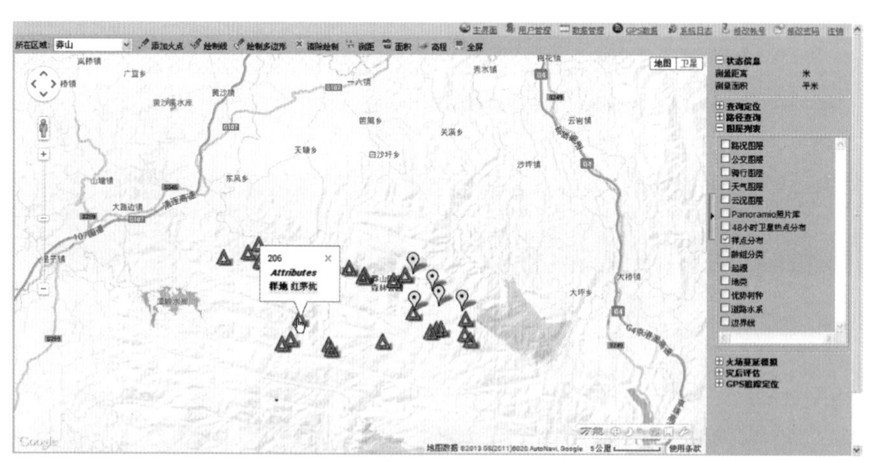

图 9-22 用户图层属性数据显示

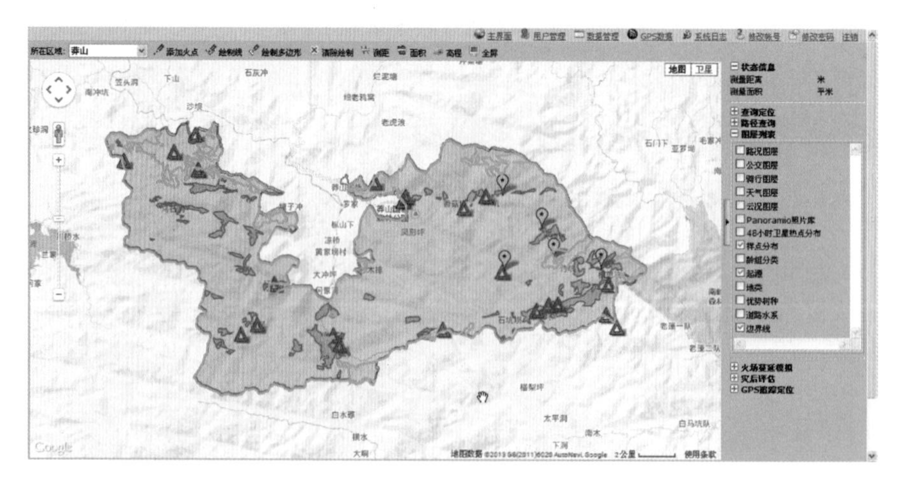

图 9-23 多用户图层叠加显示

9.3.4.4　火场蔓延模拟

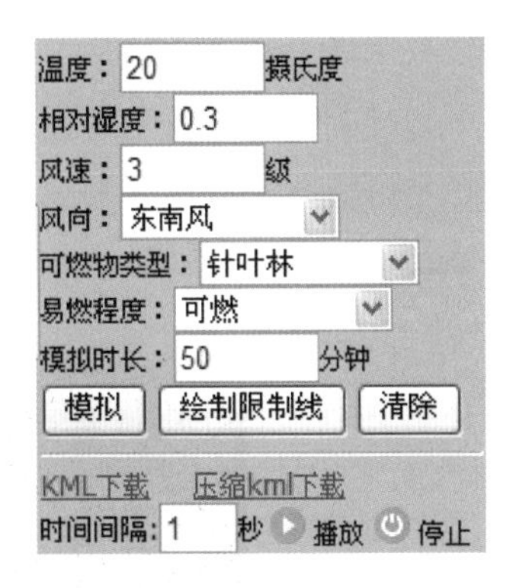

图 9-24　火场蔓延参数设置

用户首先使用添加火点工具在地图上添加一个火点，然后输入的参数：温度、湿度、风速、风向、可燃物类型、易燃程度、及模拟时长条件，输入条件时还可以使用“绘制限制线”在地图上绘制一条线，来增加火场蔓延的条件，禁止火场蔓延跨过该限制边界，系统自动在后台进行蔓延模拟，并实时将不同时间段的蔓延火场边界返回到客户端，客户端可以动态的观看火场的蔓延过程(图 9-24)。

火场蔓延运算完成后自动生成 kml 文件，可提供用户下载，并且显示动态播放控制条，用来控制蔓延播放的速度，蔓延时每个时间段的火场边界周长、面积都会在实时显示(图 9-25)。

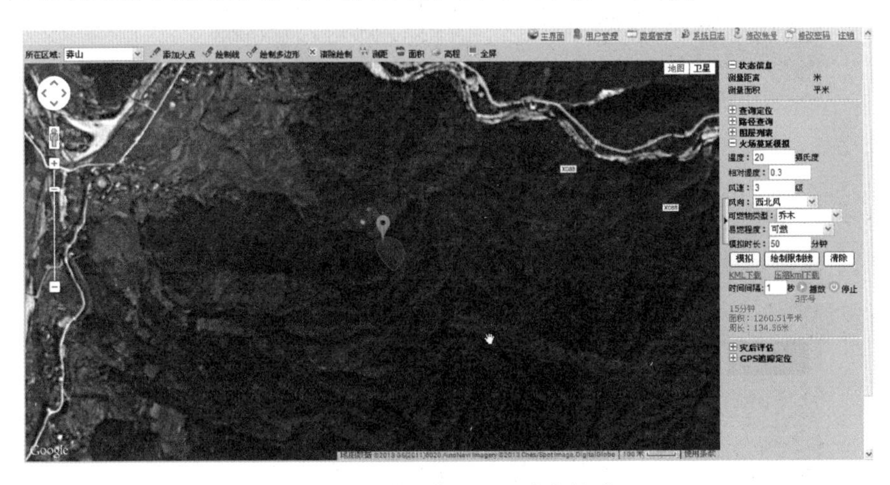

图 9-25　火场蔓延结果动态播放

将地图切换到卫星影像图下观看更为直观，或将 Kml 文件下载到本地，用 Google earth 在三维中观看则效果更佳(图 9-26)。

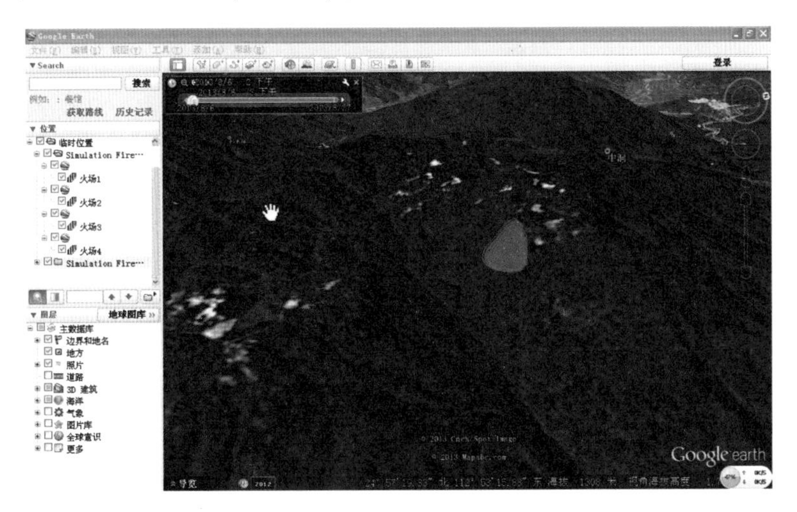

图 9-26　火场蔓延结果 Google Earth 中动态播放

9.3.4.5 灾后评估

对火灾进行损失评估时，在地图上勾绘出火场的边界，系统自动从后台林相图中提取该火场损失的林相数据，并计算出各类林分的损失面积、蓄积量、优势树种等信息，在地图上点击图斑，可显示该林相的基本信息(图 9-27 至图 9-29)。

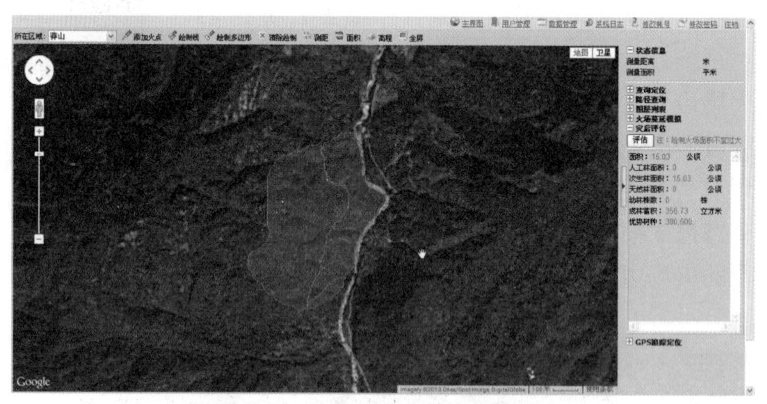

图 9-27 火场灾后评估结果显示

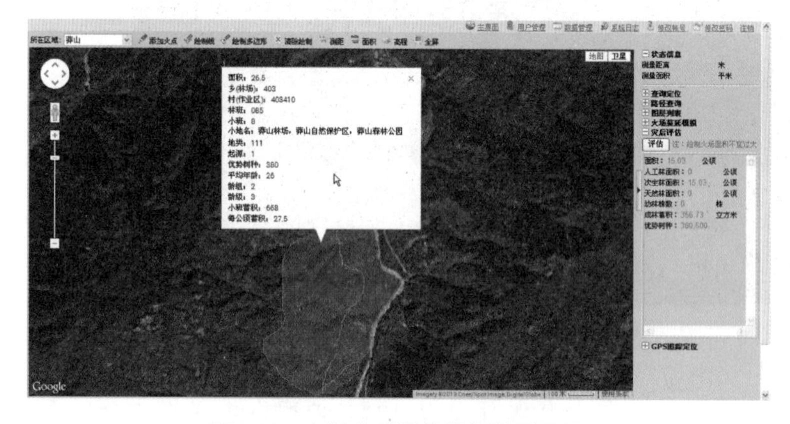

图 9-28 火场灾后评估林相数据显示

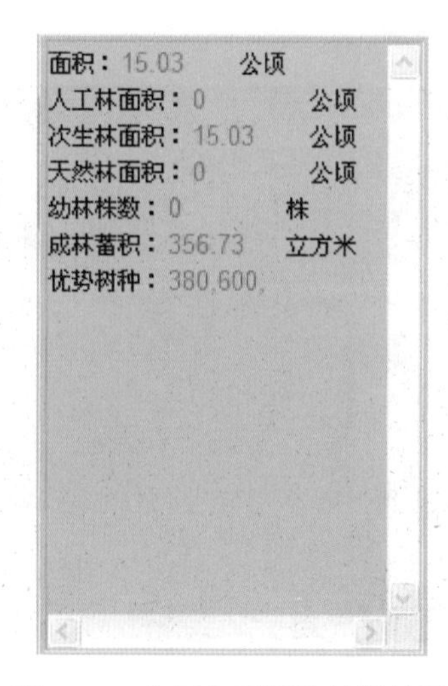

图 9-29 火场灾后评估计算结果

9.3.4.6　GPS 追踪定位

追踪定位是根据 GPS 设备、具有定位功能的智能手机、iPad 等，通过网络时时传送坐标信息到系统后台服务，并时时保存到数据库中。前台用户通过选择要追踪的 GPS 设备编号，定时读取后台服务接收的坐标信息在地图上动态显示出来(图 9-30)。

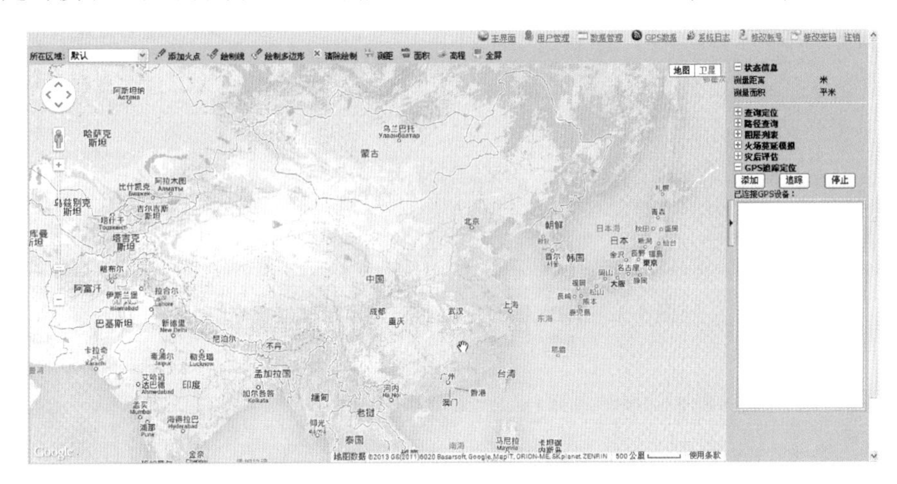

图 9-30　GPS 追踪定位界面

首先按“添加”按钮加入要追踪的 GPS 设备编号，已连接的 GPS 设备自动在列表框中显示(图 9-31)，点击“追踪”按钮后，系统开始定时读取后台各个 GPS 设备的坐标信息，并在地图上以动态的符号显示(图 9-32)。

已追踪到的 GPS 设备在列表框中双击，系统会自动定位到该点(图 9-33)，鼠标放置在该定位点后，会显示出该 GPS 的详细信息，如数据接收时间，GPS 持有人，是车载或手持，该点经纬度等信息(图 9-34)。

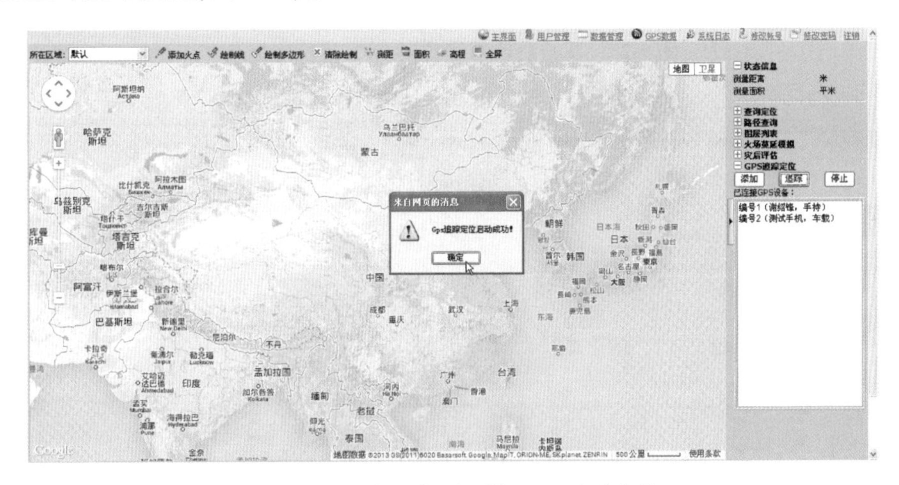

图 9-31　添加设备后开始 GPS 追踪定位

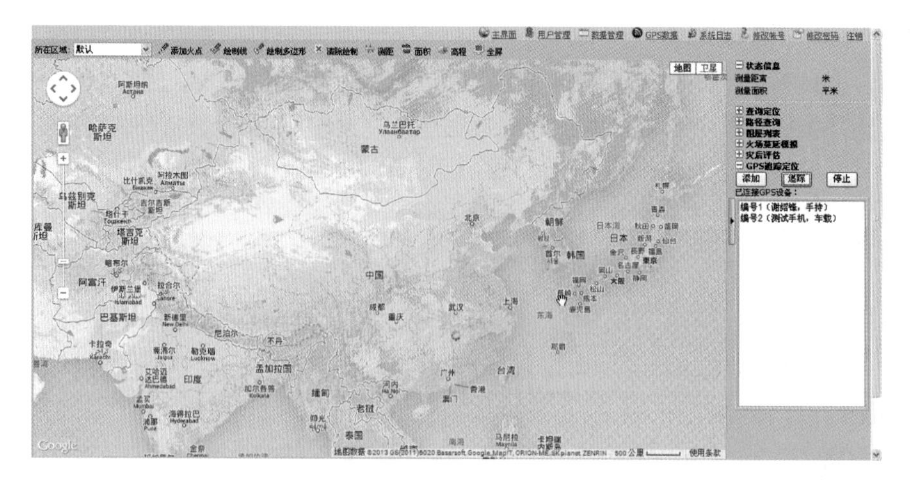

图 9-32　GPS 追踪定位动态显示定位坐标点

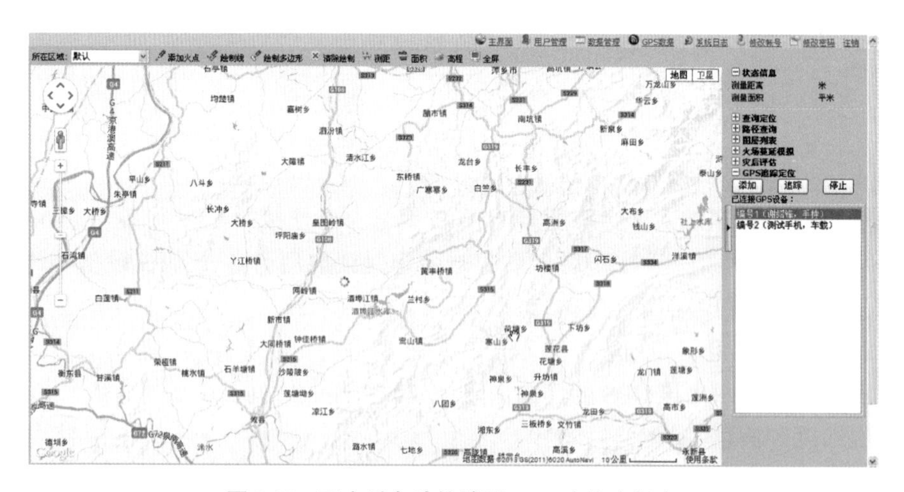

图 9-33　双击后自动缩放到 GPS 定位坐标点

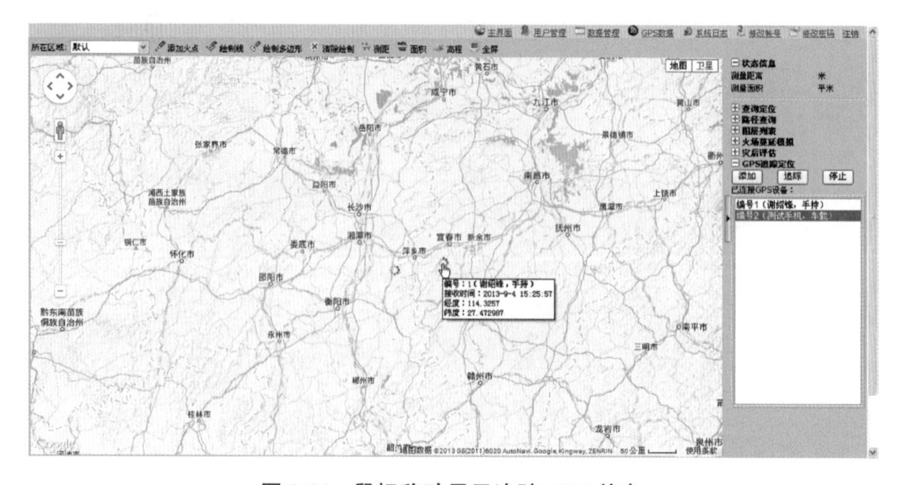

图 9-34　鼠标移动显示追踪 GPS 信息

9.4　技术评价

本研究结合森林防扑火的实际需要，将森林火灾扑救技术和应急指挥技术研究为目标，以室内外分析测定为手段，配合地面踏查，进行野外点烧试验，实验室模拟实验，研究森林火灾燃烧蔓延的机理，进行室内模拟实验和野外火烧实验，利用锥形量热计燃烧释放速度、热分析成分测定，并进行室内模拟森林可燃物的燃烧实验。从森林可燃物载量、气象要素、火源、地形四个方面进行森林火灾的燃烧蔓延机理研究。对森林火灾扑救资源、扑救力量和扑救方法三大属性进行深入研究。建立了森林火灾扑救资源、扑救力量和扑救方法数据库，对不同森林可燃物类型扑救技术进行了筛选，提出符合实际和起到有效作用的扑火技术。

森林火灾在我国分布广、发生面积大，至今尚未能完全控制，而且很多地区无能为力。本研究从森林可燃物载量、气象要素、火源和火环境入手，集火情的标绘、火环境信息查询、火发展预报、灭火作战部署于一体，对县级森林火灾扑救应急指挥系统进行全面系统研究，具有很强的科学性和实用性。通过对扑火资源配置、扑救力量组合、扑火战术、战略等技术研究的基础上，确定并提出森林火灾扑救的多参数设计技术，建立县级森林火灾扑救应急指挥系统。通过应用表明，能够较好地解决森林火灾燃烧蔓延、扑救资源、扑救力量和扑救方法等应用的一系列配套技术问题，具有很好的应用前景。

在对森林火灾扑救技术研究基础上，开发研制了“县级森林火灾扑救应急指挥系统”，计算机软件获得了国家软件著作权，采用的森林火险快速计算方法获得国家实用新型专利。具有林火监测、森林防火设施建设规划、火情报告与火情、应急指挥等业务模型化、集成和开发功能。系统分为单机版和服务器版本(C/S与B/S)，单机版本适合县级以下防火部分使用，服务器版本系统适合于地级、省级防火部门使用。

（主要撰写人：王明玉）

Chapter 10
第10章

长江经济带重要病虫害综合预警及防控技术集成与应用

10.1 松材线虫病综合预警及防控技术集成与应用

10.1.1 背景介绍

松材线虫(*Bursphelenchus xylophilus*)引起的松材线虫病，又称松树萎蔫病、松树枯萎病、松材线虫萎蔫病，是以病原为主导的，由媒介昆虫传播和寄主松树互作，以及受生态环境内生物性和非生物性因素综合影响的一种复合型系统侵染性病害，对感病松林是毁灭性的。病原松材线虫属滑刃目(Aphelenchida)寄生滑刃科(滑刃总科)[Parasitaphelenchidae(Aphelenchoidae)]伞滑刃亚科(Bursaphelenchinae)伞滑刃属(*Bursaphelenchus*)。在长江经济带，松材线虫主要依靠松墨天牛传播扩散。

松墨天牛(*Monochamus alternatus*)属鞘翅目(Coleoptera)天牛科(Cerambycidae)，以前也被称为松褐天牛松天牛(陈世骧等，1959)。在中国大陆和台湾地区，老挝，朝鲜，日本都有记载；在中国，松墨天牛主要分布在辽宁、河北、山东、河南、安徽、江西、湖南、湖北、江苏、浙江、福建、台湾、广东、广西、陕西，云南、四川、西藏、香港等(陈世骧，1959；湖南省林业厅，1992；华立中，2002)。其寄主主要是马尾松(*Pinus massoniana*)、油松(*P. tabulaeformis*)等松属树种，此外，云杉(*Picea asperata*)以及冷杉属(*Abies*)、雪松属(*Cedrus*)和落叶松属(*Larix*)内的树种也可受害。松墨天牛不仅能直接危害寄主树造成死亡，更重要的是松材线虫的传播媒介(Morimoto & Iwasaki，1972)。

根据中国林草防治网最新消息，我国松材线虫病疫情持续跳跃式扩散蔓延。截至2020年年底，全国共计18个省(自治区、直辖市)、726个县级行政区发生松材线虫病疫情，疫情发生面积2714万亩。2020年，新增县级疫区60个，发生面积增加1042.12万亩，造成经济损失数千亿元。松材线虫病在我国的传播，已直接威胁到我国南方的松林和黄山、庐山、张家界、三峡库区等一批世界自然文化遗产、国家重点风景名胜区和重点生态区域的安全，影响着我国的外贸出口和社会经济的发展，特别是对我国以林业为主的生态环境建设造成重大威胁。病害对我国一些重点生态区位和风景名胜区构成了严重威胁。

松材线虫病是病原(松材线虫)、寄主(松树)和媒介昆虫(天牛)共同作用的结果。对病害的精准快速识别是建立在从松树树干、松材线虫和媒介天牛中提取线虫DNA的基础上。方法的优点：提取产量高，质量好，稳定性强，特异性高，步骤简单，耗时少，仪器设备简单，成本低，操作简单容易。筛选获得与致病相关基因*SYG-2*，在拟松材线虫和松材线虫间的差异度达到46%，远远高于目前常规使用的ITS区(20%)。靶基因的优点：特异性高、灵敏度高、稳定性强。研发出LAMP检测试剂盒，形成产品，已在基层单位进行了推广，产品的优点：常温保存、直接从媒介天牛中提取、检测设备简单、检测费用低，具有知识产权。

我国于1982年江苏南京市紫金山发现松材线虫，由于传播蔓延迅速，防治难度大，已经致死松树5亿多株，毁灭松林30多万hm^2，造成经济损失数千亿元。松材线虫病在我国的传播，已直接威胁到我国南方的松林和黄山、庐山、张家界、三峡库区等一批世界自然文化遗产、国家重点风景名胜区和重点生态区域的安全，影响着我国的外贸出口和社会经济的发展，特别是对我国以林业为主的生态环境建设造成重大威胁。因此我国将这一生物入侵种列为一级林业有害生物。实践证明以往单一的防治技术是难以实现松材线虫病的有效控制。松材线虫病控制的总体策略是预防为主、分类施策、综合治理，具体包括检疫封锁、监测预防、疫点除治以及生态抵御等技术措施。通过多年努力，建立了围绕入侵生物发生、分布、危害等级和扩散态势等多个环节，突出利用新型生物制剂和天敌的绿色防控技术，基于入侵生物快速识别、生物抑制与调控、应急处置三大共性关键技术，构筑入侵生物的预警监控、阻截扑灭与区域减灾三道防线，从而构建森林生态屏障抵御与阻截体系。

根据松材线虫病防治工作的新情况新要求，国家林业和草原局于2018年印发了新修订的《松材线虫病防治技术方案》，方案确定了以疫木清理为核心，以媒介昆虫药剂防治、诱捕器诱杀、打孔注药等为辅助措施的综合防治。对比2010年印发的《松材线虫病防治技术方案(修订稿)》，新方案重点完善了疫情监测措施，摒弃了打孔流胶监测、检测管监测等不适用的防治措施，删除了有较大风险使疫木流失的熏蒸处理疫木技术，严格限制了松褐天牛引诱剂和天敌用于防治时的使用场景，增加了新技术和新措施，防治技术的使用条件更加科学。

10.1.2　技术详细内容

10.1.2.1　松材线虫快速识别新技术

10.1.2.1.1　松材线虫LAMP特异性引物

筛选获得的*SYG-2*基因是编码多功能细胞黏附因子的基因。该基因参与了包括突触的形成，过滤防御屏障的建立等多种主要的生理功能。该段基因在拟松存在300bp左右的缺失，因此，*SYG-2*可以作为松材线虫LAMP检测的新靶基因(图10-1)。以*SYG-2*基因设计了8对LAMP引物组，经试验验证是理想的检测靶标；其中检测效果最好的4号引物组能在40分钟内检出含有松材线虫的木样，加上环引物后可在35分钟内检出；其次是8

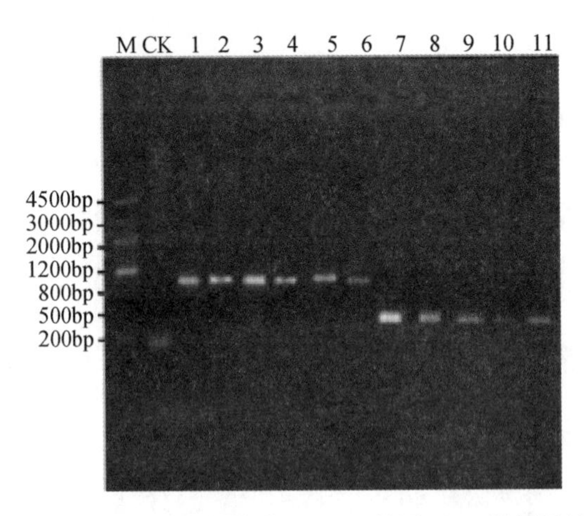

图 10-1 松材线虫和拟松材线虫 *SYG*-2 基因 PCR 特异性扩增结果

注：M 为 DNA marker III；CK 为阴性对照(ddH_2O)；1~6 为 AL、ZS、JS、SD、B1、KOR 地区松材线虫 *SYG*-2 基因特异引物 PCR 扩增结果；7~11 为 NB、DH、HN、109、139 地区拟松材线虫 SYG-2 基因特异引物 PCR 扩增结果。

号和 18 号引物组，能在 50 分钟内检出含有松材线虫的木样，加上环引物后可在 40 分钟内检出；而拟松材线虫无检测信号。

10.1.2.1.2 Chelex-100 法快速提取线虫 DNA

采用异硫氰酸胍(pH8.0)碱性蛋白质变性缓冲液结合 Chelex-100，通过冻煮法建立了一个全新的从木块或者单条线虫中快速提取松材线虫 DNA 的方法。此提取方法具有以下优点：①提取产量高，质量好。新方法通过胍盐的化学破壁结合冻煮机械破壁充分释放了细胞中的 DNA，再经两次蛋白变性纯化，使得相同条件下，提取的 DNA 浓度能够达到 1516.96 ng/μL，远远大于常规的 CTAB 法和蛋白酶 K 法提取的 20.40 ng/μL 和 514.59 ng/μL。同时，DNA 质量与 CTAB 法无显著差异，相同浓度下，稀释 32 倍后仍能扩增出清晰均一的条带；②步骤简单，耗时少。Chelex-100 法将线虫 DNA 的提取和纯化同时进行，免去了反复的酚仿抽提，整个提取仅需 3 个步骤即可完成，大大减少了提取步骤和提取耗时；③仪器设备简单，成本低，操作简单。整个 DNA 提取过程只需要水浴锅、移液器等最基本的试验设备，平均一个样品的 DNA 提取耗费(试剂+耗材)不到 3.5 元，试剂药品的保藏使用对温度也无特殊要求，无需操作人员具有特别的专业性知识，极适合服务于现场检测以及基层检测推广；④稳定性强，特异性高。多个地区的样品多次重复试验检验证明，新方法提取的 DNA 用于 PCR 检测和 LAMP 检测，检测结果的灵敏性高、特异性强且结果稳定，总体检测准确度在 90%以上，技术水平超过同类研究水平。用 Chelex-100 提取的线虫 DNA 经 PCR 扩增后得到单一、特异的目的条带，并且电泳谱带清晰、均一，扩增效果稳定，而 Chelex-100 提取的拟松材线虫(GY1)、黑松、油松、马尾松和盘多毛孢的 DNA，特异引物 PCR 扩增没有条带(图 10-2)，由此表明：新方法 Chelex-100 法可用于松材线虫 DNA 的提取。

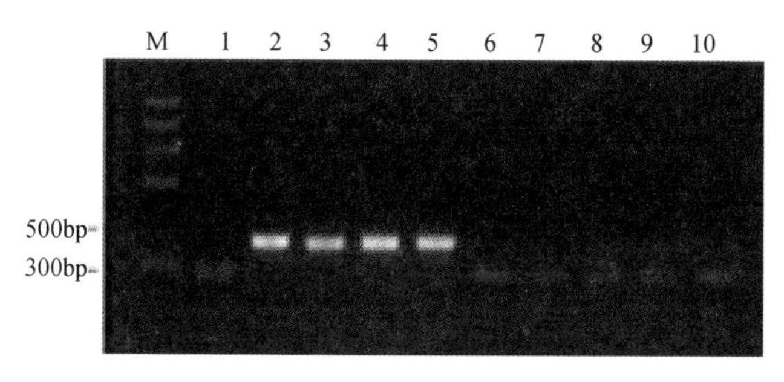

图 10-2　Chelex-100 法提取松材线虫 DNA 特异引物扩增结果

注：M 为 DNA marker III；1 为阴性对照(ddH_2O)；2 为 CTAB 法提取的松材线虫(HF)DNA 特异引物 PCR 扩增结果；3~5 为 Chelex-100 法提取的松材线虫(HF)DNA 特异引物 PCR 扩增结果(3 个重复)；6 为 Chelex-100 法提取拟松材线虫(GY1)DNA 特异引物 PCR 扩增结果；7 为 Chelex-100 法提取盘多毛孢 DNA 特异引物 PCR 扩增结果；8~10 为 Chelex-100 法提取健康黑松、马尾松、油松 DNA 特异引物 PCR 扩增结果。

10.1.2.1.3　LAMP 扩增结果检测方法优化及检测效果评估

(1)灵敏性验证。Chelex-100 法从木块中提取的 DNA 质量次于 CTAB 法，但略优于蛋白酶 K 法。此外，这也说明新方法具有极好的灵敏性，提取的 DNA 在稀释了接近 5000 倍(75×64)时检测结果依旧呈阳性，这远远优于传统的 CTAB 法(图 10-3)。

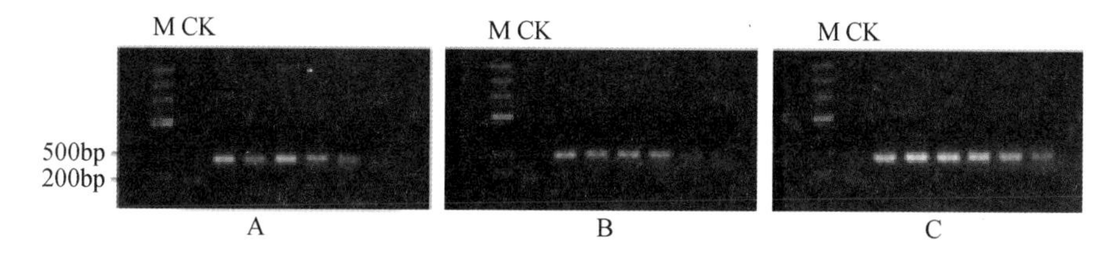

图 10-3　三种方法提取的 DNA 梯度稀释后特异引物 PCR 扩增结果

注：M 为 DNA marker III；CK 为阴性对照(ddH_2O)；A 为 Chelex-100 法提取松材线虫 DNA 75 倍稀释液依次稀释 2、4、8、16、32 和 64 倍后特异引物 PCR 扩增结果；B 为蛋白酶 K 法提取松材线虫 DNA 25 倍稀释液依次稀释 2、4、8、16、32 和 64 倍后特异引物 PCR 扩增结果；C 为 CTAB 法提取松材线虫 DNA 依次稀释 2、4、8、16、32 和 64 倍后特异引物 PCR 扩增结果。

(2)特异性验证。松材线虫感病木块均能扩增出 400 bp 左右单一的目的条带，而拟松材线虫感病木块、健康马尾松、黑松、油松木屑和盘多毛孢 DNA 提取液均未扩增出条带(图 10-4)，由此表明 Chelex-100 法提取的木块中松材线虫 DNA 用于 PCR 扩增时具有良好的特异性。采用 Chelex-100 法提取的感病木屑中的松材线虫 DNA 提取液稀释 10 倍后，用于 LAMP 反应。含有松材线虫的病木的 LAMP 结果呈阳性(如图 10-5 中 A1~9 和 B 5~8 所示)，而含有拟松材线虫的木屑(图 10-5 B1~2)、不含有松材线虫的健康黑松木屑(图 10-5 B3)和盘多毛孢(图 10-5 B4)DNA 提取液稀释 10 倍后进行 LAMP 反应，结果均呈阴性。新方法 Chelex-100 法提取的感病木中松材线虫 DNA 能够满足 LAMP 检测，且具有良好的特异性。

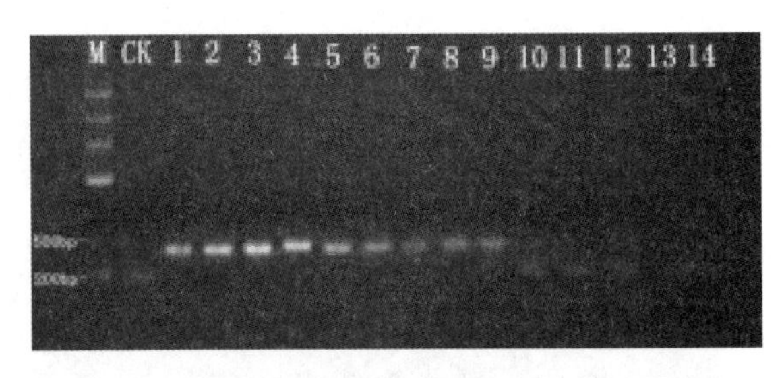

图 10-4 松材线虫 DNA 特异引物 PCR 扩增结果

注：M 为 DNA marker III；CK 为阴性对照(ddH_2O)；1~9 为 Chelex-100 法提取 AQ、YX、HF、LG、AL、ZS、CP、FY 和 YY 木片中松材线虫 DNA 特异引物 PCR 扩增结果；10 为 Chelex-100 法提取 GY2 木片中拟松材线虫 DNA 特异引物 PCR 扩增结果；11~13 为 Chelex-100 法提取健康黑松、马尾松、油松木屑 DNA 特异引物 PCR 扩增结果；14 为 Chelex-100 法提取盘多毛孢 DNA 特异引物 PCR 扩增结果。

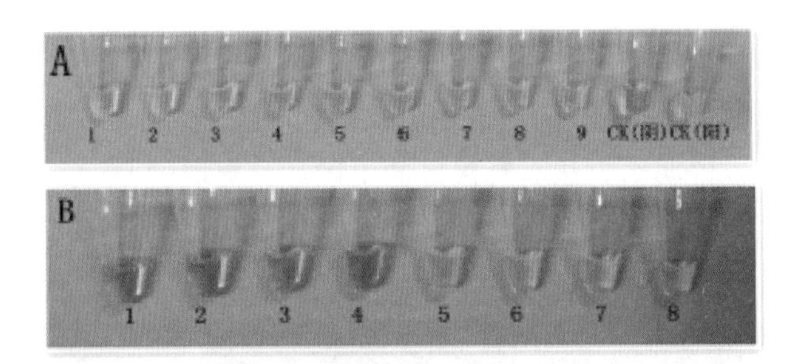

图 10-5 Chelex-100 法提取的木块中线虫 DNA 10 倍稀释液 ITS 区 LAMP 扩增结果

注：A 中 1~9 依次为 Chelex-100 法提取 AQ、YX、HF、LG、AL、ZS、CP、FY 和 YY 木片中松材线虫 DNA 10 倍稀释液 ITS 区 LAMP 扩增结果，CK(阴)DNA 模板为 ddH2O，CK(阳)DNA 模板为连有 ITS 靶序列的质粒；B 中 1~2 依次为 Chelex-100 法提取 GY1 和 GY2 木片中拟松材线虫 DNA 10 倍稀释液 ITS 区 LAMP 扩增结果，3~4 依次为 Chelex-100 法提取健康黑松、盘多毛孢 DNA 10 倍稀释液 ITS 区 LAMP 扩增结果，5~8 依次为 Chelex-100 法提取 TM、WZ、YC 和 LD 木片中松材线虫 DNA 10 倍稀释液 ITS 区 LAMP 扩增结果。

(3)稳定性验证。Chelex-100 法提取线虫木屑混合物中线虫 DNA，经 PCR 和 LAMP 扩增均为阳性，而不含松材线虫的健康马尾松、黑松和油松木屑 DNA 提取液经 PCR 和 LAMP 扩增均显示为阴性(图 10-6、图 10-7)。采用 Chelex-100 法提取新鲜木样(表 10-1)中松材线虫 DNA 进行特异引物 PCR 扩增，检出率为 100%。因此，Chelex-100 法提取木块中线虫 DNA 具有良好的稳定性。

表 10-1 Chelex-100 法提取木块中松材线虫 DNA PCR 检测结果

样 本	线虫数/(100 mg 木块)	检测/试验	检出率(%)
GD	78	3/3	100
HF	75	3/3	100
CZ	27	3/3	100
AQ	82	3/3	100
YX	65	3/3	100
YC	16	3/3	100

续表

样　本	线虫数/(100 mg 木块)	检测/试验	检出率(%)
ES	18	3/3	100
LG	62	3/3	100
CP	30	3/3	100
WC	15	3/3	100
YY	10	3/3	100
AL	80	3/3	100
ZS	76	3/3	100
FY	50	3/3	100
GY1	60	0/3	0
GY2	52	0/3	0

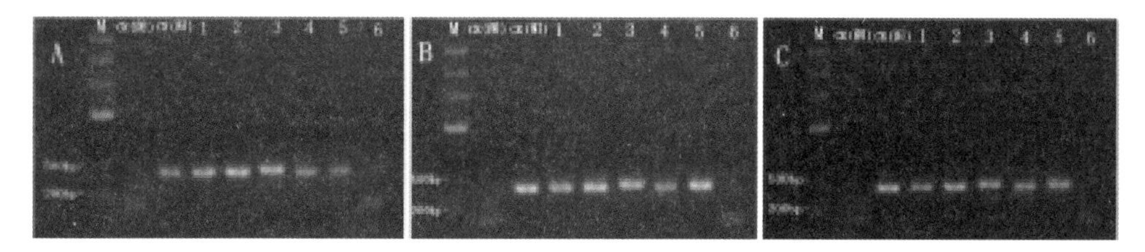

图10-6　Chelex-100法提取木屑中松材线虫DNA特异引物PCR扩增结果

注：M为DNA marker III；CK(阴)为阴性对照(ddH_2O)；CK(阳)为Chelex-100法提取线虫悬液(HF)中线虫DNA特异引物PCR扩增结果；1~5为Chelex-100法提取健康木屑中混入的松材线虫DNA特异引物PCR扩增结果；6为Chelex-100法提取健康木屑DNA特异引物PCR扩增结果；A、B、C为黑松、马尾松和油松。

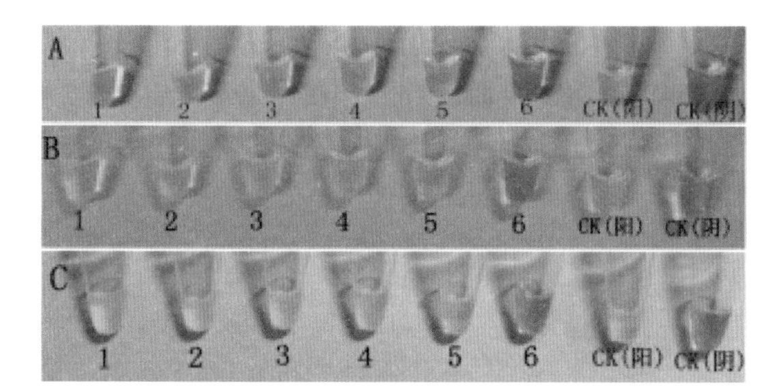

图10-7　Chelex-100法提取木屑中松材线虫DNA ITS区LAMP扩增结果

注：1~5为Chelex-100法提取健康木屑中混入的松材线虫DNA ITS区LAMP扩增结果；6为Chelex-100法提取健康木屑DNA ITS区LAMP扩增结果；CK(阳)为含有ITS靶序列的质粒LAMP扩增结果；CK(阴)为阴性对照(ddH2O)；A、B、C为黑松、马尾松和油松。

10.1.2.1.4 LAMP反应体系的优化及快速检测试剂盒的构建

为了能更好地评价所设计引物的特异性，分别对木块中松材线虫、松褐天牛携带松材线虫和松材线虫的LAMP反应条件进行了单因子优化及敏感性分析(图10-8)。分别以连接有松材线虫和拟松材线虫SYG-2基因的质粒(104个拷贝数)作为模板进行LAMP反应，对影响LAMP扩增效率的Mg^{2+}浓度、dNTP浓度、引物浓度、甜菜碱浓度以及反应温度和反应时间进行了优化，构建了松材线虫LAMP快速检测试剂盒。

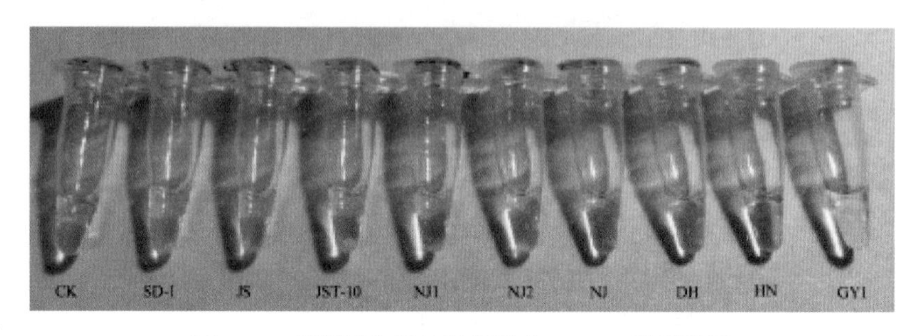

图10-8 松褐天牛携带松材线虫LAMP扩增结果

注：CK为阴性对照(ddH_2O)；SD-1为山东松材线虫；JS和JST-10为江苏松材线虫；NJ1和NJ2为南京松褐天牛携带松材线虫；NJ为南京松褐天牛不携带松材线虫；DH为浙江松褐天牛携带拟松材线虫；HN为湖南松褐天牛携带拟松材线虫；GY1为四川松褐天牛携带拟松材线虫。

10.1.2.2 松材线虫传播媒介阻断技术集成与应用

在长江经济带，松墨天牛是松材线虫最主要的传播媒介，通过防治传播媒介，控制松材线虫病的传播是有效途径。松墨天牛蛀干危害，隐蔽性生活，利用单一措施很难将其的种群压低至危害阈值以下，经过多年实践检验，采用以生物防治为主的综合治理方法可大大降低松墨天牛种群数量，遏制松材线虫的传播。

10.1.2.2.1 设置和利用诱木

(1)诱木设置时间。诱木设置目的是利用其引诱松墨天牛成虫集中产卵，减少对其他健康树的危害。通常在松墨天牛成虫羽化期前30天设置诱木。选择林中树形差，长势弱的松树，利用砍刀在树基部以上50 cm处，每个方位砍三刀，深度要达到木质部，保证刀口能够连接，完全切断韧皮部，然后将诱木引诱剂注入刀口；各地应根据当地松墨天牛的年生活史和当年物候期确定设置诱木的时间。在松墨天牛1年1代的地区，诱木设置时间多为4月初。对松墨天牛羽化不整齐的地区，可以在7月中下旬增设一次诱木。

(2)诱木设置密度。通常每公顷设置诱木3~4株，株间距在80 m左右为宜。诱木的设置密度应根据松林受害情况适当增减，受害越重，设置的诱木数量应该适当增加。

(3)诱木设置方法。在通风良好的位置设置诱木。选择长势较弱松树，在离地30~50 cm的树干上每个不同方位(东南西北)砍2~3个刀槽，刀槽应深入木质部1 cm以上。用注射器将诱木引诱剂(M99-1，广东省林科院)注射在刀槽里。注射引诱剂的量(ml)应该与诱木胸径大小(cm)一致。诱木引诱剂组分及其使用技术可参见LY/T 1867—2009《松褐天牛引诱剂使用技术规程》。

(4)诱木的处理和利用。在当年松墨天牛羽化期结束后到第二年成虫羽化前均可处理诱木，在松墨天牛1年1代的地区一般为当年11月上旬至次年4月中旬。方法：将诱木齐地锯倒，伐庄不高于 5 cm，再将树锯成 2 m 长的木段，堆成木堆等待罩铁丝网，一般 1 株树一堆。等到松墨天牛的预蛹期开始(各地需要定期解剖木段，观察，预蛹期的特征是天牛身体变软，变短，表皮变成透明薄膜，尾部可见薄膜和天牛身体间充满体液)，在已罩网木段上均匀释放花绒寄甲卵，每个木段释放卵卡 1~2 张，每张含花绒寄甲卵约 100 粒(根据虫口密度调节释放量，释放比例约为 10∶1，10 个卵对应 1 个侵入孔)。随后将木段用 6~8 目铁丝网罩好。诱木罩网可使羽化后的松墨天牛成虫不会逃逸花绒寄甲寄生羽化后可钻出网罩，继续寄生林间其他受害树上的天牛，从而达到集中防治松墨天牛且实现保护和利用天敌的目的。花绒寄甲卵释放方法参见 LY/T 1866—2009《松墨天牛防治技术规范》。

除了释放花绒寄甲的卵卡外，也可选择释放花绒寄甲的成虫。释放成虫要早于释放卵卡 10 天，即在 4 月初即可释放。每个木段释放 2 头成虫。

10.1.2.2.2 处理与利用病死树

一般在防治前，治理区都会有松材线虫病死树存在，这部分树的处理如下：

(1)病死木处理时间。病死树最佳处理时间是：松墨天牛当年羽化期结束至翌年羽化前，在松墨天牛 1 年 1 代的地区一般为当年 11 月至次年 4 月中旬以前，如果开始防治时间在这个时间之外，可直接清理病死树，参照 GB/T 23477—2009 标准执行。

(2)病死木的利用和处理。参照 10.1.2.2.1 是(4)的方法执行。

10.1.2.2.3 释放天敌防治松墨天牛低龄幼虫

(1)调查诱木或感虫木上松墨天牛虫口数量。在设置诱木 2 个月后，在拟防治区内随机抽取诱木或死松树 30 株，测量胸径、树高，将样木伐倒后截成 50 cm 长木段，按段剥皮记录皮下幼虫数量和木质部侵入孔数量。大于 0.8 cm 以上的枝子也要解剖，记录虫口。以平均每株虫口量作为松墨天牛的虫口密度。

(2)天敌种类、释放时间和释放量。松墨天牛幼虫期天敌一般为肿腿蜂类，我国目前利用较多的是松墨天牛肿腿蜂、管氏肿腿蜂等。释放时间为松墨天牛的低龄幼虫期(1~3 龄)，各地宜根据实际监测的情况决定释放时间。释放量：天敌数量与松墨天牛虫口数量比为 1∶3。

(3)释放方法。利用单株释放法，选择连续晴朗的天气释放，宜在上午 9 点到下午 5 点之间释放。将带有肿腿蜂成虫的指形管直接倒挂在诱木和死树的树干上即可。

10.1.2.2.4 诱捕器诱杀松墨天牛成虫

(1)设置时间。从松墨天牛成虫羽化开始至当年松墨天牛成虫羽化结束。各地可以根据当年松墨天牛的年生活史和当年物候期确定设置诱捕器的具体时间。在松墨天牛 1 年 1 代的地区，设置时间通常为 4 月中下旬至 10 月下旬。

(2)设置密度。通常每公顷设置诱捕器 3~4 个，每两个诱捕器的距离为 80 m 左右。

(3)设置方法。选择通风好、便于作业的位置设置诱捕器。挂设诱捕器时，用铁丝将诱捕器捆绑于树干或者悬挂在树枝上，挂设高度以集虫罐底部位于树木胸高处为宜。将引诱剂添加到释放器中。集虫罐可选用具备防逃逸装置的类型，也可以选用水淹式的类型。引诱剂组分及添加和更换方法可参见 LY/T 1867—2009《松褐天牛引诱剂使用技术规程》。

10.1.2.2.5 病原微生物防治

病原微生物中，已报道能寄生松墨天牛的主要有球孢白僵菌(*Beauveria bassiana*)、布化白僵菌(*B. brongniartii*)、卵孢白僵菌(*B. tenella*)、金龟子绿僵菌(*Metarhizium anisopliae*)、粉质拟青霉菌(*Paecilomyces farinus*)、黄曲霉(*Aspergillus flavus*)、轮枝霉菌(*Verticillium* sp.)和枝顶孢霉(*Acremorium* sp.),黏质沙雷氏杆菌(*Serratia marcescens*)和夜蛾斯氏线虫(*Steinernema feltiae*),其中球孢白僵菌毒力是目前防治松天牛较有效的病原真菌。日本Nobuchi正在研制一种小蠹虫自动感染白僵菌的释放装置,装置内带有培养白僵菌无纺布的塑料管通道,小蠹成虫从装置中出来就被自动感染白僵菌,其林间效果正在试验中。另外,日本将麦麸皮或粉末作球孢白僵菌培养基的丸粒(7 mm×20 mm),通过打孔植入松墨天牛的蛀道,于夏季施菌丸的野外试验,结果对天牛幼虫的杀死率在70%~80%。该方法因树干施丸受到限制而影响效果。日本还采用无纺织物带增加树皮表面的白僵菌数量的方法来增加防治效果。他们将白僵菌菌丝体接在混吸入琼脂培养基的无纺织物带(5 mm×45 mm)上,置于25 ℃环境振荡培养3周,分生孢子形成后,将这种无纺织物带扎在有松墨天牛的病死木段或枯立木上,可取得70%~90%的天牛幼虫致死效果。另外田间试验表明,在春天应用白僵菌和粉质霉氏杆菌联合防治松墨天牛幼虫,可取得较高(90%)的致死效果。据报道松墨天牛的病原真菌中,以球孢白僵菌和布氏白僵菌为多,分别占37.80%和32.92%,金龟子绿僵菌和枝顶孢霉的出现频率较低,分别占15.85%和9.12%,布氏白僵菌和球孢白僵菌的室外应用试验,天牛幼虫的死亡率分别为51.10%和61.12%。细菌、昆虫病原线虫对松墨天牛也有较高的控制作用和应用前景。目前,生物防治中最有效的因子可能是寄生线虫,据报道从法国引进的天牛寄生线虫——夜蛾斯氏线虫(*S. feltiae*)能使病死木中松墨天牛的死亡率达到80%。另外一个值得实验研究的生物防治途径是通过肿腿蜂携带白僵菌的方法感染天牛幼虫,降低林间天牛数量,达到控制和减少病死树的目的。

10.1.2.2.6 基于“互联网+航空施药”模式防治松褐天牛研究

航空施药防治相比于传统地面防治有很多优点,用药量、用工量、用水量均极大减少,能有效解决山区地形复杂、树木高大、防治效率低等问题,且防治费用仅占人工物理、机械喷药等常规防治方法的四分之一左右。但同时也存在着一些缺点,比如,原始飞防作业时,空中喷药通过飞行员手工操作,易造成作业区衔接处出现不同程度漏喷现象;当风速较大、风向不稳时,药液雾滴容易随风漂移,影响着药效果,也可能产生漏喷区域。

为探索航空施药防治松褐天牛的有效手段,运用航空植保精准变量施药控制系统、作业监管与面积计量系统,在山东省按照实施方案对山东省青岛市黄岛区对试验区内松褐天牛空中喷施噻虫啉防治。

作业直升机安装了新型的喷洒设备(Simplex)与“互联网+”软件系统。其中,航空植保精准变量施药控制系统由主控制器、涡轮流量传感器、电动球阀执行器、GPS定位模块等部分组成,该系统具有实时性强、精准度高、扩展性好、安装简便等功能及优点,能够实现航空施药过程中对施药量的精准控制,有助于提高航空施药作业效果,节省施药作业成本,同时减少农药对环境的污染。航空植保作业监管与面积计量系统主要由机载终端及数据管理平台组成,具有作业面积实时自动计量和作业效果评估的功能。系统还实现了地面人员对航空作业全过程的实时监管,当航空作业状态异常时,能够随时纠正,极大提高了航空施药作业质量。因此,基于“互联网+航空施药”的技术模式将以其低成本、高精度、高效益的优势日益成为各地防治松褐天牛的主要措施,为我国松材线虫病防控以及其他农、林业有害生物防治提供更加高效的技术途径。

10.1.2.3　松材线虫防治技术

10.1.2.3.1　病树治疗与预防

高效内吸性杀线剂及其经济、简便的使用技术，是目前治理松材线虫病树的有效途径之一。最近的研究表明有很多的生物源物质对松材线虫表现出非常强的生物活性，如含有仲胺型氮原子的苦豆碱和含叔胺型氮原子的脱氢苦豆碱具有强烈的杀线活性，而且后者比前者更强。将2%阿维菌素乳油按木材体积为400~600 mL/m^3(60~90 mL/株)的剂量，注入树干防治黑松和马尾松上的松材线虫，持效期可达2年，并且大剂量用药(210 mL/株)对黑松生长无影响，药剂注入树体内对环境无污染。Alen等(2000)从热带雨林的21个科63种植物中提取和分析了抑制松材线虫的物质，结果来自于*Bischofia javanica*、*Knema hookeriana*和*Areca catechu*这3种植物的提取物，在非常低的有效浓度下[0.7mg/cotton ball(mg/bl.)]表现出强烈的活性。并从*K. hookeriana*分离提纯到了对松材线虫更具强烈作用的有效成分。结构分析表明化合物属于3-undecylphenol(1)和3-(8Z-tridecenyl)-phenol(2)。日本最近还在研究发展水溶性虫线光，干部注射治疗松材线虫病时，20g/m^3的剂量下，能有效防止感染松材线虫的4年生日本黑松发生萎蔫。

在农药大类中，与杀虫剂、杀菌剂、除草剂等相比较，杀线虫剂的研发速度最为缓慢，品种也是最少。林业生产上绝大多数是使用甲维盐和阿维菌素注干施药来防治松材线虫。开发出“松之康”药剂，室内毒力测定表明具有良好的药效，并完成了林间药效试验(表10-2)。

表10-2　松之康等不同药剂对松材线虫毒力测定

药剂名称	回归方程 $y=a+bx$	相关系数 R^2	LC_{50}(mg/L)	95%置信区间
吡虫啉	$Y=3.6918+1.0064x$	0.9984	0.1686	0.1209~0.2351
甲基异柳磷	$Y=7.9577+0.7689x$	0.9658	0.1438	0.0835~0.2506
灭多威	$Y=17.5897+3.0733x$	0.9020	0.0801	0.0544~0.1234
特醒硫磷	$Y=14.4717+2.28284x$	0.9124	0.0709	0.0585~0.0843
阿维菌素	$Y=11.6559+1.4246x$	0.9716	0.0213	0.0114~0.0284
甲维盐	$Y=25.3126+4.3494x$	0.9760	0.0214	0.0073~0.02960
松之康	$Y=20.4344+3.2692x$	0.9530	0.0190	0.0122~0.0236

LC50从大到小的顺序为吡虫啉>甲基异柳磷>灭多威>特丁硫磷>甲维盐>阿维菌素>松之康，LC50数值越小，即浓度越小，说明该药剂对线虫的抑制作用越好。

10.1.2.3.2　线虫生物防治

多种真菌具有杀死松材线虫的能力。食线虫真菌资源丰富，具有寄生、捕捉、定殖和毒害线虫的多种功能(张颖等，2011)。捕食线虫真菌是指以营养菌丝特化形成的黏性菌丝、黏性分枝、黏性球、黏性网、非收缩环、收缩环及冠囊体等捕食器官捕捉线虫的真菌，涉及接合菌门、子囊菌门和担子菌门。迄今为止，据国际真菌权威数据库MycoBank记载，全世界已报道的捕食线虫丝孢菌有347种，我国已报道的种类约有140种。

近年来，一种长喙壳类真菌虫生伊氏菌(*Esteya vermicola*)，因在离体条件下具备良好的寄生松材线虫的能力，得到了国内外广泛关注。该菌为子囊菌门粪壳菌纲长喙壳目长喙壳科的一个1999年建立的新属下的独种(Liou et al., 1999)。最初从台湾松材线虫感染的日本黑松中分离出来，随后在日本、韩国、欧洲(捷克共和国，意大利)、北美(美国)、南美(巴西)和中国大陆等均有报道(Kubátová et al., 2000; Wang et al., 2009; 2014; Li et al., 2018; Wang et al 2019)。虫生伊氏菌与多种昆虫、寄主伴生，包括松材线虫、*Oxoplatypus quadridentatus*、*Scolytus intricatus* 和 *Bursaphelenchus rainulfi*。虫生伊氏菌可以产生两种无性孢子：新月形和杆状的分生孢子，其中只有新月形孢子可以黏附在松材线虫体表具有寄生作用。离体试验条件下，可以在4~5天内杀死几乎所有供试松材线虫；温室实验和2年的林间接种试验表明虫生伊氏菌可以在树体内成功定殖，并感染松材线虫(Sung et al., 2010)；可以提高赤松苗木对松材线虫的抵抗能力(Wang et al., 2011)。在温室条件下，利用树干注射、树冠喷洒、伤口接种等方法接种虫生伊氏菌的孢子悬浮液于试验苗木，均能降低松材线虫对实验苗木的侵染，显示出了提高苗木成活率的良好效果(茅裕婷等，2020)。在韩国的一项长达6年的野外林间试验中，对胸径10~17 cm的20~25年生日本赤松(*Pinus densiflora*)人工接种松材线虫感染前用用伊氏线虫菌处理，相较于未经该菌处理的松树全部死亡，而伊氏线虫菌处理的松树存活率达30%以上，结果表明伊氏线虫菌可以显著提高寄主的成活率(Wang et al., 2018)。综上所述，室内和林间实验均表明伊氏线虫菌在实际应用中作为提高寄主抗性的预防性措施，具有进行大面积推广的良好前景。

10.1.2.4 松材线虫病综合控制技术

10.1.2.4.1 检疫控制

进口货物木质包装材料和疫点病材是人为传播松材线虫的载体。遵照《中华人民共和国国家标准——松材线虫病检疫技术规程(GB/T23476—2009)》，严格针对松材线虫和媒介昆虫执行病害的检疫工作，杜绝疫区各式生长繁殖材料、松木制品的进入。

10.1.2.4.2 监测预防

2018年新修订的松材线虫病防治技术方案详细制定了松材线虫病的4种监测方法，包括踏查、遥感调查、诱捕器调查和小班林分内的地面详查。

(1)遥感监测。适合大尺度监测，为进一步精细监测提供基础数据。购买松材线虫集中变色月份的卫星遥感图像，通过大数据分析，可以提取可疑地点的信息，再去利用无人机进行现场查验。

(2)无人机遥感监测。适合小区域，高精度监测。对于拟防治区受害情况进行无人机遥感监测，一旦发现松材线虫致死松树，可早期预警，及时采取措施。相关操作按中国林学会团体标准 T/CSF002—2018《无人机遥感监测异常变色木操作规程》执行。

(3)利用诱捕器监测媒介昆虫成虫。在防治区内设置诱捕器。选择三块样地，根据海拔高度不同分为上中下三层，每层设置诱捕器3个；设置时间在当地历史记录松墨天牛成虫羽化期前2个星期，诱捕器类型为挡板式诱捕器，诱芯为松墨天牛信息素或植物源引诱剂，每隔1个月更换一次。设置好诱捕器后，每两天统计一次诱捕器内的天牛数量，可精确的掌握不同海拔松墨天牛成虫羽化时间、密度等数据，为防治提供参考。

(4)就地罩铁丝笼监测。在松墨天牛越冬期将含有松墨天牛的死树锯成50 cm长的木段，用8目的铁丝网罩住，存放于林间。第二年春季开始，每隔1个星期取出解剖1~2段，可精确掌握松墨天牛的发育时期。在松墨天牛的小幼虫期，锯倒带有松墨天牛产卵刻槽的树，处置方法同上，可跟踪整年松墨天牛发育情况。

10.1.2.4.3 清理病死树

近年来松材线虫病在全国范围内迅速扩散蔓延，综合松材线虫、松墨天牛、寄主和环境条件的适生性分析表明我国大部地区适宜松材线虫病的发生(张星耀等，2011)。研究表明松材线虫具有明显的适应低温的遗传基础，再加易感寄主的广泛存在、与多种昆虫不断发生着协同进化而形成新的传播媒介，松材线虫病具有在我国包括大、小兴安岭、长白山在内的中温带的扩张趋势(理永霞、张星耀，2019)。因此控制侵染源，清理病死树被2018 新规程当作松材线虫病疫情防治的核心措施。随后国家林草局又专门发文颁布了新修订的《松材线虫病疫区和疫木管理办法》，对疫木采伐和处置进行了详细的规定。

松材线虫是松材线虫病发生的主导因子，对疫区和疫点的疫木进行清理除治是清除病原体、降低病原体种群数量、减少侵染来源及其数量，以及控制病原体扩散的最基本、最有效手段，对灾害的控制和疫情管理具有关键作用。冬春媒介昆虫休眠越冬期间，病害侵染发生之前开展病死树的清理，伐桩高度应低于 5 cm，并做到除治迹地的卫生清洁，不残留直径大于 1 cm 松枝，以防残留侵染源。病死树砍伐后实施采伐山场就地粉碎(削片)、烧毁、钢丝网罩等方法处理，做到严格监管和及时处置，严防疫木流失，严防疫情扩散，确保防治成效。

10.1.2.4.4 抗性树种选育

利用寄主松树的抗性控制松材线虫病，是最终抑制和控制松材线虫病必需利用的基本策略和技术。我国自“六五”以来便在马尾松抗病性选育方面开展了长期大量的工作，积累了多种抗性资源和培育技术。安徽省松材线虫抗性育种中心在 2001—2008 年，根据中日合作林木育种科学技术中心计划，实施“马尾松松材线虫抗性育种技术开发”项目，率先在全国开展了马尾松松材线虫病抗性育种研究，并选育出 251 个家系、1201 株抗性候选单株。在此基础上，营建了抗性现地测定林、子代测定林、种子园(徐六一等，2013)，目前暂未受到松材线虫病的危害。福建近来也在开展松抗松材线虫病马尾松的选育(汤陈生等，2013)。

另外，也开展了抗松材线虫病树种优良无性系的引进、筛选和快繁技术研究，建立抗病赤松家系离体组织培养体系、增殖体系和早期抗病性评价体系，以及不定根发生技术体系，为松材线虫病的抗病育种奠定了基础(叶建仁，2019)。

10.1.2.4.5 营林措施

通过现代生物技术和遗传育种方法培育抗松材线虫和松墨天牛的寄主品种是松材线虫病可持续控制的有效手段。营造和构建由多重免疫和抗性树种组成的混交林可以将现有感病树种的风险进行稀释。合理科学的营林措施能提高松林生态系统抵御松材线虫病的能力。一些措施包括增强林分抗性、改善林地卫生状况、提高生态系统生物多样性等，一方面可以减轻疫情的加重和蔓延，另一方面可以控制媒介昆虫-松墨天牛的传播。条状择伐，建立松墨天牛的生物隔离带，防止松材线虫由于松墨天牛迁飞而导致扩散传播。

10.1.2.4.6 链式组合防控新模式

通过近期的研究，结合以前的研究成果，建立了目前适合我国松材线虫病生态修复链式组合防控新模式。

对于潜在松材线虫病地区加强检疫工作，可以用分子快速检测技术。

对于新发或孤立疫点，采用注干保护或小面积择伐、皆伐措施。

对于大面积发生地区，松材线虫病疫情防治采取以清理病死(枯死、濒死)松树为核心措施，采用多种措施，如生物防治、基于"互联网+航空施药"模式防治松墨天牛来降低天牛或线虫的种群数量；通过栽种抗性松树或非寄主树，调整林分结构等生态调控措施来进行抗灾减灾。

10.1.3 技术应用及示范

对重庆市的感病松树进行现场检测示范，对山东省泰安市和辽宁省的感病松树，对安徽省、江苏省的松墨天牛携带松材线虫、辽宁省的云杉花墨天牛携带松材线虫进行快速检测，取得良好的检测效果，发现山东省泰安市为松材线虫病新疫区，辽宁省的感病松树有油松、白皮松和红松等，确定了云杉花墨天牛为我国松材线虫病的新媒介昆虫，红松为我国松材线虫病新寄主。

同时，针对基层森防站和科研工作者在检测过程中面临的取样困难问题，发明了一种新的取样装置，此取样器可以用于包括包装箱、疫木、电缆盘和光缆盘在内主要载体的快速取样，林间松树的快速取样和出入境检疫品的快速取样。产品优点包括取样用时短，1分钟内就可以完成一个样品的取样工作；基本不影响松树的生长；避免了先前的取样对再次取样所产生的污染，有效的提高了取样的准确性；取样角度大，克服了现有的木材取样器所存在的取样角度范围较小的问题；大大节省时间和人力成本。

2012 年 11 月，峡江水利枢纽工程大坝附近八都镇住歧村发现松材线虫病，形势十分严峻，吉水县政府决定利用上述技术。2013 年 1 月开始，都昌绿保公司采取细目铁丝网全覆盖处理疫木并合理设置足量诱木、悬挂诱捕器、释放天敌等措施防控松材线虫病。

10.1.3.1 发生基本情况

根据 2012—2016 年全县松材线虫病春、秋季普查结果显示：2012 年，松材线虫病发生面积 514 亩，死亡松树 5039 株，发生地点在八都住歧村；2013 年，全县松材线虫病发生面积 12741 亩，死亡松树 16159 株，发生地点在八都镇住歧村和其他两个村子；2014 年，全县松材线虫病发生面积 2250 亩，死亡松树 4635 株，发生地点在八都住歧村；2015 年，全县松材线虫病无发生面积，零星死亡松树 150 株；2016 年，春、秋季普查均没有发现死亡松树。

10.1.3.2 防治情况及效果

2013 年，清理死亡松树 8039 株，设置诱木 300 株，施放花斑花绒寄甲 2 万只，防治面积 5144 亩；2014 年，清理死亡松树 15159 株，设置诱木 700 株，悬挂诱捕器 500 套，施放花斑花绒寄甲 8 万只，综合防治面积 12741 亩；2015 年，清理死亡松树 2785 株，设置诱木 1100 株，悬挂诱捕器 1200 套，施放花斑花绒寄甲 10 万只，综合防治面积 12741 亩；2016 年，清理诱木 1100 株，悬挂诱捕器 1200 套，设置诱木 1100 株，施放天敌 10 万只，综合防治面积 12741 亩。

10.1.4 防治效果评价

10.1.4.1 天敌对松墨天牛的寄生率

(1)释放花绒寄甲卵对松墨天牛的寄生效果。花绒寄甲卵卡释放后的第25~30天，随机选择释放过花绒寄甲卵的10堆木段，每堆随机抽3段木段，进行解剖检测。记录被寄生的天牛数量以及整段的虫口量，计算寄生率。将解剖完的木段重新放回罩网内，密封。

(2)释放花绒寄甲成虫对松墨天牛的寄生效果。花绒寄甲成虫释放后的第30~45天，随机选择释放过花绒寄甲卵的10堆木段，每堆随机抽3段木段，进行解剖检测。记录被寄生的天牛数量以及整株树的虫口量，计算寄生率。将解剖完的木段重新放回罩网内，密封。

(3)释放肿腿蜂对松墨天牛的寄生效果。肿腿蜂释放后的第25~30天，随机砍伐5株释放过肿腿蜂的松树，进行每木检测。记录被寄生的天牛数量以及整株树的虫口量，计算寄生率。

10.1.4.2 单位面积病死树数量减少情况

调查防治前林地内松树病死树数量，可以每公顷林地内病死树数量作为统计标准。防治后，在第二年同一时间调查同一林地的病死树数量。因防治方法中涉及到病死树罩网，故伐倒罩网的病死树应全部记录。病死株率、病死株率减退率和防治效果计算方法如下：

病死株率(%)=病死株数/调查总株数×100　(1)

病死树减退率(%)=(防治前病死株率-防治后病死株率)/防治前病死株率×100　(2)

防治效果(%)=(防治区病死株率减退率-对照区病死株率减退率)/(100-对照区病死株率减退率)×100　(3)

利用诱捕器诱集法评价，3次施药后对松褐天牛的防治效果达90.90%；利用林间饲养笼调查法评价，飞防24 h后对松褐天牛的灭杀效果达90%。基于“互联网+航空施药”模式防治松褐天牛，有效降低了松褐天牛的危害程度，松材线虫病疫情得到有效控制，提高了林业部门防控松材线虫病的能力和水平。

10.2 松切梢小蠹信息素监测及防治技术

10.2.1 背景介绍

在世界范围内，小蠹是危害松树的主要害虫之一，它们严重影响松树的健康生长，对生态环境造成巨大威胁。发生在我国云南省的云南切梢小蠹(*T. yunnanensis*)、横坑切梢小蠹(*Tomicu minor*)和短毛切梢小蠹(*T. brevipilosus*)是危害云南松、思茅松的主要小蠹，这三种切梢小蠹在云南省的发生已经有30多年，造成了大量的松树死亡，影响林业持续健康发展(Wu et al.，2019；Liu et al.，2019)。切梢小蠹对松树的危害分为蛀梢危害和蛀干危害，蛀梢期是成虫羽化并离开树干后，在树冠上为害健康松树的枝梢并获取营养的这段时期，经补充营养，完成卵巢发育，再回到树干进行繁殖，这一时期的为害导致枝梢折断，树势衰弱，并抑制寄主植物的生长发育，同时也为蛀干期的成功入侵提供了条件。蛀干期从切梢小蠹成虫侵入树干开始，成虫常在韧皮部下筑坑产卵，直到下一代成虫羽化并离开树干，在这个时期，切梢小蠹严重蛀害树干韧皮组织，破坏有机养分正常输送。此时的云南松受害致死过程还包含了无卵坑道攻击和有卵坑道攻击两部分，无卵坑道是指母代小蠹在坑道内不产卵或卵不能发育，不形成子坑道；有卵坑道内小蠹可以产生发育成幼虫的虫卵；这两种坑道的共同破坏最终导致云南松树木死亡。另外，聚集危害是切梢小蠹的另一种重要的生物学特性，这有利于该虫迅速寻找到合适的寄主，并通过聚集为害削弱寄主的抗性，最终导致寄主植物的死亡(Chen et al.，2015)。

目前，防治的主要方法是依靠清理蠹害木、化学防治、诱杀来控制切梢小蠹的种群数量，从而控制其危害。清理蠹害木的方式主要是在蛀梢期和蛀干期各清理一次，并将清理的蠹害木进行药剂处理、熏蒸处理等，彻底杜绝切梢小蠹的再次逃逸危害。其次，要加强营林管理，因为切梢小蠹能够成功危害与寄主树的抗性有关。当松树的抗性能力大于切梢小蠹的危害力时，小蠹就难以对寄主树造成危害，反之，小蠹则能够顺利的危害寄主。化学防治通常采用氧化乐果、溴氰菊酯等农药。但是总体防治效果并不理想。

小蠹虫对寄主树木的入侵危害过程(包括扩散、选择、定居和繁殖)，是在森林生态系统内树木挥发性物质和小蠹虫信息化学物质的综合调控下完成的(陈辉等，2003)。小蠹的信息化学物质能够在不同生物种间和种内起到化学通讯的作用，不仅包含小蠹自身产生的信息素，还包括寄主植物产生的挥发性化合物，如萜烯类的蒎烯。当前，国内外针对切梢小蠹聚集信息化合物的研究主要集中在α-蒎烯(α-Pinene)、β-蒎烯(β-Pinene)、壬醛(Nonanal)、乙醇(Acohol)、3-蒈烯(3-Carene)、反式马鞭草烯醇(*trans*-verbenol)和桃金娘烯醇(Myrtenol)等这些物质上，也有研究表明，萜烯类物质诱集增效作用明显，其他化合物的单一成分或混合效果有较好的诱集作用。

寄主树木挥发性物质决定着小蠹虫对寄主树木、林分结构和寄主树木部位的选择，即初级引诱；初级引诱作用往往在胁迫和机械损伤时增强，如产生 Alcohol 等物质(Paine et al.，1997)。然而，由于寄主植物自身的抗性影响，而且会分泌大量树脂以杀死先侵入的小蠹(丁彦，2010)，小蠹为克服寄主植物树脂的不利影响，会利用寄主植物分泌的挥发性物质，如α-蒎烯、柠檬烯(Limonene)等作为信息化学物质的增效剂，扩大化学信号的范围，引诱更多的同种小蠹来进攻寄主植物，造成群集性危害，从而能够迅速降低寄主的抗性(闫争亮，2006)。

小蠹虫自身和寄主树木次生代谢信息物质的联合作用，决定了小蠹虫入侵寄主树木的时空动态、种群动态和繁殖策略，称为次级引诱；次级引诱通常有 3 种类型，一是寄主挥发物的氧化去毒而产生的信息化学物质，例如，横坑切梢小蠹利用反式马鞭草烯醇((-)-trans-verbenol)作为寻找寄主和交配的聚集信息素(Lanne et al.，1987)；第二种类型是由单性小蠹虫产生的信息素，如长蠹(*Platypodidae*)和重齿小蠹(*Ips duplicatus*)由雄虫分泌聚集信息素(Milligan and Ytsma，1988；Schlyter and Anderbrant，1993)；第三种类型是由两性小蠹共同分泌的信息素，以西松大小蠹(*Dendroctonus brevicomis*)为例，雌虫首先攻击寄主树，释放包含(+)-exo-brevicomin 的挥发物与 Myrcene 共同吸引雄虫，为了克服寄主的抵抗，雄虫进一步释放(-)-frontalin，与以上两种成分的性信息素一道形成三种成分的聚集信息素，既引诱雄虫，又引诱雌虫，造成小蠹虫的大量侵入(Schlyter and Birgersson，1999)。

在同一寄主树木上入侵危害的小蠹虫往往不止一种，各类小蠹虫在寄主上的分布虽有重叠，但空间位置存在很大区别，不同种类小蠹虫之间对于寄主树木有限的营养和空间等资源间的利用存在种间竞争或共存关系(Lu et al.，2012；Sun et al.，2005；Solheim et al.，2001)；而当小蠹虫聚集的密度达到入侵阈值时，小蠹虫就会产生高浓度抗聚集信息素使聚集终止，造成到来的同种转而入侵邻近的树木，从而维持寄主树木小蠹虫种群密度的相对稳定性(段焰青等，2006；Pureswaran et al.，2000)，即同种小蠹虫之间存在种内竞争关系。信息化学物质对小蠹虫的种内、种间关系调控是其中十分重要的方面，探索信息化学物质对其行为的调节机制，可有效地利用自然界中生物之间的相互关系(Heil et al.，2008)，对小蠹虫进行环境友好地治理。

信息化学物质既可以监测小蠹种群动态、发生期、发生量，从而掌握其分布范围和时间差异，还可以为其综合治理提供可靠依据，是目前国内外害虫综合防治的新技术之一(闫争亮，2006；王军辉，2015)。小蠹虫聚集信息素满足绿色防控的要求，优点突出。在利用信息素防治小蠹主要有种群监测(Seybold et al.，2006)，大量诱捕法(Schiebe et al.，2011；Gitau et al.，2013)和“推-拉”策略(Lindgren and Borden，1993；Shea and Neustein，1995)。

10.2.1.1 种群监测

在小蠹发生期监测、入侵种的监测方面得到了广泛的应用，如使用聚集信息素在野外成功监测云杉八齿小蠹的成虫羽化阶段(扬飞期)(孙晓玲等，2006)；美国加利福尼亚监测欧亚入侵种松瘤小蠹(*OrthoTomicus erosus*)(Seybold et al.，2006)；我国也利用3-Carene监测美国入侵种红脂大小蠹在我国的发生情况和传播蔓延。在辽宁省，人工合成的缓释性信息化合物(主要成分是α-蒎烯)成功检测纵坑切梢小蠹(梁传和等，2012)。目前这种策略在欧洲已经商业化。如欧洲的Pheroprax，Linoprax公司针对齿小蠹属昆虫批量生产信息素，主要包括α-蒎稀和萜品油烯，以及其混合物人工诱芯，用于监测；北美公司的Phero Tech Inc. 则主要是α-蒎烯。

10.2.1.2 大量引诱法

通过大量诱捕减少子代种群数量，理论上可行，但使用效果因虫而异。周楠等(1997)在野外进行了林间诱捕实验发现纵坑切梢小蠹单组分按照一定比例混合后效果更好，其中以α-蒎烯：反式-马鞭草烯醇为20：1是效果最佳，其引诱率达96.33%。研究发现甲基丁烯醇、顺式-马鞭草烯醇和小蠹二烯醇的人工混合剂诱芯可以有效减少林间多种齿小蠹属昆虫的危害(孙晓玲等，2006)。

10.2.1.3 推拉防治法

Pyke在1987年研究棉铃虫*Helicoverpa* spp. 时首次将“推-拉”策略定义为一种害虫综合管理的策略，由于该策略无毒无公害，时至今日已在害虫综合防治实践中被广泛尝试。推拉策略是基于化学生态学、生物多样性和植物-昆虫-天敌互作，利用驱避剂推(Push)和引诱剂拉(Pull)双管齐下调控害虫或天敌的行为来达到控制害虫的分布和数量，以期达到害虫防治的目的，通过推-拉协同作用，提高控制害虫的效率(Pyke et al.，1987；Cook et al.，2007；朱有勇等，2012)。该策略利用它们可利用感觉器官感受外界特定的物理、化学信号(主要包括视觉的和化学的线索或信号)，从而作出反应，但是需要信息化学物质防治或者生物防治措施配合(Birkett and Pickett，2003；Hooper et al.，2006)。

“推-拉”成分在害虫防治中的应用(Cook et al.，2007)：目前，推拉策略中的“推”成分主要有①合成的驱避剂，如目前已经商业化生产的 MNDA(N-methylneodecanamide)和DEET(N，N-diethyl-3-methylbenzamide)德国小蠊(*Blattella germanica*)和异色瓢虫(*Harmonia axyridis*)(Nalyanya et al.，2000；Riddick et al.，2004)。非寄主气味，如香茅和桉树精油可以有效驱蚊(Fradin and Day，2002；Barnard and Xue，2004)；②寄主的信息化学物，如田间释放水杨酸甲酯和(z)-茉莉酮(HIPVS)对蚜虫有驱避作用；豆科植物挥发物(E)-β-ocimene 和(E)-4，8-dimethyl-1，3，7-nonatriene 能够趋避螟蛾；④报警信息素，如很多蚜虫的报警信息素反-β-法尼烯对蚜虫天敌具有引诱作用(Pickett and Glinwood，2007)；⑤拒食剂，如苍耳等药用植物提取物对小菜蛾幼虫有拒食作用(周琼等，2006)；⑤产卵抑制剂，产卵忌避剂和产卵驱避信息素(ODPs)能阻止或减少害虫卵的着落(Miller and Cowles，1990；Zhang and Schlyter，2004)，或避免在已被同种昆虫产卵的植株上产卵(Nufio and Papa，2001)。许多植物中的一些成分具有产卵抑制作用，如印楝种子的提取物。而“拉”的成分主要是①视觉刺激物，如模拟成熟果实的红色的球体(直径 7.5 cm)用以吸引成熟的苹果果蝇 *Rhagoletis pomonella*(Powell，2003)；②寄主植物挥发物，如 HIPVs 可能对一些对单食性害虫有引诱作用(Landolt et al.，1999)；③(聚集/性)信息素，大田中常用性信息素大量诱杀蛾类；④味觉或产卵刺激物，有些诱集作物含有天然产卵或味觉刺激物，从而能使昆虫在诱集作物区停留。如玉米、大豆、酵母的蛋白质经微生物发酵产生挥发性化学物质，对实蝇科害虫具有吸引作用。

“推-拉”成分在小蠹防治中的应用：“推-拉”成分可用于调控小蠹的空间分布和降低昆虫种内竞争。小蠹科的许多种类能产生这种多功能的信息素而用于寄主的调控(Borden，1997)，其化学挥发物制剂或产品则可用于 Push-Pull 策略中控制该类害虫(Shea and Neustein，1995)。目前，这种策略已成功用于山松大小蠹(Lindgren and Borden，1993)和类加州十齿小蠹(Shea and Neustein，1995)的防治中。目前，使用效果最好的“推”成分(趋避剂)主要是小蠹释放的抗聚集信息素马鞭草烯酮(Payne et al.，1978；Borden，1997)和非寄主挥发物 3，2-MCH(Borden，1997)。在美国，应用马鞭草烯酮有效控制了南方松大小蠹的扩散和蔓延(孙江华等，2000)，该物质也是大多数小蠹的趋避剂(Lindgren et al.，1989；Haack et al.，2018)，可被广泛应用。一些聚集信息素在低浓度时吸引，高浓度时趋避，如大小蠹属 *Dendroctonus* 昆虫后肠释放的化学信息物质 exo-brevicomin(Rudinsky et al.，1974)，切梢小蠹属 *Tomicus* 昆虫后肠释放的反式-马鞭草烯醇(Wu et al.，2019)，在野外实践中依据浓度变化灵活用于“推-拉”策略。当然，依据非寄主绿叶植物挥发物对小蠹有驱避作用，可以开发相应人工诱芯，如用苯甲醇抑制地中海切梢小蠹危害(Guerrero et al.，1997)。GLVs(一种六碳醇和醛)至少能够抑制 11 种小蠹的趋性(Morewood et al.，2003)，可以干扰多种小蠹寻找寄主和入侵；(Z)-3-己烯醇和(E)-2-己烯醇对抑制黑山松大小蠹非常有效(Wilson et al.，1996)。树皮挥发物也能降低小蠹虫的定殖(Zhang and Schlyter，2015)，这些驱避性的挥发物就具有典型的“推”的作用。而该策略中“拉”成分主要是小蠹的聚集信息素，亦或是与寄主挥发物的协同作用来吸引诱捕小蠹。小蠹的聚集信息素主要有三大类，一是萜烯醇(类异戊二烯)类，如小蠹烯醇、小蠹二烯醇、顺/反式马鞭草烯醇和马鞭草烯酮(Blomquist et al.，2010；方加兴等，2018)；二是脂肪酸衍生物，如 brevicomin(闫争亮，2006)；三是氨基酸衍生物，主要有 Hexanol，(E)-2-Hexenal，(Z)-3-Hexenol，(E)-2-Hexenol，(Z)-3-Hexenyl acetate(戴建青等，2010)。

利用“推-拉”策略防治森林害虫是一大挑战，因为森林面积广，然而，在利用信息素防治小蠹进程中已被证实可行(Cook et al. , 2007)。目前在美国加利福尼亚将聚集信息素和抗聚集信息素结合用于大规模的“推-拉”防治策略，防治类加州十齿小蠹(*Ips paraconfusus*)取得很好的效果(Shea and Neustein, 1995)。Ross 和 Daterman(1994)利用抗聚集信息素 3-methylcyclohex-2-en-1-one 和聚集信息素(frontalin, seudenol, 1-methylcyclohex-2-en-1-ol 和 ethanol 混合物)有效降低了花旗松(*Pseudotsuga menziesii*)样地中黄山大小蠹(*Dendroctonus pseudotsugae*)的种群数量。然而，仍需要大量的试验验证这一防治策略，尤其是在切梢小蠹的防治中。

10. 2. 2 技术详细内容介绍

10. 2. 2. 1 种类及性别鉴定

10. 2. 2. 1. 1 种类鉴定

在 2008 年以前，中国云南地区发生的云南切梢小蠹和短毛切梢小蠹一直被误认为是纵坑切梢小蠹(*T. piniperda*)。Duan 等(2004)发现，中国云南地区的纵坑切梢小蠹在蛀梢期存在聚集行为，并对云南松造成了巨大危害，但在欧洲地区发生的纵坑切梢小蠹属于次期性害虫，很少造成松树的死亡，并应用分子生物学方法，通过研究在云南地区发生的切梢小蠹的线粒体(COⅠ-COⅡ)和细胞核(ITS2 和 28SrDNA)基因序列，发现云南地区的纵坑切梢小蠹和发生在法国和中国吉林地区的纵坑切梢小蠹有明显的不同(Duan et al. , 2004)。后来，李丽莎等研究结果表明，在云南地区猖獗危害的纵坑切梢小蠹，与欧洲、中国华北及东北地区的纵坑切梢小蠹在生物学、生活史、危害特征及生态学方面有较大差异(李丽莎等, 2006)。Kirkendall 等(2008)通过比较触角、前胸背板和鞘翅斜面上的刻点等特征，确定了在云南地区发生的切梢小蠹分别是横坑切梢小蠹、云南切梢小蠹和短毛切梢小蠹，这三种切梢小蠹存在明显的形态学差异。至此，才将发生在云南地区的切梢小蠹种类完全区分清楚，而这三种切梢小蠹的形态学区分特征主要依据以下三点：①鞘翅斜面第 2 沟间部的刻点和瘤状颗粒分布；②鞘翅斜面刚毛的长度；③前胸背板刚毛及刻点的分布(李霞等, 2012)。

(1)横坑切梢小蠹的特征。横坑切梢小蠹成虫体长 3. 2～5. 2 mm，触角锤状部与鞭节的颜色都是中度褐色，头部和前胸背板呈黑色，鞘翅有光泽，红褐色或黑褐色，翅刻点上刚毛少。鞘翅斜面第二沟间部不凹陷，有颗瘤，上着生刚毛(图 10-9)。

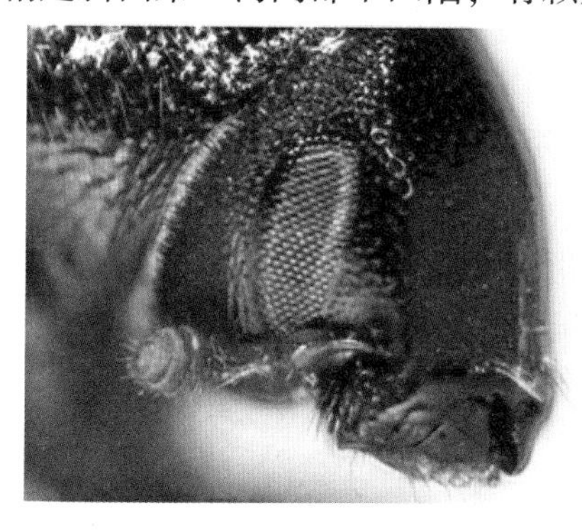

图 10-9 横坑切梢小蠹头部(左图)和腹部(右图)(图片来源于 Kirkendall et al. , 2008)

(2)云南切梢小蠹的特征。云南切梢小蠹成虫体长 4.3~5.5 mm，触角呈单一的黑褐色，头部和前胸背板均为黑或棕褐色，鞘翅有光泽，呈红褐色或黑褐色。鞘翅斜面第二沟间部明显凹陷，没有颗瘤，凹陷部位平坦，有呈双列或“Z”字型的刻点均匀排列，鞘翅斜面的颗瘤上有刚毛，长而尖，其长度与沟间距约等长(图 10-10)。

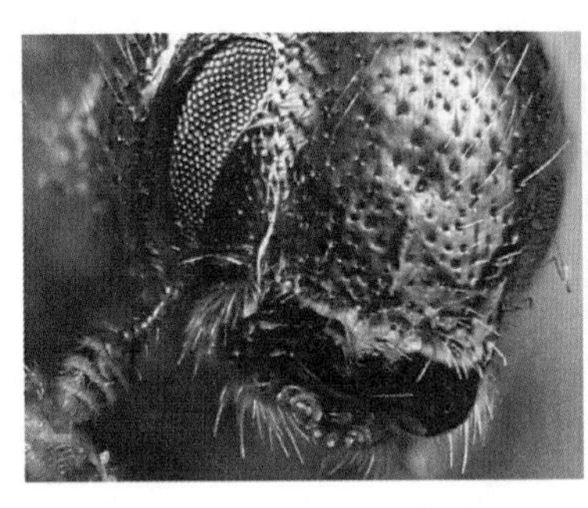

图 10-10　云南切梢小蠹头部(左图)和腹部(右图)(图片来源于 Kirkendall et al.，2008)

(3)短毛切梢小蠹的特征。短毛切梢小蠹成虫体长 3.2~4.4 mm，触角锤状部褐色或深褐色，颜色不一，鞭节颜色比锤状部浅。鞘翅斜面第二沟间部有明显凹陷，没有颗瘤，有一列清晰的、分布均匀的刻点，鞘翅斜面的颗瘤上有刚毛，其长度约等于沟间距的一半(图 10-11)。

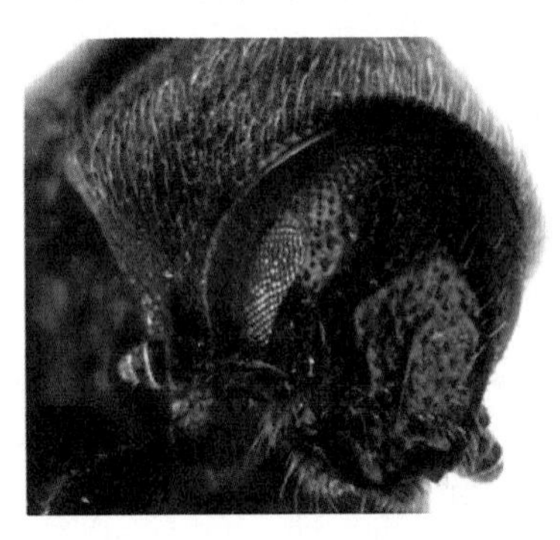

图 10-11　云南切梢小蠹头部(左图)和腹部(右图)(图片来源于 Kirkendall et al.，2008)

10.2.2.1.2　性别鉴定

蛀干期和蛀梢期小蠹成虫在外部形态上相同。在体视显微镜下，雌雄虫之间除了能否看见第 8 背板这一主要特性外，雌虫腹部最后一节背板宽大，半圆形，刚毛均匀地伸向末端；而雄虫的窄小，近似长方形，中间处刚毛向中间聚拢。扫描电镜更加清晰地反应了性别间的差异(图 10-12)。云南切梢小蠹，横坑切梢小蠹和短毛切梢小蠹雌虫腹部最后一节背板的尺寸(宽×长)分别为 823 mm×587 mm，776 mm×621 mm 和 801 mm×587 mm，而雄虫的分别为 608 mm×365 mm，580 mm×237 mm 和 593 mm×296 mm。雌虫最后一节背板的宽度明显宽于雄虫(图 10-13)，其长度也明显长于雄虫(图 10-14)。两性之间的平均宽度和平均长度均存在统计学差异(王平彦等，2015)。

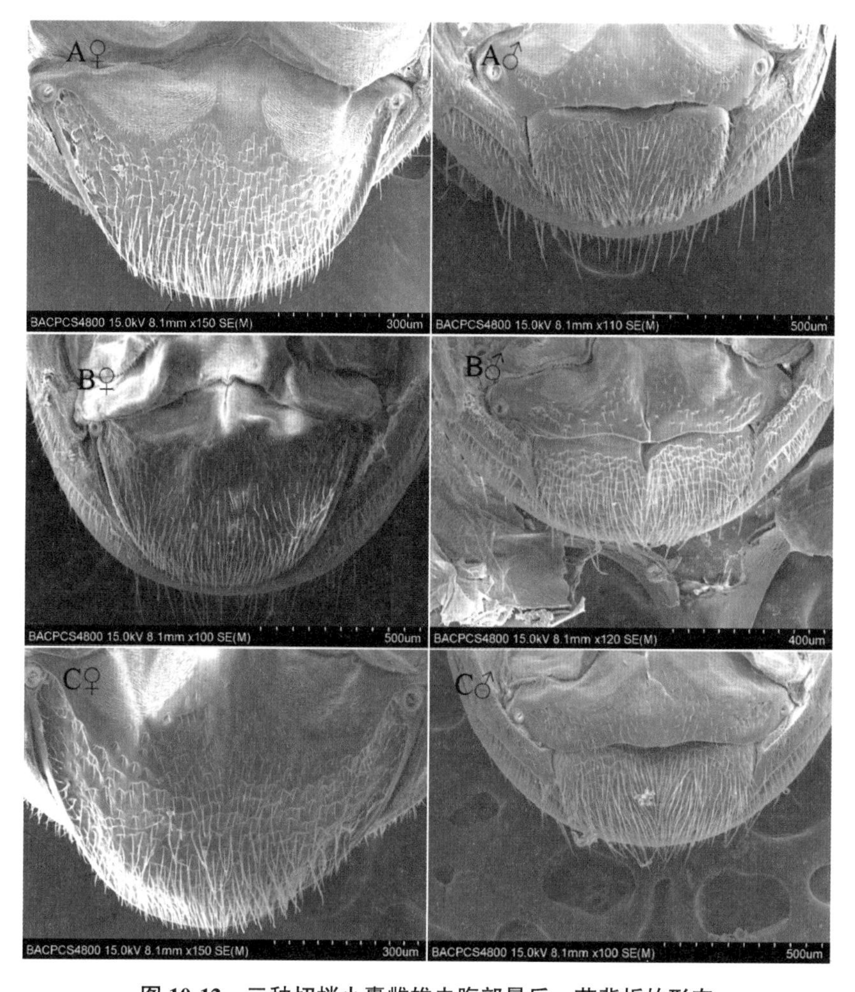

图 10-12　三种切梢小蠹雌雄虫腹部最后一节背板的形态

注：雌虫最后一节背板的宽大，半圆形；而雄虫的窄小，近似长方形。A 为云南切梢小蠹，B 为横坑切梢小蠹，C 为短毛切梢小蠹。

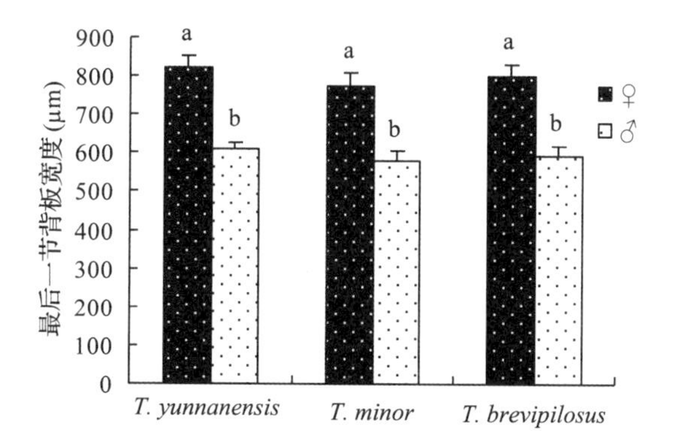

图 10-13　三种切梢小蠹雌雄虫腹部最后一节背板的宽度差异

注：每个性别重复 5 次。相同的字母表示在两性之间的差异不显著(LSD 检验)(下同)。

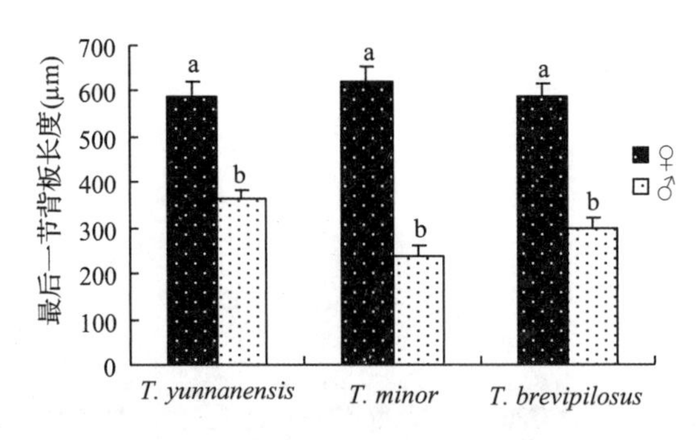

图 10-14 三种切梢小蠹雌雄虫腹部最后一节背板的长度差异

10.2.2.2 信息素监测技术

10.2.2.2.1 监测范围和监测点确定

在准确鉴定小蠹虫种类的基础上，按照小蠹的发生区域，确定监测范围和监测点，监测点的数量根据小蠹发生程度、经济允许和监测的可操作性等确定。

10.2.2.2.2 监测设备

诱捕器：推荐采用十字诱捕器，漏斗和窗式诱捕器也可以使用。

诱芯：根据发生种类使用正确的诱芯，根据不同种类的发生时间，更换诱芯。

10.2.2.2.3 监测方法

(1)监测点设置方法。在切梢小蠹监测区，按计划设立监测点，每个监测点面积在 4~5 hm^2，监测点尽量包括不同危害程度和不同林分和立地条件。

(2)诱捕器设置方法。每个监测点设置 3 个诱捕器，在林间呈三角形分布，诱捕器之间相距 20~30 m，诱捕器挂在林间云南松树之间(或其他寄主上)，底部离地 1.5 m。将 10 mL 的混合液装入缓释瓶，将缓释瓶挂于诱捕器设置的孔中。

(3)诱捕器虫情调查。发生期监测，每隔一天，调查诱捕器的诱捕数量。发生量监测每周调查诱捕器中的诱捕数量，进行规范记录。最好利用基于地理信息系统的系统监测软件进行记录、统计、结果显示和效果评估等。也可利用智能型远程监测设备，以减少人工成本。

(4)预测模型建立。切梢小蠹监测的目的是根据诱捕器中诱捕小蠹的数量预测未来的发生量或发生程度，如此，必须建立诱捕数量与发生量或发生程度的预测模型。建立模型除需记录统计每监测点诱捕器的诱捕量外，还需在后续的虫期调查该监测点的虫口密度或危害程度。

虫情调查方法：调查各样地的枝梢被害率和虫口密度(每样地随机抽取 20 株树，统计每株的受害梢数目，计算被害率)，记录各样地基本信息；或每样地调查 50 株或以上，统计被害率。有不同种类同时危害的监测点，统计一下各种树的被害情况。

模型建立：利用各种统计软件，建立统计模型，检验各种统计模型的预测可靠性和效果，筛选出合适的模型，用于监测结果预测。

10.2.2.2.4 智能远程自动监测设备及信息管理软件系统

由于信息素监测需要随时了解诱捕器中小蠹的诱捕情况，林区面积大，山高坡陡，很不方便，也耗费大量人力物力。随着网络技术、智能技术和地理信息技术等的发展，使我们可以利用这些技术解决这个问题。如中国林业科学研究院与北京图锐信息技术有限公司合作，开发了“虫先知”害虫信息素远程自动监测设备。利用该设备，可以通过网络随时观看诱捕器中引诱害虫的情况，还可以在相应地图中定位诱捕器的位置，对诱捕数据进行统计、绘图展示等，还可以进行预警、与用户交流等，系统结构如图 10-15。对于没有 4G 信号的林区，可以申请使用利用北斗信号的设备。设备在积累一定数据后，经过训练模块的学习，还可以进行自动计数。

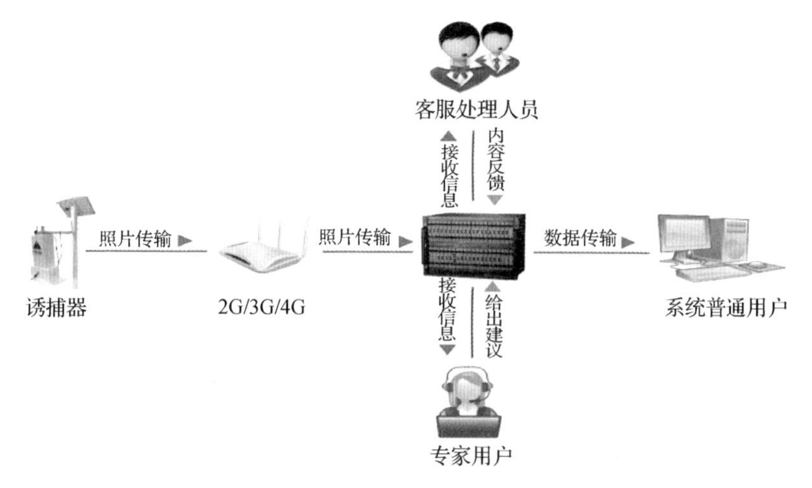

图 10-15　“虫先知”害虫信息素远程自动监测设备示意图

10. 2. 2. 3　信息素防治技术

（1）大量引诱及综合防控措施。在对切梢小蠹进行监测的基础上，可以根据小蠹发生情况，利用信息素诱捕器，进行大量诱捕防治。防治时需要首先确定危害种类，选用正确的信息素诱芯，信息素诱芯用量为每 2～3 亩设置一个诱捕器，诱捕器需要在各种小蠹扬飞初期挂置，持续到扬飞末期。诱捕过程中经常监测诱捕器状态和诱捕情况，定期记录，如遇丢失、损坏，及时补充或修补。防治连续多年，将取得较好效果。如虫口密度较大，需要先进行受害木清理或辅助其他防治措施。较低矮的小树可在蛀梢期剪除被害梢。严重受害的纯松林清理后可补植适宜的阔叶林。价值较高的松林可配合干部注药防治。

（2）推拉防治技术。在对小蠹虫进行监测的基础上，以用马鞭草烯酮为主的信息物质作为小蠹虫的抗聚集信息物质（“推”的作用），然后以反式马鞭草烯醇为主的信息物质作为引诱剂（“拉”的作用），将聚集信息素与抗聚集信息素结合起来，从而实现横坑、云南、短毛切梢小蠹大规模的“推-拉”防治。通常防治样地中间使用驱避剂，边沿使用引诱剂。

信息素对害虫具有监测和防治的双重功能，尤其适于对发生面积广、山高坡陡地区的害虫监测，且成本低，使监测、预测工作更迅速、方便，免除抽样调查难以克服的困难，且提高了准确性。尤其是采用智能远程自动监测设备，大大降低了人员成本，提高了工作效率，可实现数据的自动化采集和分析。

10.2.3 技术应用及示范

10.2.3.1 信息素监测技术

在云南玉溪和祥云利用中国林业科学研究院研制的聚集信息素制备的诱芯对横坑切梢小蠹和云南切梢小蠹进行了监测。技术要点包括诱捕器在样地的设置方法、数量和设置时间，林分条件和监测数据的记录和统计方法等，同时推广应用远程自动监测设备进行监测。

监测技术示范 1：2011 年 1~4 月在云南曲靖大梨树村利用信息素监测了云南切梢小蠹和横坑切梢小蠹的成虫转干扬飞期。将将两种小蠹的信息素引诱剂 40 mL 装入 100 mL 的缓释瓶。采用十字诱捕器(中捷四方，北京)进行引诱，最下方有一塑料收集瓶(图 10-16)。缓释瓶固定于诱捕器下部。监测结果如图 10-17。

图 10-16 悬挂于云南松林间的十字型诱捕器

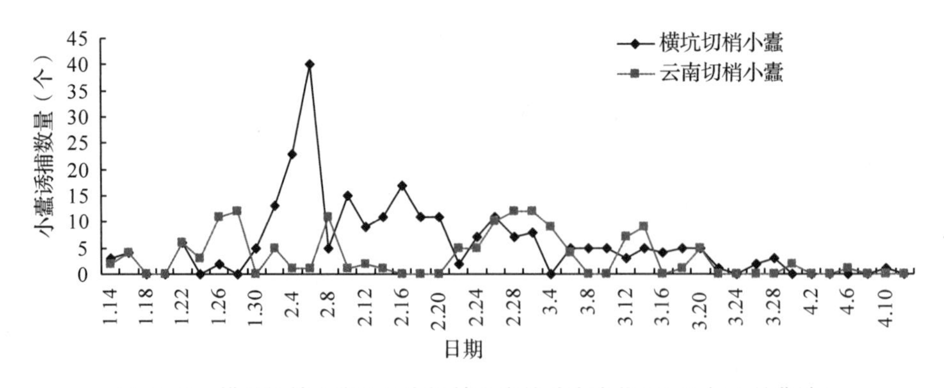

图 10-17 横坑切梢小蠹和云南切梢小蠹的动态变化(2011 年 1 月曲靖)

监测技术示范 2：于 2013 年 12 月至次年 3 月，在云南玉溪红塔区选择 15 个监测点，每个监测点面积在 4~5 hm^2，样地尽量包括不同危害程度，且林分条件基本一致。每样地设置 3 个诱捕器，在林间呈三角形分布，诱捕器之间相距 20~30 m，诱捕器挂在林间云南松树之间(或其他寄主上)，底部离地 1.5 m。将 10 mL 的混合液装入缓释瓶，将缓释瓶挂于诱捕器设置的孔中。从当年 12 月初至次年 3 月底，每周调查一次诱捕情况，鉴定种类和性别后记录。次年 4 月调查一次干部受害情况，每样地调查 50 株，记录树干被害情况，统计新老被害率(图 10-18)。

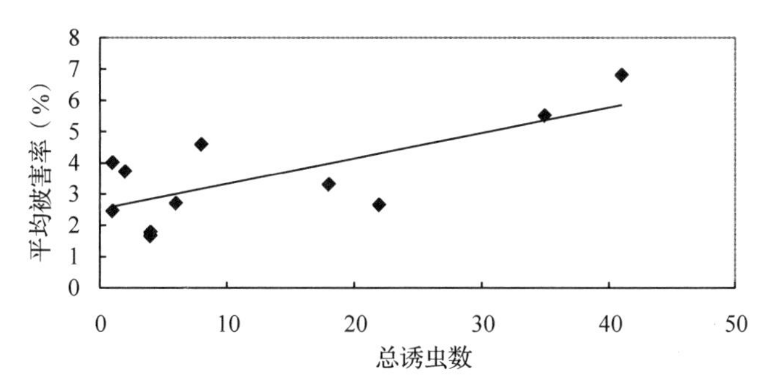

图 10-18　云南玉溪红塔区有虫梢率与诱捕量之间的线性拟合

($Y=0.081X+2.515$ $R=0.728$ $P=0.011$)

监测技术示范 3：在云南松重度危害的云南省祥云县普淜镇和轻度危害的下庄镇分别选择 15 块和 10 块监测点，进行横坑切梢小蠹信息素监测，并调查横坑切梢小蠹危害率，标准样点之间间隔 100 m 以上(方加兴等，2019)。

虫情调查方法：2016 年 10 月 15～24 日，在每个样点随机选取 10 棵云南松调查横坑切梢小蠹的危害情况。利用高枝剪将树冠上部(3 枝)、中部(3 枝)和下部(4 枝)三个部位的云南松枝杈基本按东西南北方向随机剪下，全面统计整个枝杈上所有松梢横坑切梢小蠹的蛀梢情况，并将不同部位小蠹虫样本标记好带回室内鉴定种类以及雌雄。枝梢危害统计指标为虫孔数、新虫孔数和虫数。有虫梢率为有虫梢数与总梢数的比值。

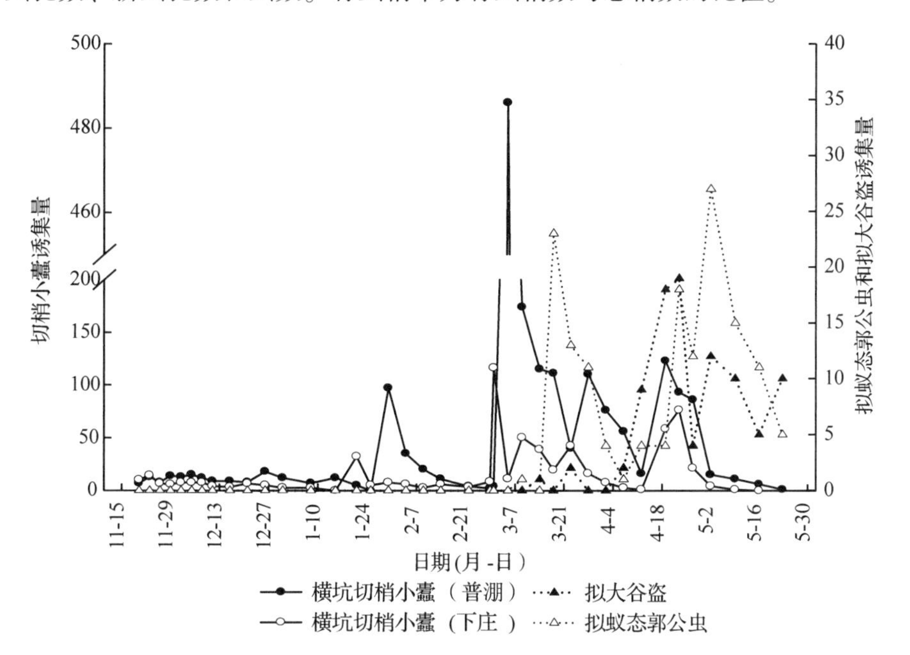

图 10-19　普淜和下庄横坑切梢小蠹及天敌监测期间诱捕器中诱捕数量的变化

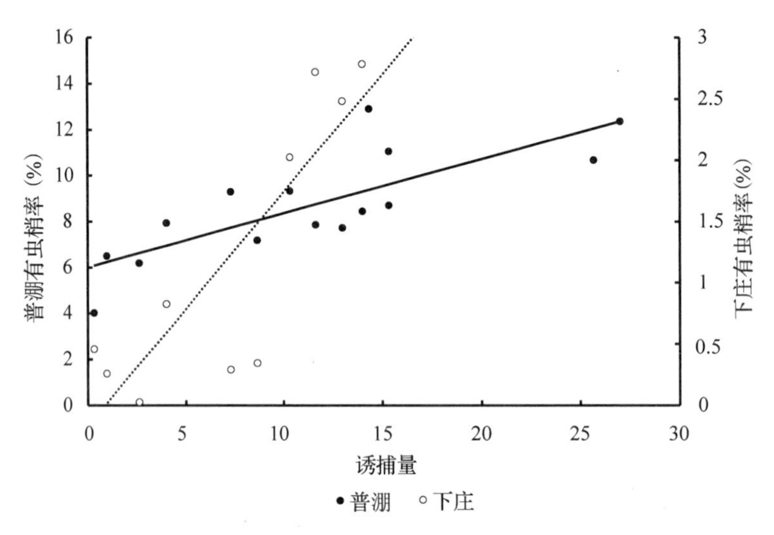

图 10-20 普溯和下庄样地有虫梢率与诱捕量之间的线性拟合

图 10-19 和图 10-20 结果显示利用信息素可以有效地监测小蠹虫及其天敌的发生动态，并且诱捕量能够反映林间虫口密度状况。

10.2.3.2 防治技术示范

(1)大量引诱技术。2014—2016 年，在云南玉溪林照山进行了为期 3 年的大量引诱防治示范。示范样地 25 亩，2014 年受害株率为 57%，平均枯死率 1.2，蠹害指数 29.7。当年蛀梢期进行了剪枝防治后，每年设置 20 个诱捕器，10 个用云南切梢小蠹诱芯，10 个用横坑切梢小蠹诱芯，诱捕时间从每年 12 月初至次年 3 月底。3 年后虫口密度降到极低水平。2021 年用 7 个诱捕器进行监测，只诱到 1 头小蠹。

(2)基于信息素的“推-拉”防治技术。2018 年 1 月 28 日至 2 月 18 日，在 3 样地进行了“推-拉”防治技术示范，样地间相距 5 km，每个样地按照图 10-21 设计，放置 9 个装有驱避剂的聚乙烯缓释瓶。驱避剂缓释瓶间相距 5 m，驱避剂区域正中间放置一个带有人工引诱剂的黑色十字型诱捕器(北京中捷四方生物科技股份有限公司)，用于监测驱避(推)的效果。在东、南、西、北相距驱避剂区域 20 m 外，各放置一个带有引诱剂的诱捕器，用于引诱(拉)。用同样方法设置诱捕器，但不设驱避剂，作为大量引诱对照。在样地 50 m 处放置空白诱捕器作为对照。诱芯及诱捕器均放置在离地面 1.5 m 处。

图 10-22 数据表明放置在驱避剂范围内部和外围的诱捕器相比空白对照均能诱集到更多的横坑切梢小蠹雌、雄虫，且差异显著(雌虫：$F_{(2,15)}=44.397$，$P<0.001$；雄虫：$F_{(2,15)}=34.851$，$P<0.001$)。而相对于放置在驱避剂范围内的诱捕器，则放置在驱避剂范围外部的诱捕器明显诱集到更多的横坑切梢小蠹，且差异极显著($F_{(2,15)}=19.496$，$P<0.001$)，但雌、雄间差异不显著。该结果证明了驱避剂的作用，也初步说明推-拉防治的诱捕效果好于单独用大量引诱的方法。

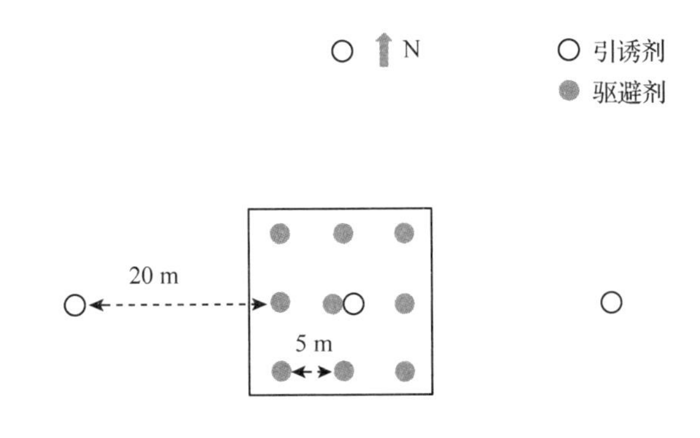

图 10-21　推拉防治引诱剂和驱避剂野外配置示意图

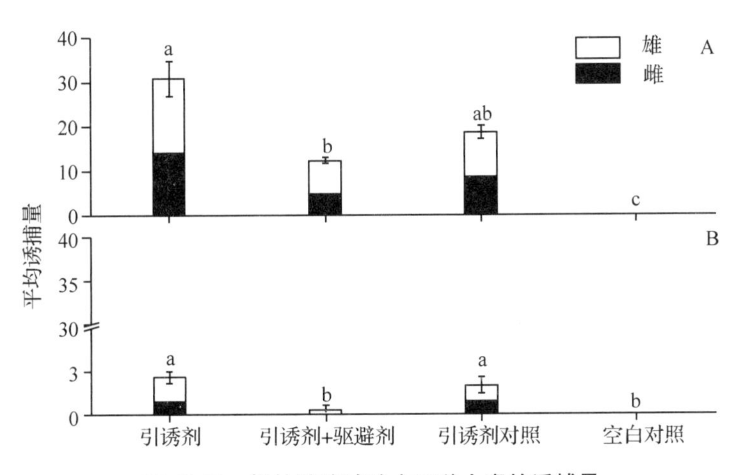

图 10-22　推拉防治试验中两种小蠹的诱捕量

注：A 为横坑切梢小蠹；B 为云南切梢小蠹。

10.2.4　技术评价

技术评价包括如下步骤和内容：

(1)建立监测点。在切梢小蠹发生区根据林分分布情况、虫害发生情况等条件，划分重点监测区和一般监测区。每个区域建立固定样地及临时样地。

(2)建立监测和防治软件的应用和信息系统。在项目区建立切梢小蠹监测和防治的基础地理信息系统、监测数据库、预测模型及防治指标，应用监测和防治软件信息系统实施信息管理。

(3)实施监测和防治技术。根据项目的技术路线，对切梢小蠹进行系统的监测，如危害程度超过防治指标，实施防治。

(4)制定监测和防治技术标准。防治后通过监测，确定防治效果，不断进行总结和技术完善。

10.3 蜀柏毒蛾病毒防治技术集成与应用

10.3.1 背景介绍

蜀柏毒蛾(*Parocneria orienta*)是长防柏木林第一大森林害虫，年发生危害面积达200多万亩，给长江中上游生态屏障建设的成果之一柏木防护林构成威胁。目前，生产中主要采用飞机喷洒化学农药来防治该害虫的危害。这就给环境造成了一定的污染，同时也对四川川中丘陵区的蚕桑养殖构成了威胁，一定程度影响了农民的蚕桑经济收入。采用蜀柏毒蛾核型多角体病毒杀虫剂防治蜀柏毒蛾的发生为害是四川省蜀柏毒蛾生物防治的主要手段。它不仅环境友好，而且解决了蜀柏毒蛾的防治与蚕桑业的矛盾。

10.3.2 技术详细内容

10.3.2.1 蜀柏毒蛾核型多角体病毒活体增殖技术

包含3种蜀柏毒蛾核型多角体病毒宿主活体增殖技术，即围栏增殖法、林间投虫增殖法和林间增殖法。该技术主要包括：①增殖场地的选择和制作建设；②健康蜀柏毒蛾幼虫的收集、投放和饲养；③蜀柏毒蛾核型多角体病毒的喷洒接种；④增殖场所管理和病毒宿主病(死)虫的收集；⑤病毒宿主虫尸的保存及预处理。通过此项病毒宿主活体增殖技术得到病毒制剂原材料，为蜀柏毒蛾核型多角体病毒杀虫剂生产奠定基础。

10.3.2.2 蜀柏毒蛾核型多角体病毒杀虫剂制备技术

(1)PoNPV的提取：收集林间增殖的蜀柏毒蛾核型多角体病毒的虫体，加无菌水稀释，高速组织捣碎机上粉碎、研磨，过滤，滤液经500 rpm、3000 rpm差速离心3次，滤液分层后，取中间层，浅褐色沉淀为病毒粗提物，保留。

(2)粗提物的测定：取1g病毒粗提物稀释至100倍，然后取1 ml稀释液滴于血球计数板上，计数，计算粗提物内PIB含量。

(3)PoNPV制剂的配制：将粗体液稀释成浓度为6.9×10^{6}PIB/ml基础液，再加入双抗、防光剂、黏着剂。

(4)PoNPV制剂的运输和贮存：运输条件，25 ℃以下，避免受热、暴晒，避免紫外线照射。贮存条件，密封，避光，避紫外线，0 ℃~4 ℃条件下保质期2年；25 ℃以下保质期6个月。

10.3.2.3 荧光增白剂(Tinopal LPW)增效技术

由于受蜀柏毒蛾核型多角体病毒(PoNPV)制剂产量的限制，制约蜀柏毒蛾生物防治的发展。荧光增白剂是一类能显著提高昆虫病毒毒力、快速缩短寄主昆虫死亡时间、提高昆虫病毒对紫外光保护作用的化学因子，特别是对NPV类具有很强增效作用。该技术通过在PoNPV制剂中添加1%的Tinopal LPW荧光增白剂，达到了对PoNPV较强的增效作用，以此降低单位施用量，增高PoNPV制剂使用面积。

10.3.2.4 蜀柏毒蛾核型多角体病毒制剂防治技术

(1)防治对象：蜀柏毒蛾幼虫。

(2)防治适期：最佳防治龄期为 2~3 龄，平均虫口密度以中等密度为佳。正常年份，越冬代幼虫 12 月基本孵化，多以 1 龄幼虫越冬，翌年 2 月开始活动取食，3 月上旬至 4 月中旬越冬代幼虫 2~3 龄时期为最佳防治时期；7~8 月第一代幼虫 2~3 龄时期为适宜防治时期。施药时，应选择晴天、阴天无雨气候为宜；避免使用后当天雨水的直接冲刷作用。

(3)使用剂量：防治 2~3 龄期幼虫，每公顷 3.6×10^{12}PIB；4 龄以上，用药量增大 0.5~1 倍。

(4)施用方法：使用时，用水稀释制剂，均匀喷晒到柏木枝丫、鳞叶上。具体施用方法见表 10-3。

表 10-3　蜀柏毒蛾核型多角体病毒制剂施用方法及施用浓度

喷雾类型	地面机动喷雾器/飞机喷雾	防治 2~3 龄期幼虫稀释倍数	防治 4 龄以上幼虫稀释倍数
常量喷雾	地面机动喷雾器	1000	500
	飞机喷雾	30	15
低量喷雾	地面机动喷雾器	100	50
	飞机喷雾	10	4
超低容量喷雾	无人机超低空喷雾	4	1.5

(5)防治效果调查：

调查指标：检查校正虫口减退率表示防治效果。校正虫口减退率越高，表示防治效果越好。

调查时间：制剂喷施前调查一次，喷施后第 10d、20d 各调查一次。后续还可跟踪调查。

调查方法：在幼虫发生期，针对蜀柏毒蛾危害的柏木林进行调查。选择有代表性的地块设立标准地。标准地面积约 0.2 hm^2。每 100~300 hm^2 设立标准地 1 个。在标准地内随机选取 20 株树为标准株，采用标准枝法调查防治前后的幼虫数量。

同时，PoNPV 制剂是一种生物杀虫剂，其防治效果有持效性和环境友好等特点，还应综合评价。主要应包括：当代幼虫死亡率、蛹死亡率、蛹畸形率、下一代带毒率以及天敌存活率等。

10.3.3　技术应用与示范

(1)遂宁市推广应用。1997—1999 年，遂宁市两县一区开展了蜀柏毒蛾工程防治，推广应用了蜀柏毒蛾核型多角体病毒杀虫剂，防治面积 1800 余 hm^2。为了探讨该病毒杀虫剂在防治效果及林间持效性，进行了林间小区定点试验、大面积防治效果观测和林间持效性的系统观测。结果表明，大面积防治的校正虫口死亡率均在 80%以上，施药后 3 年内能持续感染，在 500 m 范围内也能流行致病。

(2)三峡库区推广应用。1997 年，重庆的丰都、大足、荣昌、忠县等地大面积发生，严重威胁着三峡库区的生态防护林。为了在三峡库区推广生物防治，重庆市森防站于 1997 年 7 月在丰都县柏木林区进行了用蜀柏毒蛾核型多角体病毒防治试验。制剂对第一代蜀柏毒蛾幼虫以 3.6×10^{9} 和 4.5×10^{9}PIB/hm^2 的浓度防治均能达到防治效果，各浓度处理间虫口减退率和活虫感染率略有差异，4.5×10^{9}PIB/hm^{2} 浓度处理的虫口减退率和活虫感染率均略高于 3.6×10^{9}PIB/hm^{2} 浓度处理。试验结果表明：在三峡库区用病毒防治蜀柏毒蛾有较强致病感染力，防治后所余活虫仍有 80%带毒率，说明该病毒制剂在三峡库区柏木害虫综合治理中具有广阔的应用前景。

（3）蜀柏毒蛾核型多角体病毒杀虫剂双百示范工程。1997—2001 年，在四川蜀柏毒蛾发生有代表性的绵阳、德阳、南充、遂宁、广元、资阳的三台、盐亭、阆中、南部、中江、蓬溪、大英、资阳等县使用蜀柏毒蛾核型多角体病毒杀虫剂 35 万亩。当代蜀柏毒蛾幼虫死亡率达 80.5%~84.9%，未死亡幼虫化蛹后蛹期死亡率达 50.3%。通过固定样地连续观查，防治区内第二年幼虫感病死亡率 66.7%~70.6%，第三年幼虫感病死亡率 47.2%~59.8%。不仅如此，而且距防治区 50 m、100 m 和 500 m 的蜀柏毒蛾也有感病现象，特别是虫害大发生的林分。在近几年蜀柏毒蛾大发生周期中，使用蜀柏毒蛾核型多角体病毒杀虫剂进行工程治理的林分仍未暴发成灾，显示了蜀柏毒蛾核型多角体病毒杀虫剂的持续控制能力。

10.3.4 技术评价

通过连续的示范工程项目的实施，蜀柏毒蛾核型多角体病毒杀虫剂已被市场接受，蜀柏毒蛾核型多角体病毒杀虫剂已成为四川省蜀柏毒蛾生物防治的主要药剂，达到了双百工程的示范和带动作用。在工程治理区，按每亩 2.5 元计算，35 万亩蜀柏毒蛾核型多角体病毒杀虫剂共产生 87.5 万元的销售收入。按工程治理一次，可持续控制三年计算，挽回材积损失产生 1349.88 万元的经济效益。

使用蜀柏毒蛾核型多角体病毒杀虫剂防治蜀柏毒蛾的发生为害，避免了大量使用化学农药造成的环境污染和大量杀死天敌昆虫，提高了柏木林分的自控能力，产生了巨大的生态效益。

通过工程项目的实施，推动了我长防柏木林省森林害虫生物防治的水平，对提高人们对环境保护意识都具有重大的社会意义。

图 10-23　严重感染松材线虫病的马尾松林（浙江省台州市天台县 2018 年 5 月 11 日）

图 10-24　受云南切梢小蠹危害的云南松林(2005 年 5 月，骆有庆摄于云南玉溪)

图 10-25　蜀柏毒蛾典型危害状(肖银波供图)

①柏木针叶被吃光；②大范围受害呈火烧状；③柏木受害针叶变黄

图 10-26　中国林业科学研究院和北京农业职业学院专家通过清理疫木，并释放天敌控制疫木中的媒介害虫来防治感染松材线虫病的黑松林（山东省威海市荣成市，2011年5月13日）

图 10-27　中国林业科学研究院、四川农业大学、广东省林业科学研究院专家通过树干注药设置诱木，招引媒介昆虫在诱木上集中产卵的方式防控松材线虫病，达到保护健康马尾松林的目的（安徽省池州市九华山，2009年7月21日）

（主要撰写人：张真）

参考文献

安楠，2015. 林业生态工程建设中封山育林的主要作用[J]. 科技致富向导(03)：17.

白兴月，程瑚瑞，1995. 松材线虫病在中国南方林区流行的可能性//杨宝君，朱克恭等．中国松材线虫病的流行与治理[M]. 北京：中国林业出版社．

鲍海君，徐保根，2009. 生态导向的土地整治区空间优化与规划设计模式——以嘉兴市七星镇为例[J]. 经济地理，29(11)：1903-1906.

宝乐，刘艳红，2009. 东灵山地区不同森林群落叶功能性状比较[J]. 生态学报，29：3692-3703.

曹建华，袁道先，章程，等，2004. 受地质条件制约的中国西南岩溶生态系统[J]. 地球与环境，23(01)：1-8.

曹萍，2019. 花椒育苗及栽培技术要点探析[J]. 种子科技，37(06)：46-49.

蔡乙东，曾巧如，2006. 任豆育苗及造林实用技术[J]. 热带林业，35(02)：45-46.

陈崇成，李建微，唐丽玉，等，2005. 林火蔓延的计算机模 拟与可视化研究进展[J]. 林业科学，41(5)：155-162.

陈蝶，卫伟，2016. 植物篱的生态效益研究进展[J]. 应用生态学报，27(2)：652-662.

陈洪松，王克林，2008. 西南喀斯特山区土壤水分研究[J]. 农业现代化研究，29(6)：734-738.

陈辉，2003. 化学信息素对小蠹虫入侵危害的调控[J]. 林业科学，39(6)：154-158.

陈磊，翁韬，朱霁平，等，2006. 山地火蔓延过程的三维模拟[J]. 火灾科学，15(2)：70-76.

陈秋波，2002. 桉树人工林土壤生物多样性问题研究[J]. 热带农业科学，22(1)：66-76.

陈伟杰，熊康宁，任晓冬，等，2010. 岩溶地区石漠化综合治理的固碳增汇效应研究——基于实地监测数据的分析[J]. 中国岩溶，29(03)：229-238.

陈玉德，吴陇，1995. 云南元谋干热河谷区营造水土保持林的技术措施及初步成效[J]. 林业科学研究，8(3)：340-343.

陈忠礼，袁兴中，刘红，等，2012. 水位变动下三峡库区消落带植物群落特征[J]. 长江流域资源与环境，21(6)：672.

程瑚瑞，林茂松，钱汝驹，1995. 拟松材线虫的形态诊断和致病性研究．见：杨宝君，朱克恭等．中国松材线虫病的流行与治理[M]. 北京：中国林业出版社，42-46.

程岚，章睿，褚高强，2019. 安吉县大河口水库库尾生态湿地设计[J]. 浙江水利科技，47(04)：56-57+59.

戴建昌，赵锦年，张国贤，等，1998. 松墨天牛化学防治的研究[J]. 林业科学研究，11(4)：412-416.

但新球．2002. 我国石漠化区域划分及造林树种选择探讨[J]. 中南林业调查规划，23(4)：20-23.

邓艳，曹建华，蒋忠诚，等，2016. 西南岩溶石漠化综合治理水-土-植被关键技术进展与建议[J]. 中国岩溶，35(05)：476-485.

丁彦，2010. 华山松大小蠹后肠粪便挥发性物质分析及室内趋向的研究[J]. 西北农林科技大学硕士学位论文．

丁玉洲，吕传海，韩斌，2001. 树木生长势与松墨天牛种群密度及松材线虫发病程度关系[J]. 应用生态学报，12(3)：351-354.

董汉松，1996. 植物抗病防卫基因表达调控与诱导抗性遗传的机制[J]. 植物病理学报，26(4)：289-293.

董慧霞，李贤伟，张健，等，2005. 不同草本层三倍体毛白杨林地土壤抗蚀性研究[J]. 水土保持学报，19(3)：70-74.

董萍，严力蛟，2011. 利用植物篱防治水土流失的技术及其效益研究综述[J]. 土壤通报，42(2)：

491-496.

董孝平，2018. 论人工造林更新措施及注意问题[J]. 现代园艺(14)：222.

杜国坚，等，1995. 杉木连栽林地土壤微生物区系及其生化特性和理化性质的研究[J]. 浙江林业科技(05)：14-20.

杜天理，1994. 西南地区干热河谷开发利用方向[J]. 自然资源(1)：41-45.

杜雪莲，王世杰，2010. 喀斯特石漠化区小生境特征研究——以贵州清镇王家寨小流域为例[J]. 地球与环境，38(03)：255-261.

段爱国，张建国，张守攻，等，2009. 干热河谷主要植被恢复树种蒸腾作用[J]. 生态学报，29(12)：6691-6701.

段焰青，叶辉，李青青，2006. 小蠹虫对针叶类寄主树木的选择危害机制[J]. 昆虫知识，43(1)：16-21.

范朋飞，蒋学龙，2007. 无量山大寨子黑长臂猿(Nomascus concolor jingdongensis)种群生存力[J]. 生态学报，27(2)：620-626.

范志平，余新晓，2000. 中国水源保护林生态系统功能评价与营建技术体系[J]. 世界林业研究，13(1)：51-58.

方加兴，张苏芳，刘福，等，2018. 小蠹虫类异戊二烯类聚集信息素的生物合成[J]. 昆虫学报，61(10)：1222 体系 .

方奇，1987. 杉木连栽对土壤肥力及其林木生长的影响[J]. 林业科学(04)：389-397.

费世民，王鹏，陈秀明，等，2003. 论干热河谷植被恢复过程中的适度造林技术[J]. 四川林业科技 . 24(3)：10-16.

冯耀宗，2003. 物种多样性与人工生态系统稳定性探讨[J]. 应用生态学报，14(6)：853-857.

冯宗炜，陈楚宝，李昌华，等，1982. 湖南会同杉木人工林生长发育与环境的相互关系[J]. 南京林业大学学报(自然科学版)(03)：19-38.

冯宗炜，陈楚堇，张家武，等，1985. 湖南省会同县两个森林群落的生物生产力[J]. 植物生态学与地植物学丛刊(02)：257-267.

冯宗炜，陈楚堇，张家武，等，1984. 不同自然地带杉木林的生物生产力[J]. 植物生态学与地植物学丛刊(02)：93-100.

高成德，余新晓，2000. 水源涵养林研究综述[J]. 北京林业大学学报，22(5)：78-82.

高贵龙，2003. 喀斯特的呼唤与希望，贵州喀斯特生态环境建设与可持续发展[M]. 贵阳：贵州科技出版社 .

高升华，汤玉喜，唐洁，等，2017. 滩地杨树人工林皆伐后蒸发散与产流变化[J]. 林业科学研究，30(3)：486-493.

高升华，张旭东，汤玉喜，等，2016. 滩地人工林幼林不同时间尺度 CH4 通量变化特征——基于涡度相关闭路系统的研究[J]. 生态学报，36(18)：5912-5921.

郭峰，李钢，王惠丽，等，2018. 浙江省两种典型落叶经济林生态恢复技术[J]. 浙江水利科技，1.

郭红艳，万龙，唐夫凯，等，2016. 岩溶石漠化区植被恢复重建技术探讨[J]. 中国水土保持(03)：34-37.

国家林业局防治荒漠化管理中心，国家林业局中南林业调查规划设计院，2012. 石漠化综合治理模式[M]. 北京：中国林业出报社 .

海龙，王晓江，张文军，等，2016. 毛乌素沙地人工沙柳林平茬复壮技术[J]. 中国沙漠，36(1)：131-136.

韩丰泽，马祥庆，吴鹏飞，2014. 不同经营模式杉木人工林林下植被的比较研究[J]. 安徽农业科学(16)：5109-5113.

何介南，等，2015. 连栽第 1 代和第 2 代杉木近熟林水文过程养分动态比较[J]. 生态学报(08)：2581-2591.

贺强，崔保山，赵欣胜，等，2008. 水、盐梯度下黄河三角洲湿地植物种的生态位[J]. 应用生态学报，19(5)：969-975.
何毓蓉，黄成敏，1997. 云南省元谋干热河谷的土壤退化及旱地农业研究[J]. 土壤侵蚀与水土保持学报(1)：56-60.
何毓蓉，黄成敏，1995. 云南省元谋干热河谷的土壤系统分类[J]. 山地研究，13(2)：73-78.
何元庆，魏建兵，等，2012. 珠三角典型稻田生态沟渠人工湿地的非点源污染削减功能[J]. 生态学杂志，31(2)：394-398.
何宗明，等，2003. 立地管理措施对2代4年生杉木林生长的影响[J]. 林业科学(04)：54-58.
洪明，郭泉水，聂必红，等，2011. 三峡库区消落带狗牙根种群对水陆生境变化的响应[J]. 应用生态学报，22(11)：2829-2835.
侯继华，马克平，2002. 植物群落物种共存机制的研究进展[J]. 植物生态学报，26：1-8.
胡亚林，等，2005. 杉木人工林取代天然次生阔叶林对土壤生物活性的影响[J]. 应用生态学报(08)：1411-1416.
胡玉佳，丁小球，2000. 海南岛坝王岭热带天然林植物物种多样性研究[J]. 生物多样性，8(4)：370-377.
黄冬梅，2017. 杉木纯林与混交林林下植物多样性比较[J]. 安徽农业科学(01)：13-16.
黄惠，2005. 广西平果县石漠化治理模式[J]. 广西林业科学(03)：49-51.
黄甫昭，李冬兴，王斌，等，2019. 喀斯特季节性雨林植物叶片碳同位素组成及水分利用效率[J]. 应用生态学报，30(06)：1833-1839.
黄永涛，姚兰，艾训儒，等，2015. 鄂西南两个自然保护区亚热带常绿落叶阔叶混交林类型及其常绿和落叶物种组成结构分析[J]. 植物生态学报，39：990-1002.
黄钰辉，等，2017. 南亚热带杉木林改造不同树种配置模式的土壤质量评价[J]. 中国水土保持科学(03)：123-130.
黄作维，2006. 基于GIS和RS的林火行为预测研究[J]. 西北林学院学报，21(3)：94-97.
嵇保中，赵博光，吴如其，1998. 印楝提取物及双稠哌啶类生物碱对桑天牛存活及生殖的影响[J]. 南京林业大学学报，22(1)：83-86.
姬飞腾，李楠，邓馨，2009. 喀斯特地区植物钙含量特征与高钙适应方式分析[J]. 植物生态学报，33(05)：926-935.
吉国强，韩伟宏，赵国斌，2011. 不同缓冲带植物在滨岸缓冲带中的作用[J]. 山西农业科学，39(08)：850-852.
贾亚运，等，2016. 不同发育阶段杉木人工林林下植被的多样性[J]. 森林与环境学报(01)：36-41.
简尊吉，马凡强，郭泉水，等，2017. 三峡水库峡谷地貌区消落带优势植物种群生态位[J]. 生态学杂志，036(002)：328-334.
蒋丽雅，朋金和，周健生，1997. 松墨天牛引诱剂Mat-1号的研究[J]. 森林病虫通讯，3：5-7.
蒋忠诚，袁道先，1999. 表层岩溶带的岩溶动力学特征及其环境和资源意义[J]. 地球学报(03)：302-308.
焦国尧，沈培垠，李红梅，等，1996. 日本松材线虫和南京松材线虫对雪松和马尾松的致病性研究[J]. 植物检疫(4)：193-195.
金振洲，欧晓昆，元江，等，2000. 澜沧江干热河谷植被[M]. 昆明：云南科学技术出版社.
蓝建勇，2017. 浅谈生态公益林造林树种的选择[J]. 南方农业(14).
雷波，王业春，由永飞，等，2014. 三峡水库不同间距高程消落带草本植物群落物种多样性与结构特征[J]. 湖泊科学，026(004)：600-606.
李爱玲，张永花，吴愉敬，2018. 荒山造林技术[J]. 现代农业科技(04)：131-132.

李彬，唐国勇，李昆，等，2013. 干热河谷20年人工恢复植被生物量分配与空间结构特征[J]. 应用生态学报，24(6)：1479-1486.

李根前，唐德瑞，赵一庆，2007. 毛乌素沙地中国沙棘平茬更新的萌蘖生长与再生能力[J]. 沙棘，20(4)：10-13.

李海强，郭成久，李勇，等，2016. 植物篱对坡面土壤养分流失的影响[J]. 水土保持研究，23(5)：42-48.

李惠通，等，2017. 不同发育阶段杉木人工林土壤肥力分析[J]. 林业科学研究(02)：322-328.

李建微，陈崇成，等，2005. 虚拟森林景观中林火蔓延模型及三维可视化表达[J]. 应用生态学报，16(5)：838-842.

李俊清，2010. 森林生态学[M]. 北京：高等教育出版社.

李昆，崔凯，张春华，2009. 余甘子种子的抗逆生理特性及其对天然更新的影响[J]. 生态学杂志，28(2)：243-248.

李昆，孙永玉，2011. 干热河谷植被恢复技术[M]. 昆明：云南科技出版社.

李昆，曾觉民，1999. 元谋干热河谷地区不同造林树种对土壤的改良作用研究[J]. 西南林学院学报.19(3)：161-164.

李昆，张春华，崔永忠，等，2004. 金沙江干热河谷区退耕还林适宜造林树种筛选研究[J]. 林业科学研，17(5)：555-563.

李谦，王小明，周本智，2014. 浙北低山丘陵区天然次生林和人工毛竹林降雨化学特征比较[J]. 生态与农村环境学报，30(3)：324-330.

李强，曹建华，余龙江，等，2010. 干旱胁迫过程中外源钙对忍冬光合生理的影响[J]. 生态环境学报，19(10)：2291-2296.

李强，何媛媛，曹建华，等，2011. 植物碳酸酐酶对岩溶作用的影响及其生态效应[J]. 生态环境学报，20(12)：1867-1871.

李瑞，王霖娇，盛茂银，等，2016. 喀斯特石漠化演替中植物多样性及其与土壤理化性质的关系[J]. 水土保持研究，23(05)：111-119.

李瑞玲，王世杰，周德全，等，2003. 贵州岩溶地区岩性与土地石漠化的相关分析[J]. 地理学报，58(2)：314-320.

李生，任华东，姚小华，2012. 西南喀斯特石漠化地区旱季土壤水分对裸岩的响应[J]. 生态学杂志，31(12)：3174-3178.

李霞，张真，曹鹏，等，2012. 切梢小蠹属昆虫分类鉴定方法[J]. 林业科学，48(2)：110-116.

李小平，吴如其，夏民洲，等，2000. 苦豆碱、脱氢苦豆碱与松材线虫毒性及结构的关系[J]. 南京林业大学学报，24(4)：78-81.

李欣海，李典谟，路宝忠，等，1996. 朱鹮(Nipponia nippon)种群生存力分析[J]. 生物多样性，04(2)：69-77.

李泽珠，杨成甫，李开勇，2012. 花椒栽培管理技术[J]. 绿色科技(02)：95-98.

李兆佳，熊高明，邓龙强，等，2013. 三峡水库城区消落带人工草本植被土壤养分含量研究[J]. 生态学报，33(11)：3362-3369.

李志全，邓晓梅，2006. 浅谈火棘播种育苗技术[J]. 科技资讯(22)：103-103.

梁传和，孙继平，徐海峰，等，2012. 应用聚集信息素监测与防治纵坑切梢小蠹效果初报[J]. 吉林林业科技，41(2)：23.

梁瑞龙，黄应钦，李娟，等，2012. 广西石灰岩山区林业可持续发展技术(一)广西石山封山育林技术[J]. 广西林业(09)：41-42.

梁月明，何寻阳，苏以荣，等，2010. 喀斯特峰丛洼地植被恢复过程中土壤微生物特性[J]. 生态学杂志，

29(05)：917-922.
林开敏，俞新妥，2001. 杉木人工林地力衰退与可持续经营[J]. 中国生态农业学报(04)：43-46.
林茂松，周明国，2001. 2%阿维因素乳油对松材线虫的生物活性测定[J]. 农药学学报，3(3)：40-44.
林同龙，2012. 杉木人工林近自然经营技术的应用效果研究[J]. 中南林业科技大学学报(03)：11-16.
林孝松，张莉，董雨琪，等，2018，长江经济带自然保护区分布特征研究[J]. 资源开发与市场，34：247(03)，36-40.
林紫玉，李贞霞，齐安国，等，2005. 火棘采种与播种育苗技术[J]. 山东林业科技(01)：61.
凌威，等，2016. 皆伐与不同迹地清理方式对杉木土壤化学性质的影响[J]. 东北林业大学学报(04)：48-53.
刘爱琴，等，2005. 不同栽植代数杉木林养分循环的比较研究[J]. 植物营养与肥料学报，11(2)：273-278.
刘丛强，蒋颖魁，陶发祥，等，2008. 西南喀斯特流域碳酸盐岩的硫酸侵蚀与碳循环[J]. 地球化学(04)：404-414.
刘方，王世杰，罗海波，等，2008. 喀斯特森林生态系统的小生境及其土壤异质性[J]. 土壤学报，45(06)：1055-1062.
刘方炎，李昆，马姜明，2008. 金沙江干热河谷几种引进树种人工植被的生态学研究[J]. 长江流域资源与环境，17(3)：469-475.
刘方炎，李昆，孙永玉，等，2010. 横断山区干热河谷气候及其对植被恢复的影响[J]. 长江流域资源与环境，19(12)：1386-1391.
刘加珍，陈亚宁，张元明，2004. 塔里木河中游植物种群在四种环境梯度上的生态位特征[J]. 应用生态学报，15(4)：549-555.
刘京涛，温远光，周峰，2009. 桂西南退化喀斯特植被自然恢复研究[J]. 水土保持研究，16(03)：65-69.
刘菊秀，张德强，周国逸，2003. 鼎湖山酸沉降背景下主要森林类型水化学特征初步研究[J]. 应用生态学报，14(8)：1223-1228.
刘丽，等，2013. 杉木人工林土壤质量演变过程中土壤微生物群落结构变化[J]. 生态学报(15)：4692-4706.
刘攀峰，杨瑞，安明态，等，2008. 贵州茂兰喀斯特森林植被演替序列的数量分析[J]. 中国岩溶，27(04)：329-334.
刘世荣，孙鹏森，温远光，2003. 中国主要森林生态系统水文功能的比较研究[J]. 植物生态学报，27(1)：16-22.
刘世荣，温远光，王兵，等，1996. 中国森林生态系统水文生态功能规律[M]. 北京：中国林业出版社.
刘伟，杨宝君，1994. 松材线虫和拟松材线虫的杂交遗传差异研究[J]. 林业科学研究，7(5)：469-474.
刘晓娟，马克平，2015. 植物功能性状研究进展[J]. 中国科学：生命科学，325-339.
刘煊章，田大伦，周志华，1995. 杉木林生态系统净化水质功能的研究[J]. 林业科学(3)：193-199.
刘延惠，等，2017. 林地抚育对黔中地区杉木人工幼林生态系统碳储量的影响[J]. 北京林业大学学报(01)：27-33.
刘永宏，梁海荣，张文才，2000. 森林水文研究综述[J]. 内蒙古林业科技，S1：67-73.
娄永根，程家安，1997. 植物-植食性昆虫-天敌三营养层次的相互作用及其研究方法[J]. 应用生态学报，8(3)：325-331.
路长，朱霁平，邵占杰，等，2003. 峡谷地形中森林地表火蔓延实验研究[J]. 火灾科学，12(1)：19-22.
陆虹，覃卫坚，李艳兰，等，2015. 近40年广西石漠化地区气候变化特征分析[J]. 气象研究与应用，36

(01)：6-9.
卢妮妮，等，2015. 杉木纯林土壤性质与林下植被的通径分析[J]. 东北林业大学学报(07)：73-77.
骆介禹，1992. 森林燃烧能量学[M]. 哈尔滨：东北林业大学出版社.
罗绪强，王世杰，王程媛，等，2015. 石灰性土植物磷胁迫的适应性调控机制研究[J]. 中国农学通报，27(17)：223-228.
罗正均，林万光，余大全，等，1998. 三峡库区运用核型多角体病毒防治蜀柏毒蛾的初步研究[J]. 中国生物防治，13(4)：188.
吕妍，张黎，闫慧敏，等，2018. 中国西南喀斯特地区植被变化时空特征及其成因[J]. 生态学报，38(24)：8774-8786.
马克平，1994. 生物群落多样性的测度方法. 见中国科学院生物多样性委员会. 生物多样性研究的原理与方法[M]. 北京：中国科学技术出版社.
马克平，钱迎倩，王晨，1995. 生物多样性研究的现状与发展趋势[J]. 科技导报，13：27-30.
马祥庆，2001. 杉木人工林连栽生产力下降研究进展[J]. 福建林学院学报(04)：380-384.
马样庆，黄宝龙，1997a. 人工林地力衰退研究综述[J]. 南京林业大学学报，02：79-84.
马样庆，杨玉盛，林开敏，等，1997b. 不同林地清理方式对杉木人工林生态系统的影响[J]. 生态学报，02：66-70+72-73.
马祥庆，叶世坚，陈绍栓，2000. 轮伐期对杉木人工林地力维护的影响[J]. 林业科学，36(6)：47-52.
马雪华，1989. 森林与水质[M]. 北京：测绘出版社.
茅裕婷，马涛，蓝来娇，等，2020. 松材线虫生防真菌伊氏线虫菌研究进展[J]. 林业科学，56(1)：180-190.
孟婷婷，倪健，王国宏，2007. 植物功能性状与环境和生态系统功能[J]. 植物生态学报，31：150-165.
年晓利，独军，李平英，等，2005. 火棘育苗技术[J]. 甘肃林业科技(01)：56-57.
欧朝蓉，孙永玉，朱清科，2018. 元谋干热河谷地区生态安全评价研究[M]. 北京：科学出版社.
彭闪江，黄忠良，彭少麟，2004. 植物天然更新过程中种子和幼苗死亡的影响因素[J]. 广西植物，24(2)：113-121.
彭少麟，1996. 南亚热带群落动态学[M]. 北京：科学出版社.
蒲敏，孙玉川，刘九缠，2019. 喀斯特石漠化治理区土壤 CH_4 和 CO_2 排放研究[J]. 地球与环境，47(03)：291-300.
蒲玉琳，谢德体，丁恩俊，2012. 坡地植物篱技术的效益及其评价研究综述[J]. 土壤，44(3)：374-380.
漆良华，张旭东，周金星，等，湘西北小流域典型植被恢复群落土壤贮水量与入渗特性[J]. 林业科学，Vol143，No14：1-7.
祁雪林，徐志伦，杜凡，等，2004. 蜀柏毒蛾核型多角体病毒杀虫剂防治效果观测[J]. 四川林业科技 25(4)：52-54.
秦向东，阿布里提，2006. 基于计算机图形技术的森林火灾模拟蔓延模型[J]. 林业科学，42(7)：73-77.
冉生福，陶维华，2013. 宁夏中部干旱带立体复合种植模式与机械化配套技术[J]. 现代农业科技(14)：245-248.
容丽，王世杰，杜雪莲，等，2008. 喀斯特峡谷石漠化区 6 种常见植物叶片解剖结构与 δ~(13)C 值的相关性[J]. 林业科学(10)：29-34.
单奇华，陈云，许建秀，等，2019. 太湖湖滨人工湿地构建技术[J]. 安徽林业科技，45(02)：38-40.
邵占杰，林其钊，路长，2003. 基于燃料床的小坡度地表火蔓延模型研究[J]. 燃烧科学与技术，9(3)：219-223.

盛茂银，熊康宁，崔高仰，等，2015. 贵州喀斯特石漠化地区植物多样性与土壤理化性质[J]. 生态学报，35(02)：434-448.
盛炜彤，杨承栋，1997. 关于杉木林下植被对改良土壤性质效用的研究[J]. 生态学报(04)：43-51.
盛炜彤，杨承栋，范少辉，2003. 杉木人工林的土壤性质变化[J]. 林业科学研究(04)：377-385.
盛玉珍，等，2016. 不同营林措施对杉木人工林地力维持的影响[J]. 四川林业科技(03)：100-102.
史作民，程瑞梅，刘世荣，1999. 宝天曼落叶阔叶林种群生态位特征[J]. 应用生态学报，10(2)：265-269.
舒立福，寇晓军，2001. 森林特殊火行为格局的卫星遥感研究[J]. 火灾科学，10(3)：140-148.
舒立福，王明玉，等，2003. 大兴安岭地下火形成火环境研究[J]. 自然灾害学报，12(4)：62-67.
舒立福，王明玉，田晓瑞，等，2004. 关于森林燃烧火行为特征参数的计算与表述[J]. 林业科学，40(3)：179-183.
宋世涵，张连芹，陈沐荣，等，1998. 利用管氏肿腿蜂防治松材线虫病的研究[J]. 广东林业科技，14(3)：38-42.
苏维词，2002. 中国西南岩溶山区石漠化的现状成因及治理的优化模式[J]. 水土保持学报，16(2)：29-32.
苏志孟，张习敏，刘伦衔，等，2020. 喀斯特植物叶片草酸钙与抗坏血酸的相关性分析[J]. 分子植物育种，18.
孙冬婧，等，2015. 近自然化改造对杉木人工林物种多样性的影响[J]. 林业科学研究(02)：202-208.
孙江华，Roques A，严善春，2000. 害虫行为调节与森林害虫管理[J]. 世界林业研究，13(2)：24
孙晓玲，高长启，程彬，等，2006. 应用信息素监测云杉八齿小蠹的扬飞规律[J]. 东北林业大学学报，34(3)：74.
孙永玉，李昆，等，2009. 干热河谷柠檬桉苗期抗旱生理特性[J]. 东北林业大学学报(2)：1-2.
孙永玉，李昆，等，2009. 干热河谷引种沙漠葳的抗旱生理特征[J]. 南京林业大学学报(6)：83-86
谭巍，陈洪松，王克林，等，2010. 桂西北喀斯特坡地典型生境不同植物叶片的碳同位素差异[J]. 生态学杂志，29(09)：1709-1714.
汤陈生，黄金水，杨希，等，2013. 不同马尾松品系对松材线虫的抗性选择初步研究[J]. 武夷科学，29(1)：222-227.
唐洪辉，张卫强，严峻，等，2014. 南亚热带杉木林改造对土壤及凋落物持水能力的影响[J]. 水土保持研究，21(6)：47-53.
唐晓燕，孟宪宇，等，2002. 林火蔓延模型及蔓延模拟的研究进展[J]. 北京林业大学学报，24(1)：87-91.
唐晓燕，孟宪宇，葛宏立，等，2003. 基于栅格结构的林火蔓延模拟研究及其实现[J]. 北京林业大学学报，25(1)：52-57.
唐学君，王伟峰，罗细芳，等，2017. 不同林龄序列杉木实生林和萌芽林碳储量分配特征[J]. 水土保持学报，2.
田大伦，等，2011. 连栽第1和第2代杉木人工林养分循环的比较[J]. 生态学报，31(17)：5025-5032.
田大伦，王新凯，方晰，等，2011. 喀斯特地区不同植被恢复模式幼林生态系统碳储量及其空间分布[J]. 林业科学，47(09)：7-14.
田大伦，项文化，杨晚华，2002. 第2代杉木幼林生态系统水化学特征[J]. 生态学报，22(6)：859-865.
田瑜，邬建国，寇晓军，等，2011. 种群生存力分析(PVA)的方法与应用[J]. 应用生态学报，22(1)：257~267.
瓦连季克，马特维耶夫，索夫罗诺夫，1984. 大面积森林火灾[M]. 曲宝恩，贾琪功，王宪章，等，译. 哈尔滨：黑龙江省出版社.

王程亮，王晓卫，赵海涛，等，2016. 秦岭大坪峪川金丝猴(Rhinopithecus roxellana)种群生存力分析[J]. 生态学报，36(23)：7724-7731.

王成树，陈树仁，1999. 蔬菜害虫及其天敌昆虫群落多样性和相关性研究[J]. 生物多样性，7(2)：106-111.

王程媛，王世杰，容丽，等，2011. 茂兰喀斯特地区常见蕨类植物的钙含量特征及高钙适应方式分析[J]. 植物生态学报，35(10)：1061-1069.

王翠莲，董广平，程杰，等，2000. 应用灭幼脲3号微胶囊与其他农药微胶囊混合防治松墨天牛成虫研究[J]. 林业科学，36(1)：76-80.

王德炉，朱守谦，黄宝龙同，2005. 贵州喀斯特石漠化类型及程度评价[J]. 生态学报，25(5)：1057-1063.

王德炉，朱守谦，黄宝龙，2003. 贵州喀斯特区石漠化过程中植被特征的变化[J]. 南京林业大学学报(自然科学版)(03)：26-30.

王昊，李松岗，潘文石，2002. 秦岭大熊猫(Ailuropoda melanoleuca)的种群存活力分析[J]. 北京大学学报(自然科学版)，38(6)：756-761.

王军辉，2015. 云南三种切梢小蠹相互关系及其化学生态学机制[D]. 北京：中国林业科学研究院.

王礼先，张志强，1998. 森林植被变化的水文生态效应研究进展[J]. 世界林业研究，11(6)：14-23.

王霖娇，李瑞，盛茂银，2017. 典型喀斯特石漠化生态系统土壤有机碳时空分布格局及其与环境的相关性[J]. 生态学报，37(05)：1367-1378.

王明玉，李华，舒立福，等，2004. 不同植被类型森林火灾及雷击火自组织临界性[J]. 生态学报，24(8)：1803-1807.

王平彦，张真，袁素蓉，等，2015. 一种区分三种切梢小蠹性别的新方法[J]. 中国森林病虫，34(6)：17-20.

汪企明，徐福元，葛明宏，1997. 13生马尾松39个种源对松材线虫抗性变异初步研究[J]. 浙江林学院学报，14(1)：29-34.

王秋华，舒立福，李世友，2011. 云南主要针叶林可燃物类型划分及特征[J]. 林业资源管理(2)：48-53.

王秋华，舒立福，俞新水，2011. 云南松林飞火形成机制的研究[J]. 安徽农业科学，39(4)：2110-2112.

王荣伟，2012. 不同营林措施对杉木人工林生长及土壤肥力的影响[D]. 福州：福建农林大学.

王世杰，2002. 喀斯特石漠化概念演绎及其科学内涵的探讨[J]. 中国岩溶，21(2)：101-105.

王世杰，李阳兵，李瑞玲，2003. 喀斯特石漠化的形成背景、演化与治理[J]. 第四纪研究，23(6)：657-666.

王世杰，卢红梅，周运超，等，2007. 茂兰喀斯特原始森林土壤有机碳的空间变异性与代表性土样采集方法[J]. 土壤学报(03)：475-483.

王维，李涛涛，张小兵，2016. 浅析独流减河宽河槽湿地改造工程[J]. 山西科技，31(02)：64-67.

王贤祥，1995. 森林火行为的分级或分类标准的研究[J]. 火灾科学，4(1)：12-18.

王贤祥，刘完德，1996. 森林火蔓延方式与火强度及自然风场的关系[J]. 火灾科学，5(1)：35-39.

王小明，钟绍柱，王刚，等，2011. 中亚热带钱江流域天然次生林集水区溪流与降水水质比较[J]. 林业科学研究，24(2)：184-188.

王晓荣，程瑞梅，肖文发，等，2016. 三峡库区消落带水淹初期主要优势草本植物生态位变化特征[J]. 长江流域资源与环境，25(03)：57-64.

王艳，等，2016. 施氮磷肥对杉木人工林3种林下植物养分动态及化学计量比的影响[J]. 江西农业大学学报(02)：304-311.

王玉光，袁玉明，焦宏，等，2015. 截干修剪对红松人工林树木结实的影响[J]. 辽宁林业科技(2)：

46-47.
王玉女燕，李海燕，舒超然，1999. 南京地区黑松、马尾松松材线虫病病、健木 pH 值的比较[J]. 云南农业大学学报，14(增刊)：98-102.
王震洪，段昌群，起联春，等，1998. 我国桉树林的发展中的生态问题探讨[J]. 生态学杂志，17(6)：64-68.
王正非，1983. 山火初始蔓延速度测算法[J]. 山地研究，1(2)：42-51.
王正非，1992. 通用森林火险等级系统[J]. 自然灾害学报，1(3)：39-44.
魏永平，花蕾，张雅林，2004. 生境调节对苹果园害虫可持续控制作用[J]. 植物保护科学，20(1)：204-206.
文丽，宋同清，杜虎，等，2015. 中国西南喀斯特植物群落演替特征及驱动机制[J]. 生态学报，35(17)：5822-5833.
文亮，周建华，郭亨孝，等，2009. 几种对蜀柏毒蛾核型多角体病毒增效的添加剂研究[J]. 林业科学研究，22(6)：878-882.
吴承祯，洪伟，柳江，等，2005. 封育次生马尾松林优势种群竞争密度效应[J]. 应用与环境生物学报，11(1)：14-17
吴成忠，2017. 杉木优良种源子代在瘠薄立地条件下对不同施肥处理的响应[J]. 绿色科技(13)：10-12+15.
吴大瑜，江锡兵，龚榜初，等，2019. 浙江省板栗产业发展现状及建议[J]. 中国果树，1.
吴迪，张蕊，高升华，等，2015. 模拟氮沉降对长江中下游滩地杨树林土壤呼吸各组分的影响[J]. 生态学报，35(3)：717-724.
吴建强，等，2015. 干扰树间伐对杉木人工林林分生长和林分结构的影响[J]. 应用生态学报(02)：340-348.
吴晓芙，胡曰利，2004. 刚果 12 号桉与厚荚相思混交林的养分效应[J]. 中南林学院学报，24(4)：1-5.
吴征镒，王献溥，1980. 中国植被[M]. 北京：科学出版社.
习新强，赵玉杰，刘玉国，等，2011. 黔中喀斯特山区植物功能性状的变异与关联[J]. 植物生态学报，1000-1008.
夏志超，等，2012. 杉木人工林土壤微生物群落结构特征[J]. 应用生态学报(08)：2135-2104.
肖华，熊康宁，张浩，等，2014. 喀斯特石漠化治理模式研究进展[J]. 中国人口·资源与环境，24(S1)：330-334.
肖文，霍晟，向左甫，等，2005. 黑白仰鼻猴种群生存力初步分析[J]. 动物学研究，26(1)：9-16.
辛颖，赵雨森，2004. 水源涵养林水文生态效应研究进展[J]. 防护林科技，59(2)：56-62.
熊红福，王世杰，容丽，等，2011. 极端干旱对贵州省喀斯特地区植物的影响[J]. 应用生态学报，22(05)：1127-1134.
熊红福，王世杰，容丽，等，2013. 普定喀斯特地区不同演替阶段植物群落凋落物动态[J]. 生态学杂志，32(04)：802-806.
熊华，于飞，2013. 喀斯特中度石漠化地区不同生境小气候变化特征[J]. 贵州农业科学，41(08)：103-105.
熊康宁，2002. 喀斯特石漠化的遥感：GIS 典型研究[M]. 北京：地质出版社.
熊有强，盛炜彤，曾满生，1995. 不同间伐强度杉木林下植被发育及生物量研究[J]. 林业科学研究(04)：408-413.
徐福元，葛明宏，汪企明，等，1998. 马尾松种源对松材线虫病的抗性[J]. 南京林业大学学报，22(2)：29-33.
徐福元，席克，杨宝君，等，1994. 南京地区松墨天牛成虫发生、补充营养和防治[J]. 林业科学研究，7

(2)：215-219.
徐红灯，席北斗，翟丽华，2007. 沟渠沉积物对农田排水中氨氮的截留效应研究[J]. 农业环境科学学报，26(5)：1924-1928.
许建平，郑经武，王建伟，1998. 松材线虫的 PCR 快速诊断研究[J]. 浙江农业大学学报，24(2)：133-134.
徐六一，章健，高景斌，等，2013. 安徽省松材线虫病抗性育种研究进展[J]. 安徽林业科技，39(2)：8-1.
许诺，等，2017. 杉木老龄林乔木层主要树种生态位研究[J]. 森林与环境学报(03)：330-335.
薛国红，高建峰，褚培春，等，2011. 生态拦截沟渠建设的几点体会[J]. 上海农业科技，(1)：79.
严东辉，杨宝君，1997. 松材线虫体外酶组成分析[J]. 林业科学研究，10(3)：265-269.
阎海平，谭笑，孙向阳，等，2001. 北京西山人工林群落物种多样性的研究[J]. 北京林业大学学报，23(2)：16-19.
闫争亮，2006. 小蠹科害虫化学信息物质及其对侵害寄主等行为的影响[J]. 西部林业科学，35(3)：22-33.
杨宝君，朱克恭，等，1995. 中国松材线虫病的流行与治理[M]. 北京：中国林业出版社.
杨成源，王长福，1996. 元谋干热河谷薪炭林造林及效益研究[J]. 西南林学院学报，16(4)：236-248.
杨光，舒立福，邸雪颖，2012. 气候变化背景下黑龙江大兴安岭林区夏季火险变化趋势[J]. 应用生态学报，23(11)：3157-3163.
杨国清，赵贵，郑日红，等，1997. 农林复合经营研究-桉树间种山毛豆对林木和土壤的影响[J]. 热带亚热带土壤科学，6(2)：71-75.
杨敬元，廖明尧，余辉亮，等，2008. 神农架金丝猴保护与研究现状[J]. 世界科技研究与发展，30(4)：418-421.
杨林章，周小平，王建国，等，2005. 用于农田非点源污染控制的生态拦截型沟渠系统及其效果[J]. 生态学杂志，24(11)：1371-1374.
杨伟东，1995. 松材线虫的虫媒种类及其在深圳地区的发生情况[J]. 植物检疫，9(3)：138-140.
杨玉盛，等，1998. 不同栽杉代数林分水源涵养功能的分析[J]. 土壤侵蚀与水土保持学报(S1)：120-124.
杨玉盛，等，1999. 不同栽杉代数林下植被营养元素的生物循环[J]. 东北林业大学学报(03)：26-30.
杨玉盛，等，1999. 杉木连栽土壤微生物及生化特性的研究[J]. 生物多样性(01)：1-7.
杨玉盛，等，1999. 不同栽植代数 29 年实生杉木生长规律的研究[J]. 林业科学(01)：34-38.
杨玉盛，等，1998. 不同栽杉代数 29 年生杉木林净生产力及营养元素生物循环的研究[J]. 林业科学(06)：3-11.
杨泽良，任建行，况园园，等，2019. 桂西北喀斯特不同植被演替阶段土壤微生物群落多样性[J]. 水土保持研究，26(03)：185-191.
杨曾奖，郑海水，翁启杰，1995. 按树与固氮树种混交对地力及生物量的影响[J]. 广东林业科技，11(2)：10-16.
姚兰，艾训儒，吕世安，等，2015. 湖北星斗山天然次生林的群落类型、结构与物种多样性特征[J]. 林业科学，51，1-7.
叶建仁，2019. 松材线虫病在中国的流行现状、防治技术与对策分析[J]. 林业科学，55(9)：1-10.
叶勤文，周卫，高景斌，等，1997. 航空摄像技术在松材线虫病监测上的应用[J]. 森林病虫通讯，3：45-47.
叶瑞卿，2002. 曲靖市人工草地建植技术[J]. 云南畜牧兽医(02)：32-34.
叶莹莹，刘淑娟，张伟，等，2015. 喀斯特峰丛洼地植被演替对土壤微生物生物量碳、氮及酶活性的影响[J]. 生态学报，35(21)：6974-6982.

喻理飞，朱守谦，魏鲁明，等，1998. 退化喀斯特群落自然恢复过程研究——自然恢复演替系列[J]. 山地农业生物学报(02)：71-77.

喻理飞，朱守谦，叶镜中，等，2002. 退化喀斯特森林自然恢复过程中群落动态研究[J]. 林业科学(01)：1-7.

于世川，张文辉，尤健健，等，2017. 抚育间伐对黄龙山辽东栎林木形质的影响[J]. 林业科学，53(11)：104-113.

余树全，姜春前，李翠环，等，2003. 人为经营干扰对人工雷竹林下植被多样性的影响[J]. 林业科学研究，16(2)：196-202.

俞筱押，李玉辉，2010. 滇石林喀斯特植物群落不同演替阶段的溶痕生境中木本植物的更新特征[J]. 植物生态学报，34(08)：889-897.

俞筱押，李玉辉，黄金，等，2011. 2010 年春季干旱对石林喀斯特植物群落的影响[J]. 生态学杂志，30(07)：1441-1448.

俞新妥，2006. 中国杉木研究进展(2000-2005)[J]. 福建林学院学报(02)：177-185.

俞新妥，1997. 杉木栽培学[M]. 福州：福建科学技术出版社.

俞新妥，张其水，1989. 杉木连栽林地土壤生化特性及土壤肥力的研究[J]. 福建林学院学报，9(3)：263-271.

俞月凤，宋同清，曾馥平，等，2013. 杉木人工林生物量及其分配的动态变化[J]. 生态学杂志，32(7)：1660-1666.

于正伦，2000. 蜀柏毒蛾幼虫调查抽样方法及种群面积大小的研究[J]. 四川林业科技，21(3).

于志民，王礼先，1999. 水源涵养林效益研究[M]. 北京：中国林业出版社.

袁道先，蔡桂鸿，1988. 岩溶环境学[M]. 重庆：重庆出版社.

曾冀，等，2017. 桂西南杉木林分生长对间伐的动态响应[J]. 浙江农林大学学报(05)：841-848.

张爱英，熊高明，樊大勇，等，2016. 三峡水库运行对淹没区及消落带植物多样性的影响[J]. 生态学杂志，35(9)：2505-2518.

张邦琨，韦小丽，曾信波，1995. 喀斯特地貌森林不同小生境的小气候特征研究[J]. 贵州气象(04)：16-19.

张迪，戴方喜，2015. 狗牙根群落土壤—根系系统的结构及其抗冲刷与抗侵蚀性能的空间变化[J]. 水土保持通报，35(1)：34-36.

张桂莲，张金屯，2002. 关帝山神尾沟优势种生态位分析[J]. 植物科学学报，20(3)：203-208.

张军以，戴明宏，王腊春，等，2014. 生态功能优先背景下的西南岩溶区石漠化治理问题[J]. 中国岩溶，33(04)：464-472.

张军以，戴明宏，王腊春，等，2015. 西南喀斯特石漠化治理植物选择与生态适应性[J]. 地球与环境，43(03)：269-278.

张凯选，范鹏鹏，王军邦，等，2019. 西南喀斯特地区植被变化及其与气候因子关系研究[J]. 生态环境学报，28(06)：1080-1091.

张楷燕，李同建，张显强，等，2017. 3 种石生苔藓植物碳酸酐酶对石灰岩的溶蚀作用[J]. 中国岩溶，36(04)：441-446.

张雷，王琳琳，刘世荣，等，2017. 生境概率预测值转换为二元值过程中 4 个阈值选择方法的比较评估——以珙桐和杉木生境预估为例[J]. 植物生态学报，41(4)：387-395.

张立海，廖金铃，冯志新，2001. 松材线虫 rDNA 的测序和 PCR-SSCP 分析[J]. 植物病理学报，31(1)：84-89.

张连芹，荣世涵，黄焕华，1992. 利用引诱剂诱捕松墨天牛等甲虫的研究[J]. 林业科学研究，5(4)：478-482.

张林静，岳明，张远东，2003. 新疆阜康绿洲荒漠过渡带植物群落物种多样性特征[J]. 地理科学，23(3)：329-334.
张路平，孔繁瑶，杨宝君，2002. 松材线虫和拟松材线虫不同株系线粒体 DNA-RAPD 分析[J]. 林业科学研究，15(1)：7-12.
张明阳，王克林，刘会玉，等，2014. 生态恢复对桂西北典型喀斯特区植被碳储量的影响[J]. 生态学杂志，33(09)：2288-2295.
张鹏，2015. 不同间伐强度杉木人工林林分结构及生长分析[D]. 北京：北京林业大学.
张清，2011. 人工湿地的构建与应用[J]. 湿地科学，9(04)：373-379.
张荣祖，1992. 横断山区干旱河谷[M]. 北京：科学出版社.
张蕊，申贵仓，张旭东，等，2014. 四川长宁毛竹林碳储量与碳汇能力估测[J]. 生态学报，34(13)3592-3601.
张少强，2014. 喜树不同育苗方式的生长特性及培育技术研究[J]. 安徽农学通报，20(09)：109-111.
张世渊，蔡道尧，陆高，2000. 松墨天牛羽化历期和各虫态在被害树上的分布[J]. 森林病虫害通讯，5：14-16.
张世渊，陆高，2000. 松墨天牛交尾产卵行为和卵期、孵化率测定[J]. 森林病虫害通讯，1：34-36.
张世渊，肖灵亚，蔡道尧，1999. 松墨天牛蛹期生物学特性和有效积温的研究[J]. 森林病虫害通讯，2：15-17.
张树楠，肖润林，刘锋，等，2015. 生态沟渠对氮、磷污染物的拦截效应[J]. 环境科学，36(12)：4516-4522.
张先锋，王丁，王克雄，1994. 漩涡模型及其在白暨豚种群管理中的应用[J]. 生物多样性，02(3)：133-139.
张兴正，2001. 福建含笑-杉木混交林的效益及机理分析[J]. 植物资源与环境学报(03)：25-29.
张亦诚，雷朝云，卢加举，等，2010. 优良地方种质资源顶坛花椒的繁育与造林技术[J]. 贵州农业科学，38(12)：20-22.
张勇荣，周忠发，马士彬，2014. 近 20 年贵州喀斯特山区石漠化与气候变化特征分析[J]. 环境科学与技术，37(09)：192-197.
张俞，熊康宁，喻阳华，等，2018. 喀斯特石漠化环境植被修复与林产业发展关键技术探析[J]. 中国农业科技导报，20(07)：19-25.
张宇斌，张荣，冯丽，等，2008. 外源 Ca2+对喜钙和嫌钙植物 POD 活性的影响[J]. 贵州师范大学学报(自然科学版)(03)：10-12.
张治宇，林茂松，余本渊，2001. 拟松材线虫对黑松致病性研究[J]. 沈阳农业大学学报，32(3)：238.
赵锦年，蒋平，吴沧松，等，2000. 松墨天牛引诱剂及引诱作用研究[J]. 林业科学研究，13：263-267.
赵锦年，张常青，戴建昌，等，1999. 松墨天牛成虫羽化逸出及其携带松材线虫能力的研究[J]. 林业科学研究，12(6)：572-576.
赵磊，王兵，蔡体久，等，2013. 江西大岗山不同密度杉木林枯落物持水与土壤贮水能力研究[J]. 水土保持学报，27(1)：203-208.
赵雨森，辛颖，孟琳，2007. 黑龙江省东部山地红松人工林生态系统水化学特征[J]. 中国农业生态学报，15(3)：1-4.
赵振东，胡樨萼，李冬梅，等，2001. 抗松材线虫病马尾松种源化学成分与抗性机理研究（第Ⅲ报）——接种松材线虫引起抗性马尾松种源中性萜类含量变化关系的研究[J]. 林产化学与工业，21(3)：52-58.
赵总，贾宏炎，蔡道雄，等，2018. 红椎天然更新及其影响因子研究[J]. 北京林业大学学报，40(11)：76-83.

郑保有，郑毓，鲍立友，2000. 干热处理杀灭松木段内松墨天牛试验[J]. 植物检疫，14(5)：314.
郑经武，许建平，吴玉良，等，1998. 松材线虫和拟松材线虫种间及种下群体的 RAPD 指纹分析[J]. 浙江农业大学学报，24(6)：597-601.
钟呈，等，2017. 不同年龄杉木人工林抚育成效分析——以江西省靖安县为例[J]. 林业资源管理(01)：43-49.
中国森林编辑委员会，2000. 中国森林第三卷[M]. 北京：中国林业出版社.
钟祥浩，2007. 干热河谷区生态系统退化及恢复与重建途径：以云南金沙江典型区为例[J]. 长江流域资源与环境，9(3)：376-383.
中央气象局气象科学研究院，1981. 中国近五百年旱涝分布图集[M]. 北京：地图出版社.
周成枚，肖灵亚，陆高，等，2000. 松墨天牛在病死木伐桩中种群动态的研究[J]. 森林病虫害通讯，1：14-16.
周红敏，何必庭，等，2015. 萌生杉木林空间结构特征研究[J]. 林业科学研究(05)：686-690.
周红章，于晓东，罗天宏，等，2000. 湖北神农架自然保护区昆虫的数量变化与环境关系的初步研究[J]. 生物多样性，8(3)：262-270.
周建华，1992. 蜀柏毒蛾核型多角体病毒的增殖技术[J]. 四川林业科技，13(4)：65-66.
周建华，1992. 蜀柏毒蛾核型多角体病毒杀虫剂应用技术[J]. 四川林业科技，13(4)：67.
周建华，郭亨孝，1997. 用微核测定法评价蜀柏毒蛾核型多角体病毒杀虫剂对小白鼠的安全性[J]. 四川林业科技，18(4)：47-48.
周建华，胡应之，肖育贵，等，2006. 荧光增白剂 Tinopal LPW 对蜀柏毒蛾核型多角体病毒增效作用研究[J]. 中国病毒学，21(3)：273-276.
周蛟，马焕成，2000. 元谋干热河谷引种造林试验及树种选择研究[J]. 西南林学院学报，20(2)：78-84.
周楠，李丽莎，蒋昭龙，等，1997. 云南松纵坑切梢小蠹聚集信息素研究[J]. 云南林业科技，2：20.
周琼，刘炳荣，舒迎花，等，2006. 苍耳等药用植物提取物对小菜蛾的拒食作用和产卵忌避效果[J]. 中国蔬菜，1(2)，17-20.
周宗哲，2019. 闽南山地桉树混交林生长量和植物多样性初步研究[J]. 绿色科技(9)：23-24.
朱霁平，刘小平，林其钊，等，1999. 变坡度情况下森林地表上坡火行为若干特征的实验研究[J]. 火灾科学，8(2)：63-71.
朱启疆，戎太宗，孙睿，等，2000. 林火扩展的分形模拟案例研究[J]. 中国科学(E 辑)，30(增刊)：106-112.
朱守谦，何纪星，祝小科，1998. 乌江流域喀斯特区造林困难程度评价及分区[J]. 山地农业生物学报，17(3)：129-134.
祝小科，朱守谦，2001. 喀斯特石质山地封山育林效果分析[J]. 林业科技(06)：1-4.
朱有勇，等，2012. 农业生物多样性控制作物病虫害的效应原理与方法[M]. 北京：中国农业大学出版社.
祝志勇，季永华，2001. 我国森林水文研究现状及发展趋势概述[J]. 江苏林业科技，28(2)：42-45.
Ackerly DD，Cornwell WK et al，2007. A trait-based approach to community assembly：partitioning of species trait values into within-and among-community components[J]. Ecology Letters，10：135-145.
Albert CH，Thuiller W，Yoccoz NG，et al，2010a. Intraspecific functional variability：extent，structure and sources of variation[J]. Journal of Ecology，98：604-613.
Albert CH，Thuiller W，Yoccoz NG，et al，2010b. A multi-trait approach reveals the structure and the relative importance of intra-vs. interspecific variability in plant traits[J]. Functional Ecology，24：1192-1201.
Alen Y，S Nakajima，T Nitoda，N Baba，H Kanzaki，K Kawazu，2000. Antinematodal activity of some tropical

rainforest plants against the pinewood nematode, Bursaphelenchus xylophilus[J]. Z Naturforsch, 55(3-4): 295-299.

Auger S, Shipley B, 2013. Inter-specific and intra-specific trait variation along short environmental gradients in an old-growth temperate forest[J]. Journal of Vegetation Science, 24: 419-428.

Baraloto C, Paine CET, Patino S, et al, 2010. Functional trait variation and sampling strategies in species-rich plant communities[J]. Functional Ecology, 24: 208-216.

Barnard D R, Xue R D, 2004. Laboratory evaluation of mosquito repellents against Aedes albopictus, Culex nigripalpus, and Ochlerotatus triseriatus (Diptera: Culicidae) [J]. Journal of Medical Entomology, 41 (4): 726-730.

Bengtsson J, Fagerström T, Rydin H, 1994. Competition and coexistence in plant communities[J]. Trends in Ecology and Evolution, 9: 246-250.

Birkett M A, Pickett J A, 2003. Aphid sex pheromones: from discovery to commercial production [J]. Phytochemistry, 62: 651-56.

Blomquist G J, Figueroateran R, Aw M, Song M M, Gorzalski A, Abbott N L, Chang E, Tittiger C, 2010. Pheromone production in bark beetles [J]. Insect Biochemistry and Molecular Biology, 40 (10): 699-712.

Bolla R I, F Shaheen, R E K Winter, 1984. Phytotoxins production in Bursaphelenchus xylophilus infected Pinus sylvestris[J]. Nematol., 16(1): 57-61.

Borden J H, 1997. Disruption of semiochemical-mediated aggregation in bark beetles//Insect Pheromone Research [M]. Springer, Boston, MA: 421-438.

Boyce M S, 1992. Population viability analysis[J]. Annual Review of Ecology, Evolution, and Systematics, 23 (1): 481-506.

Braasch H, 2001. Bursaphlenchus species in conifers in Europe: distribution and morphological relationships[J]. Bulletin OEPP/EPPO Bulletin, 31: 127-142.

Braasch H, W Burgermeister & K H Pastrik, 1995. Differentiation of three Bursaphelenchus species by means of RAPD-PCR[J]. Nachrihtenblatt des Deutschen Pflanzenschutzdienstes, 47: 310-314.

Brook B W, Sodhi N S, Bradshaw C J, 2008. Synergies among extinction drivers under global change[J]. Trends in Ecology & Evolution, 23(8): 453-460.

Brown J L, Yoder A D, 2015. Shifting ranges and conservation challenges for lemurs in the face of climate change [J]. Ecology and Evolution, 5(6): 1131-1142.

Cardinale BJ, Matulich KL, Hooper DU, et al, 2011. The functional role of producer diversity in ecosystems [J]. American Journal of Botany, 98: 572-592.

Catchpole E, Catchpole W, Rothermel R, 1993. Fire Behavior Experiments in Mixed Fuel Complexes[J]. International Journal of Wildland Fire, 3(1): 45-57.

Chapin FSI, Zavaleta ES, Eviner VT, et al, 2000. Consequences of changing biodiversity[J]. Nature, 405: 234-242.

Chave J, Coomes D, Jansen S, et al, 2009. Towards a worldwide wood economics spectrum[J]. Ecology Letters, 12: 351-366.

Chen P, Lu J, Haack R A, et al, 2015. Attack pattern and reproductive ecology of Tomicus brevipilosus (Coleoptera: Curculionidae) on Pinus yunnanensis in Southwestern China [J]. Journal of Insect Science, 15 (1): 43.

Cheney N, Gould J, Catchpole W, 1993. The Influence of Fuel, Weather and Fire Shape Variables on Fire-Spread in Grasslands[J]. International Journal of Wildland Fire, 3(1): 31-44.

Chesson P, 2000. Mechanisms of maintenance of species diversity[J]. Annual Review of Ecology and Systematics. 31: 343-366.

Chown SL, Sinclair BJ, Leinaas HP, et al, 2004. Hemispheric asymmetries in biodiversity-a serious matter for ecology[J]. PloS Biology, 2L1701-1707.

Clarke K C, Brass J A, Riggan P J, 1994. A cellular automation model of wildfire propagation and extinction [J]. Photogrammetric Engineering & Remote Sensing, 60(11): 1355-1367.

Colwell RK, Winkler DW Strong DR, et al, 1984. A null model for null models in biogeography, in Ecological Communities: Conceptual Issues and the Evidence[M]. New Jersey: Princeton University Press, Princeton, 344-359.

Cook S M, Khan Z R, Pickett J A, 2007. The use of 'push-pull' strategies in integrated pest management[J]. Annual Review of Entomology, 52: 375-400.

Cornelissen JHC, Lavorel S, Garnier E, et al, 2003. A handbook of protocols for standardised and easy measurement of plant functional traits worldwide[J]. Australian Journal of Botany, 51: 335-362.

Cornwell WK, Ackerly DD, 2009. Community assembly and shifts in plant trait distributions across an environmental gradient in coastal California[J]. Ecological Monographs, 79: 109-126.

Cornwell WK, Schwilk DW, Ackerly DD, 2006. A trait-based test for habitat filtering: convex hull volume[J]. Ecology, 87: 1465-1471.

Deeming J E, 1977. The National Fire Danger Rating System[J]. USDA, For Serv, Gen Tech Rep INT-39.

Díaz S, Asri Y, Band SR, et al, 2004. The plant traits that drive ecosystems: evidence from three continents [J]. Journal of Vegetation Science, 15: 295-304.

Diaz S, Cabido M, 2009. Plant functional types and ecosystem function in relation to global change[J]. Journal of Vegetation Science, 8: 463-474.

Díaz S, Kattge J, Cornelissen JHC, et al, 2016. The global spectrum of plant form and function[J]. Nature, 529: 167-171.

Ding Y, Zang RG, Letcher SG, et al, 2012. Disturbance regime changes the trait distribution, phylogenetic structure and community assembly of tropical rain forests[J]. Oikos, 121: 1263-1270.

Dixon P, Solomon A, Brown S, 1994. Carbon pools and flux of global forest ecosystems [J]. Science, 263 (5144): 81-90.

Dropkin V H, A S Foudin, 1979. Report of the occurrence of Bursaphelenchus lignicolus-inducedpine wilt disease in Mis-souri[J]. Plant Disease Reporter, 65: 1022-1927.

Duan Y, Kerdelhue C, Ye H, Lieutier F, 2004. Genetic study of the forest pest Tomicus piniperda(Col., Scolytinae) in Yunnan province(China) compared to Europe: new insights for the systematics and evolution of the genus Tomicus[J]. Heredity, 93: 416-422.

Enda N, 1979. Bursaphelenchus mucronatus n. sp(Nematoda: Aphelenchoididae) from pine wood and its biology and pathologenicity to pine trees[J]. Nematologica, 25: 353-3361.

Engle D J S, 1995. Fire Behavior and Fire Effects on Eastern Redcedar in Hardwood Leaf-Litter Fires[J]. International Journal of Wildland Fire, 5(3): 135-141.

EPPO, 2001. Bursaphelenchus xylophilus[J]. Bulletin OEPP/EPPO Bulletin, 31: 61-69.

Eviner VT, Chapin FS, 2003. Functional matrix: a conceptual framework for predicting multiple plant effects on ecosystem processes[J]. Annual Review of Ecology Evolution and Systematics, 34: 455-485.

Fornara DA, Tilman D, 2008. Plant functional composition influences rates of soil carbon and nitrogen accumulation[J]. Journal of Ecology, 96: 314-322.

Fortunel C, Paine CET, Fine PVA, et al, 2014. Environmental factors predict community functional composition in Amazonian forests[J]. Journal of Ecology, 102: 145-155.

Fradin M S, Day J F, 2002. Comparative efficacy of insect repellents against mosquito bites[J]. New England Journal of Medicine, 347(1): 13-18.

Gao S, Chen J, Tang Y, Xie Jing, Zhang R, Tang J, Zhang X, 2015. Ecosystem carbon(CO_2 and CH_4) fluxes of a Populusdettoides plantation in subtropical China during and post clear-cutting [J]. Forest Ecology and Management. 357: 206-219. DOI. 10. 1016/j. foreco. 2015. 08. 026. (SCI, IF 2. 660)

Garland J A, 1985(rev. 1986). Pinewood nematode: known and potential vectors. Unpublished resource document [J]. On file with: Agriculture Cananda, Plant Health Division, Ottawa: 19pp.

Garnier E, Cortez J, Billès G, et al, 2004. Plant functional markers capture ecosystem properties during secondary succession[J]. Ecology, 85: 2630-2637.

Gorchov D, Comejo M, Jaran i A, 1993. The role of seed dispersal in the natural regeneration of rain forest after strip-cutting in the Peruvian Amazon[J]. Vegetatio, 107-108: 339-349.

Gouveia S F, Souza - Alves J P, Rattis L, et al, 2015. Climate and land use changes will degrade the configuration of the landscape for titi monkeys in eastern Brazil[J]. Global Change Biology, 22(6): 2003-2012.

Guerrero A, Feixas J, Pajares J, et al, 1997. Semiochemically induced inhibition of behaviour of Tomicus destruens(Woll.)(Coleoptera: Scolytidae)[J]. Naturwissenschaften, 84(4): 155-157.

Guoyong Tan, Kun Li n, Yongyu Sun, Chunhua Zhang, 2013. Dynamics and stabilization of soil organic carbon after nineteen years of afforestation in valley-type savannah in southwest China[J]. Soil Use and Managemen. Soil Use and Management, 29(1): 48-56.

Gratani L, Meneghini M, Pesoli P, et al, 2003. Structural and functional plasticity of Quercus ilex seedlings of different provenances in Italy[J]. Trees-Structure and Function, 17: 5155-521.

Grime JP, 1977. Evidence for existence of three primary strategies in plants and its relevance to ecological and evolutionary theory[J]. The American Naturalist, 111: 1169-1194.

Grime JP, 2006. Trait convergence and trait divergence in herbaceous plant communities: mechanisms and consequences[J]. Journal of Vegetation Science, 17: 255-260.

Grubb PJ, 1998. A reassessment of the strategies of plants which cope with shortages of resources[J]. Perspectives in Plant Ecology Evolution and Systematics, 1: 3-31.

Haack R A, Lawrence R K, Petrice T R, et al, 2018. Disruptant effects of 4-allylanisole and verbenone on Tomicus piniperda(Coleoptera: Scolytidae) response to baited traps and logs[J]. The Great Lakes Entomologist, 37(3 & 4): 4.

Hautier Y, Tilman D, Isbell F, et al, 2015. Anthropogenic environmental changes affect ecosystem stability via biodiversity[J]. Science, 348: 336-340.

Heil, M, 2008. Indirect defence via tritrophic interactions[J]. New Phytologist, 178(1): 41-61.

Helmut H, Birte M, 2009. Biodiversity in a complex world: consolidation and progress in functional biodiversity research[J]. Ecology Letters, 12: 1405-1419.

Hooper AM, Farcet JB, Mulholland NP, Pickett JA, 2006. Synthesis of 9-methylgermacrene B, racemate of the sex pheromone of Lutzomyia longipalpis(Lapinha), from the renewable resource, Geranium macrorrhizum essential oil[J]. Green Chem. 8: 513-515

Hooper D U, Vitousck P M, 1997. The effect of plant composition and diversity on ecosystem proccsses[J]. Science, 277: 1302-1305.

Huang YQ, Zhao P, Zhang ZF, Li XK, He CX, Zhang RQ, 2009. Transpiration of Cyclobalanopsis glauca stand measured by sap-flow method in a karst rocky terrain during dry season[J]. Ecological Research, 24: 791-801.

Hunt, 1993. Aphelenchida, Longidoridae and Trichodoridae-their systematics and Bionomics[J]. CAB International, Wallingford(GB).

Irina L, Flemming S, Jenschristian S, et al, 2007. Potential impacts of climate change on the distributions and diversity patterns of European mammals[J]. Biodiversity & Conservation, 16(13): 3803-3816.

Iwahori H, K Tsuda, N Kanzaki, K Izui & K Futai, 1998. PCR-RFLP and sequencing analysis of ribosoa DNA of Bursaphelenchus nematodes related to pine wilt disease[J]. Fundamental and Applied Nematology, 21: 655-666.

Jackson BG, Peltzer DA, Wardle DA, 2013. The withinspecies leaf economic spectrum does not predict leaf litter decomposability at either the within - species or whole community levels [J]. Journal of Ecology. 101: 1409-1419.

Jensen S, Sørensen T, Møller AG, Zimmer J, 1984. Intraocular grafts of fresh and freeze-stored rat hippocampal tissue: a comparison of survivability and histological and connective organization[J]. Journal of Comparative Neurology, 227: 558-568.

Jiang ZC, Lian YQ, Qin XQ, 2014. Rocky Desertification in Southwest China: Impacts, Causes, and Restoration[J]. Earth-Science Reviews, 132: 1-12.

Jung V, Albert CH, Violle C, et al, 2014. Intraspecific trait variability mediates the response of subalpine grassland communities to extreme drought events[J]. Journal of Ecology, 102: 45-53.

Jung V, Violle C, Mondy C, et al, 2010. Intraspecific variability and trait-based community assembly[J]. Journal of Ecology, 98: 1134-1140.

Kang M, Chang SX, Yan E, et al, 2014. Trait variability differs between leaf and wood tissues across ecological scales in subtropical forests[J]. Journal of Vegetation Science, 25: 703-714.

Kawazu, K, 1998. Pathogenic toxins of pine wilt disease[J]. Kagaku to Seibutsu, 36(2): 120-124.

Kawazu K, N Kaneko, 1997. Asepsis of the pine wood nematode isolate OkD-3 causes it to lose its pathogenicity [J]. Jpn J Nematol, 27(2): 76-80.

Keddy PA, 1992. A pragmatic approach to functional ecology[J]. Functional Ecology, 6: 621-626.

Keppel G, Mokany K, Wardell-Johnson G W, et al, 2015. The capacity of refugia for conservation planning under climate change[J]. Frontiers in Ecology & the Environment, 13(2): 106-112.

Keppel G, Niel K P V, Wardell-Johnson G W, et al, 2012. Refugia: identifying and understanding safe havens for biodiversity under climate change[J]. Global Ecology & Biogeography, 21(4): 393-404.

Kirkendall L R, Faccoli M, Ye H, 2008. Description of the Yunnan shoot borer, Tomicus yunnanesis Kirkendall & Faccoli. sp. n(Curculidae, Scolytidae), an unusually aggressive pine shoot beetle from southern China, with a key to the species of Tomicus [J]. Zootaxa, 1819: 25-39.

Kirkpatrick R C, Long Y C, Zhong T, et al, 1998. Social organization and range use in the Yunnan snub-nosed monkey Rhinopithecus bieti International[J]. Journal of Primatology, 19(1): 13-51.

Levinsky I, Skov F, Svenning J, et al, 2007. Potential impacts of climate change on the distributions and diversity patterns of European mammals[J]. Biodiversity and Conservation, 16(13): 3803-3816.

Kitajima K, 1994. Relative importance of photosynthetic traits and allocation patterns as correlates of seedling shade tolerance of 13 tropical trees[J]. Oecologia, 98: 419-428.

Kiyohara T, R I Bolla, 1990. Pathogenic variability among populations of the pine wood nematode, Bursaphlenchus xylophilus[J]. Forest Science, 36(4): 1061-1076.

Kobayashi Fujlo, Yamave Akloml, Ikeda Toshiga, 1984. The Japanese pine sawyer beetle as the vector of pine wilt[J]. Annual Review of Entomology 29: 115-135.

Kojima K, et al, 1994. Cellulase activities of pine-wood nematode isolates with different virulences[J]. J Jpn for

Foc, 76(3): 258-262.

Kooyman R, Cornwell W, Westoby M, 2010. Plant functional traits in Australian subtropical rain forest: partitioning within-community from cross-landscape variation[J]. Journal of Ecology, 98, 517-525.

Kraft N, Ackerly DD, 2014. The assembly of plant communities. In: The Plant Sciences-Ecology and the Environment[M]. Springer-Verlag Berlin, 45: 67-88.

Kraft NJB, Valencia R, Ackerly DD, 2008. Functional traits and niche-based tree community assembly in an amazonian forest[J]. Science, 322: 580-582.

Kunstler G, Falster D, Coomes DA, et al, 2016. Plant functional traits have globally consistent effects on competition[J]. Nature, 529: 204-207.

Kuroda K, Ito, 1992. Migration speed of pine wood nematodes and activities of other microbes during the development of pine wilt disease in Pinus thunbergii[J]. Journal of Japan Forest Society, 74: 383-389.

Kusunoki M, 1987. Symptom development of pine wilt disease-histopathological observartions with electron microscope[J]. Annual of Phytopathology Society of Japan, 53(5): 622-629.

Lacy R C, Pollak J P, 2017. Vortex: A stochastic simulation of the extinction process[M]. Version 10. 2. 14 Chicago Zoological Society, Brookfield, Illinois, USA.

Laforest-Lapointe I, Martínez-Vilalta J, Retana J, 2014. Intraspecific variability in functional traits matters: case study of Scots pine[J]. Oecologia, 175: 1337-1348.

Lambers J H, 2015. Extinction risks from climate change[J]. Science, 348(6234): 501-502.

Lamichhane K, 2013. Effectiveness of sloping agricultural land technology on soil fertility status of mid-hills in Nepal[J]. Journal of Forestry Research, 24: 767-775.

Landolt P J, Tumlinson J H, & Alborn D H, 1999. Attraction of colorado potato beetle(Coleoptera: Chrysomelidae) to damaged and chemically induced potato plants[J]. Environmental Entomology, 28(6): 973-978.

Lanne B S, Schlyter F, Byers J A, Löfqvist J, Leufvén A, Bergstrom G, Jan N C, Unelius R, Baeckström P, Norin T, 1987. Differences in attraction to semiochemicals present in sympatric pine shoot beetles, Tomicus minor and T. Piniperda[J]. Joural of Chemical Ecology, 13(5): 1045-1067.

Laughlin DC, 2014. Applying trait-based models to achieve functional targets for theory-driven ecological restoration[J]. Ecology Letters, 17: 771-784.

Lavorel S, Garnier E, 2002. Predicting changes in community composition and ecosystem functioning from plant traits: revisiting the Holy Grail[J]. Functional Ecology, 16: 545-556.

Lavorel S, 2013. Plant functional effects on ecosystem service[J]. Journal of Ecology, 101: 4-8.

Li J, Liu F, Xue Y, et al, 2017. Assessing vulnerability of giant pandas to climate change in the Qinling Mountains of China[J]. Ecology & Evolution, 7(11): 4003-4015.

Li S, Ren HD, Xue L, Chang J, Yao XH, 2014. Influence of bare rocks on surrounding soil moisture in the karst rocky desertification regions under drought conditions[J]. Catena, 116: 157-162.

Li X, Liang S, Yu G, Yuan W, Cheng X, Xia J, Zhao T, Feng J, Ma Z, Ma M, Liu S, CHEN J, Shao C, Li S, Zhang X, Zhang Z, Chen S, Ohta T, Varlagin A, Miyata A, Takagi K, Saiqusa N, Kato T, 2013. Estimation of gross primary production over the terrestrial ecosystems in China[J]. Ecol Model, 261: 80-92.

Lindgren B S, Borden J H, Cushon G H, et al, 1989. Reduction of mountain pine beetle(Coleoptera: Scolytidae) attacks by verbenone in lodgepole pine stands in British Columbia[J]. Canadian Journal of Forest Research, 19(1): 65-68.

Lindgren B S, Borden J H, 1993. Displacement and aggregation of mountain pine beetles, Dendroctonus ponderosae(Coleoptera: Scolytidae), in response to their antiaggregation and aggregation pheromones[J]. Canadian

Journal of Forest Research, 23(2): 286-290.

Lister N E, Brocki M, Ament R J, et al, 2015. Integrated adaptive design for wildlife movement under climate change[J]. Frontiers in Ecology and the Environment, 13(9): 493-502.

Littlefield C E, Mcrae B H, Michalak J, et al, 2017. Connecting today's climates to future analogs to facilitate species movement under climate change[J]. Conservation Biology, 31(6): 1397-1408.

Liu F, Wu C, Zhang S, et al, 2019. Initial location preference together with aggregation pheromones regulate the attack pattern of Tomicus brevipilosus(Coleoptera: Curculionidae)on Pinus kesiya[J]. Forests, 10(2): 156.

Liu L, Wang W, Liu J, 2016. Ecological Technology for Decreasing Agricultural Non-point Source Pollution from Drainage Ditch[C]. International Conference on Information Engineering for Mechanics and Materials. Huhhot, Peoples R China, 514-519.

Loreau, M, 2010. Linking biodiversity and ecosystems: towards a unifying ecological theory[J]. Philosophical Transactions of the Royal Society B Biological Sciences, 365: 49-60.

Lu R C, Wang H B, Zhang Z, Byers J A, Jin Y J, Wen H F, Shi W J, 2012. Coexistence and Competition between Tomicus yunnanensis and T. minor(Coleoptera: Scolytinae)in Yunnan Pine[J]. A Journal of Entomology, 2012(3): S17.

Luis M D, Baeza M J, Raventós J, et al, 2004. Fuel characteristics and fire behaviour in mature Mediterranean gorse shrublands[J]. International Journal of Wildland Fire, 13(1): 79-87.

Luo Z, Zhou S, Yu W, et al, 2015. Impacts of climate change on the distribution of Sichuan snub-nosed monkeys (Rhinopithecus roxellana) in Shennongjia area, China[J]. American Journal of Primatology, 77(2): 135-151.

Mamiya Y, 1983. Pathology of the pine wilt disease caused by Bursaphelenchus xylophilus[J]. Annual Review of Phytopathology, 21: 201-220.

Mamiya Y, 1997. Reproduction of pine lethal wilting disease by the inoculation of young trees with Bursaphelenchus lignicolus[J]. Jpn J Nematol, 2: 40-44.

Mamiya Y, N Enda, 1979. Bursaphelenchus mucronatus n. sp. (Nematoda: Aphelenchoididae) from pine wood and its biology land pathogenicity to pine trees[J]. Nematologica, 25: 353-361.

Mamiya Y, T Kiyohara, 1972. Description of Bursaphelenchus lignicolus n. sp. (Nematoda: Ahhelenchoididae) from pine wood and histopathology of nematode-infested trees[J]. Nematologica, 18: 120-124.

Markesteijn L, Poorter L, Bongers F, 2007. Light-dependent leaf trait variation in 43 tropical dry forest tree species[J]. American Journal of Botany, 94: 515-525.

Mc Arthur A. G, 1976. Forest Fire Danger Meter[J]. Forest Research Annul Report.

Mcrae B H, Dickson B G, Keitt T H, et al, 2008. Using circuit theory to model connectivity in ecology, evolution, and conservation[J]. Ecology, 89(10): 2712-2724.

McRae B H, Shah V B, Mohapatra T K, 2013. Circuitscape 4 User Guide[EB/OL]. The Nature Conservancy. Available from http: //www. circuitscape. org (accessed August 2016).

Messier J, Mcgill BJ, Lechowicz MJ, 2010. How do traits vary across ecological scales? A case for trait-based ecology[J]. Ecology Letters, 13: 838-848.

Miles L, Kapos V, Lysenko I, et al, 2008. Mapping vulnerability of tropical forest to conversion, and resulting potential CO2 emissions: a rapid assessment for the eliasch review[J]. Environmental Policy Collection. 17: 635-698.

Miller J R, Cowles R S, 1990. Stimulo-deterrent diversion: A concept and its possible application to onion maggot control[J]. Journal of Chemical Ecology, 16(11): 3197-3212.

Milligan R H, Ytsma G, 1988. Pheromone dissemination by male Platypus apicalis White and Platypus gracilis

Broun(Coleoptera: Platypodae)[J]. Journal of Applied Entomology, 106(1-5): 113-118.

Moles AT, Warton DI, Laura W, et al, 2009. Global patterns in plant height[J]. Journal of Ecology, 97: 923-932.

Morewood W D, Neiner P R, Mcneil J R, Sellmer J C, & Hoover K, 2003. Oviposition preference and larval performance of Anoplophora glabripennis (coleoptera: cerambycidae) in four eastern north american hardwood tree species[J]. Environmental Entomology, 32(5): 1028-1034.

Mota M M, H Braasch A, Bravo C Penas, W Burgermeister, K Metge, E Sousa, 1999. First report of Bursaphelenchus xylophilus in Portugal and in Europe[J]. Nematology, 1: 727-734.

Mouillot D, Graham N, Villeger S, et al, 2013. A functional approach reveals community responses to disturbances[J]. Trends in Ecology and Evolution, 28: 167-177.

Nalyanya G, Moore C B, Schal C, 2000. Integration of Repellents, attractants, and insecticides in a "Push-Pull" strategy for managing German cockroach (Dictyoptera: Blattellidae) Populations[J]. Journal of Medical Entomology, 37(3): 427-434.

Newbold T, Hudson LN, Hill SLL, et al, 2015. Global effects of land use on local terrestrial biodiversity[J]. Nature, 520: 45-50.

Niinemets E, Saarse L, 2006. Holocene forest dynamics and human impact in southeastern estonia[J]. Vegetation History and Archaeobotany, 16: 1-13.

Nilsson C, Berggrea K, 2000. Alterations of riparian ecosystems caused by river regulation[J]. Bioseienee, 50(9): 783-793.

Nlckle W R, A M Golden, Y Mamlya, W P Wergln, 1981. On the taxonomy and morphology of the pine wood nematode, Bursaphelenchus xylophilus(Steiner & Buhrer, 1934) Nickle1970[J]. Journal of Nematology, 13: 385-392.

Nlckle W R, 1970. A taxonomic review of the genera of the Aphelenchoidea(Fuchs, 1937)Thorne, 1949. (Nematoda: Tylenchida)[J]. Journal of Nematology, 2: 375-392.

Nufio C R, Papaj D R, 2010. Host marking behavior in phytophagous insects and parasitoids[J]. Entomologia Experimentalis Et Applicata, 99(3): 273-293.

Odani K, et al, 1985. Early symptom development of the pine wood nematode & detection of activity in its crawling track[J]. J Jpn For Soc, 68: 237-372.

Oku H, 1988. Role of phytotoxins in pine wilt disease[J]. Jurnal of Nematology, 20(2): 245-251.

Oku H, 1990. Phytotoxins in pine wilt disease[J]. Nippon Nogeikagaku Kaishi, 64(7): 1254-1257.

Oku H, T Shirashi, S Ouchi, et al, 1980. Pine wilt toxin, the metabolite of a bacterium associated with a nematode[J]. Naturwissenschaften, 67(4): 198-199.

Oliver TH, Isaac NJB, August TA, et al, 2015. Declining resilience of ecosystem functions under biodiversity loss[J]. Nature Communications, 6: 101-122.

Pacala SW, Tilman D, 1994. Limiting similarity is mechanistic and spatial models of plant competition in heterogeneous environments[J]. The American Naturalist, 143: 222-257.

Paine T D, Raffa K F, Harrington T C, 1997. Interactions among scolytid bark beetles, their associated fungi, and live host conifers[J]. Annual Review of Entomology, 42(1): 179-206.

Parmesan C, 2006. Ecological and evolutionary responses to recent climate change[J]. Annual Review of Ecology, Evolution, and Systematics, 37(1): 637-669.

Payne T L, Coster J E, Richerson J V, et al, 1978. Field response of the southern pine beetle to behavioral chemicals[J]. Environmental Entomology, 7(4): 578-582.

Perez-Harguindeguy N, Díaz S, Garnier E, et al, 2013. New handbook for standardised measurement of plant functional traits worldwide[J]. Australian Journal of Botany, 61: 167-234.

Petchey OL, Gaston KJ, 2009. Dendrograms and measures of functional diversity: a second instalment[J]. Oikos, 118: 1118-1120.

Pfirman, Eric S, 1991. IDA-image display and analysis-user's guide[D]. USAID FEWS Project, Tulane/Pragma Group, 1611N. Kent St. , Suite 201, Arlington, VA 22209, 60 p.

Pickett JA, Glinwood R, 2007. Chemical ecology[C]. In Aphids as Crop Pests, ed. HF van Emden, R Harrington. Wallington, Oxon, UK: CABI. In press.

Pickett STA, Bazzaz FA, 1978. Organization of an assemblage of early successional species on a soil moisture gradient[J]. Ecology: 59, 1248-1255.

Plourde BT, Boukili VK, Chazdon RL, et al, 2015. Radial changes in wood specific gravity of tropical trees: inter-and intraspecific variation during secondary succession[J]. Functional Ecology, 29: 111-120.

Poorter L, Kitajima K, 2007. Carbohydrate storage and light requirements of tropical moist and dry forest tree species[J]. Ecology, 88: 1000-1011.

Powell W, Pickett J A, 2003. Manipulation of parasitoids for aphid pest management: progress and prospects [J]. Pest Management Science, 59(2): 149-155.

Prasad R, Kotwal P, Mishra M, 2002. Impact of harvesting of Emblica officinalis(Aonla)on its natural regeneration in central Indian forests[J]. Journal of Sustainable Forest, 14: 1-12.

Pureswaran D S, Gries R, Borden J H, Pierce Jr H D, 2000. Dynamics of pheromone production and communication in the mountain pine beetle, Dendroctonus ponderosae Hopkins, and the pine engraver, Ips pini(Say) (Coleoptera: Scolytidae)[J]. Chemoecology, 10(4): 153-168.

Pyke B, Rice M, Sabine B, Zalucki MP, 1987. The push-pull strategy—behavioural control of Heliothis[J]. Australian Cotton Grow. May-July: 7-9.

Qi X, Li B, Ji W, et al, 2008. Reproductive parameters of wild female Rhinopithecus roxellana[J]. American Journal of Primatology, 70(4): 311-319.

Quigley MF, Platt WJ, 2003. Composition and structure of seasonally deciduous forests in the Americas[J]. Ecological Monographs, 73: 87-106.

Read QD, Moorhead LC, Swenson NG, et al, 2014. Convergent effects of elevation on functional leaf traits within and among species[J]. Functional Ecology, 28: 37-45.

Reich PB, Oleksyn J, 2004. Global patterns of plant leaf n and p in relation to temperature and latitude[J]. Proceedings of the National Academy of Sciences of the United States of America, 101: 11001-11006.

Reich PB, Walters MB, Ellsworth DS, 1992. Leaf life-span in relation to leaf, plant, and stand characteristics among diverse ecosystems[J]. Ecological Monographs, 62: 365-392.

Riddick E W, Aldrich J R, Davis J C, 2004. DEET repels Harmonia axyridis(Pallas)(Coleoptera: Coccinellidae)adults in laboratory bioassays[J]. Journal of Entomological Science, 39(3): 373-385.

Robert E B, Hartford R A, Eidenshink J C, 1996. Using NDVI to assess departure from average greenness and its relation to fire business[R]. United States Department of Agriculture, Forest Service, Intermountain Research Station. General Technical Report INT-GTR-333.

Ross D W, Daterman G E, 1994. Reduction of Douglas-fir beetle infestation of high-risk stands by antiaggregation and aggregation pheromones[J]. Canadian Journal of Forest Research, 24(11): 2184-2190.

Roughgarden J, May RM, Levin SA, 1989. The structure and assembly of communities, in Perspectives in Ecological Theory[M]. New Jersey: Princeton University Press, Princeton, 203-226.

Rozendaal DMA, Hurtado VH, Poorter L, 2006. Plasticity in leaf traits of 38 tropical tree species in response to light; relationships with light demand and adult stature[J]. Pediatrics, 20: 207-216.

Rudinsky J A, 1962. Ecology of scolytidae[J]. Annual review of entomology, 7(1): 327-348.

Salazar L A, Bradshaw L S, 1986. Display and interpretation of fire behavior probabilities for long-term planning [J]. Environmental Management, 10(3): 393-402.

Sandel B, Svenning J C, 2011. The Influence of Late Quaternary Climate-Change Velocity on Species Endemism [J]. Science, 334(6056): 660-664.

Schamp BS, Aarssen LW, 2009. The assembly of forest communities according to maximum species height along resource and disturbance gradients[J]. Oikos, 118: 564-572.

Schamp BS, Chau J, Aarssen LW, 2008. Dispersion of traits related to competitive ability in an old-field plant community[J]. Journal of Ecology, 96: 204-212.

Schimper AFW, Fisher WR, Groom P, et al, 1960. Plant-geography upon a physiological basis[J]. Nature, 573-574.

Schloss C A, Nunez T A, Lawler J J, et al, 2012. Dispersal will limit ability of mammals to track climate change in the Western Hemisphere[R]. Proceedings of the National Academy of Sciences of the United States of America, 109(22): 8606-8611.

Schlyter F, Anderbrant O, 1993. Competition and niche separation between two bark beetles: existence and mechanisms[J]. Oikos, 68(3): 437-447.

Schlyter F, Birgersson Cz, 1999. Forest beetles[R]. In: Pheromones of Non-Lepidopteran Insects Associated with Agricultural Plants(R. J. Hardic and A. Minks eds.), CAB International, Wallingford, UK., 113-148.

Seybold S J, Huber D P W, Lee J C, et al, 2006. Pine monoterpenes and pine bark beetles: a marriage of convenience for defense and chemical communication[J]. Phytochemistry Reviews, 5(1): 143-178.

Shea P J, Neustein M, 1995. Protection of a rare stand of Torrey pine from Ips[J]. paraconfusus, (INT-318): 39-43.

Shipley B, 1995. Structured interspecific determinants of specific leaf area in 34 species of herbaceous angiosperms [J]. Functional Ecology, 9: 312-319.

Siefert A, Violle C, Chalmandrier L, et al, 2015. A global meta-analysis of the relative extent of intraspecific trait variation in plant communities[J]. Ecology Letters, 18: 1406-1419.

Silvertown J, Law R, 1987. Do plants need niches? some recent developments in plant community ecology[J]. Trends in Ecology and Evolution, 2: 24-26.

Silvertown J, 2004. Silvertown plant coexistence and the niche. trends ecol evol[J]. Trends in Ecology and Evolution, 19: 605-611.

Šímová I, Violle C, Kraft NJB, et al, 2015. Shifts in trait means and variances in North American tree assemblages: species richness patterns are loosely related to the functional space[J]. Ecography, 38: 649-658.

Siso S, Camarero JJ, Gil-Pelegrin E, 2001. Relationship between hydraulic resistance and leaf morphology in broadleaf Quercus species: a new interpretation of leaf lobation [J]. Trees-Structure and Function, 15: 341-345.

Smith J, Laven R, Omi P, 1993. Microplot Sampling of Fire Behavior on Populus tremuloides Stands in North-Central Colorado[J]. International Journal of Wildland Fire, 3(2): 85-94.

Solheim H, Krokene P, Långström B, 2001. Effects of growth and virulence of associated blue-stain fungi on host colonization behaviour of the pine shoot beetles Tomicus minor and T. piniperda[J]. Plant Pathology, 50(1): 111-116.

Stamps W T, M J Linit, 1995. Association of Pinewood Nematode with Monochamus carolinensis Lipid Content and JIV Dispersal Juvenile Behavior [R]. In: International Symposium on Pine wilt disease Caused by PWN. Beijing, China, Oct. 31-Nov. 5. Paper Collection: 114-118.

Streeks T J, Owens M K, Whisenant S G, 2005. Examining fire behavior in mesquite-acacia shrublands[J]. International Journal of Wildland Fire, 14(2): 131-140.

Struebig M J, Fischer M, Gaveau D L A, et al, 2015. Anticipated climate and land - cover changes reveal refuge areas for Borneo's orang - utans[J]. Global Change Biology, 21(8): 2891-2904.

Stubbs WJ, Wilson JB, 2004. Evidence for limiting similarity in a sand dune community[J]. Journal of Ecology, 92: 557-567.

Sun J H, Clarke S R, Kang L, Wang H B, 2005. Field trials of potential attractants and inhibitors for pine shoot beetles in the Yunnan province, China[J]. Annals of Forest Science, 62(1): 9-12.

Sweeting MM, 1993. Reflections on the development of Karst geomorphology in Europe and a comparison with its development in China[J]. Zeitschrift für Geomorphologie N. F. 37: 127-136.

Swenson NG, Enquist BJ, 2009. Opposing assembly mechanisms in a Neotropical dry forest: implications for phylogenetic and functional community ecology[J]. Ecology, 90: 2161-2170.

Takai K, T Soejima, T Suzuki, K Kawazu, 2001. Development of a water-soluble preparation of emamectin benzoate and its preventative effect against the wilting of pot-grown pine trees inoculated with the pine wood nematode, Bursaphelenchus xylophilus[J]. Pest Manag. Sci. , 57(5): 463-466

Tamura H, 1983. Pathogenicity of aseptic Bursaphelenchus xylophilus and associated bacteria to pine seedling[J]. Japen J Nematol, 13: 1-5.

Tan C L, Guo S, Li B, 2007. Population Structure and Ranging Patterns of Rhinopithecus roxellana, in Zhouzhi National Nature Reserve, Shaanxi, China[J]. International Journal of Primatology, 28(3): 577-591.

Tares S, J M Lemontey, G de Guiran, P Abad, 1993. Cloning and characterization of a highly conserved satellite DNA sequence specific for the phytoparasitic nematode Bursaphelenchus xylophilus[J]. Gene, 129(2): 269-273.

Tares S, J M Lemontey, G de Guitan, P Abad, 1994. Use of species-specific satellite DNA from Bursaphelenchus xylophilus as a diagnostic probe[J]. Phytopathology, 84: 294-298.

Tarjan A C , C B Aragon, 1982. An analysis of the genus Bursaphelenchus Fuchs, 1937[J]. Nematropica, 12: 121-144.

Tian X R, Douglas J McRae, Jin J ZH, et al, 2011. Wildfire and the Canadian forest fire weather index system for the Daxing'anling region of China[J]. International Journal of Wildland Fire, 20: 963-973.

Tian X R, Zhao F J, Shu L F, et al, 2013. Distribution characteristics and the influence factors of forest fires in China[J]. Forest Ecology and Management, 310: 460-467.

Tian X R, Zhao F J, Shu L F, et al, 2014. Changes in Forest Fire Danger for Southwestern China in the 21st Century[J]. International Journal of Wildland Fire, DOI: 10. 1071/WF13014.

Tilman D, 1994. Competition and biodiversity in spatially structured habitats[J]. Ecology, 75: 2-16.

Tokushige Y, Kiyohara, 1969. Bursaphelenchus sp. in the wood of dead pine trees[J]. Journal of Japanese Forest Society, 51: 193-195.

Tomlinson KW, Poorter L, Bongers F, Borghetti F, Jacobs L, van Langevelde F, 2014. Relative growth rate variation of evergreen and deciduous savanna tree species is driven by different traits[J]. Annals of Botany, 114: 315-324.

Turnbull L A, Levine J M, Loreau M, et al, 2013. Coexistence, niches and biodiversity effects on ecosystem functioning[J]. Ecology Letters, 16: 116-127.

UNDP, 1997. National human development report for morocco 1997. imrpim elite[R]. United Nations Development Programme.

Valverde Barrantes OJ, Smemo KA, Feinstein LM, et al, 2013. The distribution of below-ground traits is explained by intrinsic species differences and intraspecific plasticity in response to root neighbours[J]. Journal of Ecology, 101: 933-942.

Van Wagner C. E, 1987. Development and Structure of the Canadian Forest Fire Weather Index System[R]. Canadian For Serv For Tech Rep, 35.

Violle C, Enquist BJ, McGill BJ, et al, 2012. The return of the variance: intraspecific variability in community ecology[J]. Trends in Ecology and Evolution, 27: 244-252.

Violle C, Navas M, Vile D, et al, 2007. Let the concept of trait be functional[J]. Oikos, 116: 882-892.

Wallace G A, 1993. Numerical Fire Simulation-Model[J]. International Journal of Wildland Fire, 3(2): 111-116.

Wang CY, Yin C, Fang ZM, Wang Zn, Wang YB, Xue JJ, Gu LJ & Sung CK, 2018. Using the nematophagous fungus Esteya vermicola to control the disastrous pine wilt disease[J]. Biocontrol Science and Technology, 28: 3, 268-277 DOI: 10.1080/09583157.2018.1441369.

Wang F, Mcshea W J, Wang D, et al, 2014. Evaluating landscape options for corridor restoration between giant panda reserves[J]. Plos One, 9(8): e105086.

Webb CT, Hoeting JA, Ames GM, et al, 2010. A structured and dynamic framework to advance traits-based theory and prediction in ecology[J]. Ecology Letters, 13: 267-283.

Weiher E, Freund D, BuntonT, et al, 2011. Advances, challenges and a developing synthesis of ecological community assembly theory[J]. Philosophical Transactions of the Royal Society B: Biological Sciences, 366: 2403-2413.

Weiher E, Keddy PA, 1995. Assembly rules, null models, and trait dispersion: new questions from old patterns [J]. Oikos, 74: 159-164.

Weiher E, Keddy P, 1999. Relative abundance and evenness patterns along diversity and biomass gradients[J]. Oikos, 87: 355-361.

Weise D R, Biging G S, 1997. A Qualitative Comparison of Fire Spread Models Incorporating Wind and Slope Effects[J]. Forest Science, 43(2): 170-180.

Westoby M, Wright IJ, 2006. Land-plant ecology on the basis of functional traits[J]. Trends in Ecology and Evolution, 21: 261-268.

Wills C, Harms KE, Condit R, et al, 2006. Nonrandom processes maintain diversity in tropical forests[J]. Science, 311: 527-531.

Wilson I M, Borden J H, Gries R, Gries G, 1996. Green leaf volatiles as antiaggregants for the mountain pine beetle, Dendroctonus ponderosae hopkins (coleoptera: scolytidae) [J]. Journal of Chemical Ecology, 22 (10): 1861-1875.

Wingfield M J, A Blanchette E Kondl, 1983. Comparison of the pine wood nematode[R]. Bursaphelenchus xylophilus from pine and balsam fir Eruopean J For Pathol, 13(5-6): 360-373

Wingfield M J, Blanchette R A, Nicholls T H, 1984. Is the pine wood nematode an important pathogen in the United States[J]. J For, 82: 232-235.

Wright IJ, Reich PB, Westoby M, et al, 2004. The worldwide leaf economics spectrum[J]. Nature, 428: 821-827.

Wu C X, Liu F, Zhang S F, Kong X B, Zhang Z, 2019. Semiochemical regulation of the intraspecific and interspecific behavior of Tomicus yunnanensis, and Tomicus minor, during the shoot-feeding phase[J]. Journal of Chemical Ecology, 1-14.

Xiao J, Sun G, Chen J, Chen H, Chen S, Dong G, Gao S, Guo H, Guo J, Han S, Kato T, Li Y, Lin G, Lu W, Ma M, McNulty S G, Shao C, Wang X, Xie X, Zhang X, Zhang Z, Zhao B, Zhou G, Zhou J,

2013. Carbon fluxes, evapotranspiration, and water use efficiency of terrestrial ecosystems in China[J]. Agr Forest Meteorol, 182: 76-90.

Yao Y, Liang S, Cheng J, Liu S, Fisher J B, Zhang X, Jia K, Zhao X, Qin Q, Zhao B, Han S, Zhou G, Zhou G, Li Y, Zhao S, 2013. MODIS-driven estimation of terrestrial latent heat flux in China based on a modified Priestley-Taylor algorithm[J]. Agr Forest Meteorol, 171(172): 187-202.

Yuan DX, 1997. Rocky desertification in the Subtropical Karst of South China[J]. Zeitschrift für Geomorphologie N F, 108: 81-90.

Zhang Lei, Liu S, Sun P, Wang T, Wang G, Wang L, Zhang X, 2016. Using DEM to predict Abiesfaxoniana and Quercus aquifolioides distributions in the upstream catchment basin of the Min River in southwest China[J]. Ecological Indicators, 69: 91-99.

Zhang Lei, Liu S, Sun P, Wang T, Wang G, Zhang X, Wang L, 2015. Consensus forecasting of species distributions: the effects of niche model performance and niche properties[J]. PloS ONE 10, e0120056. doi: 0120010. 0121371/journal. pone. 0120056.

Zhang Q H, Schlyter F, 2015. Olfactory recognition and behavioural avoidance of angiosperm nonhost volatiles by conifer-inhabiting bark beetles[J]. Agricultural and Forest Entomology, 6(1): 1-20.

Zhao F J, Shu L F, Wang M Y, et al, 2013. Investigation of emissions from heated essential-oil-rich fuels at 200℃[J]. Fire and Materials, 97: 391-400.

Zhao F J, Shu L F, Wang Q H, et al, 2011. Emissions of volatile organic compounds from heated needles and twigs of Pinus pumila[J]. Journal of Forestry Research, 22(2): 243-248.

Zhao F J, Shu L F, Wang Q H, 2012. Terpenoid emissions from heated needles of Pinus sylvestris and their potential influences on forest fires[J]. Acta Ecologica Sinica, 32(1): 33-37.

Zhou YC, Wang SJ, Lu HM, Xie LP, Xiao DA, 2010. Forest soil heterogeneity and soil sampling protocols on limestone outcrops: Example from SW China[J]. Acta Carsologica, 39: 115-122.